机械设计手册

第6版

单行本

机械系统的振动设计及噪声控制

主　编　闻邦椿
副主编　鄂中凯　张义民　陈良玉　孙志礼
宋锦春　柳洪义　巩亚东　宋桂秋

机械工业出版社

《机械设计手册》第6版 单行本共26分册，内容涵盖机械常规设计、机电一体化设计与机电控制、现代设计方法及其应用等内容，具有系统全面、信息量大、内容现代、突显创新、实用可靠、简明便查、便于携带和翻阅等特色。各分册分别为：《常用设计资料和数据》《机械制图与机械零部件精度设计》《机械零部件结构设计》《连接与紧固》《带传动和链传动　摩擦轮传动与螺旋传动》《齿轮传动》《减速器和变速器》《机构设计》《轴　弹簧》《滚动轴承》《联轴器、离合器与制动器》《起重运输机械零部件和操作件》《机架、箱体与导轨》《润滑　密封》《气压传动与控制》《机电一体化技术及设计》《机电系统控制》《机器人与机器人装备》《数控技术》《微机电系统及设计》《机械系统概念设计》《机械系统的振动设计及噪声控制》《疲劳强度设计　机械可靠性设计》《数字化设计》《工业设计与人机工程》《智能设计　仿生机械设计》。

本单行本为《机械系统的振动设计及噪声控制》，主要介绍机械振动基本知识（机械振动的含义及其分类、机械工程中常遇到的振动问题、机械振动等级的评定）、机械振动的基础、线性系统的振动、非线性振动和随机振动、振动的利用、机械振动的控制、机械振动的测试、轴和轴系的临界转速、机械噪声及其评价、机械噪声的测量及噪声源识别、常见机械噪声源特性及其控制、消声装置及隔声设备等内容。

本书供从事机械设计、制造、维修及有关工程技术人员作为工具书使用，也可供大专院校的有关专业师生使用和参考。

图书在版编目（CIP）数据

机械设计手册. 机械系统的振动设计及噪声控制/闻邦椿主编. —6版. —北京：机械工业出版社，2020.1（2021.10重印）

ISBN 978-7-111-64751-5

Ⅰ.①机…　Ⅱ.①闻…　Ⅲ.①机械设计-技术手册②机械系统-机械振动-设计-技术手册③机械系统-噪声控制-技术手册　Ⅳ.①TH122-62②TB533-62③TB535-62

中国版本图书馆CIP数据核字（2020）第024363号

机械工业出版社（北京市百万庄大街22号　邮政编码100037）
策划编辑：曲彩云　责任编辑：曲彩云　高依楠
责任校对：徐　强　封面设计：马精明
责任印制：常天培
固安县铭成印刷有限公司印刷
2021年10月第6版第2次印刷
184mm×260mm · 14印张 · 343千字
1501—2300册
标准书号：ISBN 978-7-111-64751-5
定价：48.00元

电话服务　网络服务
客服电话：010-88361066　机　工　官　网：www.cmpbook.com
010-88379833　机　工　官　博：weibo.com/cmp1952
010-68326294　金　书　网：www.golden-book.com

机工教育服务网：www.cmpedu.com

出 版 说 明

《机械设计手册》自出版以来，已经进行了5次修订，2018年第6版出版发行。截至2019年，《机械设计手册》累计发行39万套。作为国家级重点科技图书，《机械设计手册》深受广大读者的欢迎和好评，在全国具有很大的影响力。该书曾获得中国出版政府奖提名奖、中国机械工业科学技术奖一等奖、全国优秀科技图书奖二等奖、中国机械工业部科技进步奖二等奖，并多次获得全国优秀畅销书奖等奖项。《机械设计手册》已成为机械设计领域的品牌产品，是机械工程领域最具权威和影响力的大型工具书之一。

《机械设计手册》第6版共7卷55篇，是在前5版的基础上吸收并总结了国内外机械工程设计领域中的新标准、新材料、新工艺、新结构、新技术、新产品、新的设计理论与方法，并配合我国创新驱动战略的需求编写而成的。与前5版相比，第6版无论是从体系还是内容，都在传承的基础上进行了创新。重点充实了机电一体化系统设计、机电控制与信息技术、现代机械设计理论与方法等现代机械设计的最新内容，将常规设计方法与现代设计方法相融合，光、机、电设计融为一体，局部的零部件设计与系统化设计互相衔接，并努力将创新设计的理念贯穿其中。《机械设计手册》第6版体现了国内外机械设计发展的新水平，精心诠释了常规与现代机械设计的内涵、全面荟萃凝练了机械设计各专业技术的精华，它将引领现代机械设计创新潮流、成就新一代机械设计大师，为我国实现装备制造强国梦做出重大贡献。

《机械设计手册》第6版的主要特色是：体系新颖、系统全面、信息量大、内容现代、突显创新、实用可靠、简明便查。应该特别指出的是，第6版手册具有较高的科技含量和大量技术创新性的内容。手册中的许多内容都是编著者多年研究成果的科学总结。这些内容中有不少依托国家“863计划”“973计划”“985工程”“国家科技重大专项”“国家自然科学基金”重大、重点和面上项目资助项目。相关项目有不少成果曾获得国际、国家、部委、省市科技奖励、技术专利。这充分体现了手册内容的重大科学价值与创新性。如仿生机械设计、激光及其在机械工程中的应用、绿色设计与和谐设计、微机电系统及设计等前沿新技术；又如产品综合设计理论与方法是闻邦椿院士在国际上首先提出，并综合8部专著后首次编入手册，该方法已经在高铁、动车及离心压缩机等机械工程中成功应用，获得了巨大的社会效益和经济效益。

在《机械设计手册》历次修订的过程中，出版社和作者都广泛征求和听取各方面的意见，广大读者在对《机械设计手册》给予充分肯定的同时，也指出《机械设计手册》卷册厚重，不便携带，希望能出版篇幅较小、针对性强、便查便携的更加实用的单行本。为满足读者的需要，机械工业出版社于2007年首次推出了《机械设计手册》第4版单行本。该单行本出版后很快受到读者的欢迎和好评。《机械设计手册》第6版已经面市，为了使读者能按需要、有针对性地选用《机械设计手册》第6版中的相关内容并降低购书费用，机械工业出版社在总结《机械设计手册》前几版单行本经验的基础上推出了《机械设计手册》第6版单行本。

《机械设计手册》第6版单行本保持了《机械设计手册》第6版（7卷本）的优势和特色，依据机械设计的实际情况和机械设计专业的具体情况以及手册各篇内容的相关性，将原手册的7卷55篇进行精选、合并，重新整合为26个分册，分别为：《常用设计资料和数据》《机械制图与机械零部件精度设计》《机械零部件结构设计》《连接与紧固》《带传动和链传动　摩擦轮传动与螺旋传动》《齿轮传动》《减速器和变速器》《机构设计》《轴　弹簧》《滚动轴承》《联轴器、离合器与制动器》《起重运输机械零部件和操作件》《机架、箱体与导轨》《润滑　密封》《气压传动与控制》《机电一体化技术及设计》《机电系统控制》《机器人与机器人装备》《数控技术》《微机电系统及设计》《机械系统概念设计》《机械系统的振动设计及噪声控制》《疲劳强度设计　机械可靠性设计》《数字化设计》《工业设计与人机工程》《智能设计　仿生机械设计》。各分册内容针对性强、篇幅适中、查阅和携带方便，读者可根据需要灵活选用。

《机械设计手册》第6版单行本是为了助力我国制造业转型升级、经济发展从高增长迈向高质量，满足广大读者的需要而编辑出版的，它将与《机械设计手册》第6版（7卷本）一起，成为机械设计人员、工程技术人员得心应手的工具书，成为广大读者的良师益友。

由于工作量大、水平有限，难免有一些错误和不妥之处，殷切希望广大读者给予指正。

机械工业出版社

前　言

本版手册为新出版的第 6 版 7 卷本《机械设计手册》。由于科学技术的快速发展，需要我们对手册内容进行更新，增加新的科技内容，以满足广大读者的迫切需要。

《机械设计手册》自 1991 年面世发行以来，历经 5 次修订，截至 2016 年已累计发行 38 万套。作为国家级重点科技图书的《机械设计手册》，深受社会各界的重视和好评，在全国具有很大的影响力，该手册曾获得全国优秀科技图书奖二等奖（1995 年）、中国机械工业部科技进步奖二等奖（1997 年）、中国机械工业科学技术奖一等奖（2011 年）、中国出版政府奖提名奖（2013 年），并多次获得全国优秀畅销书奖等奖项。1994 年，《机械设计手册》曾在我国台湾建宏出版社出版发行，并在海内外产生了广泛的影响。《机械设计手册》荣获的一系列国家和部级奖项表明，其具有很高的科学价值、实用价值和文化价值。《机械设计手册》已成为机械设计领域的一部大型品牌工具书，已成为机械工程领域权威的和影响力较大的大型工具书，长期以来，它为我国装备制造业的发展做出了巨大贡献。

第 5 版《机械设计手册》出版发行至今已有 7 年时间，这期间我国国民经济有了很大发展，国家制定了《国家创新驱动发展战略纲要》，其中把创新驱动发展作为了国家的优先战略。因此，《机械设计手册》第 6 版修订工作的指导思想除努力贯彻“科学性、先进性、创新性、实用性、可靠性”外，更加突出了“创新性”，以全力配合我国“创新驱动发展战略”的重大需求，为实现我国建设创新型国家和科技强国梦做出贡献。

在本版手册的修订过程中，广泛调研了厂矿企业、设计院、科研院所和高等院校等多方面的使用情况和意见。对机械设计的基础内容、经典内容和传统内容，从取材、产品及其零部件的设计方法与计算流程、设计实例等多方面进行了深入系统的整合，同时，还全面总结了当前国内外机械设计的新理论、新方法、新材料、新工艺、新结构、新产品和新技术，特别是在现代设计与创新设计理论与方法、机电一体化及机械系统控制技术等方面做了系统和全面的论述和凝练。相信本版手册会以崭新的面貌展现在广大读者面前，它将对提高我国机械产品的设计水平、推进新产品的研究与开发、老产品的改造，以及产品的引进、消化、吸收和再创新，进而促进我国由制造大国向制造强国跃升，发挥出巨大的作用。

本版手册分为 7 卷 55 篇：第 1 卷　机械设计基础资料；第 2 卷　机械零部件设计（连接、紧固与传动）；第 3 卷　机械零部件设计（轴系、支承与其他）；第 4 卷　流体传动与控制；第 5 卷　机电一体化与控制技术；第 6 卷　现代设计与创新设计（一）；第 7 卷　现代设计与创新设计（二）。

本版手册有以下七大特点：

一、构建新体系

构建了科学、先进、实用、适应现代机械设计创新潮流的《机械设计手册》新结构体系。该体系层次为：机械基础、常规设计、机电一体化设计与控制技术、现代设计与创新设计方法。该体系的特点是：常规设计方法与现代设计方法互相融合，光、机、电设计融为一体，局部的零部件设计与系统化设计互相衔接，并努力将创新设计的理念贯穿于常规设计与现代设计之中。

二、凸显创新性

习近平总书记在 2014 年 6 月和 2016 年 5 月召开的中国科学院、中国工程院两院院士大会上分别提出了我国科技发展的方向就是“创新、创新、再创新”，以及实现创新型国家和科技强国的三个阶段的目标和五项具体工作。为了配合我国创新驱动发展战略的重大需求，本版手册突出了机械创新设计内容的编写，主要有以下几个方面：

（1）新增第7卷，重点介绍了创新设计及与创新设计有关的内容。

该卷主要内容有：机械创新设计概论，创新设计方法论，顶层设计原理、方法与应用，创新原理、思维、方法与应用，绿色设计与和谐设计，智能设计，仿生机械设计，互联网上的合作设计，工业通信网络，面向机械工程领域的大数据、云计算与物联网技术，3D打印设计与制造技术，系统化设计理论与方法。

（2）在一些篇章编入了创新设计和多种典型机械创新设计的内容。

“第11篇　机构设计”篇新增加了“机构创新设计”一章，该章编入了机构创新设计的原理、方法及飞剪机剪切机构创新设计，大型空间折展机构创新设计等多个创新设计的案例。典型机械的创新设计有大型全断面掘进机（盾构机）仿真分析与数字化设计、机器人挖掘机的机电一体化创新设计、节能抽油机的创新设计、产品包装生产线的机构方案创新设计等。

（3）编入了一大批典型的创新机械产品。

“机械无级变速器”一章中编入了新型金属带式无级变速器，“并联机构的设计与应用”一章中编入了数十个新型的并联机床产品，“振动的利用”一章中新编入了激振器偏移式自同步振动筛、惯性共振式振动筛、振动压路机等十多个典型的创新机械产品。这些产品有的获得了国家或省部级奖励，有的是专利产品。

（4）编入了机械设计理论和设计方法论等方面的创新研究成果。

1）闻邦椿院士团队经过长期研究，在国际上首先创建了振动利用工程学科，提出了该类机械设计理论和方法。本版手册中编入了相关内容和实例。

2）根据多年的研究，提出了以非线性动力学理论为基础的深层次的动态设计理论与方法。本版手册首次编入了该方法并列举了若干应用范例。

3）首先提出了和谐设计的新概念和新内容，阐明了自然环境、社会环境（政治环境、经济环境、人文环境、国际环境、国内环境）、技术环境、资金环境、法律环境下的产品和谐设计的概念和内容的新体系，把既有的绿色设计篇拓展为绿色设计与和谐设计篇。

4）全面系统地阐述了产品系统化设计的理论和方法，提出了产品设计的总体目标、广义目标和技术目标的内涵，提出了应该用IQCTES六项设计要求来代替QCTES五项要求，详细阐明了设计的四个理想步骤，即“3I调研”“7D规划”“1+3+X实施”“5（A+C）检验”，明确提出了产品系统化设计的基本内容是主辅功能、三大性能和特殊性能要求的具体实现。

5）本版手册引入了闻邦椿院士经过长期实践总结出的独特的、科学的创新设计方法论体系和规则，用来指导产品设计，并提出了创新设计方法论的运用可向智能化方向发展，即采用专家系统来完成。

三、坚持科学性

手册的科学水平是评价手册编写质量的重要方面，因此，本版手册特别强调突出内容的科学性。

（1）本版手册努力贯彻科学发展观及科学方法论的指导思想和方法，并将其落实到手册内容的编写中，特别是在产品设计理论方法的和谐设计、深层次设计及系统化设计的编写中。

（2）本版手册中的许多内容是编著者多年研究成果的科学总结。这些内容中有不少是国家863、973计划项目，国家科技重大专项，国家自然科学基金重大、重点和面上项目资助项目的研究成果，有不少成果曾获得国际、国家、部委、省市科技奖励及技术专利，充分体现了本版手册内容的重大科学价值与创新性。

下面简要介绍本版手册编入的几方面的重要研究成果：

1）振动利用工程新学科是闻邦椿院士团队经过长期研究在国际上首先创建的。本版手册中编入了振动利用机械的设计理论、方法和范例。

2）产品系统化设计理论与方法的体系和内容是闻邦椿院士团队提出并加以完善的，编写者依据多年的研究成果和系列专著，经综合整理后首次编入本版手册。

3）仿生机械设计是一门新兴的综合性交叉学科，近年来得到了快速发展，它为机械设计的创新提供了新思路、新理论和新方法。吉林大学任露泉院士领导的工程仿生教育部重点实验室开展了大量的深入研究工作，取得了一系列创新成果且出版了专著，据此并结合国内外大量较新的文献资料，为本版手册构建了仿生机械设计的新体系，编写了“仿生机械设计”篇（第50篇）。

4）激光及其在机械工程中的应用篇是中国科学院长春光学精密机械与物理研究所王立军院士依据多年的研究成果，并参考国内外大量较新的文献资料编写而成的。

5）绿色制造工程是国家确立的五项重大工程之一，绿色设计是绿色制造工程的最重要环节，是一个新的学科。合肥工业大学刘志峰教授依据在绿色设计方面获多项国家和省部级奖励的研究成果，参考国内外大量较新的文献资料为本版手册首次构建了绿色设计新体系，编写了“绿色设计与和谐设计”篇（第48篇）。

6）微机电系统及设计是前沿的新技术。东南大学黄庆安教授领导的微电子机械系统教育部重点实验室多年来开展了大量研究工作，取得了一系列创新研究成果，本版手册的“微机电系统及设计”篇（第28篇）就是依据这些成果和国内外大量较新的文献资料编写而成的。

四、重视先进性

（1）本版手册对机械基础设计和常规设计的内容做了大规模全面修订，编入了大量新标准、新材料、新结构、新工艺、新产品、新技术、新设计理论和计算方法等。

1）编入和更新了产品设计中需要的大量国家标准，仅机械工程材料篇就更新了标准126个，如GB/T 699—2015《优质碳素结构钢》和GB/T 3077—2015《合金结构钢》等。

2）在新材料方面，充实并完善了铝及铝合金、钛及钛合金、镁及镁合金等内容。这些材料由于具有优良的力学性能、物理性能以及回收率高等优点，目前广泛应用于航空、航天、高铁、计算机、通信元件、电子产品、纺织和印刷等行业。增加了国内外粉末冶金材料的新品种，如美国、德国和日本等国家的各种粉末冶金材料。充实了国内外工程塑料及复合材料的新品种。

3）新编的“机械零部件结构设计”篇（第4篇），依据11个结构设计方面的基本要求，编写了相应的内容，并编入了结构设计的评估体系和减速器结构设计、滚动轴承部件结构设计的示例。

4）按照GB/T 3480.1～3—2013（报批稿）、GB/T 10062.1～3—2003及ISO 6336—2006等新标准，重新构建了更加完善的渐开线圆柱齿轮传动和锥齿轮传动的设计计算新体系；按照初步确定尺寸的简化计算、简化疲劳强度校核计算、一般疲劳强度校核计算，编排了三种设计计算方法，以满足不同场合、不同要求的齿轮设计。

5）在“第4卷　流体传动与控制”卷中，编入了一大批国内外知名品牌的新标准、新结构、新产品、新技术和新设计计算方法。在“液力传动”篇（第23篇）中新增加了液黏传动，它是一种新型的液力传动。

（2）“第5卷　机电一体化与控制技术”卷充实了智能控制及专家系统的内容，大篇幅增加了机器人与机器人装备的内容。

机器人是机电一体化特征最为显著的现代机械系统，机器人技术是智能制造的关键技术。由于智能制造的迅速发展，近年来机器人产业呈现出高速发展的态势。为此，本版手册大篇幅增加了“机器人与机器人装备”篇（第26篇）的内容。该篇从实用性的角度，编写了串联机器人、并联机器人、轮式机器人、机器人工装夹具及变位机；编入了机器人的驱动、控制、传感、视角和人工智能等共性技术；结合喷涂、搬运、电焊、冲压及压铸等工艺，介绍了机器人的典型应用实例；介绍了服务机器人技术的新进展。

（3）为了配合我国创新驱动战略的重大需求，本版手册扩大了创新设计的篇数，将原第6卷扩编为两卷，即新的“现代设计与创新设计（一）”（第6卷）和“现代设计与创新设计（二）”（第7卷）。前者保留了原第6卷的主要内容，后者编入了创新设计和与创新设计有关的内容及一些前沿的技术内容。

本版手册“现代设计与创新设计（一）”卷（第6卷）的重点内容和新增内容主要有：

1）在“现代设计理论与方法综述”篇（第32篇）中，简要介绍了机械制造技术发展总趋势、在国际上有影响的主要设计理论与方法、产品研究与开发的一般过程和关键技术、现代设计理论的发展和根据不同的设计目标对设计理论与方法的选用。闻邦椿院士在国内外首次按照系统工程原理，对产品的现代设计方法做了科学分类，克服了目前产品设计方法的论述缺乏系统性的不足。

2）新编了“数字化设计”篇（第40篇）。数字化设计是智能制造的重要手段，并呈现应用日益广泛、发展更加深刻的趋势。本篇编入了数字化技术及其相关技术、计算机图形学基础、产品的数字化建模、数字化仿真与分析、逆向工程与快速原型制造、协同设计、虚拟设计等内容，并编入了大型全断面掘进机（盾构机）的数字化仿真分析和数字化设计、摩托车逆向工程设计等多个实例。

3）新编了“试验优化设计”篇（第41篇）。试验是保证产品性能与质量的重要手段。本篇以新的视觉优化设计构建了试验设计的新体系、全新内容，主要包括正交试验、试验干扰控制、正交试验的结果分析、稳健试验设计、广义试验设计、回归设计、混料回归设计、试验优化分析及试验优化设计常用软件等。

4）将手册第5版的“造型设计与人机工程”篇改编为“工业设计与人机工程”篇（第42篇），引入了工业设计的相关理论及新的理念，主要有品牌设计与产品识别系统（PIS）设计、通用设计、交互设计、系统设计、服务设计等，并编入了机器人的产品系统设计分析及自行车的人机系统设计等典型案例。

（4）“现代设计与创新设计（二）”卷（第7卷）主要编入了创新设计和与创新设计有关的内容及一些前沿技术内容，其重点内容和新编内容有：

1）新编了“机械创新设计概论”篇（第44篇）。该篇主要编入了创新是我国科技和经济发展的重要战略、创新设计的发展与现状、创新设计的指导思想与目标、创新设计的内容与方法、创新设计的未来发展战略、创新设计方法论的体系和规则等。

2）新编了“创新设计方法论”篇（第45篇）。该篇为创新设计提供了正确的指导思想和方法，主要编入了创新设计方法论的体系、规则，创新设计的目的、要求、内容、步骤、程序及科学方法，创新设计工作者或团队的四项潜能，创新设计客观因素的影响及动态因素的作用，用科学哲学思想来统领创新设计工作，创新设计方法论的应用，创新设计方法论应用的智能化及专家系统，创新设计的关键因素及制约的因素分析等内容。

3）创新设计是提高机械产品竞争力的重要手段和方法，大力发展创新设计对我国国民经济发展具有重要的战略意义。为此，编写了“创新原理、思维、方法与应用”篇（第47篇）。除编入了创新思维、原理和方法，创新设计的基本理论和创新的系统化设计方法外，还编入了29种创新思维方法、30种创新技术、40种发明创造原理，列举了大量的应用范例，为引领机械创新设计做出了示范。

4）绿色设计是实现低资源消耗、低环境污染、低碳经济的保护环境和资源合理利用的重要技术政策。本版手册中编入了“绿色设计与和谐设计”篇（第48篇）。该篇系统地论述了绿色设计的概念、理论、方法及其关键技术。编者结合多年的研究实践，并参考了大量的国内外文献及较新的研究成果，首次构建了系统实用的绿色设计的完整体系，包括绿色材料选择、拆卸回收产品设计、包装设计、节能设计、绿色设计体系与评估方法，并给出了系列典型范例，这些对推动工程绿色设计的普遍实施具有重要的指引和示范作用。

5）仿生机械设计是一门新兴的综合性交叉学科，本版手册新编入了“仿生机械设计”篇（第50篇），包括仿生机械设计的原理、方法、步骤，仿生机械设计的生物模本，仿生机械形态与结构设计，仿生机械运动学设计，仿生机构设计，并结合仿生行走、飞行、游走、运动及生机电仿生手臂，编入了多个仿生机械设计范例。

6）第55篇为“系统化设计理论与方法”篇。装备制造机械产品的大型化、复杂化、信息化程度越来越高，对设计方法的科学性、全面性、深刻性、系统性提出的要求也越来越高，为了满足我国制造强国的重大需要，亟待创建一种能统领产品设计全局的先进设计方法。该方法已经在我国许多重要机械产品（如动车、大型离心压缩机等）中成功应用，并获得重大的社会效益和经济效益。本版手册对该系统化设计方法做了系统论述并给出了大型综合应用实例，相信该系统化设计方法对我国大型、复杂、现代化机械产品的设计具有重要的指导和示范作用。

7）本版手册第7卷还编入了与创新设计有关的其他多篇现代化设计方法及前沿新技术，包括顶层设计原理、方法与应用，智能设计，互联网上的合作设计，工业通信网络，面向机械工程领域的大数据、云计算与物联网技术，3D打印设计与制造技术等。

五、突出实用性

为了方便产品设计者使用和参考，本版手册对每种机械零部件和产品均给出了具体应用，并给出了选用方法或设计方法、设计步骤及应用范例，有的给出了零部件的生产企业，以加强实际设计的指导和应用。本版手册的编排尽量采用表格化、框图化等形式来表达产品设计所需要的内容和资料，使其更加简明、便查；对各种标准采用摘编、数据合并、改排和格式统一等方法进行改编，使其更为规范和便于读者使用。

六、保证可靠性

编入本版手册的资料尽可能取自原始资料，重要的资料均注明来源，以保证其可靠性。所有数据、公式、图表力求准确可靠，方法、工艺、技术力求成熟。所有材料、零部件、产品和工艺标准均采用新公布的标准资料，并且在编入时做到认真核对以避免差错。所有计算公式、计算参数和计算方法都经过长期检验，各种算例、设计实例均来自工程实际，并经过认真的计算，以确保可靠。本版手册编入的各种通用的及标准化的产品均说明其特点及适用情况，并注明生产厂家，供设计人员全面了解情况后选用。

七、保证高质量和权威性

本版手册主编单位东北大学是国家211、985重点大学、“重大机械关键设计制造共性技术”985创新平台建设单位、2011国家钢铁共性技术协同创新中心建设单位，建有“机械设计及理论国家重点学科”和“机械工程一级学科”。由东北大学机械及相关学科的老教授、老专家和中青年学术精英组成了实力强大的大型工具书编写团队骨干，以及一批来自国家重点高校、研究院所、大型企业等30多个单位、近200位专家、学者组成了高水平编审团队。编审团队成员的大多数都是所在领域的著名资深专家，他们具有深广的理论基础、丰富的机械设计工作经历、丰富的工具书编纂经验和执着的敬业精神，从而确保了本版手册的高质量和权威性。

在本版手册编写中，为便于协调，提高质量，加快编写进度，编审人员以东北大学的教师为主，并组织邀请了清华大学、上海交通大学、西安交通大学、浙江大学、哈尔滨工业大学、吉林大学、天津大学、华中科技大学、北京科技大学、大连理工大学、东南大学、同济大学、重庆大学、北京化工大学、南京航空航天大学、上海师范大学、合肥工业大学、大连交通大学、长安大学、西安建筑科技大学、沈阳工业大学、沈阳航空航天大学、沈阳建筑大学、沈阳理工大学、沈阳化工大学、重庆理工大学、中国科学院长春光学精密机械与物理研究所、中国科学院沈阳自动化研究所等单位的专家、学者参加。

在本版手册出版之际，特向著名机械专家、本手册创始人、第1版及第2版的主编徐灏教授致以崇高的敬意，向历次版本副主编邱宣怀教授、蔡春源教授、严隽琪教授、林忠钦教授、余俊教授、汪恺总工程师、周士昌教授致以崇高的敬意，向参加本手册历次版本的编写单位和人员表示衷心感谢，向在本手册历次版本的编写、出版过程中给予大力支持的单位和社会各界朋友们表示衷心感谢，特别感谢机械科学研究总院、郑州机械研究所、徐州工程机械集团公司、北方重工集团沈阳重型机械集团有限责任公司和沈阳矿山机械集团有限责任公司、沈阳机床集团有限责任公司、沈阳鼓风机集团有限责任公司及辽宁省标准研究院等单位的大力支持。

由于编者水平有限，手册中难免有一些不尽如人意之处，殷切希望广大读者批评指正。

主编　闻邦椿

目　　录

第34篇　机械系统的振动设计及噪声控制

第1章　绪　　论

第2章　机械振动的基础

第3章　线性系统的振动

第4章　非线性振动和随机振动

第5章 振动的利用

第6章 机械振动的控制

第7章　机械振动的测试

第8章 轴和轴系的临界转速

第9章 机械噪声及其评价

第10章 机械噪声的测量及噪声源识别

第11章 常见机械噪声源特性及其控制

第 12 章　消声装置及隔声设备

第34篇　机械系统的振动设计及噪声控制

主　编　闻邦椿　刘树英
编写人　闻邦椿　刘树英
审稿人　黄文虎

第 5 版
机械系统的振动设计及噪声控制

主　编　闻邦椿　刘树英
编写人　闻邦椿　刘树英
审稿人　黄文虎　张义民

第1章　绪　　论

1　机械振动的含义及其分类

1.1　机械振动的含义

机械振动指的是物体（或振动体）在其平衡位置附近的往复运动。振动是在日常生活和工程实际中普遍存在的一种现象，如钟表的摆动、车厢的晃动、飞行器与船舶的振动、机床与刀具的颤动等，都是机械振动。

1.2　机械振动在工程中的作用

1）有害作用。振动引起的动载荷会导致机械零件（如高速转动的轴、冲击气缸等）过早的破坏，机械振动还会引起建筑物的破坏；振动影响机械的性能，如大型水轮机由于振动的存在不能满负载运转，有的发电机组甚至不能正常工作；振动降低了机械加工的精度并增加了零件的表面粗糙度等；振动引起的噪声污染环境，影响人体的心理、生理健康，影响人们的生产活动，降低工作效率，甚至引发严重的事故。

2）有益作用。在某些场合振动是有益的，利用振动可有效地完成许多工艺过程，或用来提高某些机器的工作效率，如振动给料、振动输送、振动筛分、振动脱水、振动冷却、振动破碎、振动落砂、振动成型、振动压实、振动密实、振动采油、振动切削、振动监测、振动测试、振动诊断、振动时效、振动光饰和医疗等。

1.3　机械振动的分类

对于机械振动，可根据不同的特征进行分类，见表34.1-1。

表34.1-1　机械振动的分类

分　　类	名　　称	主要特征及说明
按产生振动的原因分类	自由振动	激励或约束去除后出现的振动。无阻尼线性系统以其固有频率做自由振动，系统的恢复力维持振动，有阻尼时，振动逐渐衰减
	受迫振动	由稳态激励产生的稳态振动。其振幅、频率及时间历程与激励密切相关
	参数振动	由于外来作用使系统参数（如转动惯量、刚度等）按一定规律变化而引起的振动
	自激振动	在非线性系统内由于非振荡能量转换为振荡能量而形成的振动。没有外部激励，维持振动的交变力是由系统自身激发的。振动的频率接近系统的固有频率
	张弛振动	在一个周期内运动量有快速变化段和缓慢变化段的振动。属于自激振动，在振动过程中，系统振荡能量缓慢地贮存起来又快速地释放出来
按振动的规律分类	周期振动	每经相同的时间间隔，其运动量值重复出现的振动
	准周期振动	波形略有变化的周期振动，即稍微偏离周期振动的振动
	简谐振动、正弦振动	运动的规律按正弦函数随时间变化的周期振动。振动的幅值和相位能预先判定
	准正弦振动	波形很像正弦波，但其频率和（或）振幅有相当缓慢地变化
	确定性振动	可以由时间历程的过去信息来预知未来任一时刻瞬时值的振动
	随机振动	在未来任一给定时刻，其瞬时值不能精确预知的振动。在某一范围内，随机振动大小的概率可以用概率密度函数来确定
	稳态振动	连续的周期振动
	瞬态振动	非稳态、非随机的、短暂存在的振动
按振动系统的自由度数分类	单自由度系统的振动	在任意时刻，只用一个广义坐标就可完全确定其位置的系统的振动
	多自由度系统的振动	在任意时刻，需要两个或两个以上的广义坐标才能完全确定其位置的系统的振动
	弹性体振动	在任意时刻，需要无限多个广义坐标才能完全确定其位置的系统的振动。将弹性体视为连续系统、分布系统

（续）

分类	名称	主要特征及说明
按振动系统结构参数的特性分类	线性振动	系统的各参数都具有线性性质，能用常系数线性微分方程描述的振动。系统的响应能运用叠加原理，振动的固有频率与其振幅无关
	非线性振动	系统中某个或某几个参数（如刚度、阻尼等）具有非线性性质，只能用非线性微分方程描述的振动。不能运用叠加原理，振动的固有频率与其振幅有关
按振动位移的特征分类	纵向振动	细长弹性体沿其纵轴方向的振动
	弯曲振动、横向振动	使弹性体产生弯曲变形的振动
	扭转振动	使系统产生扭转变形的振动。如果振动体是杆件，则其质点只做绕杆件轴线的振动
	摆动	振动点围绕转轴所做的往复角位移，即摆的振动，简称摆动
	椭圆振动	振动点的轨迹为椭圆形的振动
	圆振动	振动点的轨迹为圆形的振动
	直线振动	振动点的轨迹为直线的振动
其他	冲击	系统受到瞬态激励，其力、位置、速度或加速度发生突然变化的现象。在冲击的作用下及冲击停止后将产生初始振动及剩余振动，二者属于瞬态振动
	波动	介质某点的位移是时间的变量，同时，该时刻的位移又是空间坐标的函数，如此传播的现象。波动是振动过程向周围介质由近及远的传播，介质的质点在其平衡位置振动不随波前进
	环境振动	与给定环境有关的所有的周围的振动，通常是由远近振源产生的振动的综合效果
	附加振动	除了主要研究的振动以外的全部振动

2 机械工程中常遇到的振动问题（见表34.1-2）

表 34.1-2 机械工程常遇到的振动问题

振动问题	内容及其控制	振动利用
共振	当外部激振力的频率和系统固有频率接近时，系统将产生强烈的振动，这在机械设计和使用中，多数情况下是应该防止或采取控制措施的。例如，隔振系统和回转轴系统应使其工作频率和工作转速在各阶固有频率和各阶临界转速的一定范围之外。工作转速超过临界转速的机械系统在起动和停机过程中，仍然要通过共振区，仍有可能产生较强烈的振动，必要时需采取抑制共振的减振、消振措施	在近共振状态下工作的振动机械，就是利用弹性力和惯性力基本接近于平衡以及外部激振力主要用来平衡阻尼力的原理工作的，因而所需激振力和功率较非共振类振动机械显著减小
自激振动	自激振动中有机床切削过程的自振、低速运动部件的爬行、滑动轴承油膜振荡、传动带的横向振动、液压随动系统的自振等。这些对各类机械及生产过程都是一种危害，应加以控制	蒸汽机、风镐、凿岩机、液压气动碎石机等均为自激振动应用实例
不平衡惯性力	旋转机械和往复机械产生振动的根本原因，都是由于不平衡惯性力所造成的。为减小机械振动，应采取平衡措施。有关构件不平衡力的计算和静动平衡及各类转子的许用不平衡量已分别在“常用设计资料篇”和“轴篇”进行了介绍	惯性振动机械就是依靠偏心质量回转时所产生的离心力作为振源的
振动的传递	为减小外部振动对机械设备的影响或机械设备的振动对周围环境的影响，可配置各类减振器进行隔振、减振和消振	弹性连杆式激振器就是将曲柄连杆形成的往复运动通过连杆弹簧传递给振动机体的
非线性振动	在减振器设计中涉及的摩擦阻尼器和黏弹性阻尼器均为非线性阻尼器。自激振动系统和冲击振动系统也都是非线性振动系统。实际上客观存在的振动问题几乎都是非线性振动问题，只是某些系统的非线性特性较弱，作为线性问题处理罢了	振动利用问题几乎都是利用振动系统的非线性特性工作的，如振动输送类振动机等

（续）

振动问题	内容及其控制	振 动 利 用
冲击振动	当机械设备或基础受到冲击作用时，常常需要校核系统对冲击的响应，必要时采取隔振措施	冲击类振动机实际上都可以转换为非线性振动问题加以处理
	内容及其控制	
随机振动	随机振动的隔离和减振与确定性振动的隔离和消减有两点重要区别：一是随机振动的隔离和消减只能用数理统计方法来解决；二是对宽带随机振动隔离措施已经失效，只能采取阻尼减振措施	
机械结构抗振能力及噪声	衡量机械结构抗振能力的最重要的指标是动刚度。复杂结构的动刚度多采用有限元法进行优化设计。若要提高结构的动刚度并控制噪声源，通常的措施是合理布置肋板和附以黏弹性阻尼材料。这种问题涉及面较宽，因受篇幅限制，本篇不加以讨论	
振动的测试与调试	振动设计中常碰到系统阻尼系数很难确定的问题，解决这类问题唯一可靠的方法是测试。另外，由于振动设计模型忽略了许多振动影响因素，使得振动系统的实际参数与设计参数间有较大差别，特别像动力吸振器要求附加系统与主振系统的固有频率一致性较高的一类问题，设备安装后必须进行调试，否则振动设计将不能发挥应有的作用。对于实际经验不丰富的设计人员，调试前要凭借测试对实际系统有一个充分了解，确定怎样调试，调试后又要借助测试检验调试结果，因此测试是振动设计的一个重要工具	
颤振	颤振是弹性体（或结构）在相对其流动的流体中，由流体动力、弹性力和惯性力的交互作用产生的自激振动 颤振的重要特征是存在临界颤振速度 v_F 和临界颤振频率 ω_F，即在一定密度和温度的流体中，弹性体呈持续简谐振动，处于中性稳定状态时的最低流速和相应的振动频率。流速低于 v_F 时，弹性体或结构对外界扰动的响应受到阻尼。在高于 v_F 的一定流速范围内，所有流速出现发散振动或幅度随流速增加的等幅振动 由于颤振常导致工程结构在极短时间内严重损坏或引起疲劳而损坏，因此在飞行器、水翼船、叶片机械和大型桥梁等工程结构的设计中均应仔细分析，以消除其影响	
颤抖	机械运动中发生的颤抖现象。例如，本来应是一个稳定运动却发生暂时停顿颤动再运动的情况，或者向前输送物料的振动输送机发生横向的振动或扭振。后者往往是振动源位置有偏差或振动件没调整好的缘故；前者往往是液压系统的问题，如背压不足等原因	

3　机械振动等级的评定

机械的种类很多，针对不同类型的机械有不同的标准。对于振动的特征可以用位移、速度或加速度检测来衡量与评定，振动的量值也可用相对值来评定，但通常还是采用 ISO 2372 的标准，以振动速度来评定机械的振动程度。

3.1　振动烈度的确定

一般用振动速度作为标准来评定机械的振动程度。美国和加拿大以振动速度的峰值来表示机器的振动特征。西欧国家和我国多采用振动速度的有效值来衡量机器的振动特征。由于机械振动一般都用简谐振动来表示，因此上面说的振动速度的峰值和振动速度的有效值之间有如下的简单关系，是可以互相换算的：

$$v_{max}=\sqrt{2}\,v_e=2\pi fA \qquad (34.1\text{-}1)$$

式中　v_{max}——振动速度的峰值（mm/s）；

v_e——振动速度的有效值（mm/s）；

f——频率（Hz）；

A——振幅（mm）。

根据 ISO 的建议，以振动速度的均方根值来衡量机器的振动烈度。振动的测量在三个方向进行，即测量垂直、纵向、横向上的几个主要振动的点。以上三个方向的振动速度的有效值的均方根值表示机器的振动烈度：

$$v_m=\sqrt{\left(\frac{\sum v_x}{N_x}\right)^2+\left(\frac{\sum v_y}{N_y}\right)^2+\left(\frac{\sum v_z}{N_z}\right)^2} \qquad (34.1\text{-}2)$$

式中　$\sum v_x$、$\sum v_y$、$\sum v_z$——垂直、纵向、横向三个方向各自振动速度的有效值；

N_x、N_y、N_z——垂直、纵向、横向三个方向主要振点的各自测点数目。

按 ISO 2732，为便于实用，把振动的品级分为四级：

A 级——良好，不会使机械设备的正常运转发生危险的振动级；

B 级——许可，可验收的、允许的振动级；

C 级——可容忍，振动级是允许的，但有问题，不满意，应设法降低的振动级；

D 级——不允许，振动级太大，机器不得运转。

表 34.1-3 的数据是我国参考 ISO 2372、ISO 3945 及其他国际标准后得出的，对尚无国家标准和行业标准的各种设备可参照执行。表中把机器设备分成七大类，各种类型的分类如下：

Ⅰ类：在正常条件下与整机连成一体的电动机和机器零件（低于 15kW 的生产用电动机；中心高≤225mm、转速≤1800r/min 或中心高>225mm、转速≤1000r/min 的泵）。

Ⅱ类：没有专用基础的中等尺寸的机器（输出

功率为15～75kW的电动机）；刚性固定在专用基础上的发动机和机器，低于300kW（转速>1800～4500r/min、中心高≤225mm或转速>1000～1800r/min、中心高>225～550mm或转速>600～1500r/min、中心高>550mm的泵）。

Ⅲ类：安装在刚性非常大的（在测振方向上）、重的基础上的、带有旋转质量的大型原动机和其他大型机器（中心距≤225mm、转速>4500～12000r/min或中心距>225～550mm、转速>1800～4500r/min或中心距>550mm、转速>1500～3600r/min的泵）。

Ⅳ类：安装在刚性非常小的（在测振方向上）基础上、带有旋转质量的大型原动机和其他大型机器（涡轮发动机组，特别是轻型涡轮发动机组；中心高>225～550mm、转速>4500～12000r/min或中心高>550mm、转速>3600～12000r/min的泵；对称平衡式压缩机）。

Ⅴ类：安装在刚性非常大的（在测振方向上）基础上、带有不平衡惯性力的机器和机械驱动系统（由往复运动造成，包括角度式、对置式压缩机；标定转速≤3000r/min、刚性支承的多缸柴油机）。

Ⅵ类：安装在刚性非常小的（在测振方向上）基础上、带有不平衡惯性力的机械和机器驱动系统（立式、卧式压缩机；刚性支承、转速>3000r/min或弹性支承、转速≤3000r/min的多缸柴油机）；具有松动耦合旋转质量的机器（如研磨机中的回转轴）；具有可变的不平衡力矩能自成系统地进行工作而不用连接件的机器（如离心机）；加工厂中用的

表34.1-3　推荐的机械设备的振动标准

<table>
<tr><th rowspan="2">分级范围</th><th rowspan="2">振动烈度 v_m /mm·s^{-1}</th><th rowspan="2">噪声值 /dB</th><th colspan="7">机械设备的类别</th></tr>
<tr><th>Ⅰ</th><th>Ⅱ</th><th>Ⅲ</th><th>Ⅳ</th><th>Ⅴ</th><th>Ⅵ</th><th>Ⅶ</th></tr>
<tr><td>0.11</td><td>0.071～0.112</td><td>81</td><td rowspan="5">A</td><td rowspan="6">A</td><td rowspan="7">A</td><td rowspan="8">A</td><td rowspan="9">A</td><td rowspan="10">A</td><td rowspan="11">A</td></tr>
<tr><td>0.18</td><td>0.112～0.18</td><td>85</td></tr>
<tr><td>0.28</td><td>0.18～0.28</td><td>89</td></tr>
<tr><td>0.45</td><td>0.28～0.45</td><td>93</td></tr>
<tr><td>0.71</td><td>0.45～0.71</td><td>97</td></tr>
<tr><td>1.12</td><td>0.71～1.12</td><td>101</td><td rowspan="2">B</td></tr>
<tr><td>1.8</td><td>1.12～1.8</td><td>105</td><td rowspan="2">B</td></tr>
<tr><td>2.8</td><td>1.8～2.8</td><td>109</td><td rowspan="2">C</td><td rowspan="2">B</td></tr>
<tr><td>4.5</td><td>2.8～4.5</td><td>113</td><td rowspan="2">C</td><td rowspan="2">B</td></tr>
<tr><td>7.1</td><td>4.5～7.1</td><td>117</td><td rowspan="7">D</td><td rowspan="2">C</td><td rowspan="2">B</td></tr>
<tr><td>11.2</td><td>7.1～11.2</td><td>121</td><td rowspan="6">D</td><td rowspan="2">C</td><td rowspan="2">B</td></tr>
<tr><td>18</td><td>11.2～18</td><td>125</td><td rowspan="5">D</td><td rowspan="2">C</td><td rowspan="2">B</td></tr>
<tr><td>28</td><td>18～28</td><td>129</td><td rowspan="4">D</td><td rowspan="2">C</td><td rowspan="2">B</td></tr>
<tr><td>45</td><td>28～45</td><td>133</td><td rowspan="3">D</td><td rowspan="2">C</td></tr>
<tr><td>71</td><td>45～71</td><td>137</td><td rowspan="2">D</td><td rowspan="2">C</td></tr>
<tr><td>112</td><td>71～112</td><td>141</td><td>D</td></tr>
</table>

注：振动速度级的基准取为 $v_{0(eff)}=10^{-6}$cm/s。

振动筛、动态疲劳试验机和振动台。

Ⅶ类：安装在弹性支承上、转速>3000r/min的多缸柴油机；非固定式压缩机。

我国有些设备标准不完全按表34.1-3的规定，如对于单缸柴油机（标定转速≤3000r/min）的标准见表34.1-4。

表34.1-4　单缸柴油机的等级和振动烈度

（标定转速≤3000r/min）

等　级	水　冷		风　冷	
	刚性支承	弹性支承	刚性支承	弹性支承
	振动烈度限值/mm·s^{-1}			
A	7.1	11.2	11.2	18.0
B	11.2	18.0	18.0	28.0
C	18.0	28.0	28.0	45

3.2　泵振动烈度的评定

在对泵振动烈度进行评定时，采用国际标准ISO 2372，但在振动速度有效值上只取最大的一个方向。

立式泵主要测点的具体位置应通过试测确定，即在测点的水平圆周上试测，将测得的振动值最大处定为测点。

每个测点都要在三个互相垂直的方向（水平、垂直、轴向）进行振动测量。

比较主要测点，在三个方向（水平 X、垂直 Y、轴向 Z）、三个工况（允许用到的小流量、规定流量、大流量）上测得的振动速度有效值，其中最大的一个定为泵的振动烈度。

在10～1000Hz的频段内速度均方根值相同的振动被认为具有相同的振动烈度，以此确定泵的烈度级。

为了评价泵的振动级别，按泵的中心高和转速把泵分为四类，见表34.1-5。有了泵的类别与烈度级就可用表34.1-3来评价泵的振动级别为A、B、C、D哪一级。

表34.1-5　按泵的中心高度和转速对泵分类

中心高度/mm	≤225	>225～550	>550
类别	转速/r·min^{-1}		
第一类	≤1800	≤1000	—
第二类	>1800～4500	>1000～1800	>600～1500
第三类	>4500～12000	>1800～4500	>1500～3600
第四类	—	>4500～12000	>3600～12000

注：1. 卧式泵的中心高规定为由泵的轴线到泵的底座上平面间的距离（mm）。

2. 立式泵本来没有中心高，为了评价它的振动级别，取一个相当尺寸当作立式泵的中心高，即把立式泵的出口法兰密封面到泵轴线间的投影距离定为它的相当中心高。

第 2 章　机械振动的基础

机械振动是物体（振动体）在其平衡位置附近的往复运动。振动的时间历程是指以时间为横坐标、以振动体的某个运动参数（位移、速度或加速度）为纵坐标的线图，用来描述振动的运动规律。振动的时间历程分为周期振动和非周期振动。

1　机械振动的表示方法

1.1　简谐振动的表示方法（见表 34.2-1）

表 34.2-1　简谐振动的表示方法

项　　目	时间历程表示法	旋转矢量表示法	复数表示法
简图			
说明	做简谐振动的质量 m 上的点光源照射在以运动速度为 v 的紫外线感光纸上记录的曲线	矢量 $\boldsymbol{A}$ 或($\boldsymbol{a}+\boldsymbol{b}$)以等角速度 ω 逆时针方向旋转时，在坐标轴 x 上的投影	矢量 $\boldsymbol{A}$ 或($\boldsymbol{a}+\boldsymbol{b}$)以等角速度 ω 逆时针方向旋转时，同时在实轴和虚轴上投影
	T—周期(s)；f_0—频率(Hz)，$f_0=\dfrac{1}{T}$；ω—角频率(rad/s)，$\omega=\dfrac{2\pi}{T}=2\pi f_0$；$A$—振幅(m)；$\varphi$—相位角(rad)，$\varphi=\omega t$；$\varphi_0$—初相角(rad)，$\varphi_0=\omega t_0$； $\lvert\boldsymbol{a}\rvert=\lvert\boldsymbol{A}\rvert\cos\varphi_0$；$\lvert\boldsymbol{b}\rvert=\lvert\boldsymbol{A}\rvert\sin\varphi_0$		
振动位移	$x=A\sin(\omega t+\varphi_0)$		$x=Ae^{i(\omega t+\varphi_0)}$
振动速度	$\dot{x}=A\omega\cos(\omega t+\varphi_0)$		$\dot{x}=i\omega Ae^{i(\omega t+\varphi_0)}$
振动加速度	$\ddot{x}=-A\omega^2\sin(\omega t+\varphi_0)$		$\ddot{x}=-\omega^2Ae^{i(\omega t+\varphi_0)}$
振动位移、速度、加速度的相位关系	振动位移、速度和加速度的角频率都等于 ω，最大位移即振幅为 A 振动速度矢量比位移矢量超前 90°，最大速度 $v_0=\omega A$ 振动加速度矢量又超前速度矢量 90°，最大加速度 $a_0=\omega^2A$		

注：时间历程曲线表示法是振动时域描述方法，也可以用来描述周期振动、非周期振动和随机振动。

1.2　周期振动幅值的表示方法

振动系统的某些物理量（如位移、速度和加速度等）在相等的时间间隔内做往复运动，往复一次所需的时间间隔称为周期。周期振动的幅值表示法见表 34.2-2。

表 34.2-2　周期振动的幅值表示法

名　　称	幅　　值	简谐振动幅值比	简　　图
峰值 A	$x(t)$ 的最大值	1	
峰峰值 A_{FF}	$x(t)$ 的最大值和最小值之差	2	
平均绝对值 $\overline{A}$	$\dfrac{1}{T}\int_0^T \lvert x(t)\rvert \mathrm{d}t$	0.636	
均方值 A_{ms}	$\dfrac{1}{T}\int_0^T x^2(t)\mathrm{d}t$	—	
均方根值(有效值) A_{rms}	$\sqrt{\dfrac{1}{T}\int_0^T x^2(t)\mathrm{d}t}$	0.707	

注：1. 周期振动幅值表示法是一种幅域描述方法，也可以用来描述非周期振动和随机振动。
2. 对简谐振动峰值即为振幅，峰峰值即为双振幅。

1.3 振动频谱的表示方法（见表 34.2-3）

表 34.2-3 振动频谱表示方法

项 目	周期性振动	非周期性振动
振动时间函数 $f(t)$ 的傅里叶变换	$f(t)=a_0+\sum_{n=1}^{\infty}(a_n\cos n\omega_0 t+b_n\sin n\omega_0 t)$ $=c_0+\sum_{n=1}^{\infty}c_n\cos(n\omega_0 t+\varphi_n)$ $=\sum_{n=-\infty}^{\infty}D_n e^{in\omega_0 t}$	$f(t)=\frac{1}{2\pi}\int_{-\infty}^{\infty}F(\omega)e^{i\omega t}d\omega$ $=\int_{-\infty}^{\infty}F(f)e^{i2\pi ft}df$
振动的频谱表达式	傅里叶系数：$\left(\omega_0=\frac{2\pi}{T}=2\pi f_0\right)$ $a_0=c_0=\frac{1}{T}\int_0^T f(t)dt$ $a_n=\frac{2}{T}\int_0^T f(t)\cos n\omega_0 t dt$ $b_n=\frac{2}{T}\int_0^T f(t)\sin n\omega_0 t dt$ 幅值谱：$c_n(\omega)=\sqrt{a_n^2+b_n^2}$ 相位谱：$\varphi_n(\omega)=\arctan(-b_n/a_n)$ 复谱：$D_n(\omega_0)=\frac{1}{T}\int_0^T f(t)e^{-in\omega_0 t}dt$ $D_n(f_0)=\frac{1}{T}\int_0^T f(t)e^{-i2\pi nf_0 t}dt$	$F(\omega)=\int_{-\infty}^{\infty}f(t)e^{-i\omega t}dt$ $F(f)=\int_{-\infty}^{\infty}f(t)e^{-i2\pi ft}dt$
图例	a)　　　b)	c)

注：图例中图 a、b、c 的下图为上图的频谱。图 a 的下图表示只有两个谐波分量，为完全谱；图 b 的下图只表示前四个谐波分量，故为非完全谱。该方法是振动的频域描述方法，也可用以描述随机振动。

2 机械系统的力学模型

研究振动问题时，机械总体或机械零部件以及它们的安装基础构成了振动系统。实际振动系统是很复杂的。影响振动的因素很多，在处理工程振动问题的过程中，根据研究问题的需要，抓住影响振动的主要因素，忽略影响振动的次要因素，使复杂的振动系统得以简化。简化后的振动系统称为实际振动系统的力学模型。

2.1 力学模型的简化原则（见表 34.2-4）

实际振动系统是很复杂的，而影响振动的因素有很多，这就给振动研究带来很大的困难，甚至于解决实际问题无从下手。在解决实际问题时，为了便于分析计算，应抓住结构的主要特征，突出影响振动的主要因素，忽略影响振动的次要因素，这样就使复杂的振动系统得到了简化和抽象。在满足工程精度要求的前提下，模型应尽可能地简化，以降低成本，而简化和抽象后的力学模型，其振动规律应反映实际振动系统的振动特性。

本节首先以汽车为例来说明力学模型的定性简化原则。通过系统的振动分析，阐明怎样根据研究问题的需要，定量地确定被忽略的次要因素对振动的影响，最终提出设计的计算模型。

表 34.2-4　力学模型的简化原则

序号	简化原则	汽车模型简化说明
1	根据研究问题的需要和可能，突出影响振动的主要因素，忽略影响振动的次要因素	根据研究人乘汽车的舒适性或车架振动问题的需要，对汽车系统进行下列简化： 1）轮胎和悬挂弹簧的质量与车架和前后桥的质量相比，前者的质量是影响振动的次要因素，可以忽略；但前者的弹性与后者的弹性相比，前者的弹性又是影响振动的主要因素，应当加以突出。因此，将轮胎和悬挂弹簧简化为无质量的弹性元件，而将车架和前后桥简化为刚体质量 2）发动机不平衡惯性力与汽车行驶时路面起伏对汽车振动的影响相比，前者很小可忽略。于是，将系统的受迫振动问题简化成支承运动引起的受迫振动问题
2	简化后的力学模型要能反映实际振动系统的振动本质	简化后的力学模型应按下列顺序依次反映实际振动系统的振动本质： 1）主要振动：车架沿 y 方向振动和绕 z 轴摆动（y,φ_z） 2）比较主要的振动：前后桥沿 y 方向振动（y_1,y_2） 3）一般振动：车架和前后桥绕 x 轴的摆动（$\varphi_x,\varphi_{1x},\varphi_{2x}$） 4）其他次要振动被忽略，于是系统被简化为具有七个自由度（$y,\varphi_z,y_1,y_2,\varphi_x,\varphi_{1x},\varphi_{2x}$）的力学模型
3	允许力学模型同实际系统的主要振动有误差，但必须满足工程精度（允许误差）要求 a)　　b)	1）工程精度要求放宽点，可将车架和前后桥绕 x 轴摆动（$\varphi_x,\varphi_{1x},\varphi_{2x}$）忽略，系统则被简化成为如图 a 所示具有四个自由度（y,φ_z,y_1,y_2）的力学模型 2）工程精度再放宽一点，还可将前后桥沿 y 方向的振动（y_1,y_2）忽略，于是系统又被简化成为如图 b 所示具有两个自由度（y,φ_z）的力学模型 3）如果再忽略两个不同方向振动的耦联，系统还可以被分解成为两个单自由度模型 4）处理工程振动问题时，宁可工程精度差一点，也要把系统简化成为单自由度或二自由度的力学模型，这样更能突出振动本质，误差大些可通过调试加以弥补

2.2　力学模型的种类

1）集总参量模型。由惯性元件（集中质量、刚体、圆盘）、弹性元件（弹簧、弹性梁、弹性轴段）和阻尼元件（阻尼器）等离散元件组成的模型。其自由度是有限的，运动量只依赖于时间而与空间无关，可用常微分方法来描述。这种模型由于过多的简化，与实际结构的动力特性相差较大，只适用于初步估算系统的动力特性及工程精度要求不高的情况。

2）连续参量模型。由无数个质量通过弹性连接而成的连续模型，有无限多个自由度。运动量既与时间有关又与空间有关，必须用偏微分方程来描述。这种模型比较反映结构的真实情况，但只有一些形状比较简单的系统，其数学表达式才有解析解，因此常用于弦、杆、梁、板、膜和壳等系统。

3）离散参量模型。由有限个离散单元组成，而每个单元是连续的。这种模型按照有限元的计算方法，比较容易地解决其偏微分方程的求解问题，而且能满足较高的工程精度，可用于各种结构。

4）混合模型。把大型复杂结构划分为若干子结构。根据各子结构的特征选用上述模型，分别建立其相应的模型。对子结构模型进行分析或实验，得到各子结构的动力特性后，通过模态综合技术求得整个结构的动力特性。该模型适用于大型复杂结构。

物理模型建成后，建立其数学模型。同一个物理模型，可以有不同的数学模型。例如，对系统的参量可以建成线性或非线性、定常或时变、确定性或随机性等不同数学模型；对信号分析可建成用微分方程描述的连续时间模型，或用差分方程描述的离散时间模型；对输入输出关系可建成输入-输出模型，或状态空间模型。可以根据建模的目的和求解数学表达式的手段，来选取以上各种数学模型。

2.3　等效参数的转换计算

一个振动系统可按周期能量相等的原则，转换为另一个相当的、有等效参量的、较简单的振动系统来计算，见表 34.2-5。

表 34.2-5　等效参数的转换计算

分类	能量守恒原则	等效参数	实例计算说明
1. 等效刚度	$V=\frac{1}{2}k_e x_e^2$ $=\sum\frac{1}{2}k_i x_i^2+\sum m_i g h_i$ $\left(V=\frac{1}{2}k_{\varphi e}\varphi_e^2=\sum\frac{1}{2}k_{\varphi i}\varphi_i^2\right)$	$k_e=\frac{2V}{x_e^2}$	$x_1=a\theta\quad x_2=l\theta\quad x_e=a\theta$ $h=l(1-\cos\theta)\approx\frac{1}{2}l\theta$ $V=\frac{1}{2}ka^2\theta^2+mg\times\frac{1}{2}l\theta$ $k_e=k+\frac{mgl}{a^2}$ 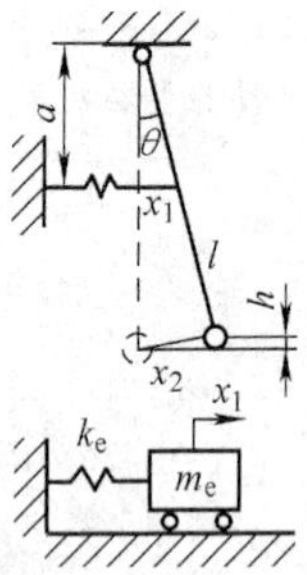
2. 等效质量	$T=\frac{1}{2}m_e\dot{x}_e^2$ $=\sum\frac{1}{2}m_i\dot{x}_i^2$ $\left(T=\frac{1}{2}J_e\dot{\varphi}_e^2=\sum\frac{1}{2}J_i\dot{\varphi}_i^2\right)$	$m_e=\frac{2T}{\dot{x}_e^2}$	$\dot{x}_1=a\dot{\theta}\quad \dot{x}_2=l\dot{\theta}\quad \dot{x}_e=a\dot{\theta}$ $T=\frac{1}{2}ml^2\dot{\theta}^2$ $m_e=m\frac{l^2}{a^2}$ 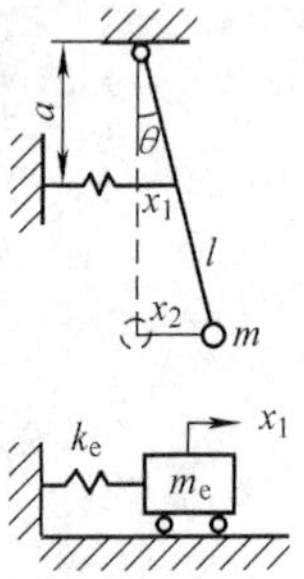
3. 弹簧刚度的等效质量	$T+V=\frac{1}{2}m_e\dot{x}_e^2$ $T=\sum\frac{1}{2}m_i\dot{x}_i^2$ $V=\sum\frac{1}{2}k_i x_i^2$ $\left(T+V=\frac{1}{2}J_e\dot{\varphi}_e^2\right.$ $T=\sum\frac{1}{2}J_i\dot{\varphi}_i^2$ $\left.V=\sum\frac{1}{2}k_{\varphi i}\varphi_i^2\right)$	$m_e=\frac{2(T+V)}{\dot{x}_e^2}$	$x_1=B_1\sin(\omega t-\varphi)$ $\dot{x}_1=B_1\omega\cos(\omega t-\varphi)$ $\dot{x}_e=B_1\omega\cos(\omega t-\varphi)$ $T_1=\frac{1}{2}m_1B_1^2\omega^2\cos^2(\omega t-\varphi)$ $V_1=\frac{1}{2}k_1B_1^2[1-\cos^2(\omega t-\varphi)]$ 所以　$m_{e1}=\frac{2(T_1+V_1)}{\dot{x}_e^2}=m_1-\frac{k_1}{\omega^2}$ 同理　$m_{e2}=m_2-\frac{k_3}{\omega^2}$ 其中　$\frac{1}{2}k_1B_1$ 只表示静态特性 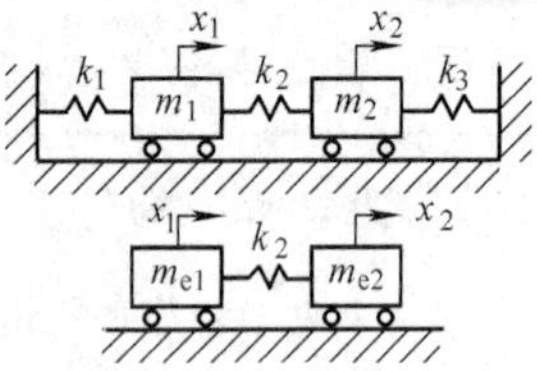
4. 等效阻尼	$W=c_e\dot{x}_e x_e=c_i\dot{x}_i x_i$ $(W=c_{\varphi e}\dot{\varphi}_e\varphi_e=\sum c_{\varphi i}\dot{\varphi}_i\varphi_i)$	$c_e=\frac{W}{\dot{x}_e x_e}$	$\dot{x}_2=l\dot{\theta}\quad x_2=l\theta$ $\dot{x}_e=a\dot{\theta}\quad x_e=a\theta$ $W=c\dot{x}_2x_2=cl^2\dot{\theta}\theta$ $c_e=c\frac{l^2}{a^2}$ 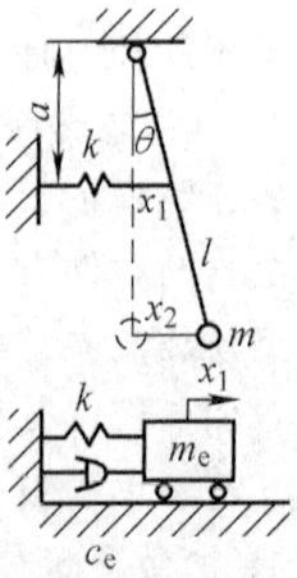

（续）

分类	能量守恒原则	等效参数	实例计算说明
5. 等效激励	$W=F_e(t)x_e$ $=\sum F_i(t)x_i$ $[W=M_e(t)\varphi_e$ $\sum=M_i(t)\varphi_i]$	$F_e(t)=\dfrac{W}{x_e}$	$x_1=a\theta \quad x_2=l\theta$ $x_e=a\theta$ $W=F(t)l\theta$ $F_e(t)=F(t)\dfrac{l}{a}$
6. 方向转换	$V=\dfrac{1}{2}k_e s^2$ $=\dfrac{1}{2}k_x x^2+\dfrac{1}{2}k_y y^2$	$k_e=\dfrac{2V}{s^2}$	$x=s\cos\delta \quad y=s\sin\delta$ $V=\dfrac{1}{2}(k_x s^2\cos^2\delta+k_y s^2\sin^2\delta)$ $k_e=k_x\cos^2\delta+k_y\sin^2\delta$ 其他参数可类似进行振动方向的转换计算

注：1. 参数转换计算均按微幅简谐振动计算。

2. V—势能；T—动能；W—功；c—阻尼系数；B_1—振幅；J—转动惯量。

3　弹性构件的刚度

作用在弹性构件上的力（或力矩）的增量与相应的位移（或角位移）的增量之比，称为刚度。弹性构件的刚度就是其产生单位位移所需的力，扭转刚度就是弹性构件产生单位角位移所需的扭矩。刚度 k 由下式计算：

$$k=T/\delta_{st} \tag{34.2-1}$$

弹性构件的刚度见表 34.2-6。

表 34.2-6　弹性构件的刚度

序号	构件型式	简　图	刚度 $k/\mathrm{N\cdot m^{-1}}$（$k_\varphi/\mathrm{N\cdot m\cdot rad^{-1}}$）
1	圆柱形拉伸或压缩弹簧		圆形截面 $k=\dfrac{Gd^4}{8nD^3}$ 矩形截面 $k=\dfrac{4Ghb^3\Delta}{\pi nD^3}$ 式中　n—弹簧圈数 h/b：1、1.5、2、3、4 Δ：0.141、0.196、0.229、0.263、0.281
2	圆锥形拉伸弹簧		圆形截面 $k=\dfrac{Gd^4}{2n(D_1^2+D_2^2)(D_1+D_2)}$ 矩形截面 $k=\dfrac{16Ghb^3\eta}{\pi n(D_1^2+D_2^2)(D_1+D_2)}$ 式中 $\eta=\dfrac{0.276\left(\dfrac{h}{b}\right)^2}{1+\left(\dfrac{h}{b}\right)^2}$ D_1—大端中径（m） D_2—小端中径（m）
3	两个弹簧并联		$k=k_1+k_2$
4	n 个弹簧并联		$k=k_1+k_2+\cdots+k_n$

（续）

序号	构件型式	简　图	刚度 k/N · m^{-1}（k_φ/N · m · rad^{-1}）
5	两个弹簧串联	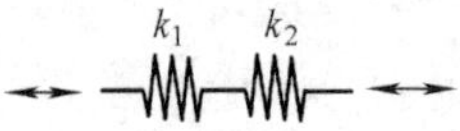	$\frac{1}{k}=\frac{1}{k_1}+\frac{1}{k_2}$
6	n 个弹簧串联		$\frac{1}{k}=\frac{1}{k_1}+\frac{1}{k_2}+\cdots+\frac{1}{k_n}$
7	混合连接弹簧	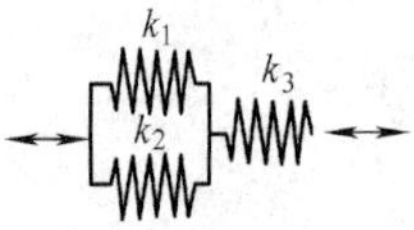	$k=\frac{(k_1+k_2)k_3}{k_1+k_2+k_3}$
8	受扭圆柱弹簧	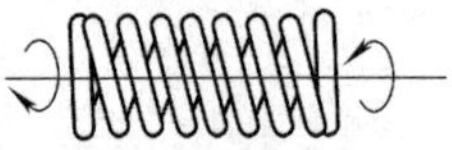	$k_\varphi=\frac{Ed^4}{32nD}$
9	受弯圆柱弹簧	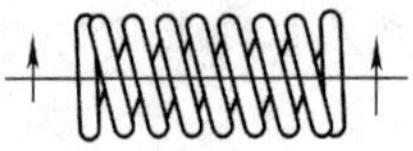	$k_\varphi=\frac{Ed^4}{32nD}\times\frac{1}{1+E/(2G)}$
10	卷簧	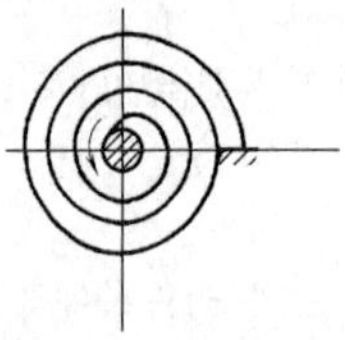	$k_\theta=\frac{EI}{l}$ 式中　l—钢丝总长
11	等截面悬臂梁	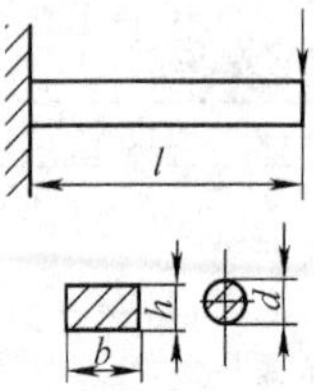	$k=\frac{3EI}{l^3}$ 圆截面　$k=\frac{3\pi d^4 E}{64l^3}$ 矩形截面　$k=\frac{bh^3 E}{4l^3}$
12	等厚三角形悬臂梁	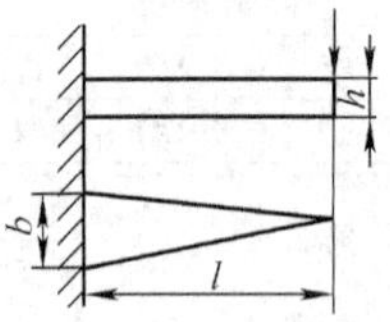	$k=\frac{bh^3 E}{6l^3}$
13	悬臂板簧组（各板排列成等强度梁）	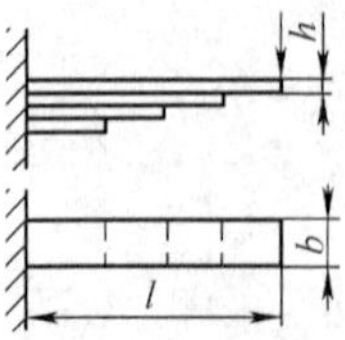	$k=\frac{nbh^3 E}{6l^3}$ 式中　n—钢板数
14	两端简支	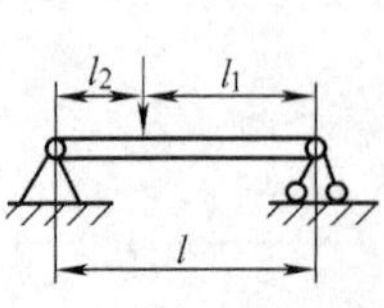	$k=\frac{3EIl}{l_1^2 l_2^2}$ 当 $l_1=l_2$ 时，$k=\frac{48EI}{l^3}$

（续）

序号	构件型式	简　图	刚度 $k/\mathrm{N\cdot m^{-1}}$（$k_\varphi/\mathrm{N\cdot m\cdot rad^{-1}}$）
15	两端固定	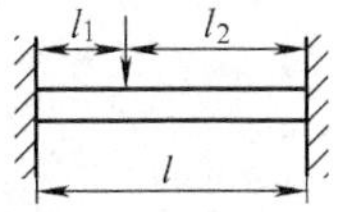	$k=\dfrac{3EIl^3}{l_1^3 l_2^3}$ 当 $l_1=l_2$ 时，$k=\dfrac{192EI}{l^3}$
16	力偶作用于悬臂梁端部	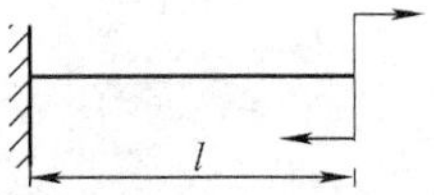	$k_\varphi=\dfrac{EI}{l}$
17	力偶作用于简支梁中点	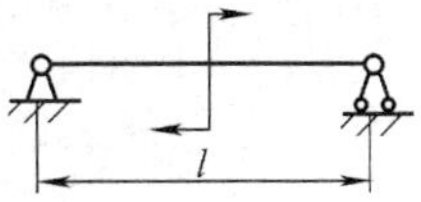	$k_\varphi=\dfrac{12EI}{l}$
18	力偶作用于两端固定梁中点	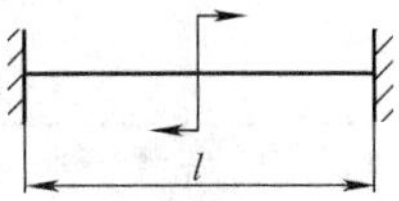	$k_\varphi=\dfrac{16EI}{l}$
19	受扭实心轴	a)　b)　c)　d)　e)　f)	a) $k_\varphi=\dfrac{G\pi D^4}{32l}$　b) $k_\varphi=\dfrac{G\pi D_k^4}{32l}$ c) $k_\varphi=\dfrac{G\pi D_1^4}{32l}$　d) $k_\varphi=1.18\dfrac{G\pi D_1^4}{32l}$ e) $k_\varphi=1.1\dfrac{G\pi D_1^4}{32l}$　f) $k_\varphi=\alpha\dfrac{G\pi b^4}{32l}$

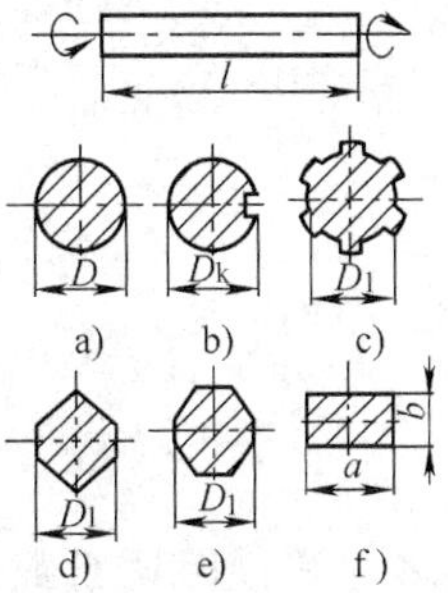

a/b	1	1.5	2	3	4
α	1.43	2.94	4.57	7.90	11.23

序号	构件型式	简　图	刚度 $k/\mathrm{N\cdot m^{-1}}$（$k_\varphi/\mathrm{N\cdot m\cdot rad^{-1}}$）
20	受扭空心轴	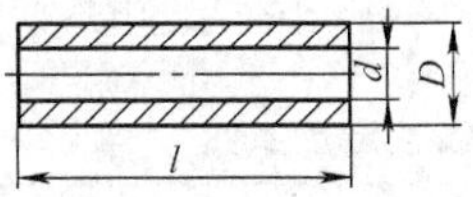	$k_\varphi=\dfrac{G\pi(D^4-d^4)}{32l}$
21	受扭锥形轴	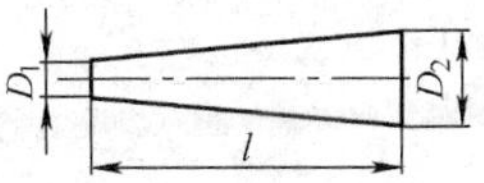	$k_\varphi=\dfrac{3G\pi D_1^3D_2^3(D_2-D_1)}{32l(D_2^3-D_1^3)}$
22	受扭阶梯轴	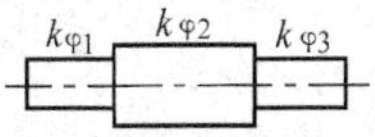	$\dfrac{1}{k_\varphi}=\dfrac{1}{k_{\varphi1}}+\dfrac{1}{k_{\varphi2}}+\dfrac{1}{k_{\varphi3}}+\cdots$
23	受扭紧配合轴	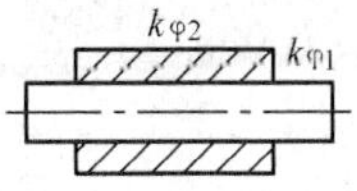	$k_\varphi=k_{\varphi1}+k_{\varphi2}+\cdots$
24	两端受扭的矩形条	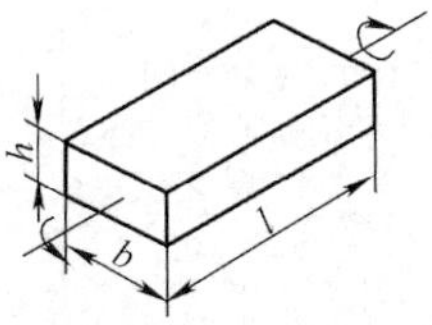	当$\dfrac{b}{h}=1.75\sim20$　$k_\theta=\dfrac{\alpha Gbh^3}{l}$ 式中　$\alpha=\dfrac{1}{3}-\dfrac{0.209h}{b}$
	两端受扭的平板		当$\dfrac{b}{h}>20$　$k_\theta=\dfrac{Gbh^3}{3l}$

（续）

序号	构件型式	简 图	刚度 k/N·m^{-1}(k_φ/N·m·rad^{-1})
25	周边简支中心受力的圆板		$k=\dfrac{4\pi E\delta^3}{3R^2(1-\mu)(3+\mu)}$
26	周边固定中心受力的圆板		$k=\dfrac{4\pi E\delta^3}{3R^2(1-\mu^2)}$
27	受张力的弦		$k=\dfrac{T(a+b)}{ab}$

注：E—弹性模量（Pa）；G—切变模量（Pa）；I—截面二次矩（m^4）；D—弹簧中径、轴外径（m）；d—弹簧钢丝直径、轴直径（m）；n—弹簧有效圈数；δ—板厚（m）；μ—泊松比；T—张力（N）。

4 机械振动系统的阻尼系数

黏性阻尼又称线性阻尼。它在运动中产生的阻尼力与物体的运动速度成正比，即

$$F=-c\dot{x} \tag{34.2-2}$$

式中，负号表示阻力的方向与速度方向相反；c 为阻尼系数，是线性的阻尼系数。

等效黏性阻尼——在运动中产生的阻尼力与物体的运动速度不成正比的。对非黏性阻尼，有的可以用等效黏性阻尼系数表示，以简化计算。非黏性阻尼在每一个振动周期中所做的功 W 等效于某一黏性阻尼其系数为 c_e 所做的功，以 c_e 为等效黏性阻尼系数，即

$$c_e=W/(\pi\omega A^2) \tag{34.2-3}$$

式中 W——功；

A——振幅；

ω——角频率。

4.1 线性阻尼系数

常用的线性阻尼系数见表 34.2-7。

表 34.2-7 常用的线性阻尼系数

序号	机 理	简 图	阻尼力 F/N（或阻尼力矩 M/N·m）	阻尼系数 c/N·s·m^{-1}（c_φ/N·m·s·rad^{-1}）
1	液体介于两相对运动的平行板之间		$F=\dfrac{\eta A}{t}v$ 流体动力黏度 η 15℃空气 $\eta=1.82$Pa·s 20℃水 $\eta=103$Pa·s 20℃酒精 $\eta=176$Pa·s 15.6℃润滑油 $\eta=11610$Pa·s	$c=\dfrac{\eta A}{t}$ 式中 A—与流体接触面积(m^2) t—流体层厚度(m) v—两平行板相对运动速度(m/s)，$v=v_1-v_2$
2	板在液体内平行移动		$F=\dfrac{2\eta A}{t}v$	$c=\dfrac{2\eta A}{t}$ 式中 A—动板一侧与液体接触面积(m^2)

（续）

序号	机　理	简　图	阻尼力 F/N（或阻尼力矩 M/N·m）	阻尼系数 c/N·s·m^{-1}（c_φ/N·m·s·rad^{-1}）
3	液体通过移动活塞上的小孔	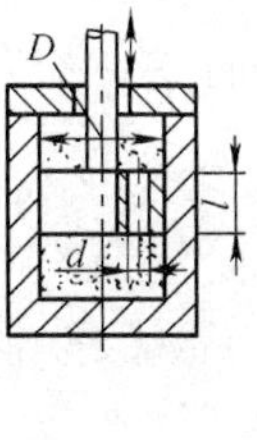	圆孔直径为 d 时 $F=\frac{8\pi\eta l}{n}\left(\frac{D}{d}\right)^4 v$ 式中　n—小孔数 矩形孔面积为 ab 时 $F=12\pi\eta l\frac{A^2}{a^3 b}v(a\ll b)$ 式中　A—活塞面积（m^2）	圆形孔： $c=\frac{8\pi\eta l}{n}\left(\frac{D}{d}\right)^4$ 矩形孔： $c=12\pi\eta l\frac{A^2}{a^3 b}$
4	液体通过移动活塞柱面与缸壁的间隙	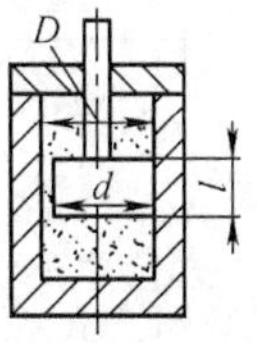	$F=\frac{6\pi\eta l d^3}{(D-d)^3}v$	$c=\frac{6\pi\eta l d^3}{(D-d)^3}$
5	液体介于两相对转动的同心圆柱之间	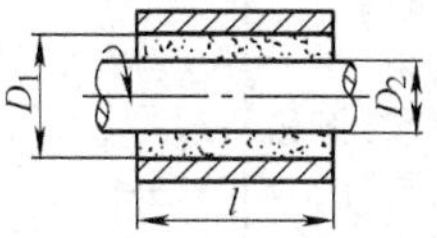	$M=\frac{\pi\eta l(D_1+D_2)^3}{2(D_1-D_2)}\omega$ 式中　ω—角速度（rad/s）	$c_\varphi=\frac{\pi\eta l(D_1+D_2)^3}{2(D_1-D_2)}$
6	液体介于两相对运动的同心圆盘之间	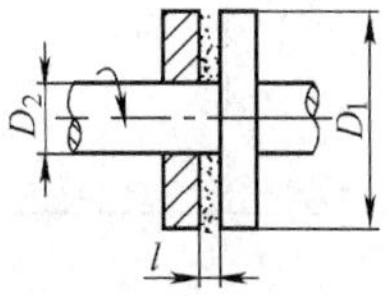	$M=\frac{\pi\eta}{32l}(D_1^4-D_2^4)\omega$	$c_\varphi=\frac{\pi\eta}{32l}(D_1^4-D_2^4)$
7	液体介于两相对运动的圆柱形壳和圆盘之间	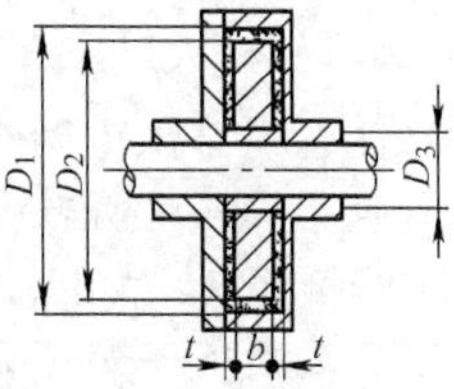	$M=\pi\eta\left(\frac{bD_1^2D_2^2}{D_1^2-D_2^2}+\frac{D_2^4-D_3^4}{16t}\right)\omega$	$c_\varphi=\pi\eta\left(\frac{bD_1^2D_2^2}{D_1^2-D_2^2}+\frac{D_2^4-D_3^4}{16t}\right)$

4.2　非线性阻尼的等效线性阻尼系数

常用的等效线性阻尼系数见表 34.2-8。

表 34.2-8　常用的等效线性阻尼系数

序号	阻尼种类	阻尼机理	阻尼力 F/N	等效线性阻尼系数 c_e/N·s·m^{-1}
1	干摩擦阻尼	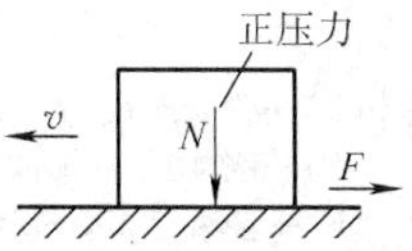 正压力 N v F	$F=\mu N$ 摩擦因数 μ 钢与铸铁　$\mu=0.2\sim0.3$ 钢与铸铁（涂油）$\mu=0.08\sim0.16$ 钢与钢　$\mu=0.15$ 钢与青铜　$\mu=0.15$	$c_e=\frac{4\mu N}{\pi A\omega}$ 摩擦因数 μ 尼龙与金属　$\mu=0.3$ 塑料与金属　$\mu=0.05$ 树脂与金属　$\mu=0.2$

（续）

序号	阻尼种类	阻尼机理	阻尼力 F/N	等效线性阻尼系数 c_e/N·s·m^{-1}
2	速度平方阻尼	物体在流体中以很高速度运动时，也就是当雷诺数 Re 很大时，所产生的阻尼力与速度的平方成正比	$F=c_2v^2$ 例，当活塞快速运动使流体从活塞上的小孔流出时 $c_2=\dfrac{\rho S^3}{2(c_d a)^2}$ 式中　ρ—流体密度（kg/m^3） S—活塞面积（m^2） a—小孔面积（m^2） c_d—流出系数，孔长较短 $c_d=0.6$；孔长为直径 3 倍，边缘为直角 $c_d=0.8$；孔长为直径 3 倍，流入一侧为圆弧 $c_d=0.9$；带阀门的孔 $c_d=0.6\sim0.7$ v—活塞运动速度（m/s）	$c_e=\dfrac{8}{3\pi}c_2\omega A$
3	内部摩擦阻尼	当固体变形时，以滞后型式消耗能量产生的阻尼。如橡胶材料谐振时的阻尼	$F=k(1+i\beta)x$ 式中　$k(1+i\beta)$—复数形式的弹簧常数 i—第二项相对于第一项的相位滞后 90° k—动弹簧常数 β—力学的材料损耗因子	$c_e=\dfrac{\beta k}{\omega}$ 邵氏硬度：30、50、70 β：5%、10%、15% 品种 / β： 氯丁橡胶　15%~30% 丁腈橡胶　25%~40% 苯乙烯橡胶　15%~30%
4	一般非线性阻尼		$F=f(x,\dot{x})$ 其中，$x=A\sin\varphi$ $\dot{x}=\omega A\cos\varphi$	$c_e=\dfrac{1}{\pi\omega A}\int_0^{2\pi}f(x,\dot{x})\cos\varphi\,d\varphi$

注：A—振幅（m）；ω—振动频率（rad/s）。

5　振动系统的固有圆频率

5.1　单自由度系统的固有圆频率

质量为 m 的物体做简谐运动的角频率 ω_n 称固有圆频率（或固有角频率），其与弹性构件刚度 k 的关系可由下式计算：

$$\omega_n=\sqrt{\frac{k}{m}} \tag{34.2-4}$$

固有频率 f_n 为

$$f_n=\frac{\omega_n}{2\pi}=\frac{1}{2\pi}\sqrt{\frac{k}{m}} \tag{34.2-5}$$

表 34.2-6 已列出弹性构件的刚度，若其受力点的参振质量为 m，将两者代入式（34.2-4）即可求得各自的角频率。表 34.2-9、表 34.2-10 列出了典型的固有圆频率，按刚度可直接算得的不一一列出。

表 34.2-9　单自由度系统的固有圆频率

序号	系统型式	系统简图	固有圆频率 ω_n/rad·s^{-1}
1	一个质量一个弹簧系统	k　m_s　m	$\omega_n=\sqrt{\dfrac{k}{m}}\approx\sqrt{\dfrac{g}{\delta}}$ 若计弹簧质量 m_s，则 $\omega_n=\sqrt{\dfrac{3k}{3m+m_s}}$ 式中　k—弹簧刚度（N/m） m—刚体质量（kg） m_s—弹簧分布质量（kg） δ—静变形量（m） g—重力加速度，$g=9.81$m/s^2

（续）

序号	系统型式	系统简图	固有圆频率 ω_n/rad · s^{-1}
2	两个质量一个弹簧的系统	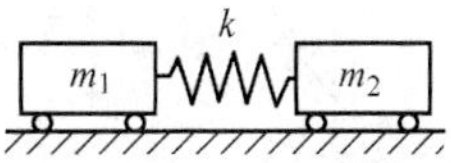	$\omega_n=\sqrt{\frac{k(m_1+m_2)}{m_1m_2}}$
3	质量 m 和刚性杆弹簧系统	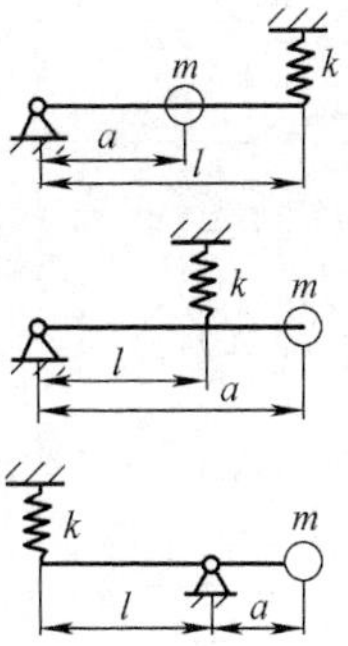	不计杆质量时 $\omega_n=\sqrt{\frac{kl^2}{ma^2}}$ 若计杆质量 m_s，则 $\omega_n=\sqrt{\frac{3kl^2}{3ma^2+m_sl^2}}$ 系统具有 n 个集中质量时，以 $(m_1a_1^2+m_2a_2^2+\cdots+m_na_n^2)$ 代替式中的 ma^2 系统具有 n 个弹簧时，以 $(k_1l_1^2+k_2l_2^2+\cdots+k_nl_n^2)$ 代替式中的 kl^2
4	悬臂梁端有集中质量系统	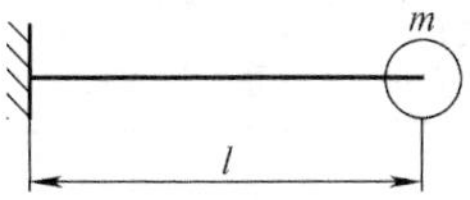	$\omega_n=\sqrt{\frac{3EI}{ml^3}}$ 若计杆质量 m_s，则 $\omega_n=\sqrt{\frac{3EI}{(m+0.24m_s)l^3}}$ 式中　E—弹性模量（Pa） I—截面二次矩（m^4）
5	杆端有集中质量的纵向振动	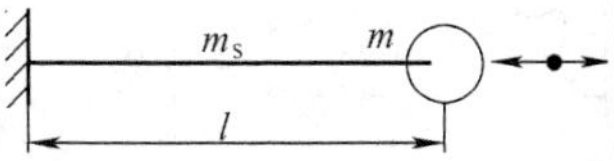	$\omega_n=\frac{\beta}{l}\sqrt{\frac{E}{\rho_V}}$ 式中，β 由下式求出 $\beta\tan\beta=\frac{m_s}{m}$ 式中　ρ_V—体积密度（kg/m^3）
6	一端固定、另一端有圆盘的扭转轴系	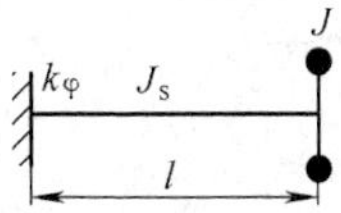	$\omega_n=\sqrt{\frac{k_\varphi}{J}}$ 若计轴的转动惯量 J_s，则 $\omega_n=\sqrt{\frac{3k_\varphi}{3J+J_s}}$
7	两端固定、中间有圆盘的扭转轴系	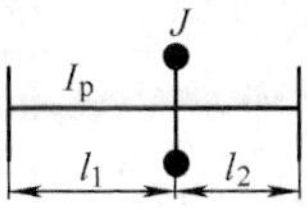	$\omega_n=\sqrt{\frac{GI_p(l_1+l_2)}{Jl_1l_2}}$ 式中　G—切变模量（Pa） I_p—截面二次极矩（m^4）
8	单摆	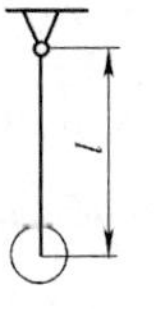	$\omega_n=\sqrt{\frac{g}{l}}$
9	物理摆	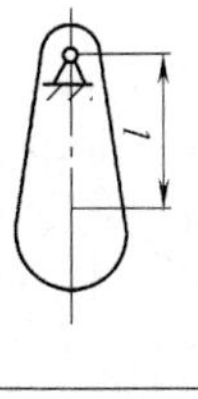	$\omega_n=\sqrt{\frac{gl}{\rho^2+l^2}}$ 式中　l—摆质心至转轴中心的距离（m） ρ—摆对质心的回转半径（m）

（续）

序号	系统型式	系统简图	固有圆频率 ω_n/rad·s^{-1}
10	倾斜摆	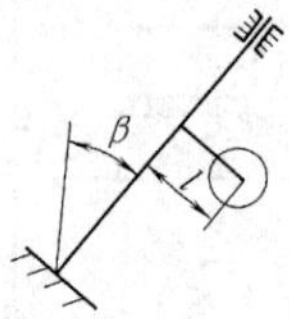	$\omega_n=\sqrt{\dfrac{g\sin\beta}{l}}$
11	双簧摆	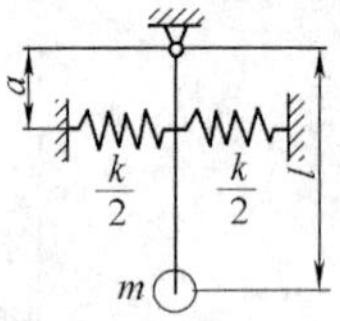	$\omega_n=\sqrt{\dfrac{ka^2}{ml^2}+\dfrac{g}{l}}$
12	倒立双簧摆	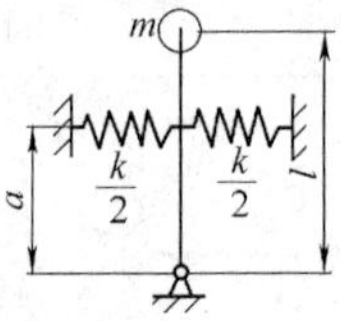	$\omega_n=\sqrt{\dfrac{ka^2}{ml^2}-\dfrac{g}{l}}$
13	杠杆摆	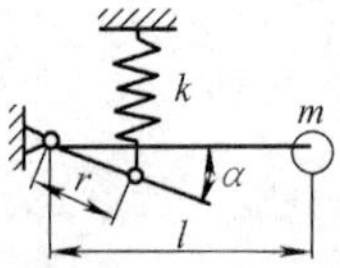	$\omega_n=\sqrt{\dfrac{kr^2\cos^2\alpha-k\delta r\sin\alpha}{ml^2}}$ 式中 δ—弹簧静变形（m）
14	离心摆（转轴中心线在振动物体运动平面中）	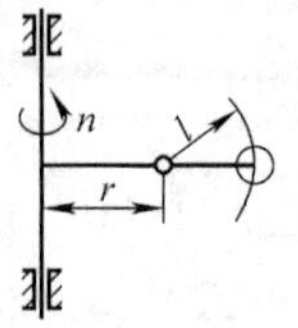	$\omega_n=\dfrac{\pi n}{30}\sqrt{\dfrac{l+r}{l}}$ 式中 n—转轴转速（r/min）
15	离心摆（转轴中心线垂直于振动物体运动平面）	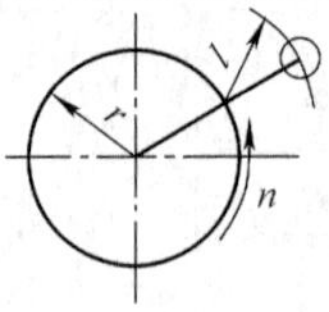	$\omega_n=\dfrac{\pi n}{30}\sqrt{\dfrac{r}{l}}$
16	圆柱体在弧面上做无滑动的滚动	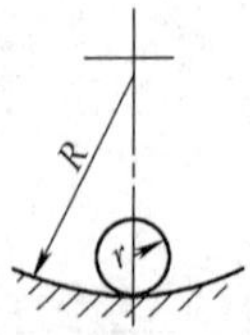	$\omega_n=\sqrt{\dfrac{2g}{3(R-r)}}$
17	圆盘轴在弧面上做无滑动的滚动	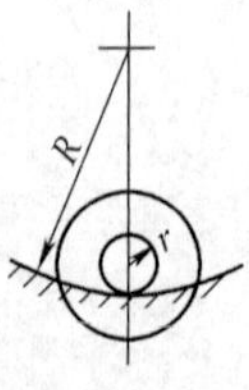	$\omega_n=\sqrt{\dfrac{g}{(R-r)(1+\rho^2/r^2)}}$ 式中 ρ—振动体回转半径（m）

（续）

序号	系统型式	系统简图	固有圆频率 ω_n/rad · s^{-1}
18	两端有圆盘的扭转轴系		$\omega_n=\sqrt{\dfrac{k_\varphi(J_1+J_2)}{J_1J_2}}$ 节点 N 的位置 $l_1=\dfrac{J_2}{J_1+J_2}l \quad l_2=\dfrac{J_1}{J_1+J_2}l$
19	质量位于受张力的弦上		$\omega_n=\sqrt{\dfrac{T(a+b)}{mab}}$ 式中　T—张力(N) 若计弦的质量 m_s，则 $\omega_n=\sqrt{\dfrac{3T(a+b)}{(3m+m_s)ab}}$
20	一个水平杆被两根对称的弦吊着的系统		$\omega_n=\sqrt{\dfrac{gab}{\rho^2h}}$ 式中　ρ—杆的回转半径(m)
21	一个水平板被三根等长的平行弦吊着的系统		$\omega_n=\sqrt{\dfrac{ga^2}{\rho^2h}}$ 式中　ρ—板的回转半径(m)
22	只有径向振动的圆环		$\omega_n=\sqrt{\dfrac{E}{\rho_VR^2}}$ 式中　ρ_V—密度(kg/m^3)
23	只有扭转振动的圆环		$\omega_n=\sqrt{\dfrac{E}{\rho_VR^2}\times\dfrac{I_x}{I_p}}$ 式中　I_x—截面对 x 轴的二次矩(m^4) I_p—截面的二次极矩(m^4)
24	有径向与切向振动的圆环	$n=2$　$n=3$　$n=4$	$\omega_n=\sqrt{\dfrac{EI}{\rho_VAR^4}\times\dfrac{n^2(n^2-1)^2}{n^2+1}}$ 式中　n—节点数的一半 A—圆环圈截面积(m^2) I—截面二次矩(m^4)

表 34.2-10　管内液面及空气柱振动的固有圆频率

序号	系统型式	简　图	固有圆频率 ω_n/rad · s^{-1}
1	等截面 U 形管中的液柱		$\omega_n=\sqrt{\dfrac{2g}{l}}$ 式中　g—重力加速度，$g=9.81$m/s^2

（续）

序号	系统型式	简　图	固有圆频率 ω_n/rad · s^{-1}
2	导管连接的两容器中液面的振动	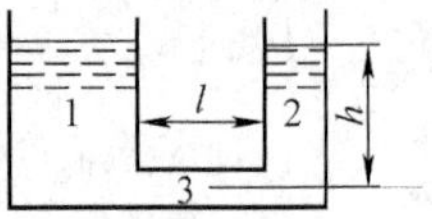	$\omega_n=\sqrt{\dfrac{gA_3(A_1+A_2)}{lA_1A_2+A_3(A_1+A_2)h}}$ 式中　A_1、A_2、A_3—容器 1、2 及导管的截面积（m^2）
3	空气柱的振动	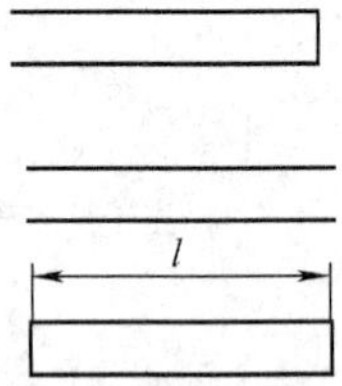	$\omega_n=\dfrac{a_n}{l}\sqrt{\dfrac{1.4p}{\rho}}$ 两端闭　　$a_n=\pi、2\pi、3\pi、\cdots$ 两端开　　$a_n=\pi、2\pi、3\pi、\cdots$ 一端开一端闭　　$a_n=\dfrac{\pi}{2}、\dfrac{3\pi}{2}、\dfrac{5\pi}{2}、\cdots$ 式中　p—空气压力（Pa） ρ—空气密度（kg/m^3）

5.2　二自由度系统的固有圆频率（见表 34.2-11）

表 34.2-11　二自由度系统的固有圆频率

序号	系统型式	系统简图	固有圆频率 ω_n/rad · s^{-1}
1	两个质量三个弹簧系统	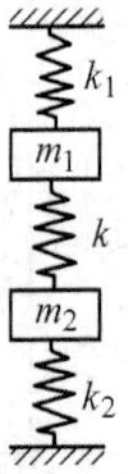	$\omega_n^2=\dfrac{1}{2}(\omega_{11}^2+\omega_{22}^2)\mp\dfrac{1}{2}\sqrt{(\omega_{11}^2-\omega_{22}^2)^2+4\omega_{12}^4}$ $\omega_{11}^2=\dfrac{k_1+k}{m_1}$　　$\omega_{22}^2=\dfrac{k_2+k}{m_2}$ $\omega_{12}^2=\dfrac{k}{\sqrt{m_1m_2}}$
2	两个质量两个弹簧系统	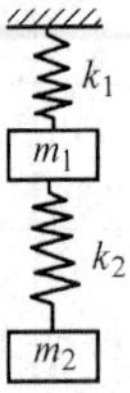	$\omega_n^2=\dfrac{1}{2}\left[\omega_1^2+\omega_2^2\left(1+\dfrac{m_2}{m_1}\right)\right]\mp$ $\dfrac{1}{2}\sqrt{\left[\omega_1^2+\omega_2^2\left(1+\dfrac{m_2}{m_1}\right)\right]^2-4\omega_1^2\omega_2^2}$ $\omega_1^2=\dfrac{k_1}{m_1}$　　$\omega_2^2=\dfrac{k_2}{m_2}$
3	三个质量两个弹簧系统	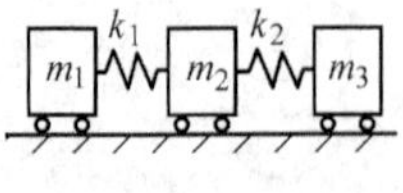	$\omega_n^2=\dfrac{1}{2}(\omega_1^2+\omega_2^2+\omega_3^2)\mp$ $\dfrac{1}{2}\sqrt{(\omega_1^2+\omega_2^2+\omega_3^2)^2-4\omega_1^2\omega_3^2\dfrac{m_1+m_2+m_3}{m_2}}$ $\omega_1^2=\dfrac{k_1}{m_1}$　$\omega_2^2=\dfrac{k_1+k_2}{m_2}$　$\omega_3^2=\dfrac{k_2}{m_3}$
4	三个弹簧支持的质量系统（质量中心和各弹簧中心线在同一平面内）	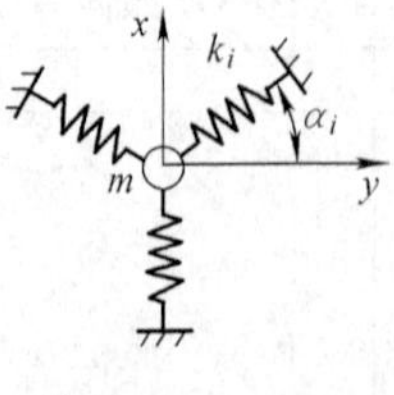	$\omega_n^2=\dfrac{1}{2}(\omega_x^2+\omega_y^2)\mp\dfrac{1}{2}\sqrt{(\omega_x^2+\omega_y^2)^2+4\omega_{xy}^4}$ $\omega_x^2=\dfrac{k_x}{m}$　$\omega_y^2=\dfrac{k_y}{m}$　$\omega_{xy}^2=\dfrac{k_{xy}}{m}$ $k_x=\sum_{i=1}^{n}k_i\cos^2\alpha_i$　$k_y=\sum_{i=1}^{n}k_i\sin^2\alpha_i$ $k_{xy}=\sum_{i=1}^{n}k_i\sin\alpha_i\cos\alpha_i\ (n=3)$

（续）

序号	系统型式	系统简图	固有圆频率 ω_n/rad·s^{-1}
5	刚性杆为两个弹簧所支持的系统	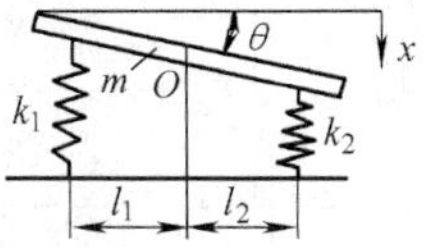	$\omega_n^2=\frac{1}{2}(a+c)\mp\frac{1}{2}\sqrt{(a-c)^2+\frac{4mb^2}{J}}$ $a=\frac{k_1+k_2}{m}$　$b=\frac{k_2l_2-k_1l_1}{m}$ $c=\frac{k_1l_1^2+k_2l_2^2}{J}$ 式中　J—转动惯量(kg·m^2)
6	直线振动和摇摆振动的联合系统	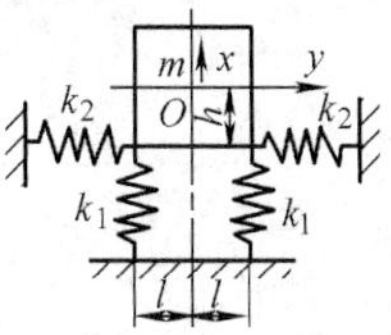	$\omega_n^2=\frac{1}{2}(\omega_y^2+\omega_0^2)\mp\frac{1}{2}\sqrt{(\omega_y^2-\omega_0^2)^2+\frac{4\omega_y^4mh^2}{J}}$ $\omega_y^2=\frac{2k_2}{m}$　$\omega_0^2=\frac{2k_1l^2+2k_2h^2}{J}$
7	三段轴两圆盘扭振系统	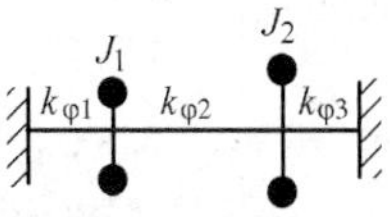	$\omega_n^2=\frac{1}{2}(\omega_1^2+\omega_2^2)\mp\frac{1}{2}\sqrt{(\omega_1^2-\omega_2^2)^2+4\omega_{12}^4}$ $\omega_1^2=\frac{k_{\varphi1}+k_{\varphi2}}{J_1}$　$\omega_2^2=\frac{k_{\varphi2}+k_{\varphi3}}{J_2}$　$\omega_{12}^2=\frac{k_{\varphi2}}{\sqrt{J_1J_2}}$
8	两段轴三圆盘扭振系统	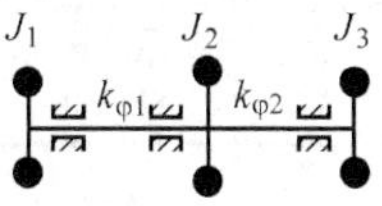	$\omega_n^2=\frac{1}{2}(\omega_1^2+\omega_2^2+\omega_3^2)\mp$ $\frac{1}{2}\sqrt{(\omega_1^2+\omega_2^2+\omega_3^2)^2-4\omega_1^2\omega_3^2\frac{J_1+J_2+J_3}{J_2}}$ $\omega_1^2=\frac{k_{\varphi1}}{J_1}$　$\omega_2^2=\frac{k_{\varphi1}+k_{\varphi2}}{J_2}$　$\omega_3^2=\frac{k_{\varphi2}}{J_3}$
9	两端圆盘轴和轴之间齿轮连接系统	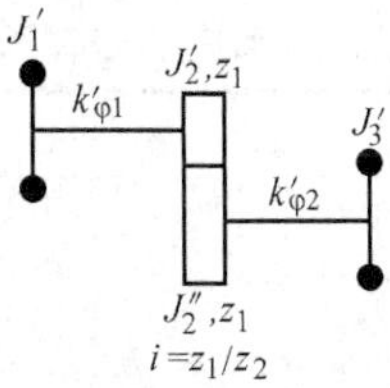	$\omega_n^2=\frac{1}{2}(\omega_1^2+\omega_2^2+\omega_3^2)\mp$ $\frac{1}{2}\sqrt{(\omega_1^2+\omega_2^2+\omega_3^2)^2-4\omega_1^2\omega_3^2\frac{J_1+J_2+J_3}{J_2}}$ $\omega_1^2=\frac{k_{\varphi1}}{J_1}$　$\omega_2^2=\frac{k_{\varphi1}+k_{\varphi2}}{J_2}$　$\omega_3^2=\frac{k_{\varphi2}}{J_3}$ $J_1=J_1'$　$J_2=J_2'+i^2J_2''$　$J_3=i^2J_3'$ $k_{\varphi1}=k_{\varphi1}'$，$k_{\varphi2}=i^2k_{\varphi2}'$
10	二重摆	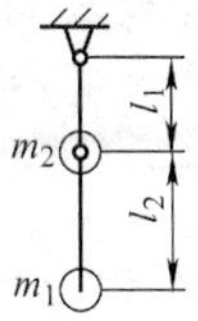	$\omega_n^2=\frac{m_1+m_2}{2m_1}\left[\omega_1^2+\omega_2^2\mp\sqrt{(\omega_1^2-\omega_2^2)^2+4\omega_1^2\omega_2^2\frac{m_2}{m_1+m_2}}\right]$ $\omega_1^2=\frac{g}{l_1}$　$\omega_2^2=\frac{g}{l_2}$ 式中　g—重力加速度，$g=9.81\text{m/s}^2$
11	二联合单摆	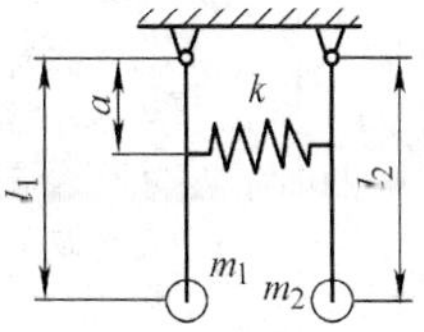	$\omega_n^2=\frac{1}{2}(\omega_1^2+\omega_2^2+\omega_3^2+\omega_4^2)\mp\frac{1}{2}$ $\sqrt{(\omega_1^2+\omega_2^2+\omega_3^2+\omega_4^2)^2-4(\omega_2^2\omega_3^2+\omega_1^2\omega_4^2+\omega_3^2\omega_4^2)}$ $\omega_1^2=\frac{ka^2}{m_1l_1^2}$　$\omega_2^2=\frac{ka^2}{m_2l_2^2}$　$\omega_3^2=\frac{g}{l_1}$　$\omega_4^2=\frac{g}{l_2}$
12	二重物理摆	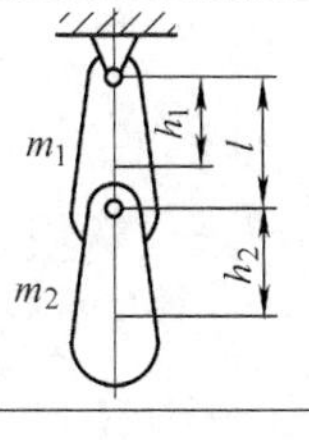	$\omega_n^2=\frac{1}{2a}(b\mp\sqrt{b^2-4ac})$ $a=(J_1+m_1h_1^2+m_2l^2)(J_2+m_2h_2^2)-m_2^2h_2^2l^2$ $b=(J_1+m_1h_1^2+m_2l^2)m_2h_2g+(J_2+m_2h_2^2)\times(m_1h_1+m_2l)g$ $c=(m_1h_1+m_2l)m_2h_2g^2$

（续）

序号	系统型式	系统简图	固有圆频率 ω_n/rad·s^{-1}
13	两个质量的悬臂梁系统	m_1　m_2　y_1　y_2　$l/2$　$l/2$	$\omega_n^2=\dfrac{48EI}{7m_1m_2l^3}(m_1+8m_2\mp\sqrt{m_1^2+9m_1m_2+64m_2^2})$ 式中　E—弹性模量(Pa) I—截面二次矩(m^4)
14	两个质量的简支梁系统	m_1　m_2　$l/3$　$l/3$　$l/3$	$\omega_n^2=\dfrac{162EI}{5m_1m_2l^3}[4(m_1+m_2)\mp\sqrt{16m_1^2+17m_1m_2+16m_2^2}]$
15	两个质量的外伸简支梁系统	m_1　m_2　y_1　y_2　$l/3$　$l/3$　$l/3$	$\omega_n^2=\dfrac{32EI}{5m_1m_2l^3}[(m_1+6m_2)\mp\sqrt{m_1^2-3m_1m_2+36m_2^2}]$
16	两质量位于受张力弦上	m_1　m_2　T_0　T_0　l_1　l_2　l_3	$\omega_n^2=\dfrac{T_0}{2}\left[\dfrac{l_1+l_2}{m_1l_1l_2}+\dfrac{l_2+l_3}{m_2l_2l_3}\mp\sqrt{\left(\dfrac{l_1+l_2}{m_1l_1l_2}-\dfrac{l_2+l_3}{m_2l_2l_3}\right)^2+\dfrac{4}{m_1m_2l_2^2}}\right]$ 式中　T_0—张力(N)

5.3　各种构件的固有圆频率

弦、梁、膜、板和壳的固有圆频率见表34.2-12。

表34.2-12　弦、梁、膜、板和壳的固有圆频率

序号	系统型式	简　图	固有圆频率 ω_n/rad·s^{-1}
1	两端固定，内受张力的弦	$n=1$　T_0　T_0　$n=3$　$n=2$　l	$\omega_n=\dfrac{n}{l}\sqrt{\dfrac{T_0}{\rho_l}}$ $n=\pi,2\pi,3\pi,\cdots$ 式中　T_0—内张力(N) ρ_l—线密度(kg/m)
2	两端自由等截面杆、梁的横向振动	0.224　0.776 0.132　0.500　0.868 0.094　0.356　0.644　0.906	$\omega_n=\dfrac{a_n^2}{l^2}\sqrt{\dfrac{EI}{\rho_l}}$ 式中　E—弹性模量(Pa) I—截面二次矩(m^4) l—杆、梁长度(m) ρ_l—线密度(kg/m) a_n—振型常数，$a_1=4.73$，$a_2=7.853$，$a_3=10.996$
3	一端简支，一端自由等截面杆、梁的横向振动	0.736 0.446　0.853 0.308　0.898　0.616	$\omega_n=\dfrac{a_n^2}{l^2}\sqrt{\dfrac{EI}{\rho_l}}$ $a_1=3.927$，$a_2=7.069$，$a_3=10.21$

（续）

序号	系统型式	简　　图	固有圆频率 ω_n/rad·s^{-1}
4	两端简支等截面杆、梁的横向振动	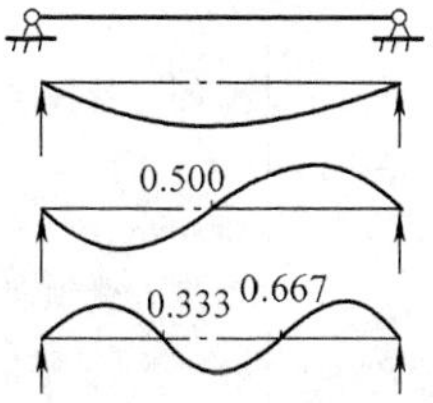 0.500 0.333 0.667	$\omega_n=\frac{a_n^2}{l^2}\sqrt{\frac{EI}{\rho_l}}$ $a_1=\pi, a_2=2\pi, a_3=3\pi$
5	一端固定，一端自由等截面杆、梁的横向振动	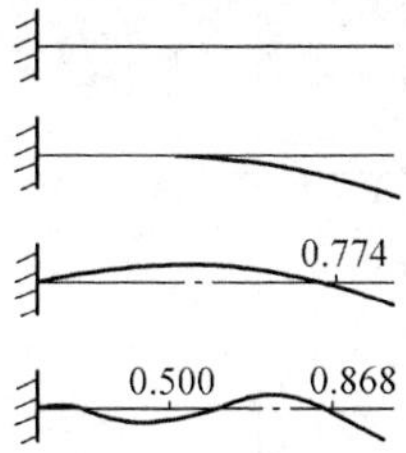 0.774 0.500 0.868	$\omega_n=\frac{a_n^2}{l^2}\sqrt{\frac{EI}{\rho_l}}$ $a_1=1.875, a_2=4.694, a_3=7.855$
6	一端固定，一端简支等截面杆、梁的横向振动	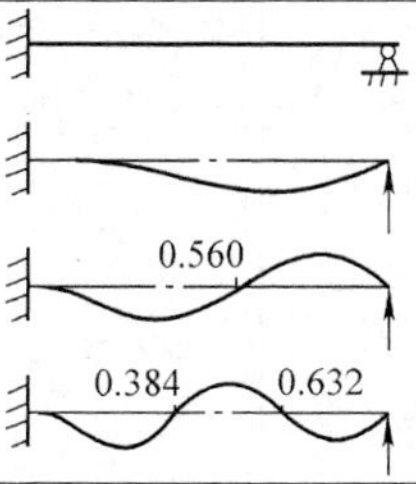 0.560 0.384 0.632	$\omega_n=\frac{a_n^2}{l^2}\sqrt{\frac{EI}{\rho_l}}$ $a_1=3.927, a_2=7.069, a_3=10.21$
7	两端固定等截面杆、梁的横向振动	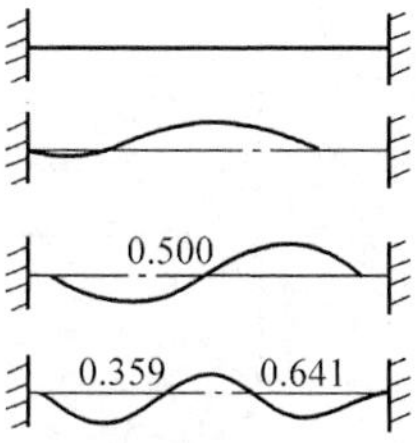 0.500 0.359 0.641	$\omega_n=\frac{a_n^2}{l^2}\sqrt{\frac{EI}{\rho_l}}$ $a_1=4.73, a_2=7.853, a_3=10.996$
8	两端自由等截面杆的纵向振动	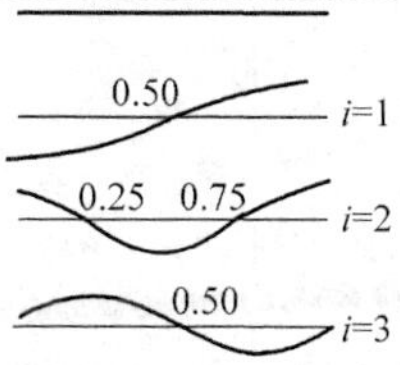 0.50 i=1 0.25 0.75 i=2 0.50 i=3	$\omega_n=\frac{i\pi}{l}\sqrt{\frac{E}{\rho_l}}$ $i=1,2,3,\cdots$
9	一端固定，一端自由等截面杆的纵向振动	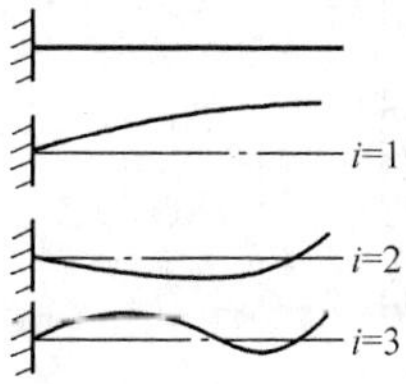 i=1 i=2 i=3	$\omega_n=\frac{2i-1}{2}\times\frac{\pi}{l}\sqrt{\frac{E}{\rho_l}}$ $i=1,2,3,\cdots$
10	两端固定等截面杆的纵向振动	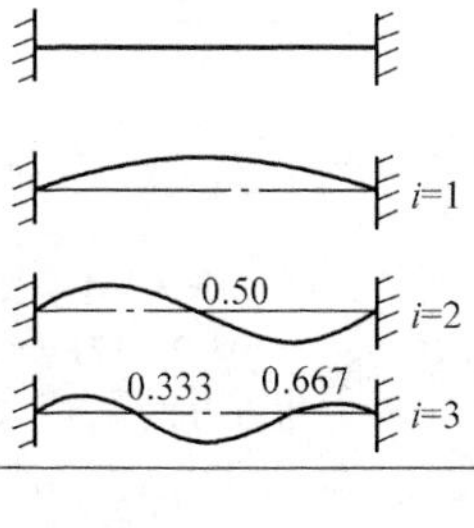 i=1 0.50 i=2 0.333 0.667 i=3	$\omega_n=\frac{i\pi}{l}\sqrt{\frac{E}{\rho_l}}$ $i=1,2,3,\cdots$

（续）

<table>
<tr><th>序号</th><th>系统型式</th><th>简　图</th><th>固有圆频率 ω_n/rad · s^{-1}</th></tr>
<tr><td>11</td><td>轴向力作用下，两端简支的等截面杆、梁的横向振动</td><td> 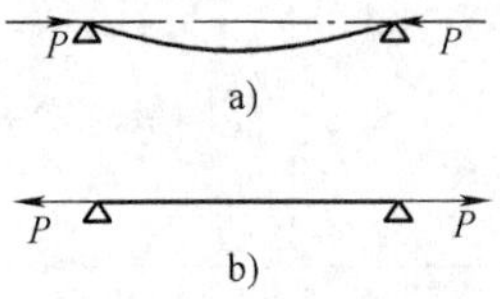P　P
a)
P　P
b)</td><td>图 a 受轴向压力
$$\omega_n=\left(\frac{\alpha_n\pi}{l}\right)^2\sqrt{\frac{EI}{\rho_l}}\sqrt{1-\frac{Pl^2}{EIa_n^2\pi^2}}$$
图 b 受轴向拉力
$$\omega_n=\left(\frac{a_n\pi}{l}\right)^2\sqrt{\frac{EI}{\rho_l}}\sqrt{1+\frac{Pl^2}{EIa_n^2\pi^2}}$$
式中　$a_n=1,2,3,\cdots$</td></tr>
<tr><td>12</td><td>周边受张力的矩形膜</td><td> 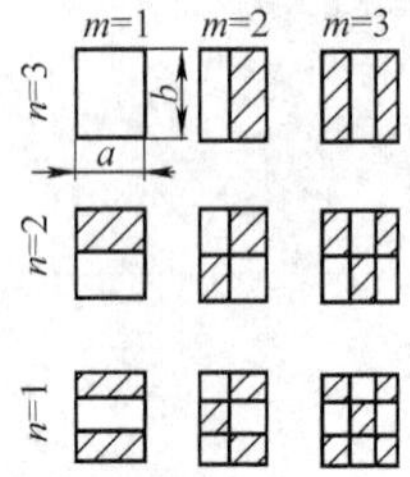m=1　m=2　m=3
n=3　b　a
n=2
n=1</td><td>$$\omega_n=\pi\sqrt{\frac{T}{\rho_A}\left(\frac{m^2}{a^2}+\frac{n^2}{b^2}\right)}$$
$m=1,2,3,\cdots$　$n=1,2,3,\cdots$
式中　T—单位长度的张力（N/m）
ρ_A—面密度（kg/m^2）</td></tr>
<tr><td>13</td><td>周边受张力的圆形膜</td><td> 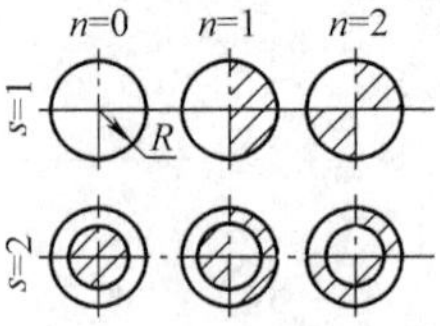n=0　n=1　n=2
s=1　R
s=2</td><td>$$\omega_n=(a_{ns}\sqrt{T/\rho_A})/R$$
振型常数 a_{ns}
<table>
<tr><th>n</th><th>s=1</th><th>s=2</th><th>s=3</th></tr>
<tr><td>0</td><td>2.404</td><td>5.52</td><td>8.654</td></tr>
<tr><td>1</td><td>3.832</td><td>7.026</td><td>10.173</td></tr>
<tr><td>2</td><td>5.135</td><td>8.417</td><td>11.62</td></tr>
</table></td></tr>
<tr><td>14</td><td>周边简支的矩形板</td><td>b　a
m=1　m=2　m=3
n=1
n=2
n=3</td><td>$$\omega_n=\pi^2\left(\frac{m^2}{a^2}+\frac{n^2}{b^2}\right)\sqrt{\frac{E\delta^3}{12(1-\mu^2)\rho_A}}$$
$m=1,2,3,\cdots$　$n=1,2,3,\cdots$
式中　δ—板厚（m）
μ—泊松比</td></tr>
<tr><td>15</td><td>周边固定的正方形板</td><td> 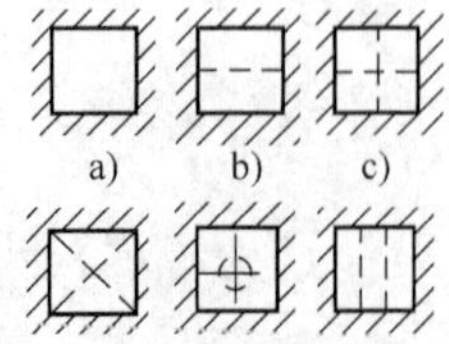a)　b)　c)
d)　e)　f)</td><td>$$\omega_n=\frac{a_{ns}}{a^2}\sqrt{\frac{E\delta^3}{12(1-\mu^2)\rho_A}}$$
图 a ~ f 中振型常数 a_{ns} 分别为 35.99、73.41、108.27、131.64、132.25、165.15</td></tr>
</table>

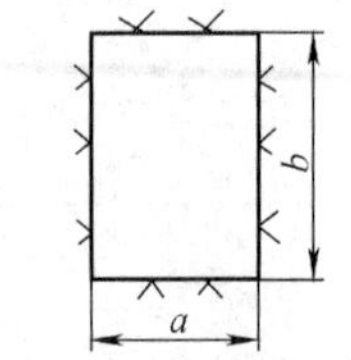

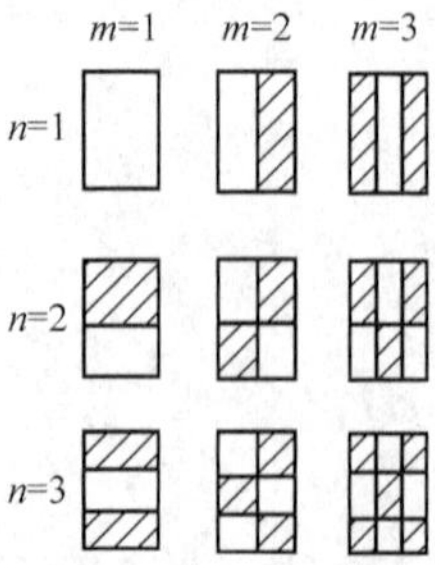

（续）

<table>
<tr><th>序号</th><th>系统型式</th><th>简　图</th><th>固有圆频率 ω_n/rad · s^{-1}</th></tr>
<tr><td>16</td><td>两边固定、两边自由的正方形板</td><td>a)　b)　c)
d)　e)</td><td>$$\omega_n=\frac{a_{ns}}{a^2}\sqrt{\frac{E\delta^3}{12(1-\mu^2)\rho_A}}$$
图 a ~ e 中振型常数 a_{ns} 分别为 6.958、24.08、26.80、48.05、63.54</td></tr>
<tr><td>17</td><td>一边固定、三边自由的正方形板</td><td>a)　b)　c)
d)　e)</td><td>$$\omega_n=\frac{a_{ns}}{a^2}\sqrt{\frac{E\delta^3}{12(1-\mu^2)\rho_A}}$$
图 a ~ e 中振型常数 a_{ns} 分别为 3.494、8.547、21.44、27.46、31.17</td></tr>
<tr><td>18</td><td>周边固定的圆形板</td><td>R
s=1　s=2
n=0
n=1
n=2</td><td>$$\omega_n=\frac{a_{ns}}{R^2}\sqrt{\frac{E\delta^3}{12(1-\mu^2)\rho_A}}$$
振型常数 a_{ns}<table><tr><th>s</th><th>n = 0</th><th>n = 1</th><th>n = 2</th></tr><tr><td>1</td><td>10.17</td><td>21.27</td><td>34.85</td></tr><tr><td>2</td><td>39.76</td><td>60.80</td><td>88.35</td></tr></table></td></tr>
<tr><td>19</td><td>周边自由的圆板</td><td>R</td><td>$$\omega_n=\frac{a_{ns}}{R^2}\sqrt{\frac{E\delta^3}{12(1-\mu^2)\rho_A}}$$
振型常数 a_{ns}<table><tr><th>s</th><th>n = 0</th><th>n = 1</th><th>n = 2</th></tr><tr><td>1</td><td>—</td><td>—</td><td>5.251</td></tr><tr><td>2</td><td>9.076</td><td>20.52</td><td>35.24</td></tr></table></td></tr>
<tr><td>20</td><td>周边自由、中间固定的圆板</td><td>R</td><td>$$\omega_n=\frac{a_{ns}}{R^2}\sqrt{\frac{E\delta^3}{12(1-\mu^2)\rho_A}}$$
振型常数 a_{ns}<table><tr><th>s</th><th>n = 0</th><th>n = 1</th><th>n = 2</th></tr><tr><td>1</td><td>3.75</td><td>—</td><td>5.4</td></tr><tr><td>2</td><td>20.91</td><td>—</td><td>30.48</td></tr></table></td></tr>
</table>

（续）

<table>
<tr><th>序号</th><th>系统型式</th><th>简　图</th><th>固有圆频率 $\omega_n/\mathrm{rad \cdot s^{-1}}$</th></tr>
<tr><td>21</td><td>有径向和切向位移振动的圆筒</td><td></td><td>$$\omega_n^2=\frac{E\delta^3}{12(1-\mu^2)\rho_A R^4}\times\frac{n^2(n^2-1)^2}{n^2+1}$$
式中　n—节点数的一半
振型与表 34.2-9 中的序号 24 项相仿</td></tr>
<tr><td>22</td><td>有径向和切向位移振动的无限长圆筒</td><td></td><td>$$\omega_n=\frac{k}{R}\sqrt{\frac{G\delta}{\rho_A}}$$
式中　G—切变模量(Pa)
k 值表
<table>
<tr><td rowspan="2">m</td><td rowspan="2">L/R</td><td>扭振</td><td colspan="2">非扭振</td></tr>
<tr><td>k</td><td>k_1</td><td>k_2</td></tr>
<tr><td rowspan="4">0</td><td>1</td><td>3.142</td><td>1.604</td><td>5.338</td></tr>
<tr><td>2</td><td>1.571</td><td>1.569</td><td>2.729</td></tr>
<tr><td>3</td><td>1.017</td><td>1.445</td><td>1.976</td></tr>
<tr><td>∞</td><td>0</td><td>0</td><td>1.691</td></tr>
<tr><td rowspan="2">m</td><td rowspan="2">L/R</td><td colspan="3">非扭振</td></tr>
<tr><td>k_1</td><td>k_2</td><td>k_3</td></tr>
<tr><td rowspan="4">1</td><td>1</td><td>1.428</td><td>3.357</td><td>5.611</td></tr>
<tr><td>2</td><td>0.968</td><td>2.109</td><td>3.294</td></tr>
<tr><td>3</td><td>0.63</td><td>1.724</td><td>2.753</td></tr>
<tr><td>∞</td><td>0</td><td>1</td><td>2.391</td></tr>
<tr><td rowspan="4">2</td><td>1</td><td>1.102</td><td>3.84</td><td>6.357</td></tr>
<tr><td>2</td><td>0.553</td><td>2.709</td><td>4.491</td></tr>
<tr><td>3</td><td>0.307</td><td>2.378</td><td>4.095</td></tr>
<tr><td>∞</td><td>0</td><td>2</td><td>3.78</td></tr>
</table>
注:m—周边波的波数</td></tr>
<tr><td>23</td><td>半球形壳</td><td></td><td>$$\omega_n=\frac{\lambda\delta^2}{R^2}\sqrt{\frac{G\delta}{\rho_A}}$$
$\lambda=2.14,\ 6.01,\ 11.6,\cdots$
式中　δ—壳厚(m)</td></tr>
<tr><td>24</td><td>碟形球壳</td><td></td><td>$$\omega_n=\frac{\lambda\delta^2}{R^2}\sqrt{\frac{G\delta}{\rho_A}}$$
$\lambda=3.27,\ 8.55,\cdots$</td></tr>
<tr><td>25</td><td>圆球形壳</td><td></td><td>只有径向位移的振动
$$\omega_n=\frac{2}{R}\left(\frac{1+\mu}{1-\mu}\right)\sqrt{\frac{G\delta}{\rho_A}}$$
只有切向位移的振动
$$\omega_n=\frac{1}{R}\sqrt{(n-1)(n-2)\frac{G\delta}{\rho_A}}$$
有径向与切向位移的综合振动
$$\omega_n=\frac{\lambda}{R}\sqrt{\frac{G\delta}{\rho_A}}$$
λ 由下式求得(n 为大于 1 的整数)
$$\lambda^4-\lambda^2\left[(n^4+n+4)\frac{1+\mu}{1-\mu}+(n^2+n-2)\right]+4(n^2+n-2)\frac{1+\mu}{1-\mu}=0$$</td></tr>
</table>

6　同向简谐振动的合成(见表 34. 2-13)

表 34. 2-13　同向简谐振动的合成

序号	振动分量	合成振动	简　图
1	同频率两个简谐振动 $x_1=A_1\sin(\omega t+\varphi_1)$ $x_2=A_2\sin(\omega t+\varphi_2)$	合成振动为简谐振动 $x=A\sin(\omega t+\varphi)$ $A=\sqrt{A_1^2+A_2^2+2A_1A_2\cos(\varphi_2-\varphi_1)}$ $\varphi=\arctan\dfrac{A_1\sin\varphi_1+A_2\sin\varphi_2}{A_1\cos\varphi_1+A_2\cos\varphi_2}$	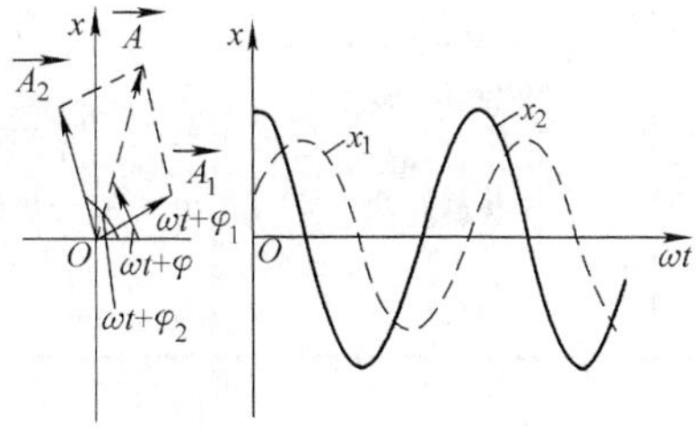
2	同频率多个简谐振动 $x_i=A_i\sin(\omega t+\varphi_i)$ $i=1,2,\cdots,n$	合成振动为简谐振动 $x = A\sin(\omega t + \varphi)$ $A = \left[\left(\sum_{i=1}^{n} A_i\cos\varphi_i\right)^2 + \left(\sum_{i=1}^{n} A_i\sin\varphi_i\right)^2\right]^{1/2}$ $\varphi = \arctan\dfrac{\sum_{i=1}^{n} A_i\sin\varphi_i}{\sum_{i=1}^{n} A_i\cos\varphi_i}$	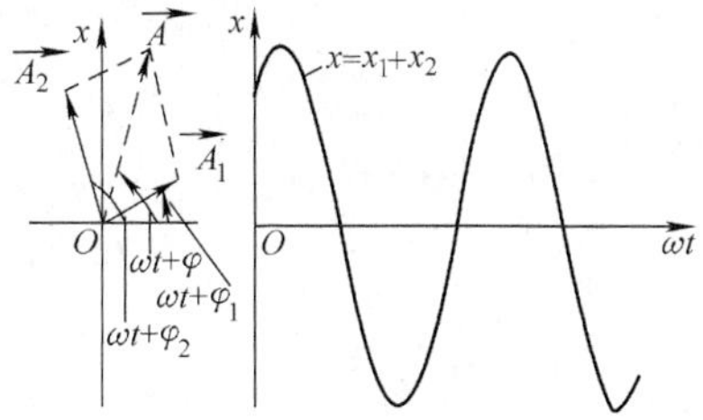
3	不同频率两个简谐振动 $x_1=A_1\sin(\omega_1 t+\varphi_1)$ $x_2=A_2\sin(\omega_2 t+\varphi_2)$ $\omega_1\neq\omega_2$ 频率比为较小的有理数	合成振动为周期性非简谐振动,振动的频率与振动分量中的最低频率相一致,振动波形取决于频率 ω 和振动分量各自振幅的大小和相位角 $x=A_1\sin(\omega_1 t+\varphi_1)+A_2\sin(\omega_2 t+\varphi_2)$	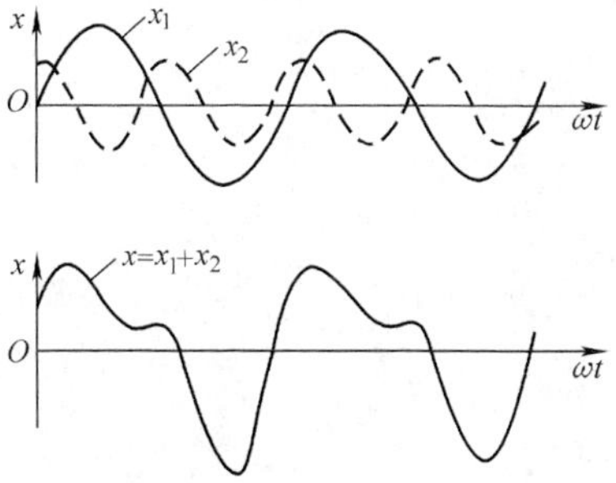
4	大振幅低频率与小振幅高频率两个简谐振动 $x_1=A_1\sin(\omega_1 t+\varphi_1)$ $x_2=A_2\sin(\omega_2 t+\varphi_2)$ $A_1>A_2$ $\omega_2>\omega_1$ 频率比为较大的有理数	合成振动为周期性的非简谐振动,主要频率为低频振动频率 $x=A_1\sin(\omega_1 t+\varphi_1)+A_2\sin(\omega_2 t+\varphi_2)$	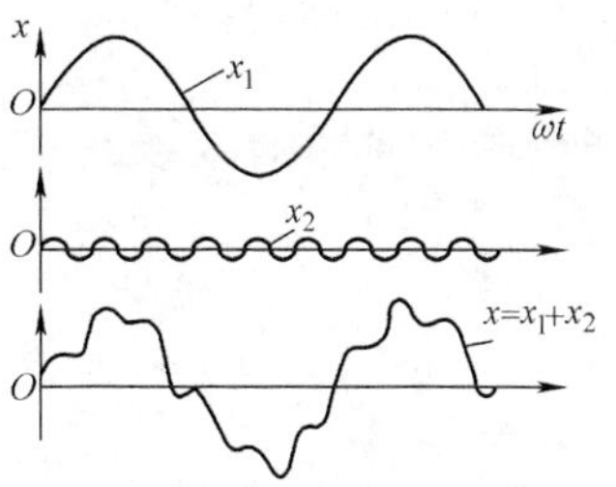
5	大振幅高频率与小振幅低频率两个简谐振动 $x_1=A_1\sin(\omega_1 t+\varphi_1)$ $x_2=A_2\sin(\omega_2 t+\varphi_2)$ $A_2>A_1$ $\omega_2>\omega_1$ 且频率比为较大的有理数	合成振动为周期性的非简谐振动,主要频率为高频振动频率 $x=A_1\sin(\omega_1 t+\varphi_1)+A_2\sin(\omega_2 t+\varphi_2)$	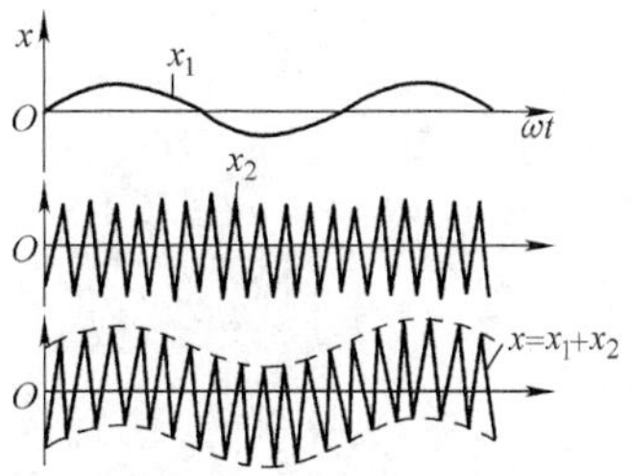

（续）

序号	振动分量	合成振动	简　图
6	两个频率接近的简谐振动 $x_1=A\cos\omega_1 t$ $x_2=A\cos\omega_2 t$ $\omega_1\approx\omega_2$ （两振幅相等时）	合成振动为拍振 $x=2A\cos\left(\dfrac{\omega_1-\omega_2}{2}\right)t\times$ $\sin\left(\dfrac{\omega_1+\omega_2}{2}\right)t$ 振幅变化频率等于（$\omega_1-\omega_2$）	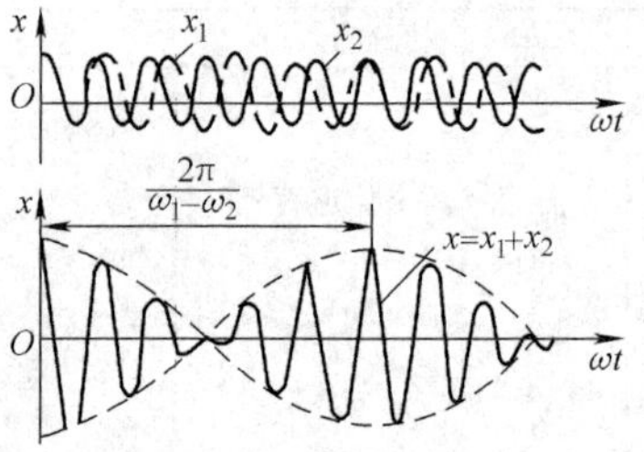

第 3 章　线性系统的振动

线性系统在振动过程中，其惯性力、阻尼力和弹性恢复力分别与振动物体的加速度、速度、位移的一次方成正比。振动物体运动的位移、速度、加速度分别用 x、$\dot{x}$、$\ddot{x}$ 表示，建立振动方程时均以静平衡位置作为坐标原点，惯性力为 $-m\ddot{x}$，阻尼力为 $-c\dot{x}$，弹性恢复力为 $-kx$。在摆动运动中，只有微幅振动系统才是线性系统，所以本章所讨论的摆动振动都是微幅振动。

1　单自由度振动系统

1.1　单自由度自由振动系统的力学模型及其响应

单自由度振动系统通常包括一个定向振动的质量 m，连接振动质量与基础之间的弹性元件 k 以及运动中的阻尼 c。振动质量 m、弹簧刚度 k 和阻尼系数 c 是振动系统的三个基本要素。单自由度自由振动系统的力学模型及其响应见表 34.3-1。

表 34.3-1　单自由度自由振动系统的力学模型及其响应

序号	项目	无阻尼系统	线性阻尼系统
1	力学模型	k　m　x　$k\delta_s$　δ_s　m　mg　$k(x+\delta_s)$　x　m　mg	k　c　m　x　$k\delta_s$　δ_s　m　mg　$k(x+\delta_s)$　$c\dot{x}$　x　m　mg
2	运动微分方程	$m\ddot{x}+kx=0$	$m\ddot{x}+c\dot{x}+kx=0$
		式中　m—质量(kg) k—刚度(N/m) c—黏性阻尼系数(N·s/m)	
3	特解	$x=e^{St}$	
4	特征方程	$S^2+\omega_n^2=0$	$S^2+2nS+\omega_n^2=0$
		式中　$\omega_n^2=\dfrac{k}{m}$　$2n=\dfrac{c}{m}$ S—特征值，若 S 为复数才能产生振动 ω_n—固有圆频率(rad/s) n—衰减系数(s^{-1})	
5	固有圆频率	$\omega_n=\sqrt{\dfrac{k}{m}}$ 单自由度系统的固有圆频率见表 34.2-9、表 34.2-10	$\omega_d=\sqrt{\omega_n^2-n^2}$（小阻尼 $n<\omega_n$ 时） 式中　ω_d—有阻尼时固有圆频率(rad/s) $\zeta=\dfrac{c}{c_c}=\dfrac{n}{\omega_n}$ 式中　ζ—阻尼比 c_c—临界阻尼，$c_c=2m\omega_n$ 当 $\zeta=0.05$ 时，$\omega_d=0.99875\omega_n$ 当 $\zeta=0.2$ 时，$\omega_d=0.98\omega_n$ 所以 $\omega_d\approx\omega_n$（小阻尼 $n<\omega_n$ 时）
6	对初始条件（当 $t=0$ 时，$x=x_0$，$\dot{x}=\dot{x}_0$）的振动响应	$x=a\cos\omega_n t+b\sin\omega_n t=A\sin(\omega_n t+\varphi_0)$ 式中　$a=x_0$　$b=\dfrac{\dot{x}_0}{\omega_n}$（振幅） $A=\sqrt{x_0^2+\left(\dfrac{\dot{x}_0}{\omega_n}\right)^2}$（振幅） $\varphi_0=\arctan\left(\dfrac{x_0\omega_n}{\dot{x}_0}\right)$（初相位）	当 $n<\omega_n$（小阻尼）时 $x=e^{-nt}(a\cos\omega_d t+b\sin\omega_d t)$ $=Ae^{-nt}\sin(\omega_d t+\varphi_0)$ 式中　$a=x_0$　$b=\dfrac{\dot{x}_0+nx_0}{\omega_d}$ $A=\sqrt{x_0^2+\left(\dfrac{\dot{x}_0+nx_0}{\omega_d}\right)^2}$ $\varphi_0=\arctan\left(\dfrac{x_0\omega_d}{\dot{x}_0+nx_0}\right)$

（续）

序号	项目	无阻尼系统	线性阻尼系统
6	对初始条件（当 $t=0$ 时，$x=x_0$，$\dot{x}=\dot{x}_0$）的振动响应	a)	该振动为图 b 所示的衰减振动，常用下面减幅系数来衡量。减幅系数（相邻两振幅比） $\eta=A_1/A_2=e^{nT_d}$ 对数减幅系数 $\delta=\frac{1}{j}\ln(A_1/A_{j+1})=nT_d$ b) 当 $\zeta=0.05$ 时，$\eta=1.37$，$A_2=0.73A_1$，一个周期振幅衰减 27%，振幅衰减显著，不能忽略。所以 $x\approx Ae^{-nt}\sin(\omega_n t+\varphi_0)$（小阻尼 $n<\omega_n$ 时） 当 $n=\omega_n$（临界阻尼）或 $n>\omega_n$（过阻尼）时，系统不产生振动，只产生向静平衡位置的缓慢蠕动 见本表注
7	振动过程中的能量关系	动能和势能相互转换。当 m 运动到最大位移处，能量全部转换为势能。当 m 运动到静平衡位置时，能量全部转换为动能，即 $T+V=V_{max}=T_{max}$	动能和势能相互转换，但由于阻尼消耗能量，所以其振动为减幅振动
结论		1）所谓无阻尼系统是一种抽象化模型，任何实际振动系统无论阻尼多么小，总是一个有阻尼系统 2）当机械系统为小阻尼时，单自由度系统的固有圆频率可以用无阻尼振动系统的固有圆频率来代替，即 $\omega_d\approx\omega_n=\sqrt{\frac{k}{m}}$。同理，多自由度小阻尼系统的固有圆频率和振型矢量也可用无阻尼系统的固有圆频率和振型矢量来代替 3）机械系统在自由振动过程中，动能和势能总是在相互转换，但由于实际系统存在阻尼，消耗系统的能量，所以自由振动不能维持恒幅振动，其振动的位移表达式为 $x\approx Ae^{-nt}\sin(\omega_n t+\varphi_0)$ 式中，$A=\sqrt{x_0^2+\left(\frac{\dot{x}_0+nx_0}{\omega_n}\right)^2}$，$\varphi_0\approx\arctan\left(\frac{x_0\omega_n}{\dot{x}_0+nx_0}\right)$，该振动经过足够长的时间总会衰减为零	

注：分三种情况：

（A）小阻尼 $\zeta<1$ 即 $n<\omega_n$，即 $\frac{c}{2m}<\sqrt{\frac{k}{m}}$，见图 b。

（B）临界阻尼 $\zeta=1$ 即 $n=\omega_n$，即 $\frac{c}{2m}=\sqrt{\frac{k}{m}}$，见图 c。

（C）大阻尼 $\zeta>1$ 即 $n>\omega_n$，即 $\frac{c}{2m}>\sqrt{\frac{k}{m}}$，见图 d。

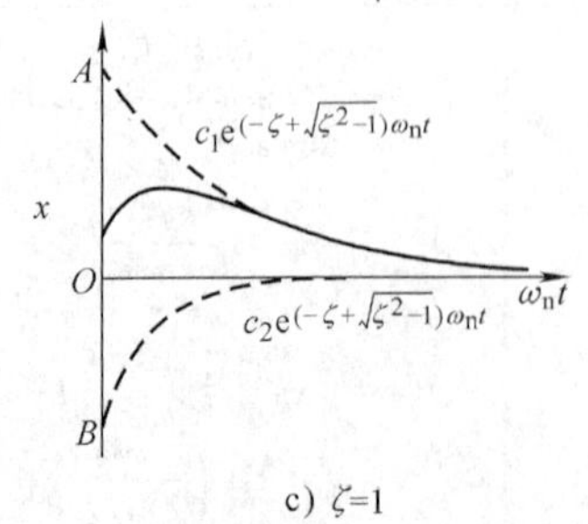

c）$\zeta=1$

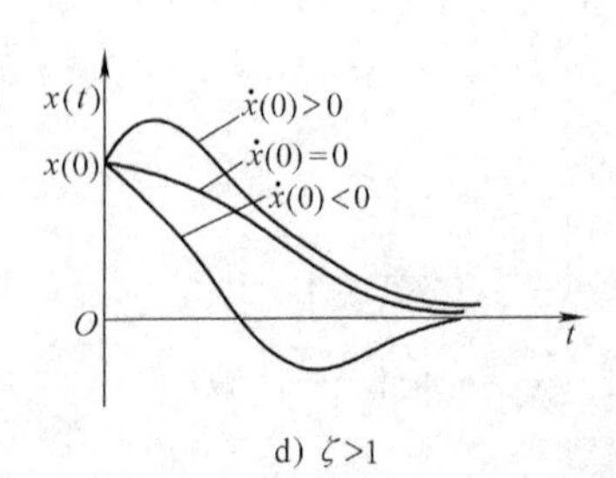

d）$\zeta>1$

1.2 单自由度系统的受迫振动

振动系统在外部持续激励作用下所产生的振动称为受迫振动。受迫振动从外界不断地获得能量来补偿阻尼所消耗的能量，使系统得以持续振动。外部激励引起的系统的振动状态称为响应，系统对外部激励的响应取决于激励的类型，外部激励可分为简谐激励和非简谐激励。

1.2.1 简谐激励作用下的受迫振动及响应

简谐激励作用下的受迫振动，即按正弦或余弦函数规律变化的力引起的受迫振动，如偏心质量回转引起的受迫振动、简谐支承运动引起的受迫运动等。简谐受迫振动的力学模型及响应见表 34.3-2。

表 34.3-2 简谐受迫振动的力学模型及响应

序号	项目	简谐激励作用下的受迫振动	偏心质量回转引起的受迫振动	简谐支承运动引起的受迫振动
1	力学模型	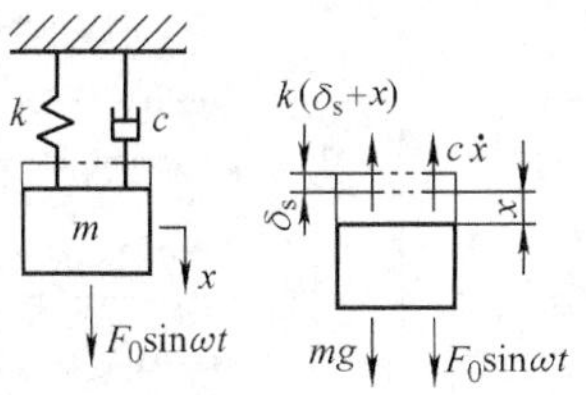 k c m x $F_0\sin\omega t$ $k(\delta_s+x)$ $c\dot{x}$ δ_s x mg $F_0\sin\omega t$	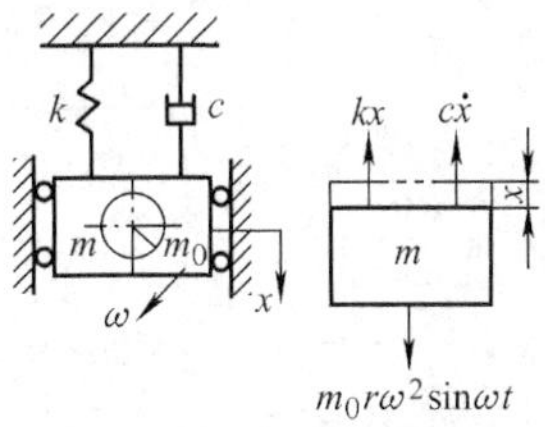 k c m m_0 ω x kx $c\dot{x}$ x m $m_0r\omega^2\sin\omega t$	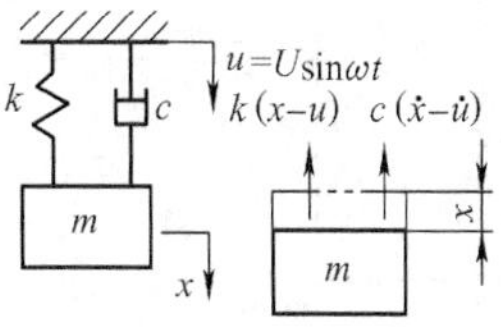 $u=U\sin\omega t$ k c m x $k(x-u)$ $c(\dot{x}-\dot{u})$ x m
2	运动微分方程	$m\ddot{x}+c\dot{x}+kx=F_0\sin\omega t$ 式中 F_0—简谐激励幅(N)	$m\ddot{x}+c\dot{x}+kx=F_0\sin\omega t$ 式中 $F_0=m_0r\omega^2$ m_0r—偏心质量矩(kg·m)	$m\ddot{x}+c\dot{x}+kx=F_0\sin(\omega t+\theta)$ 式中 $F_0=U\sqrt{k^2+c^2\omega^2}$ $\theta=\arctan(c\omega/k)$(初相位) U—支承运动位移幅值(m)
3	瞬态解(过渡过程)	$x=Ae^{-nt}\sin(\omega_n t+\varphi_0)+B\sin(\omega t-\psi)$ 机械起动过程中总存在以 ω_n 和 ω 为频率的两种振动的组合，但经过一定时间之后，以 ω_n 为频率的振动消失		
4	拍振	当 $\omega\to\omega_n(\omega_n-\omega=2\varepsilon)$ 时，瞬态解成为 $x=-\dfrac{F_0}{2\varepsilon m\omega_n}\sin\varepsilon t\cos\omega_n t$ 这种振幅忽大忽小周期性变化的振动称为拍振，可用出现这一振动现象的干扰频率 ω 去估计系统固有圆频率 ω_n 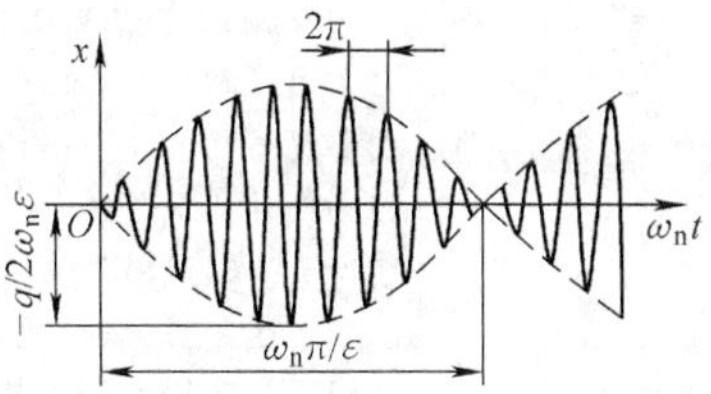	x 2π O $\omega_n t$ $-q/2\omega_n\varepsilon$ $\omega_n\pi/\varepsilon$	
	共振	当 $\omega-\omega_n(\varepsilon=0)$ 时，瞬态解成为 $x=-\dfrac{F_0 t}{2m\omega_n}\cos\omega_n t$ 这种振幅随时间无限增长的振动称为共振。但只要时间 t 不长，振幅也不会很大。例如，在机械起动或停机过程中，只要迅速通过共振区，振幅就不大 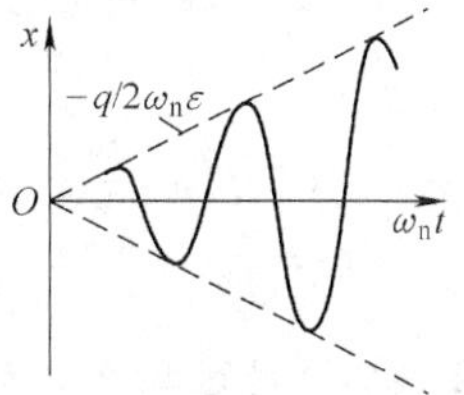	x $-q/2\omega_n\varepsilon$ O $\omega_n t$	
5	稳态解	$x=B\sin(\omega t-\psi)$，即以 ω_n 为频率的振动完全消失的振动		

（续）

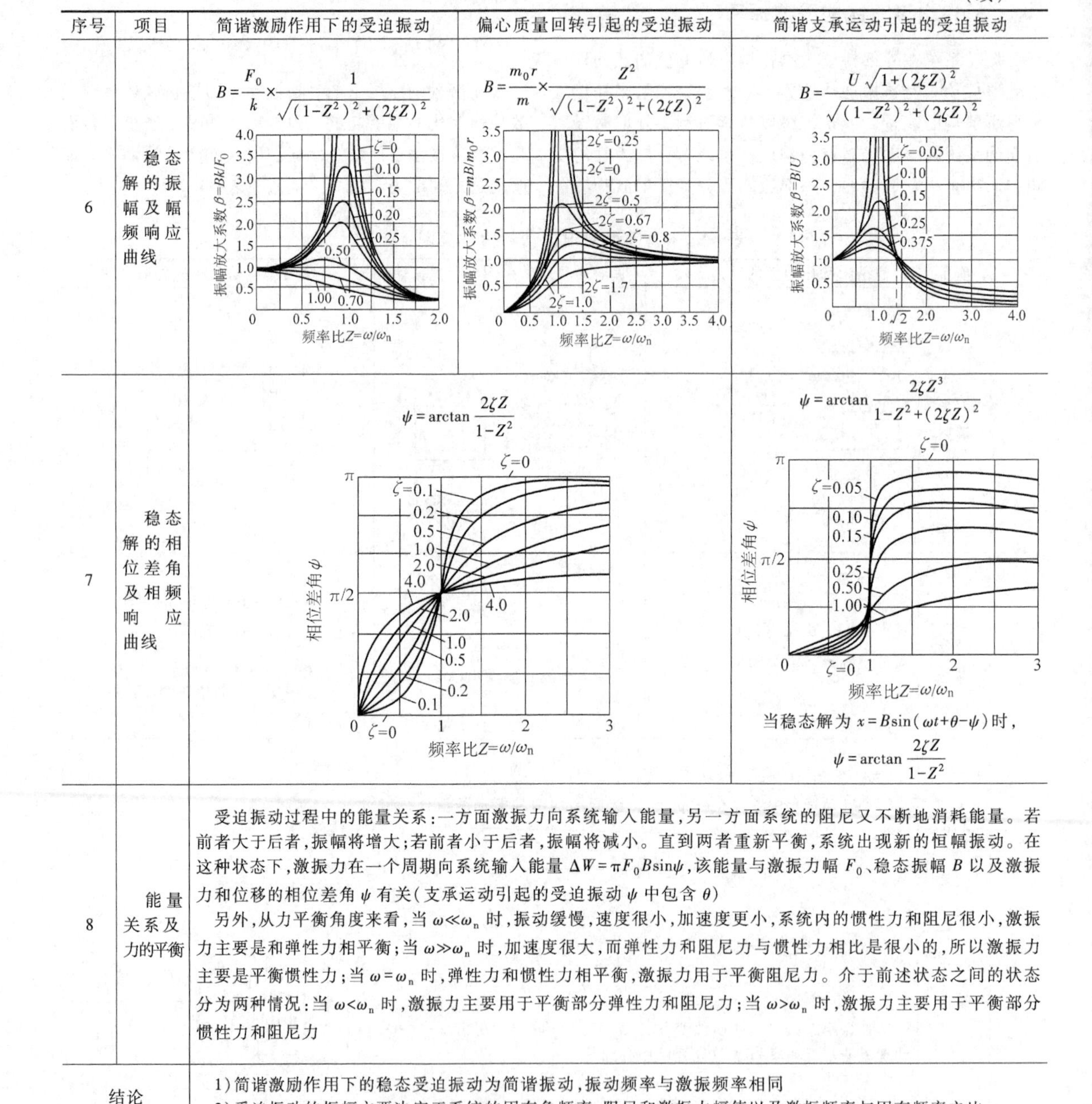

序号	项目	简谐激励作用下的受迫振动	偏心质量回转引起的受迫振动	简谐支承运动引起的受迫振动
6	稳态解的振幅及幅频响应曲线	$B=\frac{F_0}{k}\times\frac{1}{\sqrt{(1-Z^2)^2+(2\zeta Z)^2}}$	$B=\frac{m_0 r}{m}\times\frac{Z^2}{\sqrt{(1-Z^2)^2+(2\zeta Z)^2}}$	$B=\frac{U\sqrt{1+(2\zeta Z)^2}}{\sqrt{(1-Z^2)^2+(2\zeta Z)^2}}$
7	稳态解的相位差角及相频响应曲线	$\psi=\arctan\frac{2\zeta Z}{1-Z^2}$		$\psi=\arctan\frac{2\zeta Z^3}{1-Z^2+(2\zeta Z)^2}$ 当稳态解为 $x=B\sin(\omega t+\theta-\psi)$ 时，$\psi=\arctan\frac{2\zeta Z}{1-Z^2}$
8	能量关系及力的平衡	受迫振动过程中的能量关系：一方面激振力向系统输入能量，另一方面系统的阻尼又不断地消耗能量。若前者大于后者，振幅将增大；若前者小于后者，振幅将减小。直到两者重新平衡，系统出现新的恒幅振动。在这种状态下，激振力在一个周期向系统输入能量 $\Delta W=\pi F_0 B\sin\psi$，该能量与激振力幅 F_0、稳态振幅 B 以及激振力和位移的相位差角 ψ 有关（支承运动引起的受迫振动 ψ 中包含 θ） 另外，从力平衡角度来看，当 $\omega \ll \omega_n$ 时，振动缓慢，速度很小，加速度更小，系统内的惯性力和阻尼很小，激振力主要是和弹性力相平衡；当 $\omega \gg \omega_n$ 时，加速度很大，而弹性力和阻尼力与惯性力相比是很小的，所以激振力主要是平衡惯性力；当 $\omega=\omega_n$ 时，弹性力和惯性力相平衡，激振力用于平衡阻尼力。介于前述状态之间的状态分为两种情况：当 $\omega<\omega_n$ 时，激振力主要用于平衡部分弹性力和阻尼力；当 $\omega>\omega_n$ 时，激振力主要用于平衡部分惯性力和阻尼力		
结论		1）简谐激励作用下的稳态受迫振动为简谐振动，振动频率与激振频率相同 2）受迫振动的振幅主要决定于系统的固有角频率、阻尼和激振力幅值以及激振频率与固有频率之比		

注：m—质量（kg）；c—阻尼系数（N·s/m）；k—刚度（N/m）；F_0—干扰力幅（N）；ω_n—固有圆频率（rad/s），$\omega_n=\sqrt{\frac{k}{m}}$；$\omega$—激振频率（rad/s）；$Z$—频率比，$Z=\frac{\omega}{\omega_n}$；$\zeta$—阻尼比，$\zeta=\frac{n}{\omega_n}$；$n$—衰减系数，$n=\frac{c}{2m}$；$q$—单位质量激振力（N/kg），$q=\frac{F_0}{m}$。

1.2.2 非简谐激励作用下的受迫振动及响应

非简谐激励包括周期激励和非周期激励。例如，凸轮旋转产生的激振力、单缸活塞-连杆机构的激振力等均为周期激振力；而爆破载荷的作用力、提升机紧急制动的冲击力等都为非周期激振力。非简谐受迫振动的力学模型及响应见表34.3-3。

表 34.3-3　非简谐受迫振动的力学模型及响应

序号	项　目	周期激励作用	非周期激励作用
1	力学模型及运动微分方程	$m\ddot{x}+c\dot{x}+kx=F(t)$ $\ddot{x}+2\zeta\omega_n\dot{x}+\omega_n^2x=q(t)$ $2n=\dfrac{c}{m}\quad \omega_n^2=\dfrac{k}{m}\quad \zeta=\dfrac{n}{\omega_n}$	$F(t)$—任意激励 $q(t)=F(t)/m$
2	非简谐激励的分解	a)　b) $F(t)=a_0+\sum\limits_{i=1}^{\infty}(a_i\cos i\omega t+b_i\sin i\omega t)$ 式中　$a_0=\dfrac{1}{T}\int_0^T F(t)\mathrm{d}t$ $a_i=\dfrac{2}{T}\int_0^T F(t)\cos i\omega t\mathrm{d}t$ $b_i=\dfrac{2}{T}\int_0^T F(t)\sin i\omega t\mathrm{d}t$ T—激励的周期(s)	$q(\tau)=\begin{cases}\dfrac{F_0}{m}(1-\tau/t_0) & \tau\leqslant t_0\\ 0 & \tau>t_0\end{cases}$ 将 $q(\tau)$ 分解为 n 个在 $(\tau,\tau+\mathrm{d}\tau)$ 区间上值为 τ 时刻 $q(\tau)$ 值的脉冲
3	局部激励作用下的响应	$x_0=\dfrac{a_0}{k}$ $x_i=B_i\sin(i\omega t+\alpha_i-\psi_i)$ 式中　$B_i=\dfrac{\sqrt{a_i^2+b_i^2}}{k\sqrt{(1-i^2Z^2)^2+(2\zeta iZ)^2}}$ $\alpha_i=\arctan\dfrac{b_i}{a_i}\quad \psi=\arctan\dfrac{2\zeta iZ}{1-i^2Z^2}$ $Z=\dfrac{1}{T\omega_n}$	根据动量定理，将 τ 时刻作用系统的冲量 $q(\tau)\mathrm{d}\tau$ 转换为初始速度 $\mathrm{d}\dot{x}=q(\tau)\mathrm{d}\tau$ t 时刻系统对 τ 时刻冲量 $q(\tau)\mathrm{d}\tau$ 的响应为以 $\mathrm{d}\dot{x}$ 为初始速度自由振动响应 $\mathrm{d}x=\mathrm{e}^{-n(t-\tau)}\dfrac{q(\tau)\mathrm{d}\tau}{\omega_n}\sin\omega_n(t-\tau)$
4	局部激励响应叠加合成	$x(t)=x_0+\sum\limits_{i=1}^{\infty}x_i$ $=\dfrac{a_0}{k}+\sum\limits_{i=1}^{\infty}B_i\sin(i\omega t+\alpha_i-\psi_i)$	当 $t=0$、$x_0=\dot{x}_0=0$ 时的杜哈梅积分 $x(t)=\dfrac{\mathrm{e}^{-nt}}{\omega_d}\int_0^T \mathrm{e}^{n\tau}q(\tau)\sin\omega_n(t-\tau)\mathrm{d}\tau$
5	系统对图示激励响应实例计算	$m\ddot{x}+c\dot{x}+(k_1+k_2)x=F(t)$ $F(t)=\dfrac{k_2A}{2}-\dfrac{k_2A}{2}\left(\sin\omega t+\dfrac{1}{2}\sin2\omega t+\dfrac{1}{3}\sin3\omega t+\cdots\right)$ $a_0=\dfrac{k_2A\omega^2}{4\pi^2}\int_0^{2\pi/\omega}t\mathrm{d}t=\dfrac{k_2A}{2}$ $a_i=\dfrac{k_2A\omega^2}{2\pi^2}\int_0^{2\pi/\omega}t\cos i\omega t\mathrm{d}t=0$ $b_i=\dfrac{k_2A\omega^2}{2\pi^2}\int_0^{2\pi/\omega}t\sin i\omega t\mathrm{d}t=\dfrac{-k_2A}{i\pi}$ $x(t)=\dfrac{k_2A}{k_1+k_2}\left[\dfrac{1}{2}-\dfrac{1}{\pi}\times\right.$ $\sum\limits_{i=1}^{\infty}\dfrac{1}{i\sqrt{(1-i^2Z^2)^2+(2\zeta iZ)^2}}\times$ $\left.\sin(i\omega t-\psi_i)\right]$ $\psi_i=\arctan[2\zeta iZ/(1-i^2Z^2)]$	当 $0<t<t_0(c=n=0)$ 时 $x(t)=\dfrac{F_0}{\omega_n m}\int_0^T(1-\tau/t_0)\sin\omega_n(t-\tau)\mathrm{d}\tau$ $=\dfrac{F_0}{k}(1-\cos\omega_n t)-\dfrac{F_0}{kt_0}\left(t-\dfrac{1}{\omega_n}\sin\omega_n t\right)$ 当 $t=t_0$ 时 $x(t)=\dfrac{F_0}{\omega_n m}\int_0^T(1-\tau/t_0)\sin\omega_n(t-\tau)\mathrm{d}\tau$ $=\dfrac{F_0}{k}(1-\cos\omega_n t)-\dfrac{F_0}{kt_0}\left(t_0-\dfrac{1}{\omega_n}\sin\omega_n t\right)$ 当 $t>t_0$ 时 $x(t)=\dfrac{F_0}{\omega_n m}\int_0^T(1-\tau/t_0)\sin\omega_n(t-\tau)\mathrm{d}\tau$ $=\dfrac{F_0}{k\omega_n t_0}[\sin\omega_n t-\sin\omega_n(t-t_0)]-\dfrac{F_0}{k}\cos\omega_n t$

2 多自由度振动系统

2.1 多自由度自由振动系统的力学模型及其响应

多自由度系统是指具有有限个自由度的系统，它包括二自由度系统。一般来说，多自由度系统的振动分析与二自由度系统的振动分析并无本质区别，只是自由度数的增加，使数学求解变得比较复杂。因此，多自由度系统的振动分析和计算需要更有效的处理方法，更有效的处理方法就是矩阵方法。多自由度自由振动系统的力学模型及其响应见表 34.3-4。

表 34.3-4 多自由度自由振动系统的力学模型及其响应

序号	项 目	二自由度系统	n 自由度系统
1	力学模型	k_1 m_1 x_1 k_2 m_2 x_2 k_3	k_1 m_1 x_1 k_2 m_2 x_2 k_3 … k_n m_n x_n k_{n+1}
2	运动微分方程	$M_{11}\ddot{x}_1+M_{12}\ddot{x}_2+K_{11}x_1+K_{12}x_2=0$ $M_{21}\ddot{x}_1+M_{22}\ddot{x}_2+K_{21}x_1+K_{22}x_2=0$ 式中 $M_{11}=m_1$ $M_{22}=m_2$ $M_{12}=M_{21}=0$ $K_{11}=k_1+k_2$ $K_{22}=k_2+k_3$ $K_{12}=K_{21}=-k_2$	$\boldsymbol{M}\ddot{\boldsymbol{x}}+\boldsymbol{K}\boldsymbol{x}=\boldsymbol{0}$ 式中 $\boldsymbol{M}=\begin{pmatrix}M_{11} & M_{12} & \cdots & M_{1n}\\ M_{21} & M_{22} & \cdots & M_{2n}\\ \vdots & \vdots & & \vdots\\ M_{n1} & M_{n2} & \cdots & M_{nn}\end{pmatrix}=\begin{pmatrix}m_1 & 0 & \cdots & & 0\\ 0 & m_2 & 0 & \cdots & 0\\ \vdots & & \vdots & & \vdots\\ 0 & \cdots & 0 & \cdots & m_n\end{pmatrix}$ $\boldsymbol{K}=\begin{pmatrix}K_{11} & K_{12} & \cdots & K_{1n}\\ K_{21} & K_{22} & \cdots & K_{2n}\\ \vdots & \vdots & & \vdots\\ K_{n1} & K_{n2} & \cdots & K_{nn}\end{pmatrix}=\begin{pmatrix}k_1+k_2 & -k_2 & 0 & \cdots\\ -k_2 & k_2+k_3 & -k_3 & 0\\ \vdots & \vdots & \vdots & \vdots\\ 0 & 0 & -k_n & k_n+k_{n+1}\end{pmatrix}$ $\boldsymbol{x}=\begin{pmatrix}x_1\\ x_2\\ \vdots\\ x_n\end{pmatrix}$ $\ddot{\boldsymbol{x}}=\begin{pmatrix}\ddot{x}_1\\ \ddot{x}_2\\ \vdots\\ \ddot{x}_n\end{pmatrix}$ $\boldsymbol{0}=\begin{pmatrix}0\\ 0\\ \vdots\\ 0\end{pmatrix}$ $\boldsymbol{M}$—质量矩阵 $\boldsymbol{K}$—刚度矩阵 K_{ij}—j 处产生单位位移（其他处位移为 0）时，i 点所需作用力的大小
3	特解	$x_1=A_1\sin(\omega_n t+\varphi)$ $x_2=A_2\sin(\omega_n t+\varphi)$	$\boldsymbol{x}=\begin{pmatrix}x_{M1}\\ x_{M2}\\ \vdots\\ x_{Mn}\end{pmatrix}\sin(\omega_n t+\varphi)$

（续）

序号	项 目	二自由度系统	n 自由度系统
4	特征方程	$\begin{vmatrix} K_{11}-M_{11}\omega_n^2 & K_{12}-M_{12}\omega_n^2 \\ K_{21}-M_{21}\omega_n^2 & K_{22}-M_{22}\omega_n^2 \end{vmatrix}=0$ 展开：$a\omega_n^4+b\omega_n^2+c=0$ 式中 $a=M_{11}M_{22}-M_{12}^2$ $b=-(M_{11}K_{22}+M_{22}K_{11}-2M_{12}K_{12})$ $c=K_{11}K_{22}-K_{12}^2$	$\vert \boldsymbol{K}-\omega_n^2\boldsymbol{M}\vert=0$ 展开：$a_n\omega_n^{2n}+a_{n-1}\omega_n^{2(n-1)}+\cdots+a_1\omega_n^2+a_0=0$
5	固有角频率	一阶固有角频率 $\omega_{n1}=\sqrt{\dfrac{-b-\sqrt{b^2-4ac}}{2a}}$ 二阶固有角频率 $\omega_{n2}=\sqrt{\dfrac{-b+\sqrt{b^2-4ac}}{2a}}$	用数值计算方法求特征方程的 n 个特征值，并由小到大排列，分别称为一阶、二阶、…、n 阶固有角频率。通常前一、二、三阶的振动频率在总振动中较为重要
6	振幅联立方程	$(K_{11}-M_{11}\omega_n^2)A_1+(K_{12}-M_{12}\omega_n^2)A_2=0$ $(K_{21}-M_{21}\omega_n^2)A_1+(K_{22}-M_{22}\omega_n^2)A_2=0$	$(\boldsymbol{K}-\omega_n^2\boldsymbol{M})\boldsymbol{x}_M=\boldsymbol{0}$
7	振幅比及振型矢量	一阶振幅比 $\Delta_1=\dfrac{A_2^{(1)}}{A_1^{(1)}}=-\dfrac{K_{11}-M_{11}\omega_{n1}^2}{K_{12}-M_{12}\omega_{n1}^2}$ 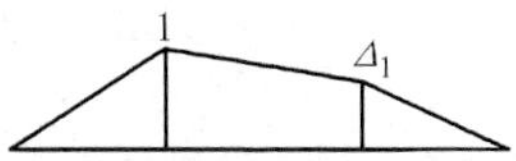 1 Δ_1 一阶主振型（同相位） 二阶振幅比 $\Delta_2=\dfrac{A_2^{(2)}}{A_1^{(2)}}=-\dfrac{K_{11}-M_{11}\omega_{n2}^2}{K_{12}-M_{12}\omega_{n2}^2}$ 1 Δ_2 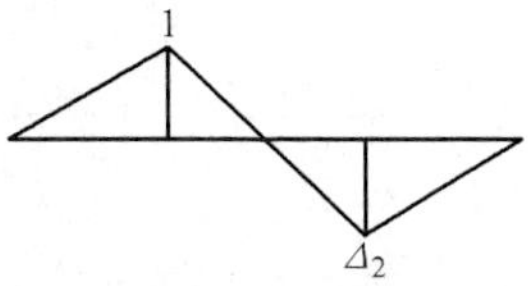 二阶主振型（反相位）	将一阶固有圆频率 ω_{n1} 代入振幅联立方程得一阶振型矢量 $\boldsymbol{x}_{M1}$，同理可得 $\boldsymbol{x}_{M2}$、…、$\boldsymbol{x}_{Mn}$。也可用数值计算方法和固有圆频率同时计算出来 振型矩阵 $\boldsymbol{x}_M=(\boldsymbol{x}_{M1}\boldsymbol{x}_{M2}\cdots\boldsymbol{x}_{Mn})$ 振型矩阵由 n 阶振型矢量组成 $n\times n$ 阶矩阵正则振型矩阵： $\boldsymbol{x}_N=\boldsymbol{x}_M\begin{pmatrix}\frac{1}{\mu_1} & & 0\\ & \ddots & \\ 0 & & \frac{1}{\mu_n}\end{pmatrix}$ $\mu_i=\sqrt{\boldsymbol{X}_{Mi}{}^{T}\boldsymbol{M}\boldsymbol{X}_{Mi}}=\sqrt{\sum_{s=1}^{n}x_{Msi}(\sum_{r=1}^{n}M_{sr}x_{Mri})}$
8	振型矢量的正交性	$\{1\ \ \Delta_1\}\begin{pmatrix}M_{11} & M_{12}\\ M_{21} & M_{22}\end{pmatrix}\begin{pmatrix}1\\ \Delta_2\end{pmatrix}=0$ $\{1\ \ \Delta_1\}\begin{pmatrix}K_{11} & K_{12}\\ K_{21} & K_{22}\end{pmatrix}\begin{pmatrix}1\\ \Delta_2\end{pmatrix}=0$ 一阶振型矢量和二阶振型矢量关于质量矩阵成正交，关于刚度矩阵也成正交	$\boldsymbol{x}_{Mi}^{T}\boldsymbol{M}\boldsymbol{x}_{Mj}=0$ $\boldsymbol{x}_{Mi}^{T}\boldsymbol{K}\boldsymbol{x}_{Mj}=0$ i 阶振型矢量和 j 阶振型矢量关于质量矩阵成正交，关于刚度矩阵也成正交
9	能量关系	不同阶振型矢量的动能和势能不能相互转换，只有同阶振型矢量间的动能和势能才能相互转换	

注：1. 自由振动响应只在机械系统的起动和停机过程中存在，而且持续时间又较短，所以一般振动分析均不考虑自由振动响应。

2. n 自由度系统的特征值（固有角频率）和特征矢量（振型矢量）的数值计算可用矩阵迭代法、QR 法、雅可比法等计算程序进行计算。

2.2 二自由度受迫振动系统的振幅和相位差角的计算公式

二自由度受迫振动系统的振幅和相位差角的计算公式见表 34.3-5。

表 34.3-5 二自由度受迫振动系统的振幅和相位差角的计算公式

序号	模型及简图	振幅	相位差角
1	主动二次隔振	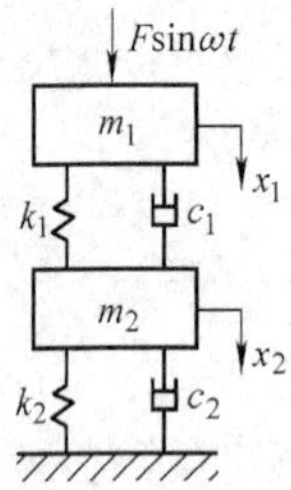 $B_1=F\sqrt{\dfrac{a^2+b^2}{g^2+h^2}}$ $B_2=F\sqrt{\dfrac{e^2+f^2}{g^2+h^2}}$ 式中 F—激振力幅	$\psi_1=\arctan\dfrac{bg-ah}{ag+bh}$ $\psi_2=\arctan\dfrac{fg-ef}{eg+fh}$
2	弹性连杆振动机	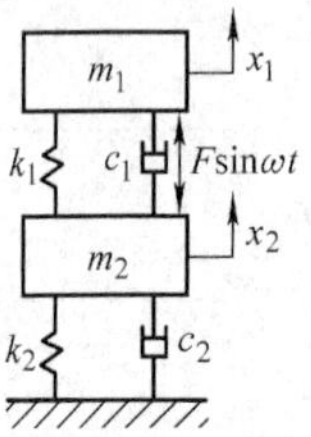 $B_1=F\sqrt{\dfrac{(a+e)^2+(b+f)^2}{g^2+h^2}}$ $B_2=F\dfrac{c+e}{\sqrt{g^2+h^2}}$	$\psi_1=\arctan\dfrac{(b+f)g-(a+e)h}{(a+e)g+(b+f)h}$ $\psi_2=\arctan\dfrac{h}{g}$
3	被动二次隔振	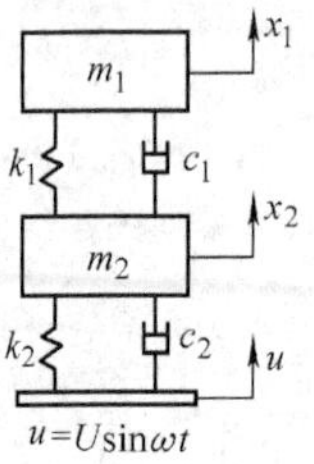 $B_1=\lambda U\sqrt{\dfrac{c^2+d^2}{g^2+h^2}}$ $B_2=\lambda U\sqrt{\dfrac{e^2+f^2}{g^2+h^2}}$ 式中 U—振幅	$\psi_1=\arctan\dfrac{dg-ch}{cg+dh}-\theta$ $\psi_2=\arctan\dfrac{fg-eh}{eg+fh}-\theta$
4	动力减振	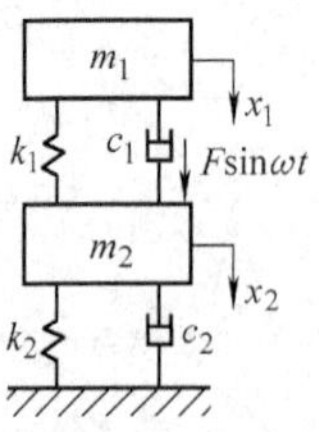 $B_1=F\sqrt{\dfrac{e^2+f^2}{g^2+h^2}}$ $B_2=F\sqrt{\dfrac{c^2+d^2}{g^2+h^2}}$	$\psi_1=\arctan\dfrac{fg-eh}{eg+fh}$ $\psi_2=\arctan\dfrac{dg-ch}{cg+dh}$

注：$a=k_1+k_2-m_2\omega^2$；$b=(c_1+c_2)\omega$；$c=k_1-m_1\omega^2$；$d=c_1\omega$；$e=-k_1$；$f=-c_1\omega$；$g=(k_1-m_1\omega^2)(k_2-m_2\omega^2)-(k_1m_1+c_1c_2)\omega^2$；$h=[(k_1-m_1\omega^2)c_2-(k_2-m_2\omega^2-m_1\omega^2)c_1]\omega$；$\lambda=\sqrt{k_2^2+c_2^2\omega^2}$；$\theta=\arctan(c_2\omega/k_2)$。

3 扭转振动系统

3.1 扭转振动与直线振动的比较

在本章前述各节中，仅给出了直线振动系统的计算方法和公式，在一些情况中，求解直线振动系统的方法，可用于求解扭转振动系统的问题。为把直线振动系统的各种计算方法和公式，用于扭转振动系统中，特给出表 34.3-6，以便相互对照使用。

表 34.3-6　单自由度直线振动与扭转振动的参数比较

序号	项　目	直线运动振系	定轴转动振系
1	力学模型	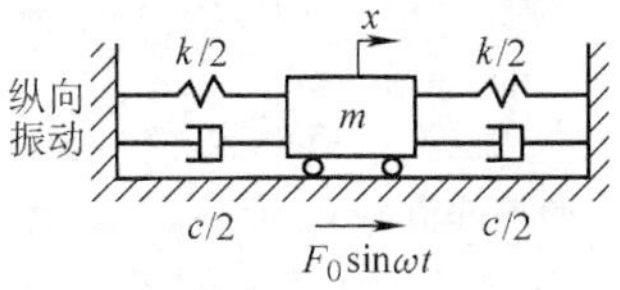 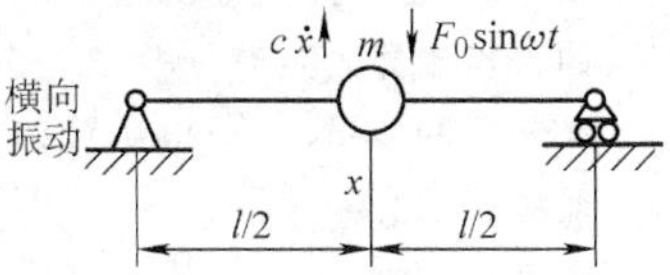 纵向振动 $k/2$ x $k/2$ m $c/2$ $F_0\sin\omega t$ $c/2$；横向振动 $c\dot{x}$ m $F_0\sin\omega t$ x $l/2$ $l/2$	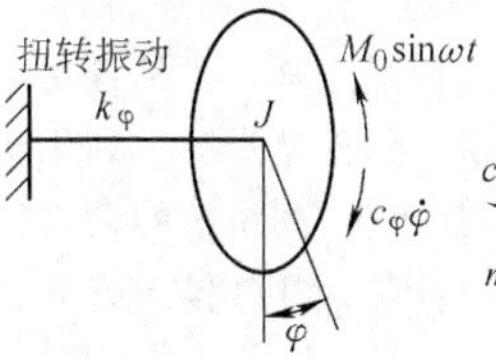 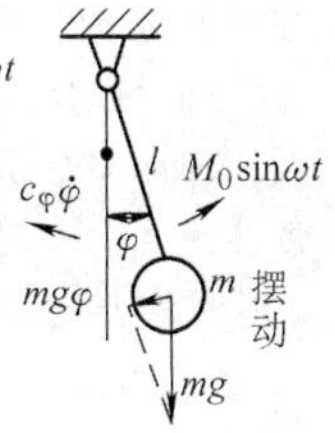 扭转振动 k_φ J $M_0\sin\omega t$ $c_\varphi\dot{\varphi}$ φ；摆动 l $M_0\sin\omega t$ $c_\varphi\dot{\varphi}$ φ $mg\varphi$ m mg
2	运动微分方程	$m\ddot{x}+c\dot{x}+kx=F_0\sin\omega t$	$J\ddot{\varphi}+c_\varphi\dot{\varphi}+k_\varphi\varphi=M_0\sin\omega t$ 式中　M_0—激振力矩幅值(N·m)
3	位移	$x=x(t)$	$\varphi=\varphi(t)$
4	速度	$\dot{x}=\dfrac{dx}{dt}$	$\dot{\varphi}=\dfrac{d\varphi}{dt}$
5	加速度	$\ddot{x}=\dfrac{d\dot{x}}{dt}=\dfrac{d^2x}{dt^2}$	$\ddot{\varphi}=\dfrac{d\dot{\varphi}}{dt}=\dfrac{d^2\varphi}{dt^2}$
6	惯性力及惯性力矩	$F_u=m\ddot{x}$ 式中　m—质量(kg)	$M_u=J\ddot{\varphi}$ 式中　J—转动惯量(kg·m²) 摆动：$J=ml^2$
7	阻尼力及阻尼力矩	$F_d=c\dot{x}$ 式中　c—阻尼系数(N·s/m)	$M_d=c_\varphi\dot{\varphi}$ 式中　c_φ—阻尼系数(N·m·s/rad)
8	恢复力及恢复力矩	$F_k=kx$ 式中　k—刚度(N/m)	$M_k=k_\varphi\varphi$ 式中　k_φ—刚度(N·m/rad) 摆动：$k_\varphi=mgl$
9	激励	$F(t)=F_0\sin\omega t$	$M(t)=M_0\sin\omega t$
10	固有圆频率	$\omega_n=\sqrt{\dfrac{k}{m}}$	$\omega_n=\sqrt{\dfrac{k_\varphi}{J}}$ 摆动：$\omega_n=\sqrt{\dfrac{g}{l}}$
11	动能	$T=\dfrac{1}{2}m\dot{x}^2$	$T=\dfrac{1}{2}J\dot{\varphi}^2$
12	能量耗散函数	$D=\dfrac{1}{2}c\dot{x}^2$	$D=\dfrac{1}{2}c_\varphi\dot{\varphi}^2$
13	势能	$V=\dfrac{1}{2}kx^2$	$V=\dfrac{1}{2}k_\varphi\varphi^2$
例		表 34.3-1 中序号 6 的线性阻尼的直线运动的响应为 $x=Ae^{-nt}\sin(\omega_d t+\varphi_0)$ 式中　$A=\sqrt{x_0^2+\left(\dfrac{\dot{x}_0+nx_0}{\omega_d}\right)^2}$ $\varphi_0=\arctan\left(\dfrac{x_0\omega_d}{\dot{x}_0+nx_0}\right)$	扭转运动的响应相应为 $\varphi=Ae^{-nt}\sin(\omega_d t+\psi_0)$ 式中　$A=\sqrt{\varphi_0^2+\left(\dfrac{\dot{\varphi}_0+n\varphi_0}{\omega_d}\right)^2}$ $\psi_0=\arctan\left(\dfrac{\varphi_0\omega_d}{\dot{\varphi}_0+n\varphi_0}\right)$

注：其他项目或多自由度振动可按此类比。

3.2 传递矩阵法

对呈链状结构型式的机构，可以离散化成轴上带有圆盘的扭转振动系统。整个系统由若干单元（轴段或圆盘）组成，根据单元的物理特性及单元之间的特性，确定单位的传递矩阵，再把各单位的传递矩阵相乘，求出整个系统的传递矩阵。利用系统两端的边界条件及受力条件，可得到系统的动力特性及动力响应。这就是传递矩阵法，其具体内容为：

1）状态矢量。描述扭转振动系统任一点物理状态的矢量为

$$Z=\begin{pmatrix}\theta\\M\end{pmatrix} \tag{34.3-1}$$

式中　θ——角位移（扭转角）；

M——扭矩。

2）传递矩阵与传递方程。把圆盘左侧的状态矢量传递到右侧的矩阵，称为点传递矩阵。

$$T=\begin{pmatrix}1 & 0\\-J\omega^2 & 1\end{pmatrix} \tag{34.3-2}$$

式中　J——转动惯量；

ω——角频率。

把轴段（i-1）点的状态矢量传递到 i 点（见图 34.3-1）的矩阵，称为场传递矩阵。

$$T=\begin{pmatrix}1 & 1/k_\theta\\0 & 1\end{pmatrix} \tag{34.3-3}$$

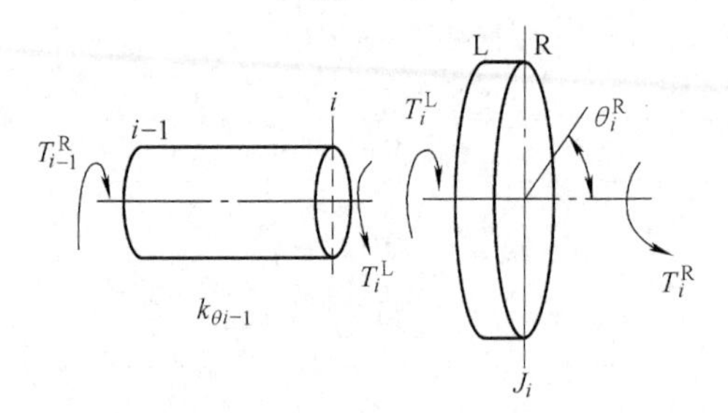

图 34.3-1　扭转振动系统的单元

各单元的传递方程式为

$$\left.\begin{aligned}Z_1&=T_1\times Z_0\\Z_2&=T_2\times Z_1\\&\vdots\\Z_i&=T_i\times Z_{i-1}\\&\vdots\\Z_n&=T_n\times Z_{n-1}\end{aligned}\right\} \tag{34.3-4}$$

把系统左端（O 点）和右端（n 点）的各状态矢量连接在一起的传递方程式为

$$Z_n=T_n\times T_{n-1}\times\cdots\times T_i\times\cdots T_2\times T_1\times Z_0=T\times Z_0 \tag{34.3-5}$$

因此，整个系统的传递矩阵为

$$T=T_n\times T_{n-1}\times\cdots\times T_i\times\cdots\times T_2\times T_1=\begin{pmatrix}t_{11} & t_{12}\\t_{21} & t_{22}\end{pmatrix} \tag{34.3-6}$$

由式（34.3-5），可得出确定第 i 个分点的状态矢量的传递方程式为

$$Z_i=T_i\times T_{i-1}\times\cdots\times T_2\times T_1\times Z_0 \tag{34.3-7}$$

3）自由振动分析。把系统两端的边界条件（例如，当端部固定时，$\theta=0$；当端部自由时，$M=0$）代入式（34.3-5），即得系统的频率方程，它的根就是系统的固有频率。

对两端固定的系统 $\theta_0=\theta_n=0$，则式（34.3-6）变为

$$\begin{pmatrix}0\\M_n\end{pmatrix}=\begin{pmatrix}t_{11} & t_{12}\\t_{21} & t_{22}\end{pmatrix}\begin{pmatrix}0\\M_0\end{pmatrix}$$

$$t_{12}M_0=0$$

由于 $M_0\neq0$，故 $t_{12}=0$，就是频率方程。

对两端自由的系统 $M_0=M_n=0$，则式（34.3-6）变为

$$\begin{pmatrix}\theta_n\\0\end{pmatrix}=\begin{pmatrix}t_{11} & t_{12}\\t_{21} & t_{22}\end{pmatrix}\begin{pmatrix}\theta_0\\0\end{pmatrix}$$

$$t_{12}\times\theta_0=0$$

由于 $\theta_0\neq0$，故 $t_{21}=0$，就是频率方程。

在求知固有频率后，假设式（34.3-5）左端（O 点）的未知量中的任意一个为 1，连同固有频率代入式（34.3-5），可求知左端的全部状态矢量。再利用式（34.3-7），可求知系统各点的状态矢量，进而得到系统的振型。

4）受迫振动分析。由于系统存在着激励函数，故把传递方程式写成式（34.3-8）的形式，即

$$\begin{pmatrix}Z\\\vdots\\1\end{pmatrix}_i=\left(\begin{array}{c:c}T & M\\\hdashline 0 & 1\end{array}\right)_i\begin{pmatrix}Z\\\vdots\\1\end{pmatrix}_{i-1} \tag{34.3-8}$$

式中　Z_i、Z_{i-1}——单元或系统两端的状态矢量；

T_i——传递矩阵；

M_i——激励函数。

根据式（34.3-8），按照与自由振动相同的分析方法，即可对受迫振动进行分析与计算。

例 34.3-1　对图 34.3-2 所示的系统，用传递矩阵法求其扭转振动的固有频率及简谐激励函数 $M\sin\omega t$ 作用下系统的位移响应。

解：根据式（34.3-2）~ 式（34.3-4）及图 34.3-2 得各单元的传递方程为

$$\begin{pmatrix}\theta\\M\end{pmatrix}_1^{R}=\begin{pmatrix}1 & 0\\J\omega^2 & 1\end{pmatrix}\begin{pmatrix}\theta\\M\end{pmatrix}_1^{L}$$

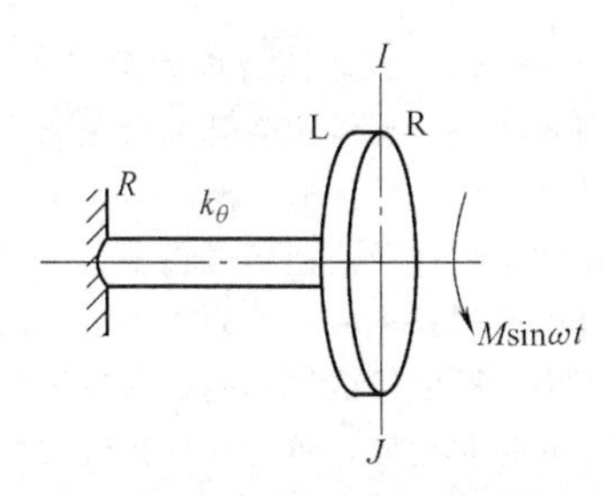

图 34.3-2　扭转振动系统

$$\begin{pmatrix}\theta\\M\end{pmatrix}_1^{\mathrm{L}}=\begin{pmatrix}1&\dfrac{1}{k_\theta}\\0&1\end{pmatrix}\begin{pmatrix}\theta\\M\end{pmatrix}_0^{\mathrm{R}}$$

代入式（34.3-5），得系统的传递方程为

$$\begin{pmatrix}\theta\\M\end{pmatrix}_1^{R}=\begin{pmatrix}1&0\\-J\omega^2&1\end{pmatrix}\begin{pmatrix}1&\dfrac{1}{k_\theta}\\0&1\end{pmatrix}\begin{pmatrix}\theta\\M\end{pmatrix}_0^{\mathrm{R}}$$

$$=\begin{pmatrix}1&\dfrac{1}{k_\theta}\\-J\omega^2&1-\dfrac{J\omega^2}{k_\theta}\end{pmatrix}\begin{pmatrix}\theta\\M\end{pmatrix}_0^{\mathrm{R}}$$

由图知其边界条件为：左端固定 $\theta_0^R=0$，右端自由 $M_1^{\mathrm{R}}=0$，代入上式的第二行得

$$0=-J\omega^2\times0+\left(1-\frac{J\omega^2}{k_\theta}\right)M_0^{\mathrm{R}}$$

由于 $M_0^{\mathrm{R}}\neq0$，则得频率方程为

$$1-\frac{J\omega^2}{k_\theta}=0$$

由此得系统的固有频率为

$$\omega_{\mathrm{n}}=\sqrt{\frac{k_\theta}{J}}$$

把已求知的系统传递矩阵及激励函数代入式（34.3-8），得

$$\begin{pmatrix}\theta\\M\\\vdots\\1\end{pmatrix}_1^{\mathrm{R}}=\left(\begin{array}{cc:c}1&\dfrac{1}{k_\theta}&0\\-J\omega^2&1-\dfrac{J\omega^2}{k_\theta}&-M\sin\omega t\\\hdashline 0&0&1\end{array}\right)\times\begin{pmatrix}\theta\\M\\\vdots\\1\end{pmatrix}_0^{\mathrm{R}}$$

此式的第一、第二行分别为

$$\theta_1^{\mathrm{R}}=\theta_0^{\mathrm{R}}+\frac{1}{k_\theta}M_0^{\mathrm{R}}$$

$$M_1^{\mathrm{R}}=-J\omega^2\times\theta_0^{\mathrm{R}}+\left(1-\frac{J\omega^2}{k_\theta}\right)M_0^{\mathrm{R}}-M\sin\omega t$$

把边界条件：$\theta_0^{\mathrm{R}}=0$，$M_1^{\mathrm{R}}=0$，代入以上二式，并联立求解即得圆盘扭转振动的角位移为

$$\theta_1^{\mathrm{R}}=\theta_1^{\mathrm{L}}=\theta_1=\frac{M\sin\omega t}{k_\theta-J\omega^2}$$

4　共振

一振动系统的弹簧刚度为 k、阻尼系数为 c 和参振质量为 m，其弹性回复力为 kx、阻尼力为 $c\dot{x}$、惯性力为 $m\ddot{x}$，在外力 $F_0\cos\omega t$ 的作用下产生振动。外力的激振频率为 $f=\omega/2\pi$。令 $\omega_{\mathrm{n}}^2=k/m$，$2n=c/m$，可以推导出 $\omega/\omega_{\mathrm{n}}=\sqrt{1-2n^2/\omega_{\mathrm{n}}^2}$ 时，系统将发生最大的位移振幅。经运算得的位移幅值、相对应的速度幅值和位移与力之间的相角差，见表 34.3-7。

还有一种加速度共振，频率为 $\dfrac{1}{2\pi}\sqrt{\dfrac{k/m}{1-2(c/2\sqrt{km})^2}}$，系统作受迫振动时，激振频率有任何微小变化均会使系统响应上升。

表 34.3-7　激振频率引起的共振

特　征　量	激振频率引起位移共振	激振频率引起速度共振	激振频率等于阻尼固有频率
频率	$\dfrac{1}{2\pi}\sqrt{\dfrac{k}{m}-\dfrac{c^2}{2m^2}}$	$\dfrac{1}{2\pi}\sqrt{\dfrac{k}{m}}$	$\dfrac{1}{2\pi}\sqrt{\dfrac{k}{m}-\dfrac{c^2}{4m^2}}$
位移幅值	$\dfrac{F_0}{c\sqrt{\dfrac{k}{m}-\dfrac{c^2}{4m^2}}}$	$\dfrac{F_0}{c\sqrt{\dfrac{k}{m}}}$	$\dfrac{F_0}{c\sqrt{\dfrac{k}{m}-\dfrac{3c^2}{16m^2}}}$
速度幅值	$\dfrac{F_0}{c\sqrt{1+\dfrac{c^2}{4km-2c^2}}}$	$\dfrac{F_0}{c}$	$\dfrac{F_0}{c\sqrt{1+\dfrac{c^2}{16km-4c^2}}}$
位移与力之间的相角差	$\arctan\sqrt{\dfrac{4km}{c^2}-2}$	$\dfrac{\pi}{2}$	$\arctan\sqrt{\dfrac{16km}{c^2}-4}$

5　回转机械起动和停机过程中的振动

5.1　起动过程的振动

回转机械的转子无论静、动平衡做得如何好，仍会有不平衡惯性力存在，激发机械系统产生振动。为减少传给基础的动载荷，通常在回转机械和基础之间装有隔振弹簧或者隔振弹簧加阻尼器，这样便构成了质量、弹簧和阻尼的振动系统。如果只研究铅垂方向的振动，额定转速超过临界转速的机器在起动过程中随转速逐渐升高，必然要经过共振区，机械系统的振幅明显增大，回转机械起动过程的位移曲线如图 34.3-3 所示。起动过程大致可分为两个阶段。第一阶段为电动机带动负载的起动过程。该阶段是电动机带动偏心转子完成转子从零到正常转速的过渡，在这个过渡过程中，当转子的转速和系统的固有频率接近或相等时，机械系统将处于共振状态，振幅将明显增大。但由于起动速度较快，转子在共振状态下运转时间较短，振幅增长有限，通常为正常工作时振幅的 3~5倍。第二阶段是在第一阶段激发起系统具有一定初始位移和初始速度条件下的自由振动和受迫振动的叠加。初始条件取决于第一阶段起动的快慢，起动得快，初始位移和初始速度就小，第二阶段的过渡过程也就短，否则相反。

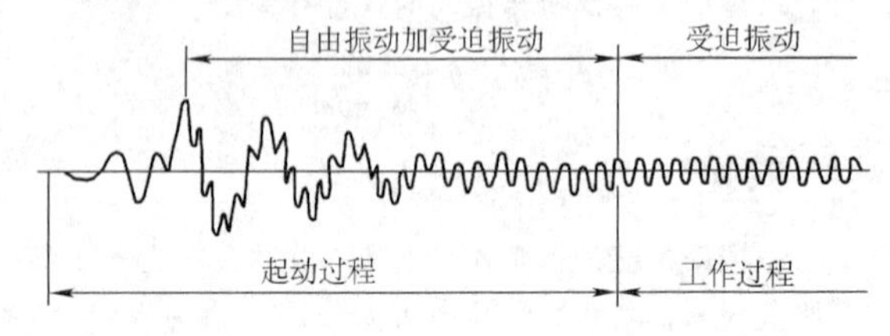

图 34.3-3 回转机械起动过程的位移曲线

5.2 停机过程的振动

回转机械停机过程的位移曲线如图 34.3-4 所示。停机过程也可大致分为两个阶段。第一阶段，电动机电源切断，偏心转子在惯性力矩和阻尼力矩作用下，处于减速回转状态。当转速降低到激振频率低于系统固有圆频率时，由于转速低，离心力也很小，对系统已不起激振作用。在减速回转过程中，当激振频率逐渐接近系统固有圆频率时，振幅将增大。由于转子的阻尼力矩较小，所以停机过程越过共振区较起动过程越过共振区的时间充分，越过共振区时的振幅通常可以达到机械正常工作时振幅的 5~7 倍。这一现象应当给予充分重视，在设计隔振弹簧时，必须保证弹簧的静变形量大于该最大幅值和限位装置；否则，机体由于振幅过大，瞬时机体可能脱离弹簧，当机体重新落在弹簧上时，对机体和弹簧都会造成很大冲击，对机械的使用寿命有很大影响；更有甚者，不仅机体振幅大于弹簧的静变形，造成机体和弹簧的脱离，而且使限位装置不起作用，弹簧会像炮弹一样地飞出，造成人身和设备的严重事故。第二阶段为衰减自由振动，这种自由振动衰减快慢主要取决于系统的阻尼。阻尼包含振动阻尼和转子回转阻尼。回转阻尼影响转子的减速和越过共振区的时间，也就意味着影响第二阶段的初始条件；振动阻尼影响振动的衰减速度。若第二阶段的初始位移和初始速度小，振动阻尼又较大，则第二阶段较短，否则相反（以上未考虑加制动的停车状态）。

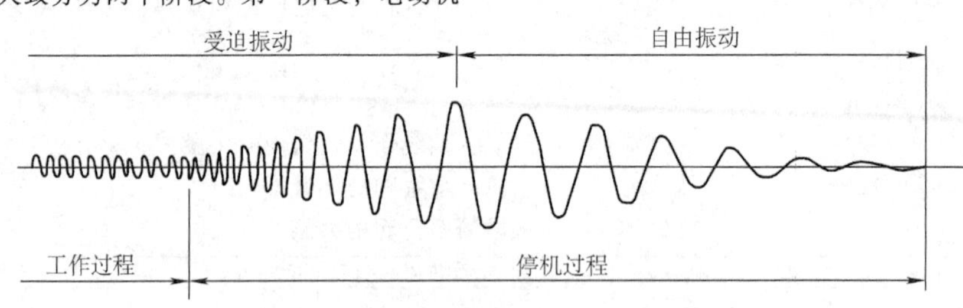

图 34.3-4 回转机械停机过程的位移曲线

第 4 章　非线性振动和随机振动

1　非线性振动

1.1　概述

系统中的某个或某几个参数具有非线性性质，只能用非线性微分方程描述的振动，称为非线性振动。非线性程度较大的系统，称为强非线性系统；非线性程度较小，即接近线性的系统，称为拟线性系统。振动状态不受外界影响，完全由系统性质决定的非线性系统，称为自治系统；振动状态受外界作用影响的非线性系统，称为非自治系统。

1.1.1　非线性特性

使系统具有非线性特性的原因很多，常见的非线性特性有：

1）非线性恢复力。系统的恢复力不与位移成正比，当位移增加时，刚度随之增加的系统称为硬特性系统；反之，称为软特性系统。形成非线性恢复力的原因有：振幅较大，使材料进入非线性弹性，甚至塑性的材料非线性；使结构的几何形状显著变化，需重新建立其平衡方程的几何非线性；由不连续弹性体组成系统的分段线性，以及系统具有负刚度，使系统不是回复而是离开其平衡位置等。

2）非线性阻尼力。系统的阻尼力不与速度成正比。形成非线性阻尼力的原因有：振动体周围流体介质产生的流体阻尼；固体外界环境产生的干摩擦阻尼；材料内摩擦产生的材料阻尼；振动体结合部产生的滑移阻尼，以及系统具有负阻尼，使系统的运动不是逐渐衰减而是不断增加等。

机械振动系统中的非线性参数见表 34. 4-1。

表 34. 4-1　机械振动系统中的非线性参数

非线性参数	非线性特性		举例
	分类	特性曲线	（结构简图或简化模型）
非线性恢复力	软特性	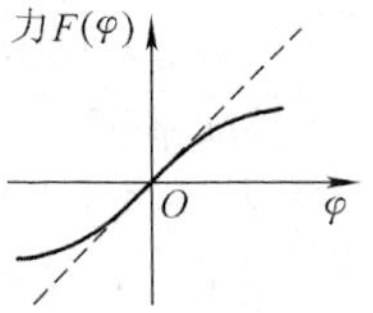 力 $F(\varphi)$，O，φ	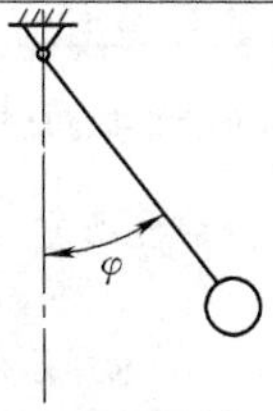 φ
		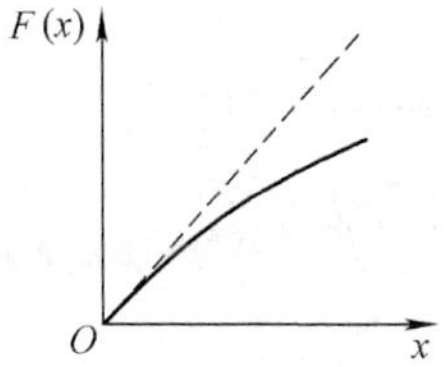 $F(x)$，O，x	 受压橡胶块
	硬特性	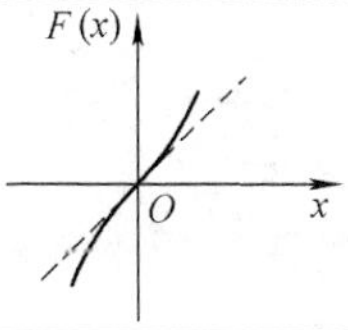 $F(x)$，O，x	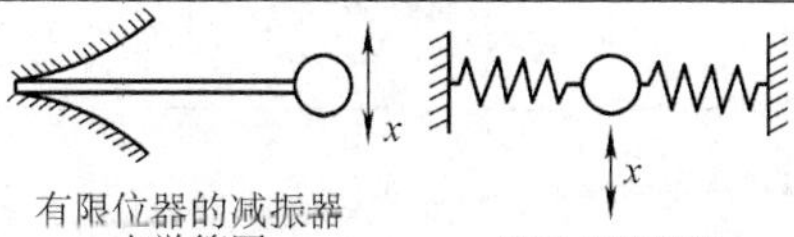 x 有限位器的减振器力学简图；x 弹性悬挂装置
		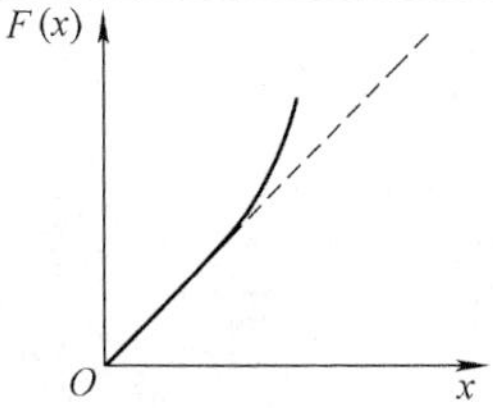 $F(x)$，O，x	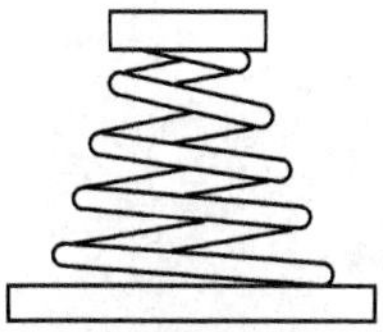 受压圆锥弹簧

（续）

非线性参数	非线性特性		举例（结构简图或简化模型）
	分类	特性曲线	
非线性恢复力	分段线性	$F(x)$，$-x_1$，O，x_1，x	x_1，x_1
非线性阻尼力	干摩擦	$\phi(\dot{x})$，ϕ_0，O，$\dot{x}$，$-\phi_0$	k，m，$\dot{x}$，O，x，x，ϕ_0
	流体摩擦	$\phi(\dot{x})$，O，$\dot{x}$	当物体运动速度较高时，空气、液体等流体对物体的阻力
	材料内阻	应力，O，应变	高内耗的黏弹性材料，每变形一周由于迟滞所耗能量为迟滞回线内的面积

1.1.2 非线性力的特征曲线

表 34.4-2 为各种系统所常见的几种非线性弹性力的特征曲线。

表 34.4-3 为各种系统所常见的几种非线性阻尼力的特征曲线。

表 34.4-4 为混合型非线性力的例子。非线性力基本上由材料或组件的弹性及内部阻力而形成。

表 34.4-2 各种系统所常见的几种非线性弹性力的特征曲线

序号	系统说明	系统图例	力的特征曲线
1	以弹簧压于平面的物体	x	F，O
2	置于锥形弹簧上的物体	y，a	F，O，a，y
3	柔性弹性梁	y	F，O，y

（续）

序号	系统说明	系统图例	力的特征曲线
4	密闭缸内气体上的重物	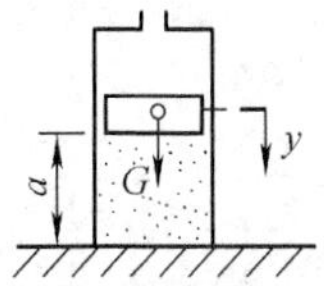	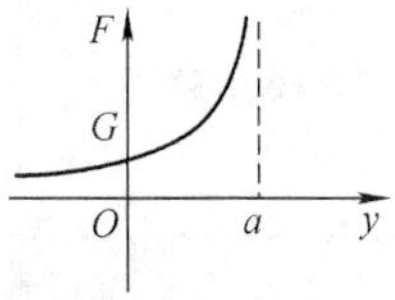
5	悬挂轴旋转的单摆	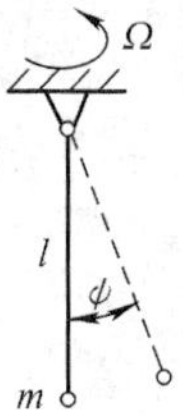	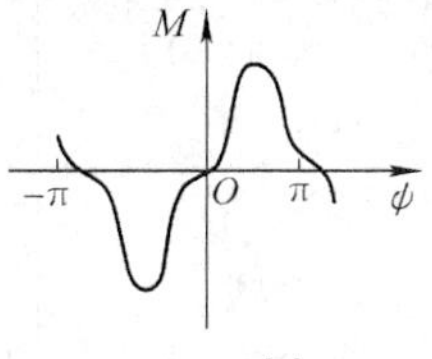 $M=mgl\sin\psi-m\Omega^2l^2\cos\psi\sin\psi$
6	曲面船垂直偏离平衡位置	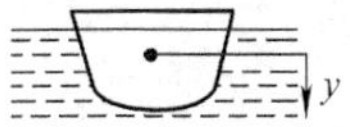	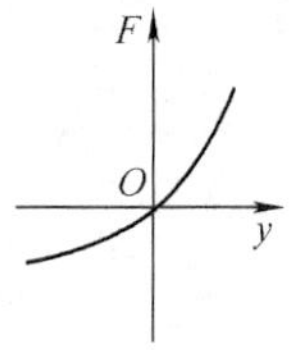
7	曲面船绕平衡位置转动		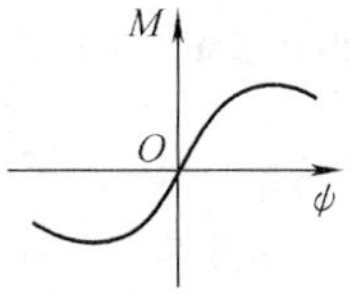
8	磁场中的电枢	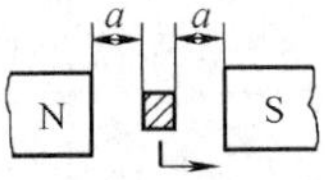	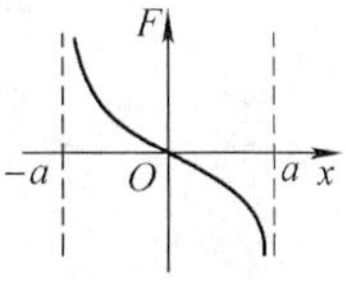
9	有间隙的弹簧	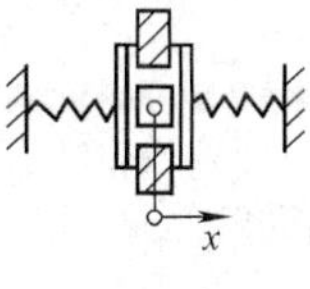	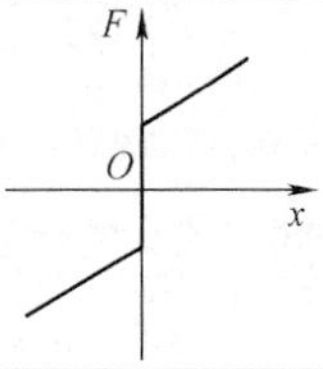
10	有纵向横槽的半圆柱体	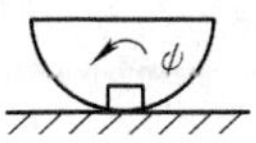	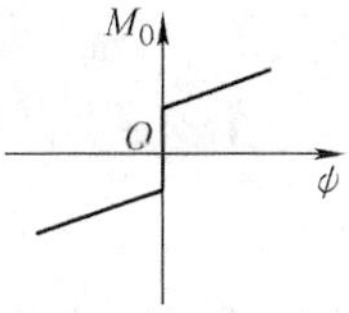
11	缸内有气压的活塞向下压	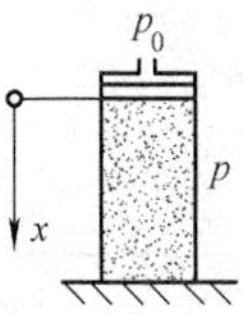	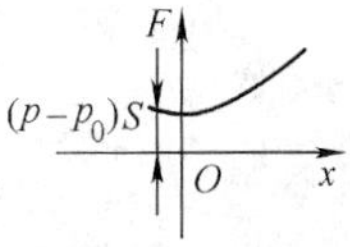 式中　p、p_0—内部压力和大气压力 S—气缸横断面积

表 34.4-3　各种系统所常见的几种非线性阻尼力的特征曲线

序号	阻尼说明	阻尼力公式	力的特征曲线	说　明
1	幂函数阻尼	$F_1=b\|v\|^{n-1}v$	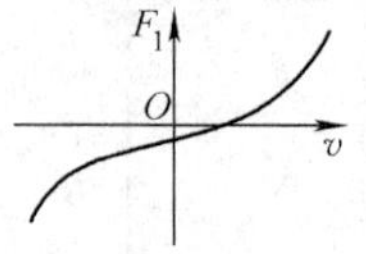	
2	库仑摩擦（1 中 $n=0$ 时）	$F_1=b_0$	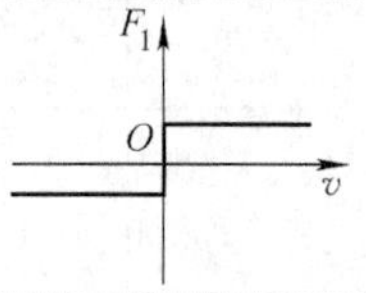	即表 34.2-8 中的序号 1
3	平方阻尼（1 中 $n=2$ 时）	$F_1=b_1v^2$	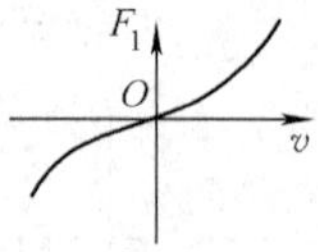	即表 34.2-8 中的序号 2
4	线性和立方阻尼的组合	a) $F_1=b_1v+b_3v^3$ b) $F_1=b_1v-b_3v^3$ c) $F_1=-b_1v+b_3v^3$	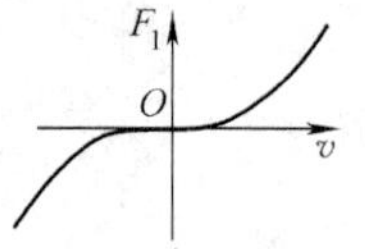 a) 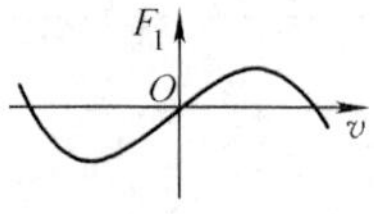 b) 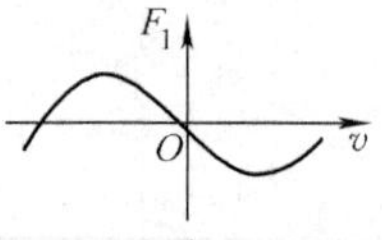 c)	
5	线性与库仑阻尼的组合	a) $F_1=b_0\dfrac{v}{\|v\|}+b_1v$ b) $F_1=b_0\dfrac{v}{\|v\|}-b_1v$ c) $F_1=-b_0\dfrac{v}{\|v\|}+b_1v$	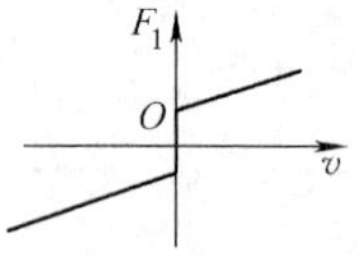 a) 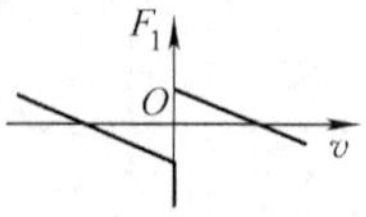 b) 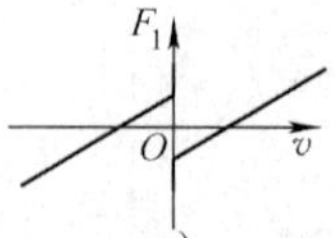 c)	
6	干摩擦（2 和 4 的一部分）	$F_1=b_0\dfrac{v}{\|v\|}-b_1v+b_3v^3$	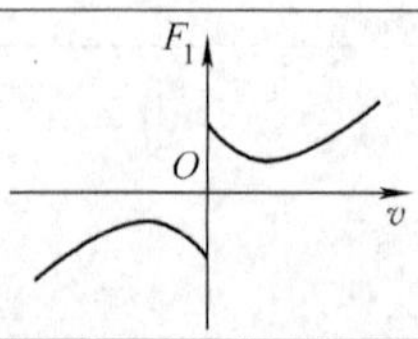	

注：v—速度，$v=\dot{x}$；b_0，b_1，…，b_3—正的常数。

表 34.4-4　混合型非线性力的例子

序号	系统说明	系统图例	力的特性曲线
1	在其间有库仑摩擦的板弹簧组合	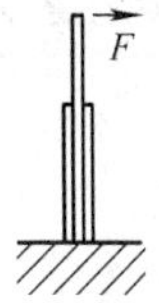 F	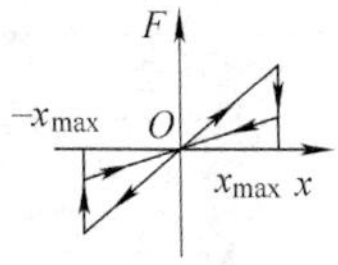 F, $-x_{max}$, O, x_{max}, x
2	固定在螺栓弹簧上的圆盘，在旋转时由于弹簧拧紧，它与粗糙表面 A 或 B 压紧	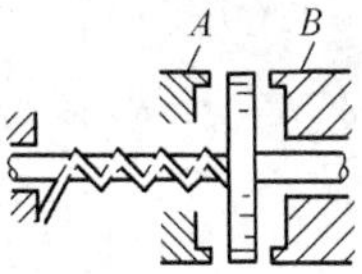 A, B	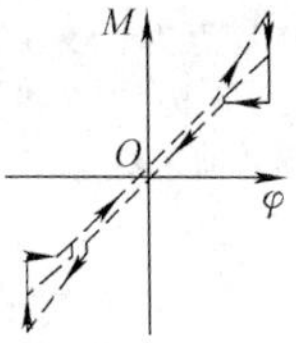 M, O, φ
3	弹塑性系统	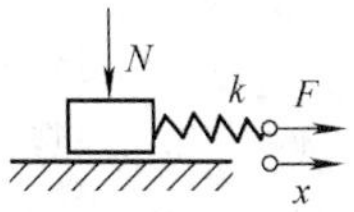 N, k, F, x	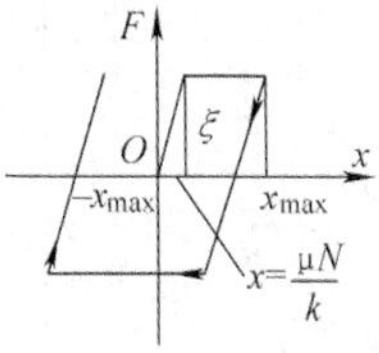 F, O, ξ, x, $-x_{max}$, x_{max}, $x=\frac{\mu N}{k}$
4	以常压 p 压在粗糙表面上的弹性带钢	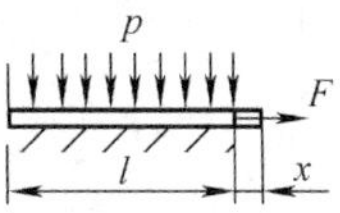 p, F, l, x $x_{max}=\dfrac{F_{max}^2}{2\mu pESb}$ 式中　E—弹性模量 S—截面面积 b—宽度 μ—摩擦因数 $F_{max}=\mu pbl$	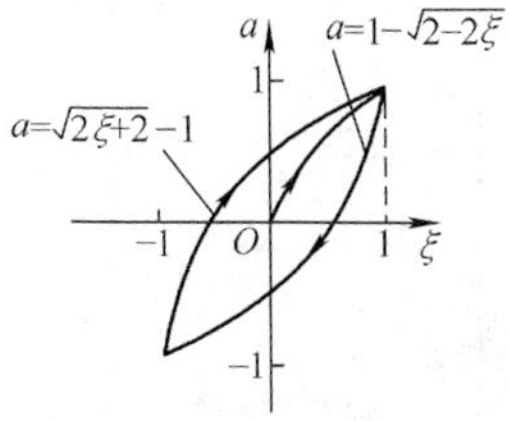 a, $a=1-\sqrt{2-2\xi}$, $a=\sqrt{2\xi+2}-1$, 1, −1, O, 1, ξ, −1 $a=\dfrac{F}{F_{max}}$; $\xi=\dfrac{x}{x_{max}}$
5	具有材料内阻的杆	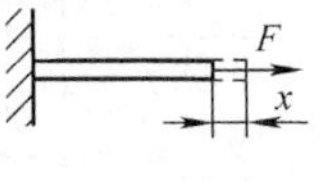 F, x	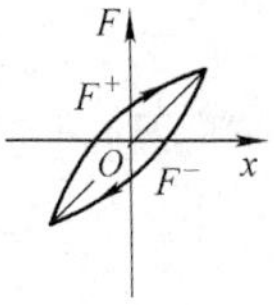 F, F^+, O, F^-, x

1.1.3　非线性系统的物理特性

在线性系统中，由于有阻尼存在，自由振动总是被衰减掉，只有在干扰力作用下有定常的周期解；而在非线性系统中，如自激振动系统，在有阻尼及无干扰力的情况下，也有定常的周期振动。

非线性振动与线性振动不同的特点有如下几个方面（其特性曲线与说明见表 34.4-5）：

1）在线性系统中，固有频率和起始条件、振幅无关；而在非线性系统中，固有频率则和振幅、相位以及初始条件有关，如表 34.4-5 中的序号 2。

2）幅频曲线出现拐点，受迫振动有跳跃和滞后现象。表 34.4-5 中序号 3 恢复力为硬特性的非线性系统受简谐激振力作用时的响应曲线，序号 4 恢复力为软特性的响应曲线。

3）在非线性系统中，对应于平衡状态和周期振动的定常解一般有数个，必须研究解的稳定性问题，才能决定各个解的特性，如表 34.4-5 中的序号 5。

4）线性系统中的叠加原理对非线性系统不适用。

5）在线性系统中，强迫振动的频率和干扰力的频率相同；而在非线性系统中，在简谐干扰力作用下，其定常强迫振动解中，除有和干扰力同频的成分外，还有成倍数的频率成分存在。

多个简谐激振力作用下的受迫振动有组合频率的响应，出现组合共振或亚组合共振，如表 34.4-5 中的序号 7。

6）频率俘获现象。

7）广泛存在混沌现象。混沌是在非线性振动系统上有确定的激励作用而产生的非周期解。

8）非理想系统、自同步系统等不能线性化，必须研究非线性微分方程才能对其振动规律进行分析。

几个非线性系统的响应曲线见表 34.4-6。

表 34.4-5 非线性系统的物理特性

序号	物理性质	特性曲线(公式)	说　明
1	恢复力为非线性时，固有圆频率和振幅间的关系	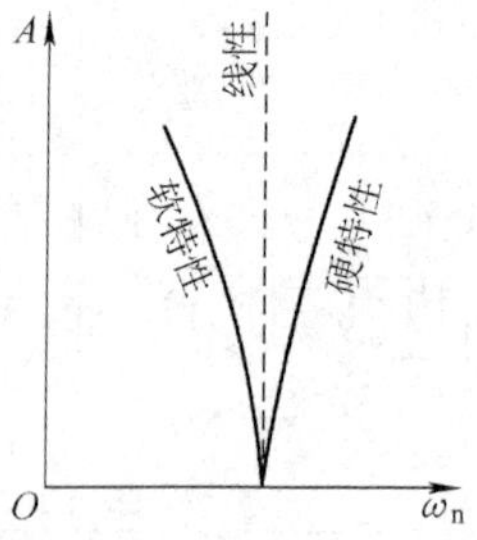	序号 3、4 的拐曲可参照
2	固有频率是振幅的函数	弹性恢复力 $f(x)=kx+ax^3+bx^5$ 系统固有角频率 $\omega_n=\sqrt{\dfrac{k+aA^2+bA^4}{m}}$	系统的固有角频率将随着振幅 A 的增大而增大（硬特性）或减小（软特性） 非线性系统的运动微分方程 $m\ddot{x}+kx+ax^3+bx^5=0$ 式中　m—质量（kg）；k、a、b—位移的一、三、五次方项的系数；A—位移幅值
3	幅频响应曲线发生拐曲	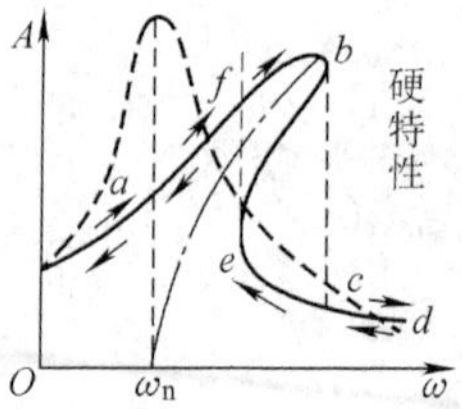	硬式非线性系统幅频响应曲线的峰部向右拐 软式非线性系统幅频响应曲线的峰部向左拐，见序号 1
4	受迫振动的跳跃和滞后现象	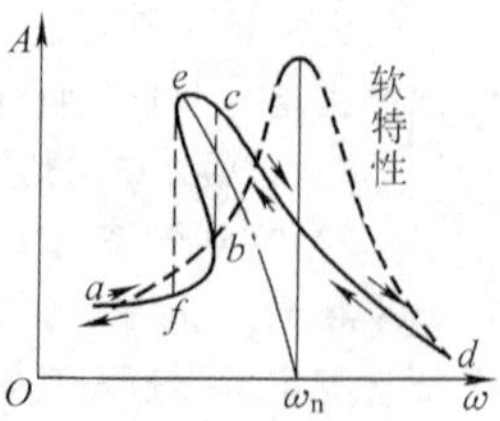	当激振力幅值不变时，缓慢改变激振频率，则受迫振动的幅值 A 将发生如左图所示的变化。当 ω 从 0 开始增大时，则振幅将沿 afb 增大，到 b 点，若 ω 再增大，则 A 突然增大（或下降）到 c，这种振幅的突然变化称为跳跃现象；然后若 ω 继续增大，则 A 沿 cd 减小。反之，当 ω 从高向低变化时，A 将沿 dc 方向增大，到达 c 点并不发生跳跃，而是继续沿 ce 方向增大，到 e 点，若 ω 再变小，则振幅又一次出现跳跃现象，这种到 c 不发生跳跃，而到 e 才发生跳跃的现象，称为滞后现象。从 e 点跳跃到 f 点后，振幅 A 将沿 fa 方向减小 除振幅有跳跃现象外，相位也有跳跃现象。下面是非线性系统的相频响应曲线（硬特性） 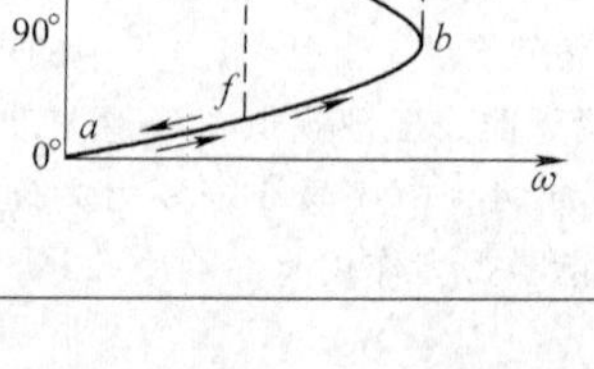

（续）

序号	物理性质	特性曲线（公式）	说　明
5	稳定区和不稳定区	不稳定区 不稳定区	在非线性系统幅频响应曲线的滞后环（序号 3、4 两图的 *bcef*）内，即两次跳跃之间，对应同一频率，有三个大小不同的幅值，也就是对应同一频率有三个解。其中对应 *be* 段上的解无法用试验方法获取，该解就是不稳定的。多条幅频响应曲线对应的这一区域称为不稳定区。正因为如此，就需要对多值解的稳定性进行判别
6	线性叠加原理不再适用	$(x_1+x_2)^2 \neq x_1^2+x_2^2$ $\left[\dfrac{\mathrm{d}(x_1+x_2)}{\mathrm{d}t}\right]^2 \neq \left(\dfrac{\mathrm{d}x_1}{\mathrm{d}t}\right)^2+\left(\dfrac{\mathrm{d}x_2}{\mathrm{d}t}\right)^2$	
7	简谐激振力作用下的受迫振动有组合频率响应	非线性系统在 $F_1\sin\omega_1 t$ 和 $F_2\sin\omega_2 t$ 作用下，不仅会出现角频率为 ω_1 和 ω_2 的受迫振动，而且还可能出现频率为 $m\omega_1 \pm n\omega_2$（m、n 为整数）的受迫振动	非线性系统在 $F_1\sin\omega_1 t$ 作用下，不仅会出现角频率为 ω_1 的受迫振动，而且还可能出现角频率等于 ω_1/n 的超谐波和角频率等于 $n\omega_1$ 的次谐波振动。当 $\omega=\omega_n$ 时，除谐波共振外，还可能有超谐波共振和次谐波共振
8	频率俘获现象	非线性系统在受到接近于固有角频率 ω_n 的频率为 ω 的简谐激振力作用下，不会出现拍振现象，而是出现不同于 ω_n 和 ω 的单一频率的同步简谐振动，这就是频率俘获现象。产生频率俘获现象的频带为俘获带	

表 34.4-6　非线性系统的响应曲线

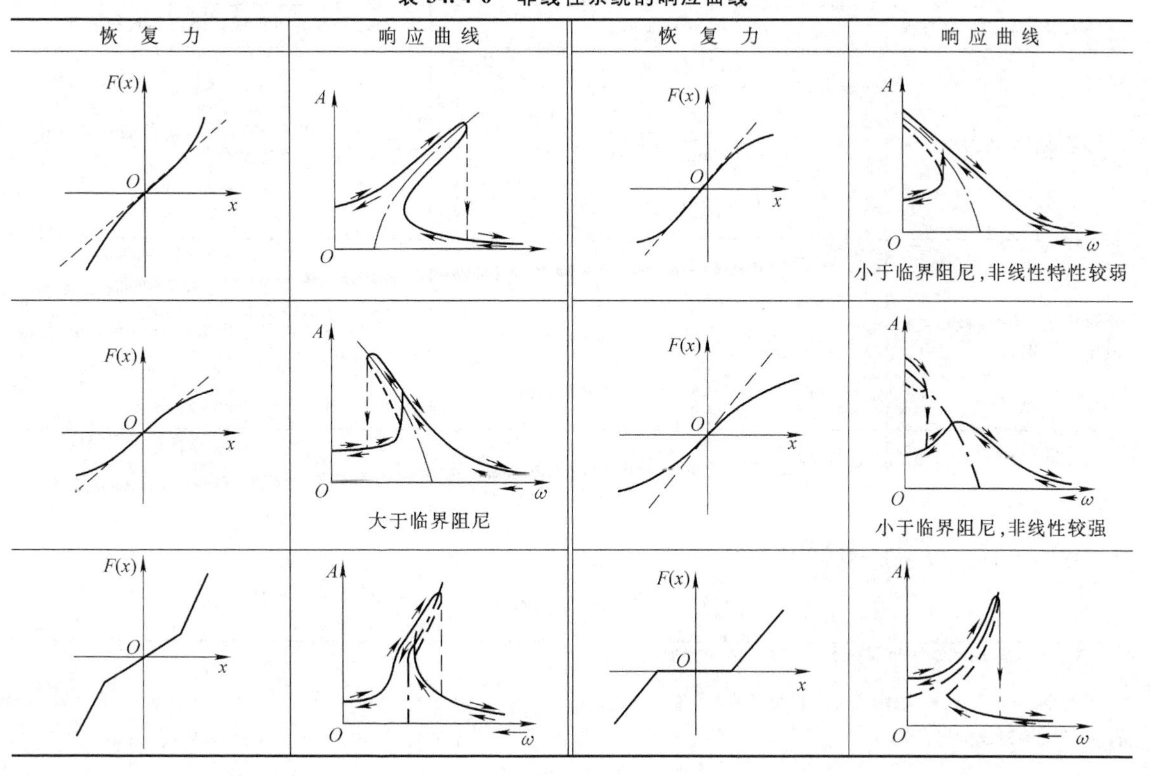

1.2　求解非线性振动的常用方法

由于非线性振动的复杂性，至今还没有一个能适用于各种情况的通用方法，也只有极少数问题可以求得精确解，对大多数问题只能用各种近似方法求得近似解。针对不同情况使用的常用方法见表34.4-7。

1.2.1　等效线性化近似解法（见表34.4-8）

表34.4-7　分析非线性振动的常用方法

		名　称	适用范围及优缺点
精确解法		特殊函数法	可用椭圆函数或 T 函数等求得精确解的少数特殊问题，以及构造弹性力三次项为强非线性系统的振动解
		接合法	分段线性系统
近似方法	定性方法	相平面法	可研究强非线性自治系统
		点映射法	可研究强非线性系统的全局性态，并且是研究混沌问题的有力工具
		频闪法	求拟线性系统的周期解和非定常解，但必须将非自治系统化为自治系统
	定量方法	三级数法	求拟线性系统的周期解和非定常解，高阶近似较繁
		平均法	求拟线性系统的周期解和非定常解，高阶近似较简单
		小参数法	求拟线性系统的定常周期解
		多尺度法	求拟线性系统的周期解和非定常解
		谐波平衡法	求强非线性系统和拟线性系统的定常周期解，但必须已知解的谐波成分
		等效线性化法	求拟线性系统的定常周期解和非定常解
		伽辽金法	求解拟线性系统，多取一些项也可用于强非线性系统
		数值解法	求解拟线性系统、强非线性系统的解

注：在非线性系统运动微分方程式中，$\dot x$、$\ddot x$ 不显含 t 的系统称自治系统，其振动性状是完全由系统性质决定，不受外部的影响而产生的自由振动和自激振动。

表34.4-8　等效线性化近似解法

项　目	数学表达式	说　明
非线性运动微分方程	$m\ddot x+f(x,\dot x)=F_0\sin\omega t$ $f(x,\dot x)$ 为阻尼力和弹性恢复力的非线性函数	非线性函数可推广成为 $f(x,\dot x,\ddot x,t)$ 更一般函数
等效线性运动微分方程	$m\ddot x+c_e\dot x+k_e x=F_0\sin\omega t$	c_e、k_e 分别为等效线性阻力系数和刚度
等效线性方程的稳态解	$x=A\sin(\omega t-\varphi)=A\sin\varphi$ 式中 $A=\dfrac{F_0}{\sqrt{(k_e-m\omega^2)^2+c_e^2\omega^2}}=\dfrac{F_0\cos\varphi}{k_e-m\omega^2}$ $\varphi=\arctan\dfrac{c_e\omega}{k_e-m\omega^2}$	这里的振幅 A、相位差角 φ 的表达式和第3章给出的公式是等价的
将 $f(x,\dot x)$ 非线性项展成傅里叶级数	$f(x,\dot x)\approx a_1\cos\varphi+b_1\sin\varphi$ 式中 $a_1=\dfrac{1}{\pi}\int_0^{2\pi}f(A\sin\varphi,A\omega\cos\varphi)\cos\varphi\,d\varphi$ $b_1=\dfrac{1}{\pi}\int_0^{2\pi}f(A\sin\varphi,A\omega\cos\varphi)\sin\varphi\,d\varphi$	通常一次谐波都远大于二次以上谐波，所以一般均忽略二次以上谐波。a_0 只影响静态特性，一般也不考虑
将展开的 $f(x,\dot x)$ 代入非线性方程并同等效线性方程比较得出等效线性参数	等效刚度 $k_e=\dfrac{b_1}{A}=\dfrac{1}{\pi A}\int_0^{2\pi}f(A\sin\varphi,A\omega\cos\varphi)\sin\varphi\,d\varphi$ 等效阻尼系数 $c_e=\dfrac{a_1}{A\omega}=\dfrac{1}{\pi A\omega}\int_0^{2\pi}f(A\sin\varphi,A\omega\cos\varphi)\cos\varphi\,d\varphi$	

注：有关运动稳定性问题在本章1.3.3节一并加以讨论。

例34.4-1　求解如图34.4-1所示的系统，该机的非线性振动方程为

$$m\ddot y+c_y\dot y+F_m(\ddot y,\dot y)+k_y y=F_0\sin\delta\sin\varphi$$

$$m\ddot x+c_x\dot x+F_m(\ddot x,\dot x)+k_x x=F_0\cos\delta\sin\varphi$$

式中

$$F_{\mathrm{m}}(\ddot{y},\dot{y})=\begin{cases}0 & \varphi_{\mathrm{d}}<\varphi<\varphi_{\mathrm{z}}\\ m_{\mathrm{m}}(\ddot{y}+g) & \varphi_{\mathrm{z}}-2\pi+\Delta\varphi\leqslant\varphi\leqslant\varphi_{\mathrm{d}}\\ \dfrac{m_{\mathrm{m}}(\dot{y}_{\mathrm{m}}-\dot{y}_{\mathrm{z}})}{\Delta t} & \varphi_{\mathrm{z}}\leqslant\varphi\leqslant\varphi_{\mathrm{z}}+\Delta\varphi\end{cases}$$

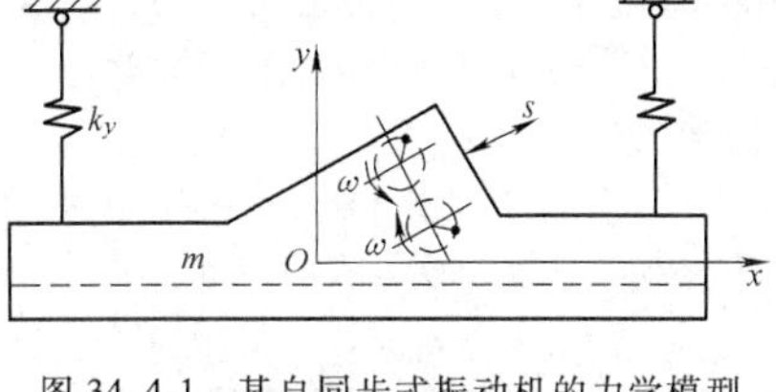

图 34.4-1　某自同步式振动机的力学模型

$$F_{\mathrm{m}}(\ddot{x},\dot{x})=\begin{cases}0 & \varphi_{\mathrm{d}}<\varphi<\varphi_{\mathrm{z}}\\ m_{\mathrm{m}}\ddot{x} & \varphi_1\leqslant\varphi\leqslant\varphi_2\\ m_{\mathrm{m}}(g+\ddot{y}) & \varphi_2\leqslant\varphi\leqslant\varphi_3(\text{正向滑动取负号,反向滑动取正号})\\ \mu\dfrac{m_{\mathrm{m}}(\dot{y}_{\mathrm{m}}-\dot{y}_{\mathrm{z}})}{\Delta t}\ \text{或}\ \dfrac{m_{\mathrm{m}}(\dot{x}_{\mathrm{m}}-\dot{x}_{\mathrm{z}})}{\Delta t} & \varphi_{\mathrm{z}}\leqslant\varphi\leqslant\varphi_{\mathrm{z}}+\Delta\varphi\end{cases}$$

式中　m_{m}——物料质量（kg）；

μ——摩擦因数；

Δt——冲击时间（s），$\Delta t\to 0$；

$\dot{y}_{\mathrm{m}}$——物料抛掷运动结束，落至机体的瞬时速度（m/s）；

$\dot{y}_{\mathrm{z}}$——物料落至机体的瞬时机体速度（m/s）；

φ_{d}——物料做抛掷运动的抛始角（rad）；

φ_{z}——物料做抛掷运动终止相角，称为抛止角（rad）；

φ_1——物料在机体槽台上与槽台开始做等速运动时的相角；

φ_2——物料在机体槽台上与槽台开始有相对运动时的相角；

φ_3——物料在机体槽台上与槽台停止有相对运动时的相角，此时物料在机体槽台上与槽台又开始做等速运动，相当于又一次的相角 φ_1。

$\varphi_2-\varphi_1$ 为物料与槽台做一次等速运动的相角差，$\varphi_3-\varphi_2$ 为物料与槽台做一次相对运动的相角差。在机体槽台的一个运动循环中，物料未跳起之前可能有几个这样的相角差。该机做直线振动，因此，$y=s\sin\delta$，$x=s\cos\delta$。式中，δ 是振动方向角。

解：非线性方程的等效线性方程为

$$(m+K_{\mathrm{my}}m_{\mathrm{m}})\ddot{y}+(c_y+C_{\mathrm{my}})\dot{y}+k_y y=F_0\sin\delta\sin\varphi$$

$$(m+K_{\mathrm{mx}}m_{\mathrm{m}})\ddot{x}+(c_x+C_{\mathrm{mx}})\dot{x}+k_x x=F_0\cos\delta\sin\varphi$$

非线性方程的一次近似解为

$$y=A_y\sin\varphi_y\qquad \varphi_y=\omega t-\alpha_y$$

$$x=A_x\sin\varphi_x\qquad \varphi_x=\omega t-\alpha_x$$

对小阻尼振动机来说 $\alpha_y\approx\alpha_x$，所以 $\varphi_y\approx\varphi_x=\varphi$，推求非线性作用力一次谐波傅里叶系数，代入非线性方程（忽略非线性作用力的二次以上谐波项，过程从略）可求得

$$A_y=\frac{F_0\sin\delta\cos\alpha_y}{k_y-\left(m-\dfrac{b_{1y}}{m_{\mathrm{m}}A_y\omega^2}m_{\mathrm{m}}\right)\omega^2}$$

$$\alpha_y=\arctan\frac{\left(c_y+\dfrac{a_{1y}}{A_y\omega}\right)\omega}{k_y-\left(m-\dfrac{b_{1y}}{m_{\mathrm{m}}A_y\omega^2}m_{\mathrm{m}}\right)\omega^2}$$

$$A_x=\frac{F_0\cos\delta\cos\alpha_x}{k_x-\left(m-\dfrac{b_{1x}}{m_{\mathrm{m}}A_x\omega^2}m_{\mathrm{m}}\right)\omega^2}$$

$$\alpha_x=\arctan\frac{\left(c_x+\dfrac{a_{1x}}{A_x\omega}\right)\omega}{k_x-\left(m-\dfrac{b_{1x}}{m_{\mathrm{m}}A_x\omega^2}m_{\mathrm{m}}\right)\omega^2}$$

因而，物料的等效质量系数和等效阻尼系数为

$$K_{\mathrm{my}}=-\frac{b_{1y}}{m_{\mathrm{m}}A_y\omega^2}\qquad C_{\mathrm{my}}=\frac{a_{1y}}{A_y\omega}$$

$$K_{\mathrm{mx}}=-\frac{b_{1x}}{m_{\mathrm{m}}A_x\omega^2}\qquad C_{\mathrm{mx}}=\frac{a_{1x}}{A_x\omega}$$

将振动 y 和 x 合成为振动 s 后的等效线性方程为

$$(m+K_{\mathrm{m}}m_{\mathrm{m}})\ddot{s}+c_{\mathrm{e}}\dot{s}+k_{\mathrm{e}}s=F_0\sin\omega t$$

式中　$K_{\mathrm{m}}=K_{\mathrm{my}}\sin^2\delta+K_{\mathrm{mx}}\cos^2\delta$；

$c_{\mathrm{e}}=(c_y+C_{\mathrm{my}})\sin^2\delta+(c_x+C_{\mathrm{mx}})\cos^2\delta$；

$k_{\mathrm{e}}=k_y\sin^2\delta+k_x\cos^2\delta$。

该方程的一次近似解：$s=A_s\sin(\omega t-\alpha_s)$

式中　$A_s=\dfrac{F_0\cos\alpha_s}{k_{\mathrm{e}}-(m+K_{\mathrm{m}}m_{\mathrm{m}})\omega^2}$；

$\alpha_s=\arctan\dfrac{c_{\mathrm{e}}\omega}{k_{\mathrm{e}}-(m+K_{\mathrm{m}}m_{\mathrm{m}})\omega^2}$。

1.2.2　多尺度法

（1）多尺度法的基本思想

多尺度法是由 Sturrock（1957 年）和 Cole（1963

年)、Nayfeh (1965 年) 等先后提出的，此后得到进一步的发展。下面首先介绍该法的基本思想。

考虑形式为

$$\ddot{q}+f(q)=0 \qquad (34.4\text{-}1)$$

的方程所控制的系统，设方程的解为

$$q=q_0+x=q_0+\varepsilon x_1+\varepsilon^2 x_2+\cdots \qquad (34.4\text{-}2)$$

将原点移至中心位置 $q=q_0$ 是合适的，于是有

$$x=q-q_0 \qquad (34.4\text{-}3)$$

此时式 (34.4-1) 可写成

$$\ddot{x}+f\ (x+q_0)\ =0 \qquad (34.4\text{-}4)$$

假设 f 可以展为泰勒级数，则式 (34.4-4) 可写为

$$\ddot{x}+\sum_{n=1}^{N} a_n x^n=0 \qquad (34.4\text{-}5)$$

其中

$$a_n=\frac{1}{n!}f^{(n)}\ (q_0) \qquad (34.4\text{-}6)$$

而 $f^{(n)}$ 表示关于自变量的 n 阶导数，对于中心，$f\ (q_0)=0$，而 $f^{(n)}\ (q)\ >0$。

我们可以把方程的解看成是多个自变量的函数，而不是一个自变量的函数，也就是可以把 x 看成是 t 和 εt，$\varepsilon^2 t$，$\varepsilon^3 t$，…的函数。多尺度法的基本思想是，将表示响应的展开式考虑成为多个自变量（或多个尺度）的函数。

引进自变量

$$T_n=\varepsilon^n t \quad (n=0,\ 1,\ 2,\ \cdots) \qquad (34.4\text{-}7)$$

即

$$T_0=t \quad T_1=\varepsilon t \quad T_2=\varepsilon^2 t \quad \cdots \qquad (34.4\text{-}8)$$

因此，关于 t 的导数变成了关于 T_n 的偏导数的展开式，即

$$\frac{\mathrm{d}}{\mathrm{d}t}=\frac{\mathrm{d}T_0}{\mathrm{d}t}\times\frac{\partial}{\partial T_0}+\frac{\mathrm{d}T_1}{\mathrm{d}t}\times\frac{\partial}{\partial T_1}+\cdots=D_0+\varepsilon D_1+\cdots \qquad (34.4\text{-}9)$$

$$\frac{\mathrm{d}^2}{\mathrm{d}t^2}=D_0^2+2\varepsilon D_0 D_1+\varepsilon^2\ (D_1^2+2D_0 D_2)+\cdots$$

然后代入方程进行求解，求出 x_1，x_2，x_3，…。这时，方程的解可写成

$$x(t,\varepsilon)=\varepsilon x_1(T_0,T_1,T_2,\cdots)+\varepsilon^2 x_2(T_0,T_1,T_2,\cdots)+\varepsilon^3 x_3(T_0,T_1,T_2,\cdots)+\cdots \qquad (34.4\text{-}10)$$

然后，按照小参数法（摄动法）建立 ε 的各阶方程，进而求出 x_1，x_2，x_3，…。

（2）含非线性弹性力的自治系统的多尺度法

1）自治保守系统。方程为

$$\ddot{q}+f\ (q)\ =0 \qquad (34.4\text{-}11)$$

设 $x=q-q_0$，类似式 (34.4-5)，可将方程 (34.4-11) 变换为

$$\ddot{x}+\sum_{n=1}^{N} a_n x^n=0 \qquad (34.4\text{-}12)$$

将 $\frac{\mathrm{d}^2}{\mathrm{d}t^2}$ 及 $x=\varepsilon x_1+\varepsilon^2 x_2+\cdots$ 代入式 (34.4-12)，得

$$\frac{\mathrm{d}^2}{\mathrm{d}t^2}(\varepsilon x_1+\varepsilon^2 x_2+\cdots)+a_1(\varepsilon x_1+\varepsilon^2 x_2+\cdots)+a_2(\varepsilon x_1+\varepsilon^2 x_2+\cdots)^2+a_3(\varepsilon x_1+\varepsilon^2 x_2+\cdots)^3=0 \qquad (34.4\text{-}13)$$

使 ε 有同次幂的系数为零，得

$$\begin{cases}\varepsilon:\ D_0^2 x_1+\omega_0^2 x_1=0 \quad \omega_0^2=a_1\\ \varepsilon^2:\ D_0^2 x_2+\omega_0^2 x_2=-2D_0 D_1 x_1-a_2 x_1^2\\ \varepsilon^3:\ D_0^2 x_3+\omega_0^2 x_3=-2D_0 D_1 x_2-D_1^2 x_1-2D_0 D_2 x_1-2a_2 x_1 x_2-a_3 x_1^3\end{cases} \qquad (34.4\text{-}14)$$

先求式 (34.4-14) 中第一个方程的解，得

$$x_1=A\ (T_1,\ T_2)\ \exp\ (\mathrm{i}\omega_0 T_0)\ +\bar{A}\ (T_1,\ T_2)\ \exp\ (-\mathrm{i}\omega_0 T_0) \qquad (34.4\text{-}15)$$

式中，A 为未知的复函数，而 $\bar{A}$ 是 A 的共轭。

A 的控制方程从要求 x_1、x_2 是周期为 T_0 的周期函数而得出。

将 x_1 代入方程 (34.4-14) 的第二式，得

$$D_0^2 x_2+\omega_0^2 x_2=-2\mathrm{i}\omega_0 D_1 A\exp\ (\mathrm{i}\omega_0 T_0)\ -a_2[A^2\exp\ (2\mathrm{i}\omega_0 T_0)+A\bar{A}]+CC \qquad (34.4\text{-}16)$$

式中，CC 表示前面各项的共轭，除非

$$D_1 A=0 \qquad (34.4\text{-}17)$$

否则式 (34.4-16) 的任一特解中均包含有因子为 $T_0\exp\ (\mathrm{i}\omega_0 T_0)$ 的永年项，所以 A 必须与 T_1 无关。在 $D_1 A=0$ 的情况下，式 (34.4-16) 的解为

$$x_2=\frac{a_2 A^2}{3\omega_0^2}\exp\ (2\mathrm{i}\omega_0 T_0)-\frac{a_2}{\omega_0^2}A\bar{A}+CC \qquad (34.4\text{-}18)$$

将 x_1、x_2 代入方程 (34.4-14) 中的第三个方程，得

$$D_0^2 x_3+\omega_0^2 x_3=-[2\mathrm{i}\omega_0 D_2 A-\frac{10a_2^2-9a_3\omega_0^2}{3\omega_0^2}A^2\bar{A}]\exp(\mathrm{i}\omega_0 T_0)-\frac{3a_3\omega_0^2+2a_2^2}{3\omega_0^2}A^3\exp(3\mathrm{i}\omega_0 T_0)+CC \qquad (34.4\text{-}19)$$

为了消去长期项，必须使

$$2\mathrm{i}\omega_0 D_2 A-\frac{10a_2^2-9a_3\omega_0^2}{3\omega_0^2}A^2\bar{A}=0 \qquad (34.4\text{-}20)$$

将上式中的 A 表示成极坐标的形式

$$A=\frac{1}{2}\rho\exp(\mathrm{i}\beta) \qquad (34.4\text{-}21)$$

式中，a 和 β 是 T_2 实常数。

将结果代入式 (34.4-20)，得

$$\omega_0\dot{\rho}=0$$

$$\omega_0\rho\dot{\beta}-\frac{10a_2^2-9a_3\omega_0^2}{24\omega_0^2}\rho^3=0 \qquad (34.4\text{-}22)$$

式中，$\dot{\rho}$ 和 $\dot{\beta}$ 表示 ρ 和 β 关于 T_2 的导数。由此得出

$$\rho=常数$$

$$\beta=-\frac{10a_2^2-9a_3\omega_0^2}{24\omega_0^3}\rho^2T_2+\beta_0 \qquad (34.4\text{-}23)$$

式中，β_0 为常数。

于是得

$$A=\frac{1}{2}\rho\exp\left[\mathrm{i}\frac{9a_3\omega_0^2-10a_2^2}{24\omega_0^3}\varepsilon^2\rho^2t+\mathrm{i}\beta_0\right] \qquad (34.4\text{-}24)$$

将求得的 x_1、x_2 代入 x 式中，得

$$x=\varepsilon\rho\cos(\omega t+\beta_0)-\frac{\varepsilon^2\rho^2a_2}{2a_1}\left[1-\frac{1}{3}\cos(2\omega t+2\beta_0)\right]+O(\varepsilon^3) \qquad (34.4\text{-}25)$$

式中

$$\omega=\sqrt{a_1}\left[1+\frac{9a_3a_1-10a_2^2}{24a_1^2}\varepsilon^2\rho^2\right]+O(\varepsilon^3) \qquad (34.4\text{-}26)$$

2）自治非保守系统。自治非保守系统的微分方程如式（34.4-27）所示

$$\ddot{x}+2c\dot{x}+\omega_0^2x=\varepsilon f(x,\ \dot{x}) \qquad (34.4\text{-}27)$$

设该方程的解为

$$x=x_0(T_0,T_1,T_2,\cdots)+\varepsilon x_1(T_0,T_1,T_2,\cdots)+\cdots \qquad (34.4\text{-}28)$$

同理可得

$$\begin{cases}D_0^2x_0+\omega_0^2x_0=0\\ D_0^2x_1+\omega_0^2x_1=-2D_0D_1x_0+f(x_0,D_0x_0)\\ \vdots\\ D_0^2x_n+\omega_0^2x_n=F(x_0,x_1,\cdots,x_{n-1}) \quad n\geqslant 2\end{cases} \qquad (34.4\text{-}29)$$

由式（34.4-29）的第二式可得

$$x_0=A(T_1,T_2,\cdots)\exp(\mathrm{i}\omega_0T_0)+\bar{A}(T_1,T_2,\cdots)\exp(-\mathrm{i}\omega_0T_0) \qquad (34.4\text{-}30)$$

而

$$D_0^2x_1+\omega_0^2x_1=-2\mathrm{i}\omega_0D_1A\exp(\mathrm{i}\omega_0T_0)-2\mathrm{i}\omega_0D_1\bar{A}\exp(-\mathrm{i}\omega_0T_0)+f[A\exp(\mathrm{i}\omega_0T_0)+\bar{A}\exp(-\mathrm{i}\omega_0T_0),\mathrm{i}\omega_0A\exp(\mathrm{i}\omega_0T_0)-\mathrm{i}\omega_0\bar{A}\exp(-\mathrm{i}\omega_0T_0)] \qquad (34.4\text{-}31)$$

与函数 A 有关，式（34.4-31）的特解都包含正比于 $T_0\exp(\pm\mathrm{i}\omega_0T_0)$ 的项（即长期项），因此对于大的 t 值，εx_1 可以大大超过 x_0，结果得到了一个非一致有效的展开式。我们这样来选择函数 A，使得 x_0 中消去长期项，从而得到一致有效的展开式。为此目的，我们将 $f[x_0,\ D_0x_0]$ 展成富氏级数

$$f=\sum_{n=-\infty}^{\infty}f_n(A,\bar{A})\exp(\mathrm{i}\omega_0T_0) \qquad (34.4\text{-}32)$$

式中

$$f_n(A,\bar{A})=\frac{\omega_0}{2\pi}\int_0^{\frac{2\pi}{\omega_0}}f\exp(-\mathrm{i}n\omega_0T_0)\mathrm{d}T_0$$

所以消去永年项的条件是

$$2\mathrm{i}D_1A=\frac{1}{2\pi}\int_0^{\frac{2\pi}{\omega_0}}f\exp(-\mathrm{i}\omega_0T_0)\mathrm{d}T_0 \qquad (34.4\text{-}33)$$

对于一次近似，我们把 A 考虑成仅仅是 T_1 的函数，并且将解算到这一项为止。为了对式（34.4-33）进行求解，方便的做法是把 $A(T_1)$ 表示为复数的形式，即

$$A(T_1)=\frac{1}{2}\rho(T_1)\exp[\mathrm{i}\beta(T_1)] \qquad (34.4\text{-}34)$$

因此，我们将 x_0 的表示式（34.4-30）改写成

$$x_0=\rho(T_1)\cos\varphi \quad \varphi=\omega_0T_0+\beta(T_0) \qquad (34.4\text{-}35)$$

将式（34.4-34）代入式（34.4-33），得

$$\mathrm{i}(\dot{\rho}+\mathrm{i}\rho\dot{\beta})=\frac{1}{2\pi\omega_0}\int_0^{2\pi}f(\rho\cos\varphi,-\omega_0\rho\sin\varphi)\exp(-\mathrm{i}\varphi)\mathrm{d}\varphi \qquad (34.4\text{-}36)$$

将式（34.4-36）分成实部与虚部，得

$$\begin{aligned}\dot{\rho}&=-\frac{1}{2\omega_0}\int_0^{2\pi}f(\rho\cos\varphi,-\omega_0\rho\sin\varphi)\sin\varphi\mathrm{d}\varphi\\ \dot{\beta}&=-\frac{1}{2\pi\sigma_0\rho}\int_0^{2\pi}f(\rho\cos\varphi,-\omega_0\rho\sin\varphi)\cos\varphi\mathrm{d}\varphi\end{aligned} \qquad (34.4\text{-}37)$$

所以方程的一次近似解为

$$x=\rho(T_1)\cos[\omega_0T_0+\beta(T_1)]+O(\varepsilon) \qquad (34.4\text{-}38)$$

式中的 ρ 和 β 由前面的式子给出。

（3）含非线性弹性力的非自治系统的多尺度法

这里我们考虑方程

$$\ddot{x}+2c\dot{x}+\omega_0^2x=\varepsilon f(x,\dot{x})+F(t) \qquad (34.4\text{-}39)$$

所控制的系统，式中 ε 是个小参数，f 是 x 与 $\dot{x}$ 的非线性函数，F 为外干扰力，或称为外激励。外激励分为两种，一种是理想能源，这种能源被假定为无限大的，或者大到被激系统对它的影响可以忽略。这种情况下 $F=F(t)$，即 F 并不是系统状态 x、$\dot{x}$ 的函数。另一种是非理想能源，即激励利用了有限的能源，因而是被激系统的状态函数。

我们将处理理想系统，并将激励考虑成 N 项之和，它的每一项是简谐的：

$$F(t)=\sum_{n=1}^{N}F_n\cos(\nu_nt+\beta_n) \qquad (34.4\text{-}40)$$

如果幅值 F_n、频率 ν_n 和相角 β_n 都是常数，则激励称为是平稳的，否则称为非平稳的。当幅值与频率是时间的慢变函数时，这种摄动方法适用于非平稳系统的分析。

若

$$F(t)=F_1\cos(\nu_1 t+\beta_1)+F_2\cos(\nu_2 t+\beta_2) \tag{34.4-41}$$

我们可以改写为

$$F(t)=F(t)\cos[\nu_1 t+\beta(t)] \tag{34.4-42}$$

式中

$$\begin{cases}F^2=(F_1+F_2\cos\varphi)^2+F_2^2\sin^2\varphi=F_1^2+F_2^2+2F_1F_2\cos\varphi\\ \beta=\beta_1+\arctan\left(\dfrac{F_2\sin\varphi}{F_1+F_2\cos\varphi}\right)\\ \varphi=(\nu_2-\nu_1)t+\beta_2-\beta_1\end{cases} \tag{34.4-43}$$

因此，如果 $\nu_1=\nu_2$，则激励可以考虑成为带有慢变幅值与频率的单频激励。

下面研究带立方的非线性系统，其方程为

$$\ddot{x}+\omega_0^2x=-2\varepsilon c\dot{x}-\varepsilon bx^3+F(t) \tag{34.4-44}$$

式中，$c>0$，而 b 可为正（硬弹簧），也可为负（软弹簧）。

我们假设

$$F(t)=F\cos\nu t \tag{34.4-45}$$

即系统受单频外激励。

下面分别研究它的非共振、主共振、超谐波共振、次谐波共振和组合共振情况。

1）非共振情况。已知 $F(t)=F\cos\nu t$，设

$$x(t,\varepsilon)=x_0(T_0,T_1)+\varepsilon x_1(T_0,T_1)+\cdots \tag{34.4-46}$$

代入方程式（34.4-44），得

$$\begin{cases}D_0^2x_0+\omega_0^2x_0=F\cos\nu t\\ D_0^2x_1+\omega_0^2x_1=-2D_0D_1x_0-2cD_0x_0-bx_0^3\end{cases} \tag{34.4-47}$$

因

$$x_0=A(T_1)\exp(\mathrm{i}\omega_0T_0)+\Lambda\exp(\mathrm{i}\nu T_0)+CC \tag{34.4-48}$$

式中

$$\Lambda=\frac{1}{2}F\ (\omega_0^2-\nu^2)^{-1}$$

将 x_0 代入式（34.4-47）第二式，得

$$\begin{aligned}D_0^2x_1+\omega_0^2x_1=&-[2\mathrm{i}\omega_0(\dot{A}+cA)+6bA\Lambda^2+3bA^2\bar{A}]\exp(\mathrm{i}\omega_0T_0)-\\&b\{A^3\exp(3\mathrm{i}\omega_0T_0)+\Lambda^3\exp(3\mathrm{i}\nu T_0)+3A^2\Lambda\exp[\mathrm{i}(2\omega_0+\nu)T_0]+\\&3\bar{A}^2\Lambda\exp[\mathrm{i}(\omega_0-2\nu)T_0]+3A\Lambda^2\exp[\mathrm{i}(\omega_0+2\nu)T_0]+3A\Lambda^2\times\\&\exp[\mathrm{i}(\omega_0-2\nu)T_0]\}-\Lambda[2\mathrm{i}c\nu+3b\Lambda^2+6bA\bar{A}]\exp(\mathrm{i}\nu T_0)+CC\end{aligned} \tag{34.4-49}$$

在非共振情况下，如果

$$2\mathrm{i}\omega_0(\dot{A}+cA)+6bA\Lambda^2+3bA^2\bar{A}=0 \tag{34.4-50}$$

则长期项可消去，设

$$A=\frac{1}{2}\rho\exp[\mathrm{i}\beta] \tag{34.4-51}$$

代入方程（34.4-50），分离实、虚部，可得

$$\begin{aligned}&\dot{\rho}=-c\rho\\&\omega_0\rho\dot{\beta}=3b\left(\Lambda^2+\frac{1}{8}\rho^2\right)\rho\end{aligned} \tag{34.4-52}$$

所以作为一次近似解为

$$x=\rho\cos(\omega_0t+\beta)+F(\omega_0^2-\nu^2)^{-1}\cos\nu t+O(\varepsilon) \tag{34.4-53}$$

2）主共振情况。此时，$\nu\approx\omega_0$ 或 $\nu=\omega_0+\varepsilon\sigma$。$\sigma$ 为解谐参数。设方程式（34.4-44）的解为

$$x(t,\varepsilon)=x_0(T_0,T_1)+\varepsilon x_1(T_0,T_1)+\cdots \tag{34.4-54}$$

其中，$T_0=t$，$T_1=\varepsilon t$，而在主共振情况下，外激励可以看作小参数，并设它为简谐的

$$F(t)=\varepsilon F\cos(\omega_0T_0+\sigma T_1)$$

代入方程式（34.4-44），得

$$\begin{cases}D_0^2x_0+\omega_0^2x_0=0\\ D_0^2x_1+\omega_0^2x_1=-2D_0D_1x_0-2cD_0x_0-bx_0^3+F\cos(\omega_0T_0+\sigma T_1)\end{cases} \tag{34.4-55}$$

由式(34.4-55)第一式可解出

$$x_0=A(T_1)\exp(\mathrm{i}\omega_0T_0)+\bar{A}(T_1)\exp(-\mathrm{i}\omega_0T_0) \tag{34.4-56}$$

将 $F\cos(\omega_0T_0+\sigma T_1)$ 表示为复数形式 $\frac{1}{2}F\exp[\mathrm{i}(\omega_0T_0+\sigma T_1)]+CC$，即得

$$\begin{aligned}D_0^2x_1+\omega_0^2x_1=&-[2\mathrm{i}\omega_0(\dot{A}+cA)+3bA^2\bar{A}]\exp(\mathrm{i}\omega_0T_0)-\\&bA^3\exp(3\mathrm{i}\omega_0T_0)+\frac{1}{2}F\exp[\mathrm{i}(\omega_0T_0+\sigma T_1)]+CC\end{aligned} \tag{34.4-57}$$

由以下方程式可解出 A：

$$2\mathrm{i}\omega_0(\dot{A}+cA)+3bA^2\bar{A}-\frac{1}{2}F\exp(\mathrm{i}\sigma T_1)=0 \tag{34.4-58}$$

设

$$A=\frac{1}{2}\rho\exp[\mathrm{i}\beta] \tag{34.4-59}$$

分成实部与虚部：

$$\begin{cases}\dot{\rho}=-c\rho+\dfrac{1}{2}\times\dfrac{F}{\omega_0}\sin(\sigma T_1-\beta)\\ \rho\dot{\beta}=\dfrac{3}{8}\times\dfrac{b\rho^3}{\omega_0}-\dfrac{1}{2}\times\dfrac{F}{\omega_0}\cos(\sigma T_1-\beta)\end{cases} \tag{34.4-60}$$

一次近似解为

$$x=\rho\cos(\omega_0 t+\beta)+O(\varepsilon) \tag{34.4-61}$$

如设 $\gamma=\sigma T_1-\beta$，则

$$\begin{cases}\dot{\rho}=-c\rho+\dfrac{1}{2}\times\dfrac{F}{\omega_0}\sin\gamma\\ \rho\dot{\gamma}=\sigma\rho-\dfrac{3}{8}\times\dfrac{b\rho^3}{\omega_0}+\dfrac{1}{2}\times\dfrac{F}{\omega_0}\cos\gamma\end{cases} \tag{34.4-62}$$

当 $\dot{\rho}=\dot{\gamma}=0$ 时，则

$$c\rho=\frac{1}{2}\times\frac{F}{\omega_0}\sin\gamma$$

$$\sigma\rho-\frac{3}{8}\times\frac{b\rho^3}{\omega_0}=-\frac{1}{2}\times\frac{F}{\omega_0}\cos\gamma \tag{34.4-63}$$

或 $$\left[c^2+\left(\sigma-\frac{3}{8}\times\frac{b}{\omega_0}\rho^2\right)^2\right]\rho^2=\frac{F^2}{4\omega_0^2}$$

$$\tan\gamma=\frac{-c}{\sigma-\dfrac{3}{8}\times\dfrac{b\rho^2}{\omega_0}}$$

因此稳态情况下的一次近似解为

$$x=\rho\cos(\omega_0 t+\varepsilon\sigma t-\gamma)+O(\varepsilon)=\rho\cos(\nu t-\gamma)+O(\varepsilon) \tag{34.4-64}$$

3）超谐波共振$\left(\nu\approx\dfrac{1}{3}\omega_0\right)$。设 $3\nu=\omega_0+\varepsilon\sigma$，其中 σ 为解谐参数。

在方程式（34.4-49）的解中，除了式（34.4-50）中正比例于 exp（$\pm i\omega_0 T_0$）的一些项外，还有另外一项使 x_1 中产生长期项，这就是 $-b\Lambda^3\exp(\pm 3i\nu T_0)$。为了消去这些长期项，我们将下式

$$3\nu T_0=(\omega_0+\varepsilon\sigma)T_0=\omega_0 T_0+\sigma T_1 \tag{34.4-65}$$

用 $\omega_0 T_0$ 来表示 $3\nu T_0$，利用式（34.4-49），我们发现，如果

$$2i\omega_0(\dot{A}+cA)+6b\Lambda^2A+3bA^2\bar{A}+b\Lambda^3\exp(i\sigma T_1)=0 \tag{34.4-66}$$

则 x_1 中的长期项就消失。设上式中的 $A=\dfrac{1}{2}\rho\exp[i\beta]$（这里 ρ 和 β 为实数），并分成实部与虚部，有

$$\begin{cases}\dot{\rho}=-c\rho+\dfrac{b\Lambda^3}{\omega_0}\sin(\sigma T_1-\beta)\\ \rho\dot{\beta}=\dfrac{3b}{\omega_0}\left(\Lambda^2+\dfrac{1}{8}\rho^2\right)\rho+\dfrac{b\Lambda^3}{\omega_0}\cos(\sigma T_1-\beta)\end{cases} \tag{34.4-67}$$

设

$$\gamma=\sigma T_1-\beta \tag{34.4-68}$$

方程（34.4-67）可变换为一个自治系统，从而得到

$$\begin{cases}\dot{\rho}=-c\rho+\dfrac{b\Lambda^3}{\omega_0}\sin\gamma\\ \rho\dot{\gamma}=\left(\sigma-\dfrac{3b\Lambda^2}{\omega_0}\right)\rho-\dfrac{3b}{8\omega_0}\rho^3-\dfrac{b\Lambda^3}{\omega_0}\cos\gamma\end{cases} \tag{34.4-69}$$

所以方程的一次近似解为

$$x=\rho\cos(3\nu t-\gamma)+F(\omega_0^2-\nu^2)^{-1}\cos\nu t+O(\varepsilon)$$

在稳态情况下，$\dot{\rho}=\dot{\gamma}=0$，有方程组

$$\begin{cases}c\rho=\dfrac{b\Lambda^3}{\omega_0}\sin\gamma\\ \left(\sigma-\dfrac{3b\Lambda^2}{\omega_0}\right)\rho-\dfrac{3b}{8\omega_0}\rho^3=\dfrac{b\Lambda^3}{\omega_0}\cos\gamma\end{cases} \tag{34.4-70}$$

两个方程平方后相加，得频率方程

$$\left[c^2+\left(\sigma-3\frac{b\Lambda^3}{\omega_0}-\frac{3b\rho^2}{8\omega_0}\right)^2\right]\rho^2=\frac{b^2\Lambda^6}{\omega_0^2} \tag{34.4-71}$$

从上述方程解出 σ，得

$$\sigma=3\frac{b\Lambda^3}{\omega_0}+\frac{3b\rho^2}{8\omega_0}\pm\left(\frac{b^2\Lambda^6}{\omega_0^2\rho^2}-c^2\right)^{\frac{1}{2}} \tag{34.4-72}$$

与线性情况不同，尽管存在着正阻尼，在 $\nu\approx\dfrac{1}{3}\omega_0$ 时，自由振动并不衰减为零，而非线性性质调整了自由振动项的频率，使之精确地 3 倍于激励频率，从而响应成为周期的。这种共振称为超谐共振。

4）次谐波共振（$\nu\approx 3\omega_0$）。设

$$\nu\approx 3\omega_0+\varepsilon\sigma \tag{34.4-73}$$

因而方程的解中除了正比于 exp（$\pm i\omega_0 T_0$）的一些项外，正比于 exp［$\pm i(\nu-2\omega_0)T_0$］的项也在 x_1 中产生长期项。我们将 $(\nu-2\omega_0)T_0$ 表示为

$$(\nu-2\omega_0)T_0=\omega_0 T_0\pm\varepsilon\sigma T_0=\omega_0 T_0+\sigma T_1 \tag{34.4-74}$$

所以为了在（34.4-49）中消去 x_1 中产生长期项的一些项，我们写出

$$2i\omega_0(\dot{A}+cA)+6b\Lambda^2A+3bA^2\bar{A}+3b\Lambda\bar{A}^2\exp(i\sigma T_1)=0 \tag{34.4-75}$$

在式（34.4-75）中设 $A=\dfrac{1}{2}\rho\exp[i\beta]$（这里 ρ 和 β 为实数），并分成实部和虚部，我们得到

$$\begin{cases}\dot{\rho}=-c\rho+\dfrac{3b\Lambda}{4\omega_0}\rho^2\sin(\sigma T_1-3\beta)\\ \rho\dot{\beta}=\dfrac{3b}{\omega_0}\left(\Lambda^2+\dfrac{1}{8}\rho^2\right)\rho+\dfrac{3b\Lambda}{4\omega_0}\rho^2\cos(\sigma T_1-3\beta)\end{cases} \tag{34.4-76}$$

设

$$\gamma = \sigma T_1 - 3\beta \tag{34.4-77}$$

于是得到

$$\begin{cases} \dot{\rho} = -c\rho + \dfrac{3b\Lambda}{4\omega_0}\rho^2\sin\gamma \\ \rho\dot{\gamma} = \left(\sigma - \dfrac{9b\Lambda^2}{\omega_0}\right)\rho - \dfrac{9b}{8\omega_0}\rho^3 - \dfrac{9b\Lambda}{4\omega_0}\rho^2\cos\gamma \end{cases} \tag{34.4-78}$$

所以一次近似解为

$$x = \rho\cos\left(\frac{1}{3}\nu t - \gamma\right) + F(\omega_0^2 - \nu^2)^{-1}\cos\nu t + O(\varepsilon) \tag{34.4-79}$$

稳态振动对应的振动方程为

$$\begin{cases} -c\rho = \dfrac{3b\Lambda}{4\omega_0}\rho^2\sin\gamma \\ \left(\sigma - \dfrac{9b\Lambda^2}{\omega_0}\right)\rho - \dfrac{9b}{8\omega_0}\rho^3 = \dfrac{9b\Lambda}{4\omega_0}\rho^2\cos\gamma \end{cases} \tag{34.4-80}$$

由式（34.4-80）可得频率方程

$$\begin{cases} -c\rho = \dfrac{3b\Lambda}{4\omega_0}\rho^2\sin\gamma \\ 9c^2 + \left(\sigma - \dfrac{9b\Lambda^2}{\omega_0} - \dfrac{9b}{8\omega_0}\rho^2\right)^2 = \dfrac{81b^2\Lambda^2}{16\omega_0^2}\rho^2 \end{cases} \tag{34.4-81}$$

次谐波共振在工程实际中时常遇到。例如，飞机的某些零件的振动可以被远大于它们的固有频率的角速度运转的发动机所激发。1956年，拉法萨茨描述的一架商用飞机，由于螺旋桨的回转引发了机翼的1/2阶的次谐波振动，而机翼振动又进而引发舵面的1/4阶的次谐波振动，这种猛烈振动使得飞机遭受破坏。

5）两项激励的组合共振。假如激振力由频率不等的两个部分所组成

$$F(t) = F_1\cos(\nu_1 t + \beta_1) + F_2\cos(\nu_2 t + \beta_2) \tag{34.4-82}$$

式中，F_n、ν_n 和 β_n 都是常数。此外我们还假设 $F_n = O$（1），并排除主共振 $\omega_0 \approx \nu_n$（$n = 1, 2, \cdots$）的情况，我们假定方程的解为

$$x(t,\varepsilon) = x_0(T_0, T_1) + \varepsilon x_1(T_0, T_1) + \cdots \tag{34.4-83}$$

代入方程，令方程两端的 ε^0 和 ε 的系数相等，就得到

$$\begin{cases} D_0^2 x_0 + \omega_0^2 x_0 = F_1\cos(\nu_1 T_0 + \beta_1) + F_2\cos(\nu_2 T_0 + \beta_2) \\ D_0^2 x_1 + \omega_0^2 x_1 = -2D_0 D_1 x_0 - 2cD_0 x_0 - bx_0^3 \end{cases} \tag{34.4-84}$$

方程式（34.4-84）第一个方程的通解为

$$x_0 = A(T_1)\exp(\mathrm{i}\omega_0 T_0) + \Lambda_1\exp(\mathrm{i}\nu_1 T_0) + \Lambda_2\exp(\mathrm{i}\nu_2 T_0) + CC \tag{34.4-85}$$

式中

$$\Lambda_n = \frac{1}{2}F_n(\omega_0^2 - \nu_n^2)^{-1}\exp(\mathrm{i}\beta_n) \tag{34.4-86}$$

将 x_0 代入式（34.4-84）第二式，得

$$\begin{aligned} D_0^2 x_1 + \omega_0^2 x_1 = & -[2\mathrm{i}\omega_0(\dot{A} + cA) + 3b(A\bar{A} + 2\Lambda_1\bar{\Lambda}_2 + 2\Lambda_2\bar{\Lambda}_2)A] \\ & \exp(\mathrm{i}\omega_0 T_0) - [2\mathrm{i}\nu_1 c + 3b(2A\bar{A} + \Lambda_1\bar{\Lambda}_1 + 2\Lambda_2\bar{\Lambda}_2)]\Lambda_1 \\ & \exp(\mathrm{i}\nu_1 T_0) - [2\mathrm{i}\nu_2 c + 3b(2A\bar{A} + 2\Lambda_1\bar{\Lambda}_1 + \Lambda_2\bar{\Lambda}_2)]\Lambda_2\exp(\mathrm{i}\nu_2 T_0) - \\ & bA^3\exp(3\mathrm{i}\omega_0 T_0) - b\Lambda_1^3\exp(3\mathrm{i}\nu_1 T_0) - b\Lambda_2^3\exp(3\mathrm{i}\nu_2 T_0) - \\ & 3bA^2\Lambda_1\exp[\mathrm{i}(2\omega_0 + \nu_1)T_0] - 3bA^2\Lambda_2\exp[\mathrm{i}(2\omega_0 + \nu_2)T_0] - \\ & 3bA^2\bar{\Lambda}_1\exp[\mathrm{i}(2\omega_0 - \nu_1)T_0] - 3bA^2\bar{\Lambda}_2\exp[\mathrm{i}(2\omega_0 - \nu_2)T_0] - \\ & 3bA\Lambda_1^2\exp[\mathrm{i}(\omega_0 + 2\nu_1)T_0] - 3bA\Lambda_2^2\exp[\mathrm{i}(\omega_0 + 2\nu_2)T_0] - \\ & 3bA\bar{\Lambda}_1^2\exp[\mathrm{i}(\omega_0 - 2\nu_1)T_0] - 3bA\bar{\Lambda}_2^2\exp[\mathrm{i}(\omega_0 - 2\nu_2)T_0] - \\ & 6bA\Lambda_1\Lambda_2\exp[\mathrm{i}(\omega_0 + \nu_1 + \nu_2)T_0] - 6bA\bar{\Lambda}_1\bar{\Lambda}_2\exp[\mathrm{i}(\omega_0 - \nu_1 - \nu_2) \\ & T_0] - 6bA\bar{\Lambda}_1\Lambda_2\exp[\mathrm{i}(\omega_0 - \nu_1 + \nu_2)T_0] - 6bA\Lambda_1\bar{\Lambda}_2 \\ & \exp[\mathrm{i}(\omega_0 + \nu_1 - \nu_2)T_0] - 3b\Lambda_1^2\Lambda_2\exp[\mathrm{i}(2\nu_1 + \nu_2)T_0] - \\ & 3b\Lambda_1^2\bar{\Lambda}_2\exp[\mathrm{i}(2\nu_1 - \nu_2)T_0] - 3b\Lambda_1\Lambda_2^2\exp[\mathrm{i}(\nu_1 + 2\nu_2)T_0] - \\ & 3b\bar{\Lambda}_1\Lambda_2^2\exp[\mathrm{i}(-\nu_1 + 2\nu_2)T_0] + CC \end{aligned} \tag{34.4-87}$$

式(34.4-87)中显示出一些组合共振，其中一些在以前单频激励情况中遇到过，而另一些则是多频激励的特征。这些组合是

$\omega_0 \approx 3\nu_n$　　超谐波共振

$\omega_0 \approx \dfrac{1}{3}\nu_n$　　次谐波共振

$\omega_0 \approx |\pm 2\nu_m \pm \nu_n|$　　组合共振

$\omega_0 \approx \dfrac{1}{2}|\pm 2\nu_m \pm \nu_n|$　　组合共振

式中，$m = 1$ 和 2；$n = 1$ 和 2。对于带三个或更多个频率的激励，可以存在共振组合 $\omega_0 = |\pm\nu_m \pm \nu_n \pm \nu_k|$。

由此可见，对于多频激励，可以同时存在多于一个的共振条件，这就是说，可以同时存在超谐波共振、次谐波共振，或者同时存在超谐波共振和组合共振等。对于双频激励，可以同时存在两个共振。如果激振频率 ν_1 和 ν_2（这里 $\nu_2 > \nu_1$）能够存在的各次共振是

$\omega_0 \approx 3\nu_1$ 或 $3\nu_2$

$\omega_0 \approx \dfrac{1}{3}\nu_1$ 或 $\dfrac{1}{3}\nu_2$

$\omega_0 \approx |\pm\nu_2 \pm 2\nu_1|$ 或 $2\nu_1 - \nu_2$

$\omega_0 \approx |\pm 2\nu_2 \pm \nu_1|$

$\omega_0 \approx \dfrac{1}{2}|\pm\nu_2 \pm \nu_1|$

下面考察 $\omega_0 \approx 2\nu_1 \pm \nu_2$ 的情况，如果

$$\omega_0 = 2\nu_1 + \nu_2 - \varepsilon\sigma \tag{34.4-88}$$

并将（$2\nu_1 + \nu_2$）T_0 表示为

$$(2\nu_1+\nu_2)T_0=\omega_0T_0+\varepsilon\sigma T_0=\omega_0T_0+\sigma T_0 \tag{34.4-89}$$

当满足以下条件时，可以消去永年项：

$$2\mathrm{i}\omega_0(\dot{A}+cA)+3b(A\bar{A}+2\Lambda_1\bar{\Lambda}_1+2\Lambda_2\bar{\Lambda}_2)A+3b\Lambda_1^2\Lambda_2\exp(\mathrm{i}\sigma T_1)=0 \tag{34.4-90}$$

再设

$$A=\frac{1}{2}\rho\exp[\mathrm{i}\beta] \tag{34.4-91}$$

代入式（34.4-90），将实部与虚部分开，得

$$\dot{\rho}=-c\rho+b\Gamma_1\sin\gamma$$

$$\rho\dot{\beta}=b\Gamma_2\rho+\frac{3b}{8\omega_0}\rho^3+b\Gamma_1\cos\gamma \tag{34.4-92}$$

式中

$$\begin{cases}\Gamma_1=\dfrac{3}{8}F_1^2F_2\omega_0^{-1}\ (\omega_0^2-\nu_1^2)^{-2}\ (\omega_0^2-\nu_2^2)^{-1}\\ \Gamma_2=\dfrac{3}{4}\omega_0^{-1}\ [F_1^2\ (\omega_0^2-\nu_1^2)^{-2}+F_2^2\ (\omega_0^2-\nu_2^2)^{-2}]\\ \gamma=\sigma T_1-\beta+2\theta_1+\theta_2\end{cases} \tag{34.4-93}$$

消去 β，得出

$$\rho\dot{\gamma}=(\sigma-b\Gamma_2)\rho-\frac{3b}{8\omega_0}\rho^3-b\Gamma_1\cos\gamma \tag{34.4-94}$$

所以方程的一次近似解为

$$x=\rho\cos[(2\nu_1+\nu_2)t-\gamma+2\theta_1+\theta_2]+F_1(\omega_0^2-\nu_1^2)^{-1}\cos(\nu_1t+\theta_1)+F_2(\omega_0^2-\nu_2^2)^{-1}\cos(\nu_2t+\theta_2)+O(\varepsilon) \tag{34.4-95}$$

对于方程的稳态解，$\dot{\rho}=\dot{\gamma}=0$，因而 ρ 和 γ 满足方程组

$$\begin{cases}-c\rho=b\Gamma_1\sin\gamma\\ (\sigma-b\Gamma_2)\rho-\dfrac{3b}{8\omega_0}\rho^3=b\Gamma_1\cos\gamma\end{cases} \tag{34.4-96}$$

消去 γ，得频率方程

$$\left[c^2+\left(\sigma-b\Gamma_2-\frac{3b}{8\omega_0}\rho^2\right)^2\right]\rho^2=b^2\Gamma_1^2 \tag{34.4-97}$$

由此可得到振幅的峰值为

$$\rho_{\max}=\frac{|b|\Gamma_1}{c} \tag{34.4-98}$$

它当

$$\sigma=b\Gamma_2+\frac{3b}{8\omega_0}\rho^2=b\Gamma_2+\frac{3b^3}{8\omega_0c^2}\Gamma_1^2 \tag{34.4-99}$$

时存在。

例 34.4-2　用多尺度法求强迫软 Duffing 振子的二次近似解

$$\ddot{x}+2c\dot{x}+x-bx^3=f\cos\Omega t\quad f,b>0 \tag{34.4-100a}$$

解：假设 c、b、f 为小值，对于共振情况，上式重记为

$$\ddot{x}+x=\varepsilon(-2c\dot{x}-bx^3+f\cos\nu t) \tag{34.4-100b}$$

它的二阶近似解为

$$x=x_0+\varepsilon x_1+\varepsilon^2x_2+\cdots \tag{34.4-100c}$$

当 $\nu\approx1$，$\nu\approx1/3$，$\nu\approx3$ 时均会产生共振。这里只讨论主共振情形：

$$\nu^2=1+\varepsilon\sigma \tag{34.4-100d}$$

式中，σ 为调谐参数。这样原方程可以写成

$$\ddot{x}+\nu^2x=\varepsilon(\sigma x-2c\dot{x}-bx^3+f\cos\nu t) \tag{34.4-100e}$$

令

$$x=x_0(T_0,T_1,T_2)+\varepsilon x_1(T_0,T_1,T_2)+\varepsilon^2x_2(T_0,T_1,T_2)+\cdots \tag{34.4-100f}$$

式中，$T_0=t$ 是快尺度，$T_1=\varepsilon t$，$T_2=\varepsilon^2t$，…为慢尺度，用来刻画非线性、阻尼和共振引起的振幅和相位的变化。时间微分写为

$$\frac{\mathrm{d}}{\mathrm{d}t}=D_0+\varepsilon D_1+\varepsilon^2D_2+\cdots$$

$$\frac{\mathrm{d}^2}{\mathrm{d}t^2}=D_0^2+\varepsilon D_0D_1+\varepsilon^2(2D_0D_2+D_1^2)+\cdots \tag{34.4-100g}$$

其中 $D_n=\dfrac{\partial}{\partial T_n}$，这样将上述式子代入式（34.4-100e），并令 ε 同幂次相等，得

$$D_0^2x_0+\Omega^2x_0=0 \tag{34.4-100h}$$

$$D_0^2x_1+\Omega^2x_1=-2D_0D_1x_0+\sigma x_0-2cD_0x_0+bx_0^3+f\cos\nu t \tag{34.4-100i}$$

$$D_0^2x_2+\nu^2x_2=-2D_0D_2x_0-2D_0D_1x_1-D_1^2x_0-2cD_0x_1-2cD_1x_0+\sigma x_1+3bx_0^2x_1 \tag{34.4-100j}$$

设式（38.4-100h）的解为

$$x_0(T_0,T_1,T_2)=A(T_1,T_2)\exp(\mathrm{i}\nu T_0)+\bar{A}(T_1,T_2)\exp(-\mathrm{i}\nu T_0) \tag{34.4-100k}$$

式中，A 是一个关于 T_1、T_2 的复数，它将由下一阶渐近近似中的消除长期项条件来确定。即把式（34.4-100k）代入式（34.4-100i）后，得

$$D_0^2x_1+\nu^2x_1=[-2\mathrm{i}\nu D_1A+bA-2\mathrm{i}c\nu A]\exp(\mathrm{i}\nu T_0)+bA^3\exp(3\mathrm{i}\nu T_0)+3bA^2\bar{A}\exp(\mathrm{i}\nu T_0)+\frac{1}{2}f\exp(\mathrm{i}\nu T_0)+CC \tag{34.4-100l}$$

式中，CC 为共轭项。消除长期项的条件是

$$-2\mathrm{i}\nu D_1A+\sigma A-2\mathrm{i}c\nu A+3bA^2\bar{A}+\frac{1}{2}f=0 \tag{34.4-100m}$$

对于一阶近似，A 仅是 T_1 的函数，故可假设

$$A=\rho(T_1)\exp[\mathrm{i}\beta(T_1)] \quad (34.4\text{-}100\mathrm{n})$$

把式（34.4-100n）代入式（34.4-100m）中，分离实、虚部得

$$\dot{\rho}=-c\rho-\frac{f}{2\nu}\sin\beta \quad (34.4\text{-}100\mathrm{o})$$

$$\rho\dot{\beta}=-\frac{\sigma}{2\nu}\rho-\frac{3}{2}\ \frac{b}{\nu}\rho^3-\frac{f}{4\rho}\cos\beta \quad (34.4\text{-}100\mathrm{p})$$

其中 ρ（T_1）、β（T_1）是基频的振幅和相位差，即

$$x_0=\rho\cos(\nu t+\beta) \quad (34.4\text{-}100\mathrm{q})$$

同样，对于二阶近似也需要消除长期项。首先需求得 x_1（T_0，T_1，T_2），由式（34.4-100l）并考虑到长期项已去掉，容易得出

$$x_1=-\frac{bA^3}{8\nu^2}\exp(3\mathrm{i}\nu T_0)+CC \quad (34.4\text{-}100\mathrm{r})$$

把 x_0［式（34.4-100q）］和 x_1［式（34.4-100r）］代入式（34.4-100j）得

$$D_0^2x_2+\nu^2x_2=(-2\mathrm{i}\nu D_2A-D_1^2A-2cD_1A)\exp(\mathrm{i}\nu T_0)-\frac{3}{8}\times\frac{b^2}{\nu^2}A^3\bar{A}^2\exp(\mathrm{i}\nu T_0)+NST+CC \quad (34.4\text{-}100\mathrm{s})$$

其中，NST 为不会产生长期项的那些项。式（34.4-100s）消除长期项的条件是

$$-2\mathrm{i}\Omega D_2A-D_1^2A-2\mu D_1A-\frac{3}{8}\times\frac{\alpha^2}{\Omega^2}A^3\bar{A}^2=0 \quad (34.4\text{-}100\mathrm{t})$$

这里要结合式（34.4-100n）和式（34.4-100t）求二阶近似时的振幅和相位，写成原时间 t 的形式，有

$$-2\mathrm{i}\nu\frac{\mathrm{d}A}{\mathrm{d}t}+\varepsilon\left[(\sigma-2\mathrm{i}c\Omega)A+bA^2\bar{A}+\frac{1}{2}f\right]+\varepsilon^2\left[\left(c^2+\frac{\sigma^2}{4\nu^2}\right)A-\frac{3bf}{8\nu^2}A^2+\left(\frac{3b\sigma}{2\nu^2}-\frac{3\mathrm{i}bc}{\nu}\right)A^2\bar{A}\right]+\frac{3bf}{4\nu^2}A\bar{A}+\frac{15b^2}{8\nu^2}A^3\bar{A}^2+\frac{\mathrm{i}cf}{4\nu}+\frac{\sigma f}{8\nu^2}\Bigg]=0 \quad (34.4\text{-}100\mathrm{u})$$

这种情况下假设

$$A=\frac{1}{2}\rho(t)\exp[\mathrm{i}\beta(t)] \quad (34.4\text{-}100\mathrm{v})$$

代入式（34.4-100u）中，分离实、虚部得

$$\dot{\rho}=-\varepsilon c\rho-\varepsilon^2\frac{3bc}{8\nu^2}\rho^3+\varepsilon^2\frac{cf}{4\nu^2}\cos\beta-\left(\varepsilon\frac{f}{2\nu}+\varepsilon^2\frac{\sigma f}{8\nu^3}+\varepsilon^2\frac{9bf}{32\nu^3}\rho^2\right)\sin\beta \quad (34.4\text{-}100\mathrm{w})$$

$$\rho\dot{\beta}=-\left(\varepsilon\frac{\sigma}{2\nu}+\varepsilon^2\frac{c^2}{2\nu}+\varepsilon^2\frac{\sigma^2}{8\nu^3}\rho\right)-\left(\varepsilon\frac{3b}{8\nu}+\varepsilon^2\frac{3b\sigma}{16\nu^3}\right)\rho^3-\varepsilon^2\frac{15b^2}{256\nu^3}\rho^5-\left(\varepsilon\frac{f}{2\nu}+\varepsilon^2\frac{\sigma f}{8\nu^3}+\varepsilon^2\frac{3bf}{32\nu^3}\rho^2\right)\cos\beta-\varepsilon^2\frac{cf}{4\nu^2}\sin\beta \quad (34.4\text{-}100\mathrm{x})$$

把 x_0、x_1、A［式（34.4-100q），式（34.4-100r），式（34.4-100v）］代入式（34.4-100f），得二阶近似解（$\Omega\approx1.0$）：

$$x(t)=\rho\cos(\nu t+\beta)-\varepsilon\frac{b\rho^3}{32\nu^2}\cos(3\nu t+3\beta)+\cdots \quad (34.4\text{-}100\mathrm{y})$$

其中，ρ、β 由式（34.4-100w）、式（34.4-100x）确定。

图 34.4-2 所示为一次、二次近似解和数值积分结果的比较。

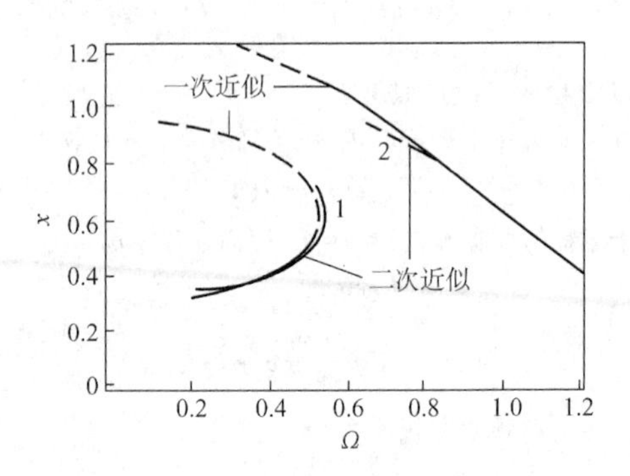

图 34.4-2　一次、二次近似解和数值积分结果的比较

1.3　自激振动

1.3.1　自激振动与自振系统的特性（见表 34.4-9）

表 34.4-9　自激振动与自振系统的特性

项　目	基　本　特　性	说　明
自激振动	自激振动简称自振，是依靠系统自身各部分间相互耦合而维持的稳态周期运动。它的频率和振幅只取决于系统自身的结构参数，与系统的初始运动状态无关。一般情况下，振动频率为系统固有频率	自激振动无须周期变化外力就能维持稳态周期运动，这是与稳态受迫振动的根本区别 无阻尼自由振动的振幅和固有频率与系统初始运动状态有关，这是无阻尼自由振动与自振的根本区别

（续）

项　　目	基 本 特 性	说　　明
自振系统	任何物理系统振动时都要耗散能量，自振系统要维持稳态周期运动，一定要有给系统补充能量的能源。自振系统是非保守系统	能源向自振系统输入的能量，不是任意瞬时都等于系统所耗散的能量。当输入能量大于耗散能量时，振动幅值将增大。当输入能量小于耗散能量时，振动幅值将减小。但无论如何增大或减小，最终都得达到输入和耗散能量的平衡，出现稳态周期运动
	自振系统是非线性系统，它具有反馈装置的反馈功能和阀的控制功能	线性阻尼系统没有周期变化外力作用产生的衰减振动。只有非线性系统才能将恒定外力转换为激励系统产生振动的周期变化内力，并通过振动的反馈来控制振动
自振与稳态受迫振动的联系	如果只将自振系统中的振动系统和作用于系统的周期力作为研究对象，则可将自振问题转化为稳态受迫振动问题	当考察各种稳态受迫振动时，如果扩展被研究系统的组成把受迫振动周期变化的外力变为扩展后系统的内力，则会发现更多的自激振动
自振与参激振动的联系	当系统受到不能直接产生振动的周期交变力（如交变力垂直位移）作用时，通过系统各部分间的相互耦合作用，使系统参数（如摆长、弦和传动带张力、轴的截面惯性矩或刚度等）做周期变化，并与振动保持适当相位滞后关系。交变力向系统输入能量，当参数变化角频率 ω_k 和系统固有角频率 ω_n 之比 $\omega_k/\omega_n=2、1、2/3、2/4、2/5、\cdots$ 时，可能产生稳态周期振动，这种振动是广义自激振动	例如，荡秋千时，利用人体质心周期变化，使摆动增大，但是如果秋千静止，无论人的质心如何上下变化，秋千仍然摆动不起来，这是典型广义自振的例子 如果缩小研究对象的范围，可将广义自振问题转化为参激振动问题；相反，在考察某些参激振动问题时，如果进一步探讨系统结构周期性变化的原因，也就是把结构变化的几何性描述转变为相应子系统的动力过程，就可将这类参激振动问题转变为自激振动问题
自振的控制及利用	自振系统往往在达到稳态周期运动之前，振动的幅值就超过了允许的限度，所以应采取措施控制和防止。但像蒸汽机、风动冲击工具等则是利用自振来工作的	

1.3.2　机械工程中常见的自激振动现象（见表 34.4-10）

表 34.4-10　机械工程中常见的自激振动现象

自振现象	机　械　系　统	振动系统和控制系统相互联系示意图	反馈控制的特性和产生自振条件的简要说明
机床的切削自振	x　z　k_2　k_1　F　x	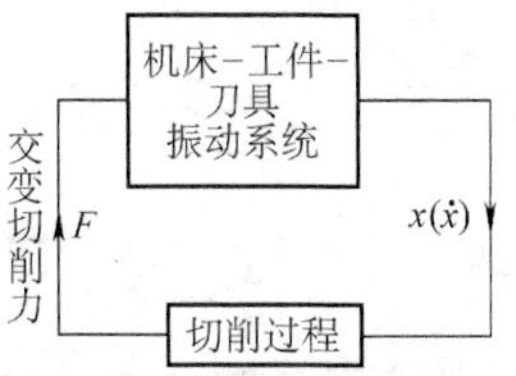 机床-工件-刀具振动系统 交变切削力 F $x(\dot{x})$ 切削过程	振动系统的动刚度不足或主振方向与切削力相对位置不适宜时，因位移 x 的联系产生维持自振的交变切削力 F 当切削力具有随切削速度增加而下降的特性时，因速度 $\dot{x}$ 的联系产生交变切削力 F
低速运动部件的爬行	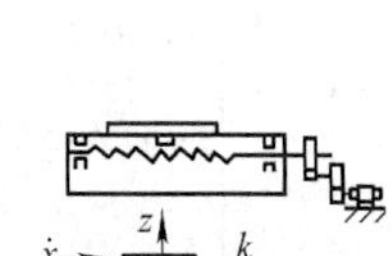 z　$\dot{x}$　m　k　v　x　F	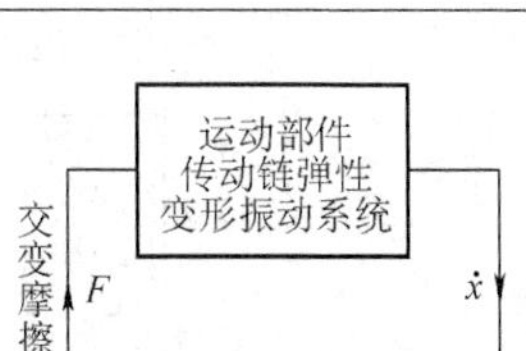 运动部件传动链弹性变形振动系统 交变摩擦力 F $\dot{x}$ 摩擦过程	当摩擦力具有随运动速度增加而下降的特性时，因振动速度 $\dot{x}$ 和运动速度 v 的联系产生维持自振的交变摩擦力 F

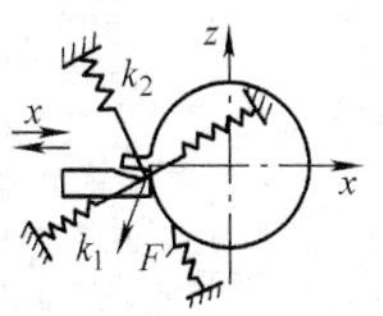

（续）

自振现象	机械系统	振动系统和控制系统相互联系示意图	反馈控制的特性和产生自振条件的简要说明
液压随动系统的自振	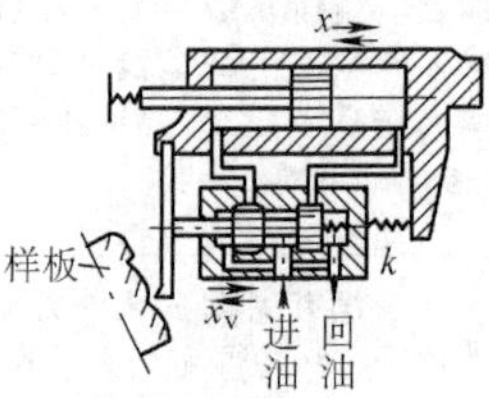	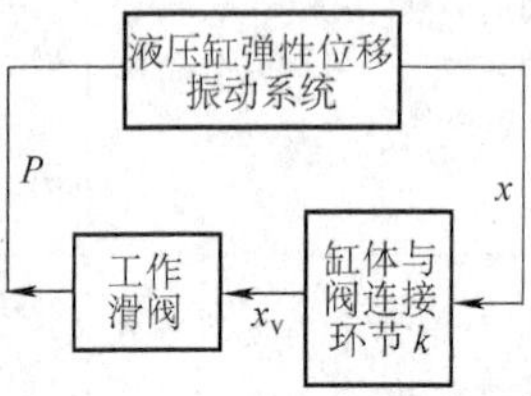	缸体与阀反馈连接的环节 k 的刚度不足或存在间隙时，缸体弹性位移 x 会产生维持自振的交变油压力 P
高速转轴的弓状回转自振	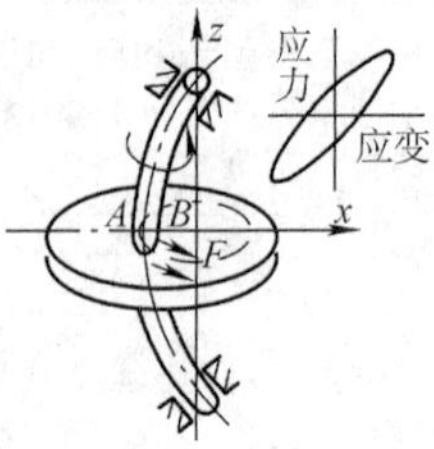	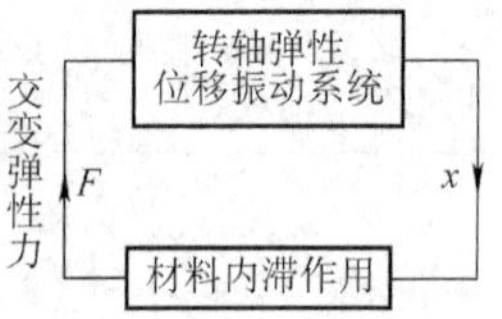	转轴材料的内滞作用使应力和应变不成线性关系。圆盘与轴配合较松时，内滞更加明显。轴转动时，轴上所受的弹性力 F 不通过中心 B，而使轴心 A 产生绕 B 点（轴线 z）做弓状回转运动。转速大于轴的临界转速时产生自振，其频率等于临界转速
传动带横向自振	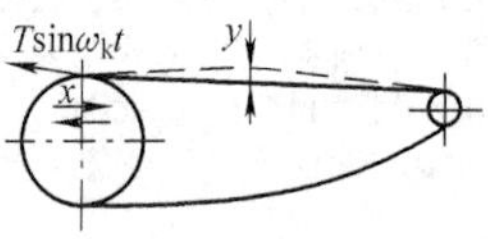	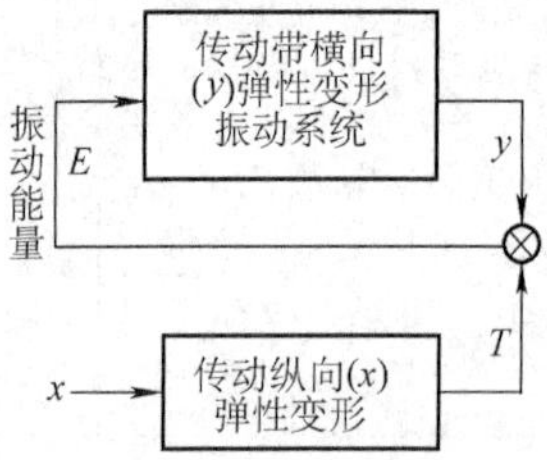	传动带轮振动位移 x 引起传动带张力 T 的变化，当 x 和 T 的振动角频率 ω_k 为传动带横向弹性变形振动系统的固有角频率 ω_n 的 2 倍时，产生横向 y 的参数自振，y 的振动角频率为 ω_n
滑动轴承的油膜振荡	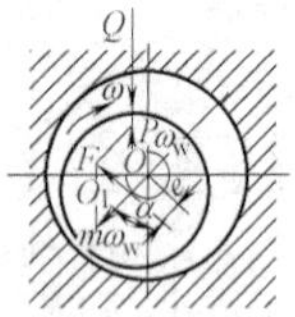	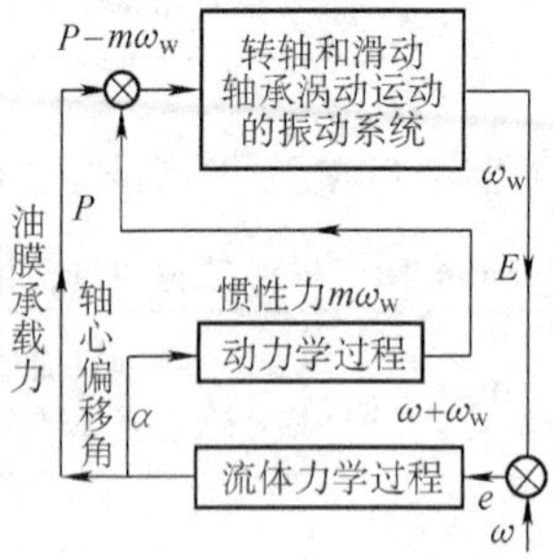	轴承油膜承载力 P 与轴颈偏离所产生的惯性力 $m\omega_w$ 不平衡，其合力 F 使轴心 O_1 绕轴承中心做涡动运动。其方向与轴的转速 ω 方向相同，涡动角速度 $\omega_w=\frac{1}{2}\omega_c$，$\omega\geqslant 2\omega_c$（$\omega_c$ 为轴的一阶临界转速）时，产生强烈的油膜振荡，振荡角频率 $\omega_k=\omega_c$，不随 ω 而变化
汽车车轮的闪动	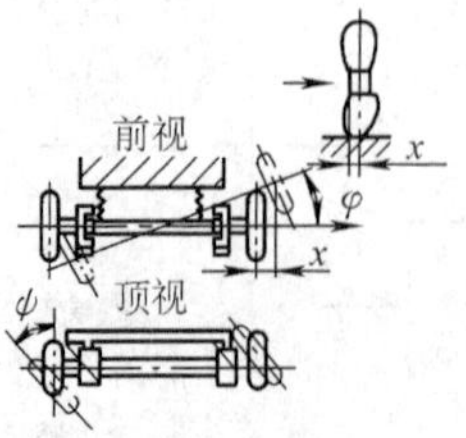	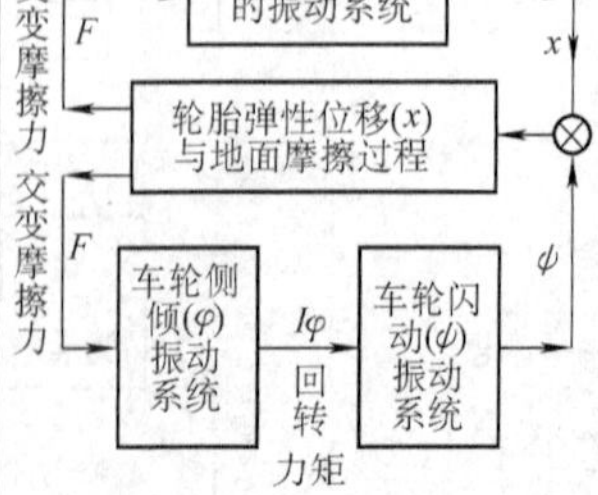	车轮的侧向位移 x、倾角 φ 和闪动角 ψ 三者相互关联，在一定的行驶速度范围内，产生维持自振的交变摩擦力 轮胎内气压和轮胎侧向刚度越低，越容易产生侧向位移；悬挂弹簧刚度越低，侧倾越大。侧向位移出现和侧倾的加大，使各振动的相互联系加强，因而越易产生车轮闪动的自振 提高车轮转向机构的刚度和阻尼，可避免车轮闪动现象出现

（续）

自振现象	机　械　系　统	振动系统和控制系统相互联系示意图	反馈控制的特性和产生自振条件的简要说明
受轴向交变力作用的简支梁横向自振	F　l	梁横向振动系统　交变弯矩 M　y　变刚度过程	受轴向交变力 F 作用的简支梁，由于 F 与振动位移 y 产生交变弯矩作用，使梁抗弯刚度有周期性变化，只要 F 的变化角频率 ω_k 和系统固有角频率 ω_n 之间保持一定关系（$\omega_k/\omega_n=2$、1、2/3、2/4、2/5、…），则梁可能产生横向自激振动
气动冲击工具的自振		活塞振动系统　交变力 F　x　气体动力过程	气动冲击工具的活塞往复运动，通过配气通道交替改变活塞前、后腔的压力，使活塞维持恒频率、恒振幅的稳态振动。压缩空气为活塞往复运动提供了能量，活塞本身完成了振动体、阀和反馈装置的全部职能

1.3.3　单自由度系统相平面及稳定性

单自由度非线性系统振动的定性研究经常用图解法，其中相平面法是常用的方法。在平面图上作出系统的运动速度和位移的关系（称相轨迹），以此了解系统可能发生的运动的总情况。例如，对于自治系统（见表 34.4-7 的注），非线性单自由度系统的微分方程式可普遍写为

$$\ddot{x}+f(x,\dot{x})=0$$

令

$$y\equiv\dot{x}=\frac{dx}{dt}$$

上式可化为

$$\dot{y}=-f(x,y)=Y(x,y)$$

而

$$\dot{x}=X(x,y)$$

两式相除，得

$$\frac{\dot{y}}{\dot{x}}=\frac{dy}{dx}=\frac{Y(x,y)}{X(x,y)}=m$$

积分后，即为以 x、y 为坐标的相平面图上由初始条件（x_0，y_0）开始画出的等倾线（以斜率 m 为参数）族。这是作相平面图的方法之一。单自由度系统相平面及稳定性的几种主要情况见表 34.4-11。

表 34.4-11　单自由度系统相平面及稳定性

项　目	相轨迹方程及阻尼区划分	相　平　面	平衡点和极限环稳定性
无阻尼系统自由振动（以单摆大摆角振动为例）	用 x 表示单摆的角位移，用 y 表示单摆的角速度，则自由振动状态方程为 $\frac{dx}{dt}=y$，$\frac{dy}{dt}=-k\sin x$，$k=\frac{g}{l}$。给定初始条件 $t=0$，$x=x_0$，$y=y_0$ 时，将两个一阶方程相除，整理并积分得相轨迹方程 $y^2+2k(1-\cos x)=E$ 式中　$E=y_0^2+2k(1-\cos x_0)$	y　x　$-\pi$　π　2π 以 x、y 坐标轴构成的平面为相平面，相平面任意点 $P(x,y)$ 称为相点，表示了系统的一种状态。给定初始状态 $P_0(x_0,y_0)$，按照相轨迹方程可绘制出过该点的相轨迹。选定不同的初始状态，能绘制出一族相轨迹	当 $E<4k$ 时，相轨迹为封闭曲线，称为极限环，对应的运动状态为稳态周期运动。当 $E>4k$ 时，各相点的 y 值均不等于零，对应运动状态为回转运动 当 $\ddot{x}=\dot{x}=0$ 时，系统处于静平衡，从微分方程可求得平衡方程 $\sin x=0$ 和平衡点 $x=i\pi(i=0,\pm1,\cdots)$，无阻尼自由振动系统受到扰动离开平衡状态。当扰动消失后，系统的状态始终保持在平衡状态附近，既不无限趋近它，也不远离它，这种平衡点称为稳定平衡点。一切稳定平衡点，在其附近的相轨迹是一族彼此不相交的封闭曲线，因此可以依据平衡点稳定性的这一性质判定无阻尼自由振动是稳定的

（续）

项　目	相轨迹方程及阻尼区划分	相　平　面	平衡点和极限环稳定性
线性阻尼（小阻尼）系统自由振动	线性阻尼系统运动微分方程：$\ddot{x}+2n\dot{x}+\omega_n^2x=0$ 给定初始条件 $t=0, x=x_0, y=y_0$，则方程解及其速度为 $x=Ae^{-nt}\cos(\omega_d t+\theta)$ $y=-Ae^{-nt}[n\cos(\omega_d t+\theta)+\omega_d\sin(\omega_d t+\theta)]$ 式中　$A=\left[x_0^2+\left(\dfrac{y_0+nx_0}{\omega_d}\right)^2\right]^{1/2}$ $\theta=-\arctan\left(\dfrac{y_0+nx_0}{\omega_d}\right)$ $\omega_d=\sqrt{\omega_n^2-n^2}$ 从 x 和 y 的关系可导出相轨迹方程 $y^2+2nxy+\omega_n^2x^2=R^2e^{\left[\frac{2n}{\omega_d}\arctan\left(\frac{y+nx}{\omega_d x}\right)\right]}$ 式中　$R=\omega_d Ae^{\frac{n\theta}{\omega_d}}$	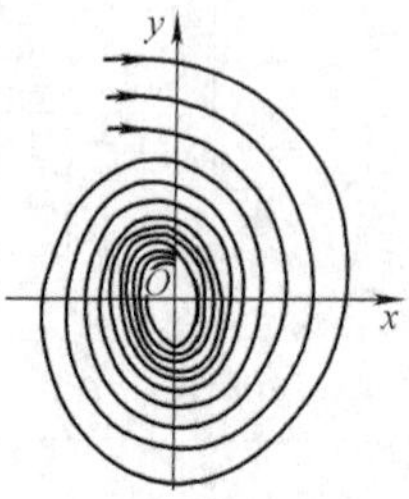 a) 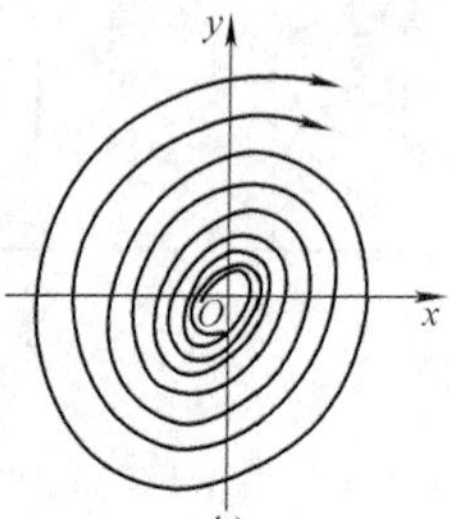 b)	当 $0<n<\omega_n$ 时，相轨迹为图 a 所示的一族对数螺旋线，对应的运动状态为衰减振动。这种系统受扰动离开平衡状态，扰动消失后，系统状态能无限趋近此平衡状态。这种平衡点称为渐近稳定的平衡 当 $-\omega_n<n<0$（负阻尼）时，相轨迹为图 b 所示的对数螺旋线，对应的运动状态为发散运动状态。这种系统受扰动离开平衡状态，扰动消失后，系统的状态越来越远离此平衡状态。这种平衡点称为不稳定平衡点
软激励自振（以瑞雷方程和范德波方程为例）	用 x 表示运动的位移，用 y 表示运动速度，可将瑞雷方程 $\ddot{x}-\varepsilon(1-\mu\dot{x}^2)\dot{x}+x=0$ 改写为状态方程 $\dfrac{dx}{dt}=y, \dfrac{dy}{dt}=\varepsilon(1-\mu y^2)y-x$ 两式相除整理积分，得相轨迹方程 $y^2-2(y-\mu y^3)x-x^2=E$ E 取决于初始条件，当 $t=0, x=x_0, y=y_0$ 时： $E=y_0^2-2(y_0-\mu y_0^3)x_0-x_0^2$ 单位时间内非线性阻尼力对系统做功 $W=F_d y=\varepsilon(1-\mu y^2)y^2$	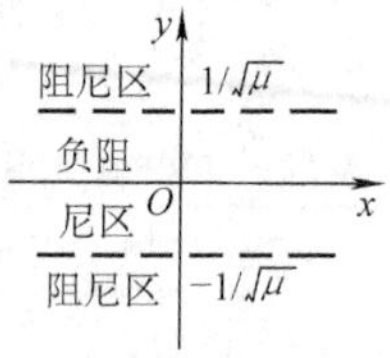 c) 按 W 表达式将相平面划分为如图 c 所示的正阻尼区和负阻尼区 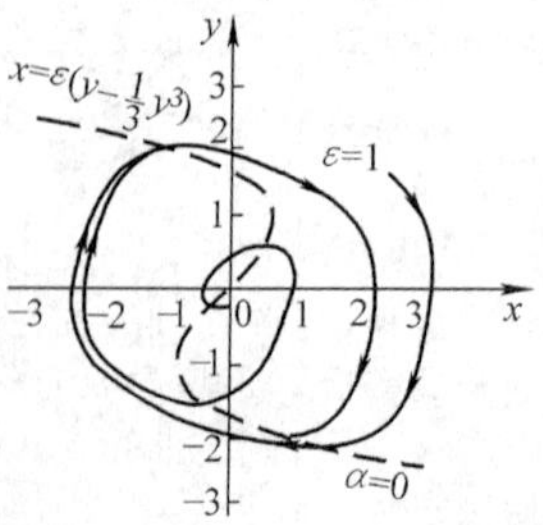 d)	瑞雷方程和范德波方程描述的系统，原点附近是负阻尼区，相轨迹必定向外扩展。进入正阻尼区后又会向原点趋近，因而相轨迹不会走向无穷远处。这就意味着距离原点不远不近区域存在一条封闭曲线，在该曲线内外的相轨迹都向它趋近。极限环对应的运动状态为周期运动，上述的这种周期运动称为渐近稳定的运动。于是，便可根据平衡稳定性和极限环，判断稳定周期运动自振能否发生 相轨迹和极限环的形状如何，人们并不关心 这种平衡点不稳定的自振系统受很微小扰动就能激发的自振称为软激励自振

（续）

项　　目	相轨迹方程及阻尼区划分	相　平　面	平衡点和极限环稳定性
软激励自振（以瑞雷方程和范德波方程为例）	范德波方程 $\ddot{x}-\varepsilon(1-x^2)\dot{x}+x=0$ 上述方程描述系统承受的阻尼 $F_d=\varepsilon(1-x^2)y$ 单位时间内该力对系统做功 $W=F_d y=\varepsilon(1-x^2)y^2$ 按上式将相平面划分为如图 e 所示的正阻尼区和负阻尼区	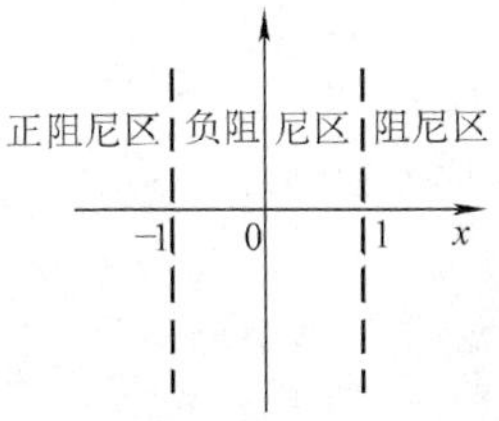 e) 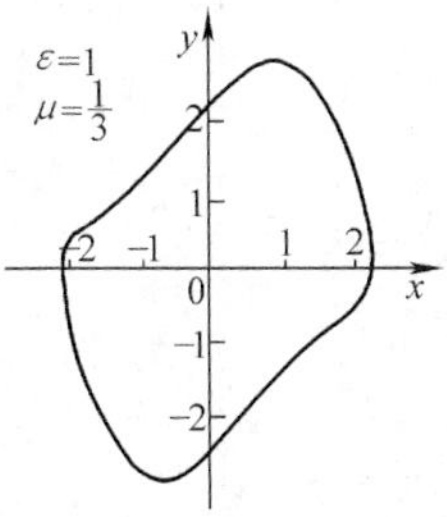 f)	
硬激励自振（以复杂阻尼系统为例）	自振系统运动方程 $\ddot{x}+\varepsilon(1-\dot{x}^2+\mu\dot{x}^4)\dot{x}+x=0$ 系统承受阻尼力 $F_d=-\varepsilon(1-y^2+\mu y^4)y$ 单位时间该力对系统做功 $W=F_d y=-\varepsilon(1-y^2+\mu y^4)y^2$ 按上式相平面被划分为如图 h 所示的正、负阻尼区	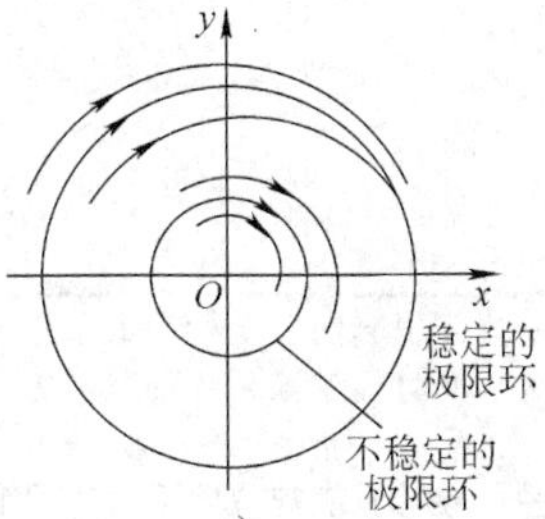 g) 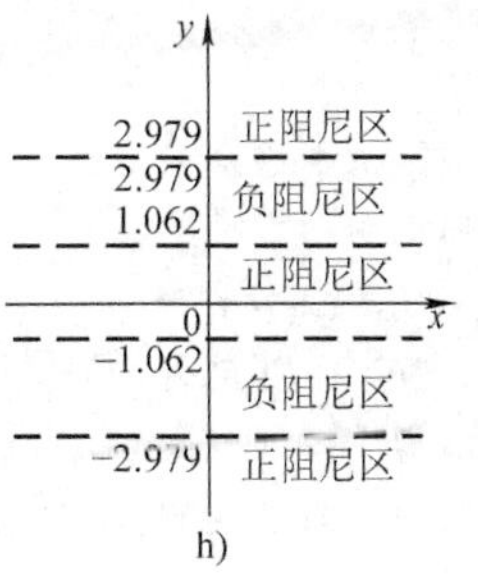 h)	方程描述的系统原点位于正阻尼区，相轨迹必定无限趋近于它，平衡点是渐近稳定的。位移大一点的相轨迹进入两个负阻尼区，相轨迹会充分向外扩展，对这一区域来说，平衡点是不稳定的。当位移更大时，相轨迹进入了外面的两个正阻尼区，平衡又变成渐近稳定的。在相平面正、负阻尼分界处肯定会有一封闭曲线极限环。该自振系统有两个分界处，相应也有两个极限环。外面极限环内外的相轨迹都趋近于极限环，称为渐近稳定的极限环；内侧极限环内外的相轨迹都远离该极限环，称为不稳定极限环。该系统受小的扰动后离开平衡位置，当干扰消失后又会恢复平衡状态，不会发生自振。当系统受到足够强的扰动时，则系统的相点位于不稳定极限环之外，这时若干扰消失，系统就会发生自振。这样的自振系统称为硬激励系统 相平面中的相轨迹和极限环不是真实的，只能供定性分析之用。实际人们关心的是如何根据平衡点和极限环的稳定性来判断系统是否是硬激励自振系统以及在什么条件下能发生自振。气动冲击工具的自振系统就是硬激励自振系统

（续）

项　目	相轨迹方程及阻尼区划分	相　平　面	平衡点和极限环稳定性
单摆在液体中的运动	所受阻尼与速度的平方成正比,方向与速度的方向相反,振动方程为 $\ddot{x}+n\dot{x}\left\|\dot{x}\right\|+k\sin x=0$	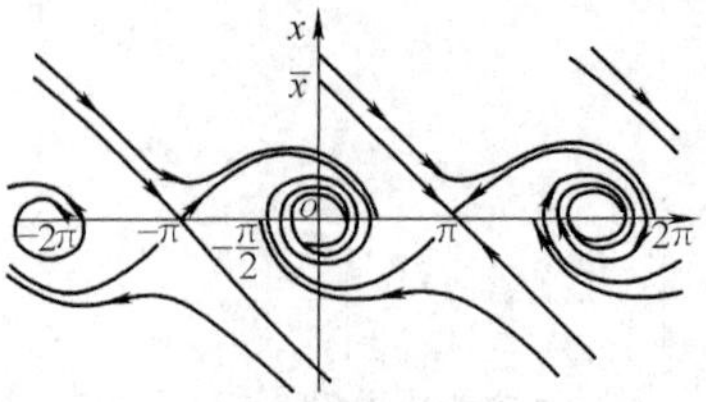	
非线性系统的受迫振动	运动微分方程 $m\ddot{x}+f(\dot{x},x)=F(t)$ 状态方程 $\dfrac{\mathrm{d}x}{\mathrm{d}t}=X(x,y,t)$ $\dfrac{\mathrm{d}y}{\mathrm{d}t}=Y(x,y,t)$ 两式相除并积分得相轨迹方程	根据相轨迹方程绘制相轨迹,受迫振动相轨迹方程是 x、y 和时间 t 的函数	李亚普诺夫为周期解的稳定性做过如下定义:设由 $t=t_0$ 时 $P_0(x_0,y_0)$ 出发的解为$[\bar{x}(t),\bar{y}(t)]$,而由 $t=t_0$ 时,与(x_0,y_0)极其靠近的任意点(x_0+u_0,y_0+v_0)出发的全部解$[x(t),y(t)]$经过任意时间 t 之后,仍然回到原来解$[\bar{x}(t),\bar{y}(t)]$的近旁时,则该解$[x(t),y(t)]$称为稳定解。反之,不管靠近(x_0,y_0),从 $t=t_0$ 时的某一点(x_0+u_0,y_0+v_0)出发的解,在长时间的过程中,离开了原来的解$[\bar{x}(t),\bar{y}(t)]$的近旁,这种情况只要一出现,则$[\bar{x}(t),\bar{y}(t)]$称为不稳定解。若全部解$[x(t),y(t)]$很接近上述稳定解,且当 $t\to\infty$ 时,均收敛于$[\bar{x}(t),\bar{y}(t)]$,则解$[\bar{x}(t),\bar{y}(t)]$称为渐近稳定解

注：由于系统中某个参数做周期性变化而引起的振动称为参数振动，如具有周期性变刚度的机械系统、受振动载荷作用的薄拱等，都属于参数振动系统。此时描述该系统的微分方程是变系数的，对单自由度系统为

$$m(t)\ddot{x}+c(t)\dot{x}+k(t)=0$$

方程的系数是时间的函数。这些函数与系统的位置无关，且它们的物理意义取决于系统的具体结构和运动状况。

2　随机振动

对未来任一给定时刻，其瞬时值不能精确预知的振动称为随机振动。在某一范围内，随机振动大小的概率可以用概率密度函数来确定。汽车在凹凸不平的路面上行驶时，受到路面的随机激励，就产生随机振动。金属切削加工时，由于材料软硬不均或被加工面过于粗糙，也会产生随机振动。随机振动的激励或响应过程的分类如下：

1）按统计规律分：平稳随机振动、非平稳随机振动。

2）按记忆性质分：纯粹随机过程、马尔可夫过程、独立增量过程、维纳过程和泊松过程。

3）按概率密度函数分：正态随机过程、非正态随机过程。

随机振动的系统动态特性可分类如下：

1）按系统特性分：线性系统、非线性系统。

2）按定常与否分：时变系统、时不变系统。

2.1　平稳随机振动描述

如果振动过程的统计特性不随自变量的变化而改变，如被测的时间变化以后，发现在时间 t_1 到 t_2 这一段随机振动的统计信息与 $t_1+\tau$ 到 $t_2+\tau$ 这一段的统计信息差别不大，即可以把随机振动的一些值在时间上往后推移 τ，它们的统计信息并不改变，这样的随机振动称为平稳的随机振动。平稳随机振动的描述及特性见表 34.4-12。

表 34.4-12　平稳随机振动描述及特性

项目		定义	统计特性	
随机振动		不能用简单函数或这些函数的组合来描述，而只能用概率和数理统计方法描述的振动称为随机振动	例如，汽车、拖拉机、工程机械、船舶、石油钻井平台及安装在它们上面的机电设备等，在路面、波浪、地震等作用下的振动系统设计均以随机振动理论为基础。这种振动特性有：不能预估一次振动观测记录时间 T 之外某时刻的振动状态；在相同的试验条件下，各次观察结果不同，即各次记录曲线有不重复性	
随机过程		如果一次振动观察记录 $x_i(t)$ 称为样本函数，则随机过程是所有样本函数的总和，即 $X(t)=\{x_1(t),x_2(t),\cdots,x_n(t)\}$	$X(t)$ 在任一时刻 $t_i(t_i\in T)$ 的状态 $X(t_i)$ 是随机变量，于是可将随机过程和随机变量联系起来	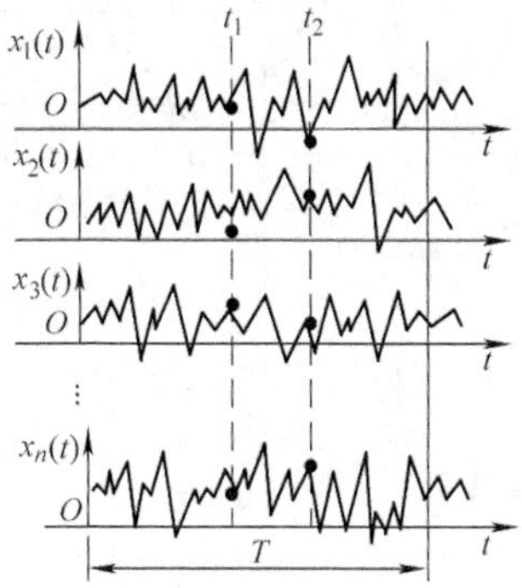
平稳随机过程		统计参数不随时间 t 的变化而变化的随机过程为平稳随机过程	机械工程中的多数随机振动是平稳随机过程	
幅值域描述	概率分布函数	$F(x)=P(X<x)$ 随机过程 $X(t)$ 小于给定 x 值的概率，描述了概率的累积特性	1) $F(x)$ 为非负非降函数，即 $F(x)\geqslant 0, F'(x)>0$ 2) $F(-\infty)=0, F(\infty)=1$	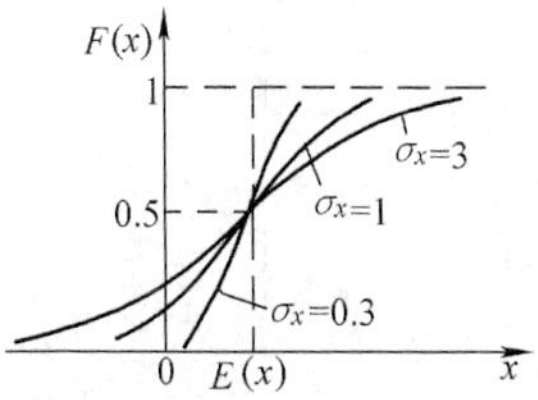
	概率密度函数	$f(x)=\lim\limits_{\Delta t\to 0}\dfrac{F(x+\Delta x)-F(x)}{\Delta t}$ $=F'(x)$ 具有高斯分布随机过程 $X(t)$ $f(x)=\dfrac{1}{\sigma_x\sqrt{2\pi}}e^{-\frac{(x-E[x])^2}{2\sigma_x^2}}$	表示了 $X(t)$ 概率分布的密度状况 1) 非负函数，即 $f(x)\geqslant 0$ 2) $\int_{-\infty}^{\infty}f(x)\,dx=1$	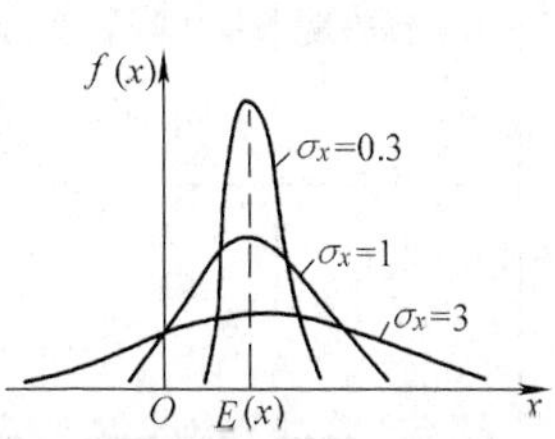
	均值	$E[x]=\int_{-\infty}^{\infty}xf(x)\,dx$ $X(t)$ 的集合平均值	$F(x)$、$f(x)$ 都是围绕均值 $E[x]$ 向两侧扩展的	机械工程中的随机振动多数为具有高斯分布的随机过程，因此，只要求得随机过程的均值 $E[x]$ 和标准差 σ_x，即可确定 $f(x)$，再通过从 $-\infty$ 到 x 的积分可得 $F(x)$
	均方差	$D[x]=\int_{-\infty}^{\infty}(x-E[x])^2f(x)\,dx$ $\sigma_x^2=D[x]$	描述了 $F(x)$、$f(x)$ 围绕均值向两侧的扩展程度	

（续）

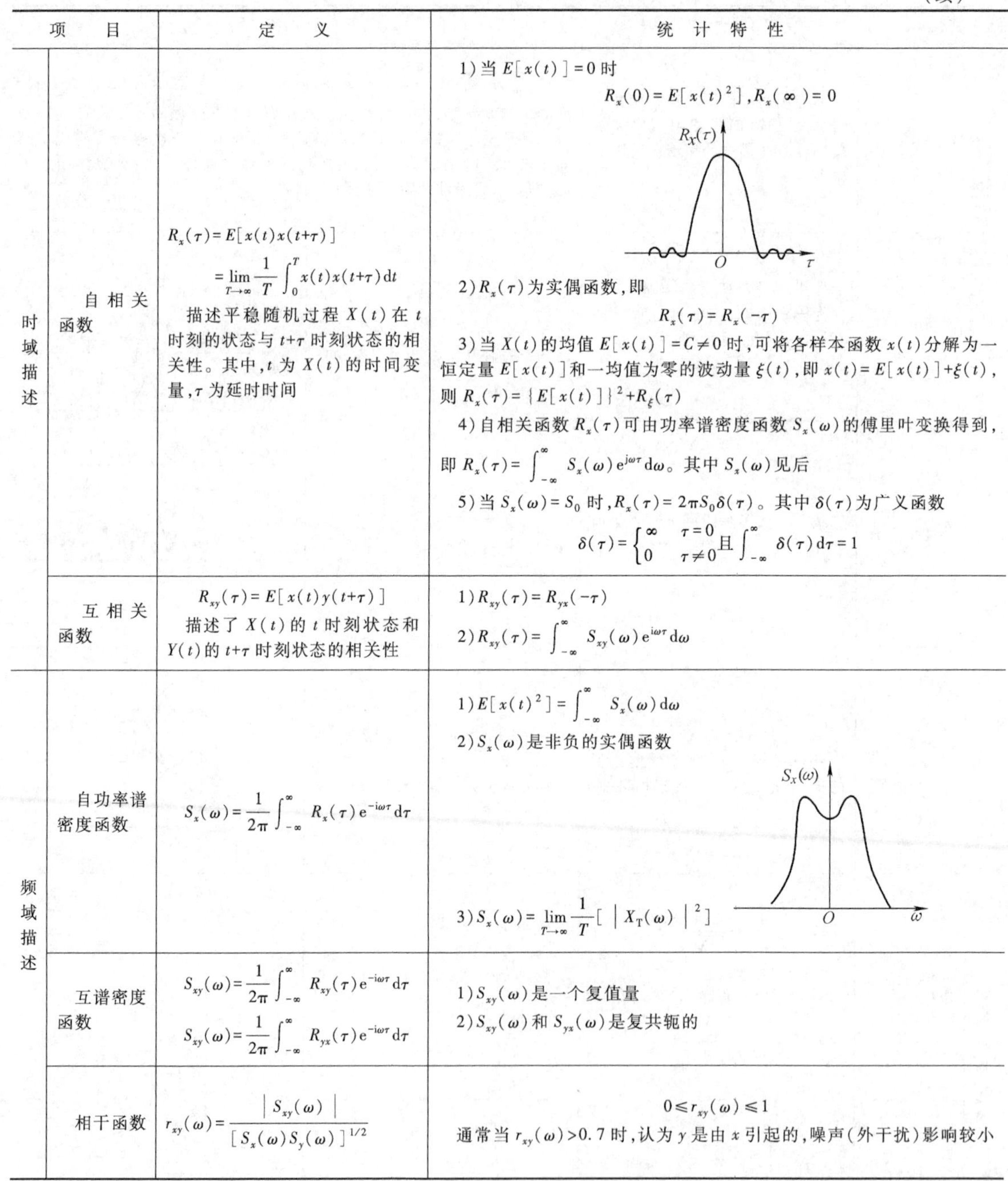

项目		定义	统计特性
时域描述	自相关函数	$R_x(\tau)=E[x(t)x(t+\tau)]$ $=\lim\limits_{T\to\infty}\dfrac{1}{T}\int_0^T x(t)x(t+\tau)\mathrm{d}t$ 描述平稳随机过程 $X(t)$ 在 t 时刻的状态与 $t+\tau$ 时刻状态的相关性。其中，t 为 $X(t)$ 的时间变量，τ 为延时时间	1）当 $E[x(t)]=0$ 时 $R_x(0)=E[x(t)^2]$，$R_x(\infty)=0$ （图：$R_X(\tau)$，O，τ） 2）$R_x(\tau)$ 为实偶函数，即 $R_x(\tau)=R_x(-\tau)$ 3）当 $X(t)$ 的均值 $E[x(t)]=C\neq0$ 时，可将各样本函数 $x(t)$ 分解为一恒定量 $E[x(t)]$ 和一均值为零的波动量 $\xi(t)$，即 $x(t)=E[x(t)]+\xi(t)$，则 $R_x(\tau)=\{E[x(t)]\}^2+R_\xi(\tau)$ 4）自相关函数 $R_x(\tau)$ 可由功率谱密度函数 $S_x(\omega)$ 的傅里叶变换得到，即 $R_x(\tau)=\int_{-\infty}^{\infty}S_x(\omega)\mathrm{e}^{\mathrm{j}\omega\tau}\mathrm{d}\omega$。其中 $S_x(\omega)$ 见后 5）当 $S_x(\omega)=S_0$ 时，$R_x(\tau)=2\pi S_0\delta(\tau)$。其中 $\delta(\tau)$ 为广义函数 $\delta(\tau)=\begin{cases}\infty & \tau=0\\0 & \tau\neq0\end{cases}$ 且 $\int_{-\infty}^{\infty}\delta(\tau)\mathrm{d}\tau=1$
	互相关函数	$R_{xy}(\tau)=E[x(t)y(t+\tau)]$ 描述了 $X(t)$ 的 t 时刻状态和 $Y(t)$ 的 $t+\tau$ 时刻状态的相关性	1）$R_{xy}(\tau)=R_{yx}(-\tau)$ 2）$R_{xy}(\tau)=\int_{-\infty}^{\infty}S_{xy}(\omega)\mathrm{e}^{\mathrm{i}\omega\tau}\mathrm{d}\omega$
频域描述	自功率谱密度函数	$S_x(\omega)=\dfrac{1}{2\pi}\int_{-\infty}^{\infty}R_x(\tau)\mathrm{e}^{-\mathrm{i}\omega\tau}\mathrm{d}\tau$	1）$E[x(t)^2]=\int_{-\infty}^{\infty}S_x(\omega)\mathrm{d}\omega$ 2）$S_x(\omega)$ 是非负的实偶函数 （图：$S_X(\omega)$，O，ω） 3）$S_x(\omega)=\lim\limits_{T\to\infty}\dfrac{1}{T}[\ \lvert X_T(\omega)\rvert^2]$
	互谱密度函数	$S_{xy}(\omega)=\dfrac{1}{2\pi}\int_{-\infty}^{\infty}R_{xy}(\tau)\mathrm{e}^{-\mathrm{i}\omega\tau}\mathrm{d}\tau$ $S_{xy}(\omega)=\dfrac{1}{2\pi}\int_{-\infty}^{\infty}R_{yx}(\tau)\mathrm{e}^{-\mathrm{i}\omega\tau}\mathrm{d}\tau$	1）$S_{xy}(\omega)$ 是一个复值量 2）$S_{xy}(\omega)$ 和 $S_{yx}(\omega)$ 是复共轭的
	相干函数	$r_{xy}(\omega)=\dfrac{\lvert S_{xy}(\omega)\rvert}{[S_x(\omega)S_y(\omega)]^{1/2}}$	$0\leqslant r_{xy}(\omega)\leqslant1$ 通常当 $r_{xy}(\omega)>0.7$ 时，认为 y 是由 x 引起的，噪声（外干扰）影响较小

注：各参数的下标 x 表示参数为随机过程 $X(t)$ 的对应参数，x 可以为位移、速度、加速度和干扰力等物理量，为区分也可用 x、$\dot{x}$、$\ddot{x}$ 等表示。

2.2 单自由度线性系统的传递函数及动态特性（见表34.4-13）

1）频率响应函数（或复频响应函数）：系统在频率 ω 下的传递特性的函数。

2）脉冲响应函数：稳态的静止系统受到单位脉冲激励后的响应 $h(t)$。它是系统的质量、刚度和阻尼的函数。

3）阶跃响应函数：静止的线性振动系统受到单位阶跃激励后所产生的阶跃响应 $K(t)$。阶跃响应函数 $K(t)$ 等于脉冲响应函数 $h(t-\tau)$ 曲线下的面积。

表 34.4-13　单自由度线性系统的传递函数及动态特征

项　　目	数学表达式	动态特征
频率响应函数	$H(\omega)=\dfrac{1}{(\omega_n^2-\omega^2)+\mathrm{i}2\zeta\omega_n\omega}$ $\lvert H(\omega)\rvert=\dfrac{1}{\sqrt{(\omega_n^2-\omega^2)^2+4\zeta^2\omega_n^2\omega^2}}$ $\alpha=\arctan\dfrac{2\zeta\omega_n\omega}{\omega_n^2-\omega^2}$	$\ddot{x}+2\zeta\omega_n\dot{x}+\omega_n^2x=\omega_n^2\mathrm{e}^{\mathrm{i}\omega t}$ 式中　$\omega_n=\sqrt{\dfrac{k}{m}}$ $\zeta=\dfrac{n}{\omega_n}=\dfrac{c}{2\sqrt{mk}}$ $x(t)=H(\omega)\omega_n^2\mathrm{e}^{\mathrm{i}\omega t}$ $H(\omega)$可通过计算或测试得到
脉冲响应函数	$h(t)=\dfrac{\omega_n^2}{\omega_d}\mathrm{e}^{-\zeta\omega_n t}\sin\omega_d t$ 式中　$\omega_d=\omega_n\sqrt{1-\zeta^2}$	上述方程的解 $x(t)=\int_0^t f(\tau)h(t-\tau)\mathrm{d}\tau$(杜哈曼积分) 式中　$f(\tau)=\omega_n^2\mathrm{e}^{\mathrm{i}\omega\tau}$ 杜哈曼积分的卷积形式为 $x(t)=\int_{-\infty}^{\infty}h(\theta)f(t-\theta)\mathrm{d}\theta$
$H(\omega)$和$h(t)$的关系	$H(\omega)=\dfrac{1}{2\pi}\int_{-\infty}^{\infty}h(t)\mathrm{e}^{-\mathrm{i}\omega t}\mathrm{d}t$ $h(t)=\int_{-\infty}^{\infty}H(\omega)\mathrm{e}^{\mathrm{i}\omega t}\mathrm{d}\omega$	$H(\omega)$、$h(t)$都是反映系统动态特性的，它只与系统本身参数有关，与输入的性质无关

注：1. 系统的传递函数只反映系统的动态特性，与激励性质无关，简谐激励或随机激励都一样传递。
2. 频响函数为复数形式的输出（响应）和输入（激励）之比。

2.3　单自由度线性系统的随机响应（见表 34.4-14）

表 34.4-14　单自由度线性系统的随机响应

项　　目	计算公式	计算结果及说明
输入 $x(t)$	$E[x(t)]=0\quad S_x(\omega)=S_0$ $R_x(\tau)=2\pi S_0\delta(\tau)$	输入 $x(t)$是各态历经具有高斯分布的白噪声过程
响应的均值	$E[y(t)]=0$	
响应的自相关函数	$R_y(\tau)=\int_{-\infty}^{\infty}\int_{-\infty}^{\infty}h(\theta_1)h(\theta_2)R_x(\tau-\theta_2+\theta_1)\mathrm{d}\theta_1\mathrm{d}\theta_2$ $=\dfrac{2\pi S_0\omega_n^4}{\omega_d^2}\int_{-\infty}^{\infty}\int_{-\infty}^{\infty}\delta(\tau+t_1-t_2)\times$ $\mathrm{e}^{-\zeta\omega_n(t_1+t_2)}\sin\omega_d t_1\sin\omega_d t_2\mathrm{d}t_1\mathrm{d}t_2$	$R_y(\tau)=\dfrac{2\pi S_0\omega_n}{4\zeta}\mathrm{e}^{-\zeta\omega_n t}\times$ $\left(\cos\omega_d t\pm\dfrac{\zeta}{\sqrt{1-\zeta^2}}\sin\omega_d t\right)$ （当 $t\geqslant0$ 时取正值，$t<0$ 时取负值）
响应的自谱密度函数	$S_y(\omega)=H(\omega)H^*(\omega)S_x(\omega)=\lvert H(\omega)\rvert^2S_x(\omega)$	$S_y(\omega)=\dfrac{\omega_n^4S_0}{(\omega_n^2-\omega^2)^2+4\zeta^2\omega_n^2\omega^2}$
响应的均方值	$E[y^2(t)]=R_y(0)=\int_{-\infty}^{\infty}S_x(\omega)\mathrm{d}\omega$	$E[y^2(t)]=\dfrac{\pi S_0\omega_n}{2\zeta}=\sigma_y^2$
响应的概率密度函数	$f(y)=\dfrac{1}{\sigma_y\sqrt{2\pi}}\mathrm{e}^{-\frac{y^2}{2\sigma_y^2}}$	输入是具有高斯分布的，则输出也一定是具有高斯分布的

注：1. 工程中窄带随机振动问题的处理方法和确定性振动问题相似，所以通常将其转化为确定性振动来处理。
2. 功率谱密度函数不随频率改变而改变的谱［$S_x(\omega)=S_0$］称为白谱，其对应的随机过程称为白噪声过程。这种过程只是一种理想状态，但宽带随机只要在一定的频带范围内缓慢变化，就可近似处理为白噪声过程。

2.4　多自由度线性系统的随机响应

对单自由度线性系统的讨论过程也适用于受单个激励 $F(t)$ 的多自由度线性系统（见图 34.4-3）。设系统的自由度为 n，其第 i 个广义坐标 $x_i(t)$ 的响应统计特性与单自由度线性系统的统计特性表达式完全相同，只需相应地用 $x_i(t)$ 对激励 $F(t)$ 的脉冲响

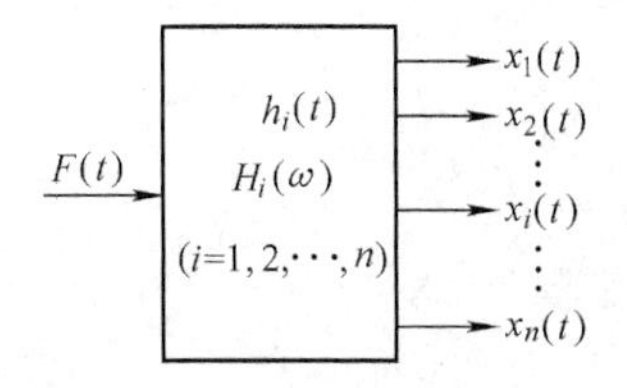

图 34.4-3　受单个激励 $F(t)$ 的多自由度线性系统

应函数 $h_i(t)$ 和复频响应函数 $H_i(\omega)$ 进行计算。实践表明，在频率域内进行响应的统计特性分析要比时间域内的分析简单得多。

例 34.4-3　图 34.4-4 所示为双层隔振系统，m 为隔振对象的质量，m_1 为隔振器的质量，弹簧和阻尼都为线性。设基础位移激励 $y(t)$ 是均值为零、自谱为 S_0 的理想白噪声。求振动传递率和隔振对象位移响应的均方值。

解：设绝对位移 x_1、x_2、x_3 如图 34.4-4 所示，列出系统的动力学方程：

$$m\ddot{x}_3+c(\dot{x}_3-\dot{x}_2)+k(x_3-x_1)=0$$

$$c(\dot{x}_3-\dot{x}_2)-k_2(x_2-x_1)=0$$

$$m_1\ddot{x}_1+c_1(\dot{x}_1-\dot{y})+k_1(x_1-y)-k_2(x_2-x_1)-k(x_3-x_1)=0$$

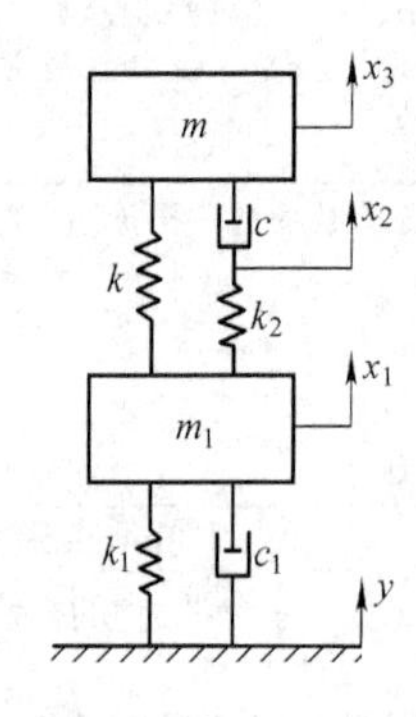

图 34.4-4　双层隔振系统

定义振动的传递率 T_r 的平方为隔振对象输出量 $x_3(t)$ 的自谱 $S_x(\omega)$ 与输出量 $y(t)$ 的自谱 $S_F(\omega)$ 之比，即

$$T_r^2(\omega)=\frac{S_x(\omega)}{S_F(\omega)}$$

对于线性系统，利用式 $S_x(\omega)=H^*(\omega)H(\omega)S_F(\omega)=|H(\omega)|^2S_F(\omega)$，式中“ * ”号表示复数的共轭，从上式导出

$$T_r(\omega)=|H(\omega)|$$

为计算各复频响应函数，设输入量为简谐变化，$y(t)=e^{i\omega t}$，各输出量为

$$x_1(t)=H_1(\omega)e^{i\omega t},x_2(t)=H_2(\omega)e^{i\omega t},$$
$$x_3(t)=H_3(\omega)e^{i\omega t}$$

将各简谐函数代入动力学方程组，得到 $H_1(\omega)$、$H_2(\omega)$、$H_3(\omega)$ 的一组线性代数方程并解出

$$H_3(\omega)=\frac{A_1+B_1\mathrm{i}}{A_2+B_2\mathrm{i}}$$

式中

$$A_1=\beta\gamma-4(\gamma+1)\alpha\zeta^2z^2$$

$$B_1=2\zeta z[\alpha\gamma+(\gamma+1)\beta]$$

$$A_2=-\gamma z^2+\gamma(\beta-\mu z^2)(1-z^2)-4\zeta^2\alpha z^2(\gamma+1-z^2)$$

$$B_2=-2\zeta z^2(\gamma+1)+2\alpha\gamma\zeta z(1-z^2)+2\zeta z(\beta-\mu z^2)\cdot(\gamma+1-z^2)$$

且有

$$z=\frac{\omega}{\omega_n},\ \omega_n=\sqrt{\frac{k}{m}},\ \zeta=\frac{c}{2\sqrt{km}},\ \alpha=\frac{c_1}{c},\ \beta=\frac{k_1}{k},\ \gamma=\frac{k_2}{k},\ \mu=\frac{m_1}{m}。$$

将以上各式代入 $H_3(\omega)$ 和 $T_r(\omega)$，计算振动的传递率，得

$$T_r(\omega)=\frac{\sqrt{(A_1A_2+B_1B_2)^2+(B_1A_2-B_2A_1)^2}}{A_2^2+B_2^2}$$

隔振对象位移 $x_3(\omega)$ 的均方值为

$$E[x_3^2(t)]=\frac{S_0}{2\pi}\int_{-\infty}^{\infty}|H_3(\omega)|^2\mathrm{d}\omega$$

可由前述积分公式计算。

第 5 章　振动的利用

1　概述

振动是在日常生活和工程实际中普遍存在的一种现象，在某些场合是一种不需要的、有害的现象，应加以消除或隔离；但在有些场合，振动又是需要的和有益的，应该加以利用。振动利用技术正在工程技术的各个部门及人类生活的各个方面得到广泛应用，形成了“振动利用工程”这一新学科。振动的利用主要有以下几方面：

1）各种振动机械。利用振动可有效地完成许多工艺过程的机械设备称为振动机械，如振动给料机、振动输送机、振动筛分机、振动脱水机、振动冷却机、振动破碎机、振动落砂机、振动成形机、振动压路机、振捣器、振动采油装置、振动离心摇床、振动刨床、时效机、光饰机和各种型式的激振器等。

2）检测诊断设备。利用振动来检测和诊断设备或零件内部的状态或试验设备的工作状态，如振动测量仪、建筑声学分析仪和振动传感器等。

3）医疗及保健器械。利用机械振动的原理制造的医疗器械，如 CT 机、核磁共振机、各种按摩器和美容器械等。

由于振动机械具有结构简单、制造容易、成本低、能耗少和安装方便等一系列优点，所以在很多工业部门得到了广泛应用。但有的振动机械存在着工作状态不稳定、调试比较困难、动载荷较大、零部件使用寿命和噪声大等缺点，这些在设计中应加以注意。

1.1　振动机械的组成

利用振动的机械系统通常是由工作机体（或平衡机体）、弹性元件和激振器三个部分组成，惯性式振动机如图 34.5-1 所示。

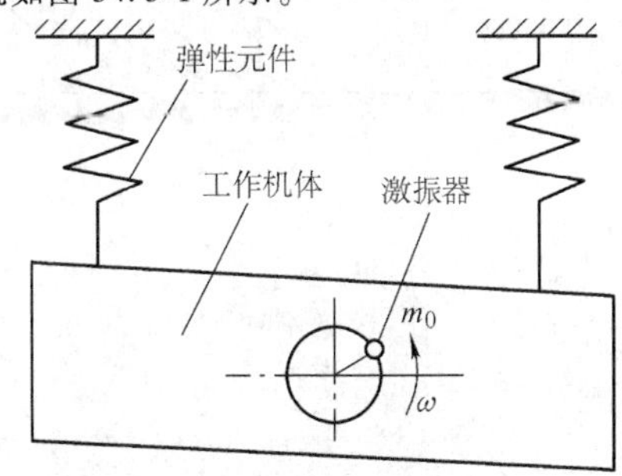

图 34.5-1　惯性式振动机

1）工作机体或平衡机体。如振动输送机的输送槽、振动筛的筛箱、振动试验台的台面和平衡架体等。为了完成各种工艺过程，它们通常做周期性的运动。

2）弹性元件。弹性元件（弹簧）包括主振弹簧（也称共振弹簧或蓄能弹簧）、连杆弹簧（传递激振力等）和隔振弹簧（其作用是支承振动机体，使机体实现所要求的振动，并减小传给基础或结构架的动载荷）。

3）激振器。激振器用以产生周期变化的激振力，使工作机体产生持续的振动。常用的激振器有弹性连杆激振器、惯性激振器、电磁式激振器、液压式或气动式激振器，以及凸轮式激振器等。

① 弹性连杆激振器。这类激振器由偏心轴和弹性连杆组成，如图 34.5-2 所示。设偏心轴的角速度为 ω，偏心距为 r，弹性连杆的弹簧刚度为 k_0，则这类激振器的激振力 $F(t)=k_0 r\sin\omega t$。从振幅稳定性出发，一般取 k_0 为主振弹簧刚度 k_z 的 1/5~1/2。连杆弹簧的预压量应稍大于它工作时所产生的最大动变形，以避免工作中出现冲击，产生噪声。

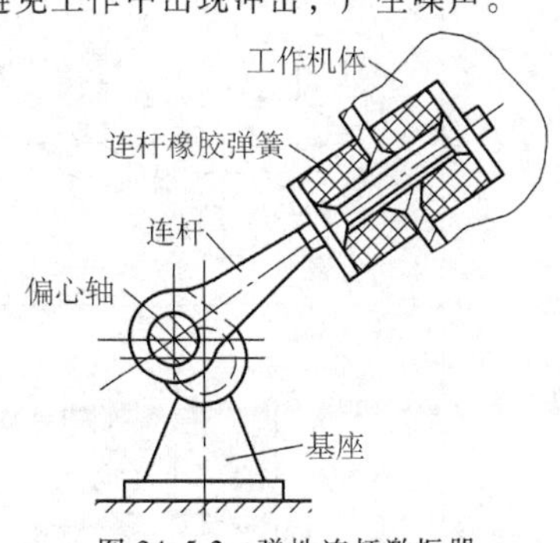

图 34.5-2　弹性连杆激振器

② 惯性激振器。这类激振器利用偏心质量旋转时产生的离心力作为激振力，它具有激振力大、结构简单和易于调节激振力等优点。当多轴联动或交叉轴安装时，可提供复合的激振力及激振力矩。当偏心块与电动机同轴紧凑安装时，称为激振电动机。各种惯性激振器见表 34.5-1。

③ 电磁式激振器。这类激振器利用电磁感应原理产生周期变化的电磁力作为激振力，激振频率与电磁线圈供电频率有关且易于调节。按线圈供电方式的不同，可分为 5 种励磁方式，其特点及力波形图见表 34.5-2。

表 34.5-1　各种惯性激振器

偏心质量型式			激振力幅值 F/N 激振力矩幅值 M/N·m	激振力性质
单轴式	圆盘偏心块		$F=m_0\omega^2 r$ 式中　$r=e$	圆周径向力
	扇形偏心块		$F=m_0\omega^2 r$ 式中　$r=38.217\left(\frac{R_1^3-r_1^3}{R_1^2-r_1^2}\right)\frac{\sin\alpha}{\alpha}$	圆周径向力
	可调双半圆偏心块		$F=m_0\omega^2 r$ 式中　$r=(0\sim0.424)\frac{R_1^3-r_1^3}{R_1^2-r_1^2}$	可调圆周径向力
双轴式	平面双轴式		$F_y=2m_0\omega^2 r$ $F_x=0$	交变单向力
	空间平行双轴式		$F_z=4m_0\omega^2 r\sin\alpha$ $M_z=4m_0\omega^2 rB\cos\alpha$ 式中　α—偏心块回转至图示位置时与水平面的夹角	垂直方向交变力与绕垂直轴交变力矩 其幅值通过参数 α、B 可调整
	空间交叉双轴式		当 $\theta_{12}=\theta_{34}=\theta$, $\varphi_1=\varphi_2=\varphi_3=\varphi_4=\varphi$ 时 $F_z=4m_0\omega^2 r\sin\theta$ $M_z=4m_0\omega^2 rB\cos\theta$	垂直方向交变力 绕垂直轴交变力矩 其幅值通过参数 θ、B 可调整
多轴式	四轴谐波式		$F_x=0$ $F_y(t)=F_1(t)+F_2(t)$ $F_1=2m_{01}\omega_1^2 r_1$ $F_2=2m_{02}\omega_2^2 r_2$	$\omega_1\neq\omega_2$ 交变单向 非谐力

表 34.5-2　电磁激振器的励磁方式、特点及力波形图

励磁方式	示意图	特点	力波形图
交流励磁		1)激振频率为电源频率的 2 倍 2)供电及调节最简单 3)高频小振幅,气隙小	
半波整流励磁		1)激振频率等于电源频率 2)供电及调节简单 3)功率因数低	
半波加全波整流励磁		1)激振频率等于电源频率 2)功率因数高 3)电路较复杂,控制设备较笨重	
降频励磁	降频	1)激振频率为电源频率的 2 倍,但可无级调节 2)易于调节最佳工作状态	ω 可变
可控半波整流励磁		1)激振频率等于电源频率 2)振幅调节容易,控制设备轻小,调节范围大 3)容易自动控制 4)功率因数低	

电磁激振器的线圈通以励磁电流后，产生磁通，并经过电磁铁铁心和衔铁形成闭合回路，由于磁能的存在，铁心和衔铁之间产生电磁力，其频率与励磁电流频率相同。如果不计电路内阻及漏磁漏感等，计算电磁力大小的基本公式为

$$F_a=\frac{SB_a^2}{\mu_0}=\frac{1}{\mu_0}\times\frac{2U}{W^2\omega^2 S} \quad (34.5\text{-}1)$$

式中　F_a——基本电磁力（N）；

S——铁心一个磁极（或中间磁极）的截面积（m^2）；

B_a——交流基本磁密（T），$B_a=\frac{\sqrt{2}U}{W\omega S}$；

μ_0——真空磁导率，$\mu_0=4\pi\times10^{-7}$（H/m）；

U——励磁交流电压有效值（V）；

ω——励磁交流电压圆频率（rad/s）；

W——励磁线圈匝数。

励磁方式不同，电磁激振力的波形随之不同，即力的频率成分和大小因励磁方式而异。

④ 液压式激振器。这类激振器输出功率大，控制容易，振动参数调节范围广，效率高，寿命长。其分类及特点见表 34.5-3。

表 34.5-3　液压式激振器的分类及特点

分类	示意图	特点
无配流式	液压马达	1)结构简单,振动稳定 2)惯性较大,振动频率低
强制配流式	配油阀	1)按配油阀,又分为转阀式和滑阀式 2)按控制方式,又分为机械式和电磁式 3)惯性较大,振动频率小于 17Hz 4)体积较大

（续）

分类	示意图	特点
反馈配流式	配油阀	1)振动活塞反馈控制配油阀,易于调节 2)按配油阀,又分为外阀式、套阀式和芯阀式,以芯阀式体积最小(配油滑阀置于空心活塞内部)
液体弹簧式		1)靠液体弹性和活塞惯性维持振动 2)振动活塞兼作配流用,结构简单 3)振动频率高,可达100~150Hz 4)效率高,噪声小 5)体积较大
射流式		1)通过射流元件的自动切换,实现活塞振动 2)结构简单,制造安装方便 3)工作稳定,维修容易
交流液压式		1)液体不在回路中循环,可采用不同的工作液 2)回路中部分损坏时,不影响整个系统,检修容易 3)对工作液要求不高,选择范围大 4)效率偏低,要求防振

1.2 振动的用途及工艺特性（见表34.5-4）

表34.5-4　振动的用途及工艺特性

用途	工艺特性	示例
振动输送	物料在工作机体内做滑行或抛掷运动,达到输送或边输送边加工的目的。对黏性物料和料仓结拱有一定疏松作用	水平振动输送机,垂直振动输送机、振动给料机、振动料斗、仓壁振动器、振动冷却机和振动烘干机等
振动分选	物料在工作体内做相对运动,产生一定的惯性力,能提高物料的筛分、选别、脱水和脱介的效率	振动筛、共振筛、弹簧摇床、振动离心摇床、振动离心脱水机和重介质振动溜槽机等
研磨清理	借工作机体内的物料和介质、工件和磨料及工件和机体间的相对运动和冲击作用,达到对机械零件的粉磨、光饰、落砂、清理和除尘的目的	振动球(棒)磨机、振动光饰机、振动落砂机、振动除灰机和矿车清底振动器等
成形紧实	能降低颗粒状物料的内摩擦,使物料具有类似于流体的性质,因而易于充填模具中的空间并达到一定密实度	石墨制品振动成形机、耐火材料振动成形机、混凝土预制件振动成形机和铸造砂型振动造型机等
振动夯实	借振动体对物料的冲击作用,达到夯实目的。有时还将夯实和振动成形结合起来,从而提高振动成形的密实度	振动夯土机、振捣器、振动压路机和重锤加压式振动成形机等
沉拔插入	当某物体要贯入或拔出土壤和物料堆时,振动能降低插入或拔出时的阻力	振动沉拔桩机、振动装载机、风动或液压冲击器等
振动时效	振动可加快铸件或焊接件内部形变晶粒的重新排列,缩短消除内应力的时间	时效振动台
振动切削	刀杆沿切削速度方向做高频振动,可对淬硬高速钢、软铅等特殊材料进行镜面切削,加工精度高	振动刨床、镗床、铣床、滚齿机、插齿机、拉床和磨床等

（续）

用　　途	工 艺 特 性	示　　例
振动加工	振动使加工能集中为脉冲形式，使材料得到高速加工，使加工表面光滑，拉、压的深度提高	振动拉丝、振动轧制、振动拉深、振动冲裁和振动压印
试验检测	回转零部件的动平衡试验，设备仪器的耐振试验，机器零部件的振动试验、耐疲劳试验、钢丝绳的拉力检测	振动试验台、试验机，振动测量仪，各种检测装置和索桥钢丝绳拉力检测仪
状态监测与故障诊断	结构件、铸件的故障检测，回转机械、转子轴的状态监测与故障诊断	回转机械的振动监测与诊断设备、裂纹检测设备等
振动采油	在油井附近地面上安装振动台，激振一点振动，可使多口油井受益	振动采油装置等
振动保健医疗	利用振动按摩脚、腰和背等部位，使血液正常循环，达到保健目的	振动牙刷、振动按摩器、振动理疗床、离子渗透仪、CT 机和振动剃须刀等
海浪发电	气室将海浪的波能转换成空气往复运动，利用这一气流带动发电机发电	珠江口建造了我国第一座岸式波力电站

1.3　振动机械的频率特性及结构特征（见表 34.5-5）

表 34.5-5　振动机械的频率特性与结构特征

类　　别	频 率 特 性	结 构 特 征	应 用 说 明
共振机械	$Z=\frac{\omega}{\omega_n}=1$（共振） 式中　Z—频率比 ω—激振角频率（rad/s） ω_n—振动系统的固有角频率（rad/s）		由于共振机械参振质量和阻尼（如物料的等效参振质量和等效阻尼系数）及激振角频率的稍许变化，振动工况就很不稳定，因此很少采用
弹性连杆式振动机	$Z=0.75\sim0.95$（近低共振）	具有双振动质体、主振弹簧、隔振弹簧和弹性连杆激振器	振幅稳定性较好，特别是具有硬特性的弹簧具有振幅稳定调节作用，所需激振力小，功率消耗少，传给基础动载荷小
惯性近共振振动机		激振器为惯性激振器，其他同上	
电磁式振动机		激振器为电磁激振器，其他同上	同上。但设计、制造要求较高
近超共振振动机	$Z=1.05\sim1.2$（近超共振）	上述三种激振器均可，其他同上	当主振弹簧具有软特性时，振幅稳定性较好，但在起动、停机过程中振动也较强烈，较少采用；当主振弹簧为硬特性时，振幅稳定性较差，无法采用
单质体近共振振动机	$Z=0.75\sim0.95$ 或 $Z=1.05\sim1.2$	具有单质体，无隔振弹簧，其他同上	传给基础的动载荷较大，使用受到限制。其他同上
惯性振动机	$Z=2.5\sim8$（远超共振）	除二次隔振外，均具有单质体、隔振弹簧和惯性激振器	振幅稳定性好，阻尼影响小，隔振效果好，但激振力和功率消耗大。应用广泛
非惯性振动机			激振力很大，弹性连杆或电磁激振器均承受不了。很少采用
远低共振振动机	$Z<0.7$		任何形式激振器均不能满足生产需要。不能采用

注：1. 通常所说的弹性连杆式振动机、惯性共振式振动机及电磁式振动机，如不加说明，均指双质体近低共振振动机。
2. 通常所说的惯性振动机，如不加说明，指的是远超共振振动机。

1.4　振动利用的方法步骤

1）依据振动利用的具体要求，针对不同处理对象的特点，按规范要求或物料性质选定合适的振动频率、振幅及振动时间等参数。

2）设计合理的振动体或工作台面，选用合适的激振器来实现要求的振动。

3）考虑动力平衡或隔振要求，设计平衡质体或隔振弹簧，完善利用振动的机械系统，保证其工作正常。

2　利用振动的机械系统

由激振器、振动体或工作台面、平衡质体或隔振质体、弹性元件及阻尼元件等组成的一整套利用振动的装置称为利用振动的机械系统，简称振动系统。

2.1　常用的振动系统

由不同的激振器、振动机体及平衡质体、弹性元件及阻尼元件组成了种类繁多的振动系统，常用的振动系统见表 34.5-6。

表 34.5-6　常用的振动系统

类别	驱动装置	模型简图	特　点	示例
曲柄连杆式振动系统	曲柄连杆激振器	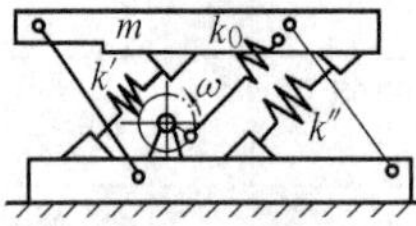	结构简单，制造方便，传动机构受力较小，易于采用双质体或多质体型式，平衡性能好	振动输送机 弹簧摇床 振动脱水机
惯性式振动系统	惯性激振器	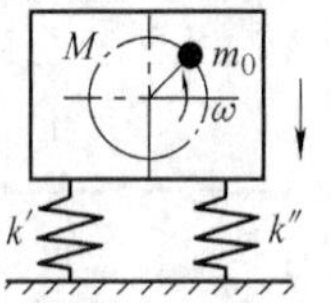	结构紧凑，体积质量小，制造容易，安装方便，易于实现复合振动，规格品种多	振动球磨机 自同步振动筛 插入式振捣器
电磁式振动系统	电磁激振器	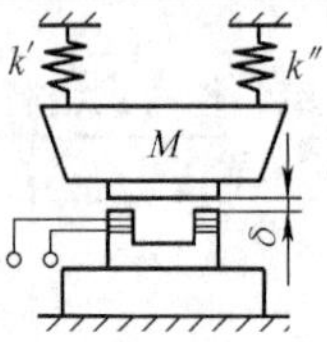	振动频率高，振幅和频率易于控制并能无级调节，用途广泛	振动羊毛剪 振动按摩器 电动剃须刀
其他振动系统	液压激振器		输出功率大，控制容易	振动压路机
	凸轮激振器		结构简单，制造方便	冲击钻

2.2　振动系统的一般分析方法

对于利用振动的机械系统，其分析方法除了常规的建模—分析—计算—实验—设计之外，要特别注意被处理对象的特性，即物料特性这一问题。利用振动的目标是处理物料，在工作过程中，系统要受到物料各种形式的惯性力、摩擦力和冲击力等的作用，这些作用力将影响系统的动力学参数，而如何影响及影响的程度，又与物料在工作过程中的运动状态有关。因此，必须首先了解物料的运动学及动力学特性参数，才能正确地分析这类振动系统。

3　振动系统中物料的运动学与动力学

3.1　物料的运动学

3.1.1　物料的运动状态

物料的运动状态是由振动系统的用途和结构型式决定的。各类振动系统具有不同的激振方式，其工作面有不同的安装倾角 α_0、振动方向角 δ 和振动强度 K 等，因此形成了不同的物料运动状态，物料的不同运动状态见表 34.5-7。

表 34.5-7　物料的不同运动状态

类　别		运动状态	特　点	示例机器
按工作面的运动规律分	简谐振动	物料近于做简谐振动	易于实现	交流励磁电磁振动机 振动成形机
	非谐振动	物料的振动为各次谐波的合成	可以选择不同密度的物料	多轴惯性振动机 可控硅半波整流电磁振动机
按工作面的运动轨迹分	直线振动	物料的运动轨迹近于直线	常用于物料输送、物件清理	振动送料机 振动落砂机
	椭圆振动	物料的运动轨迹近于椭圆或其他封闭曲线	常用于物料筛分、紧实成型	单轴惯性振动筛 插入式振捣器
按物料相对工作面的运动形式分	滑行运动	物料与工作面保持接触而相对滑动	用于易碎物料的输送，工作噪声小，工作面易磨损	振动溜槽
	抛掷运动	物料存在离开工作面而做抛物线运动的阶段，抛离与接触阶段相间发生	用于坚硬物料的输送与筛分，工作效率高，工作面磨损大	共振筛 振动球磨机 振动输送机

3.1.2　物料的滑行运动状态

在直线振动的系统中，工作面的运动及物料的受力情况如图 34.5-3 所示。由出现滑行运动时的受力平衡条件，可推出正向滑动（即物料 m 沿输送方向 x 相对工作面滑动）的条件为正向滑行指数 $D_k>1$，并有

$$D_k=K\frac{\cos(\mu_0-\delta)}{\sin(\mu_0-\alpha_0)} \tag{34.5-2}$$

而反向滑动的条件为反向滑行指数 $D_q>1$，且

$$D_q=K\frac{\cos(\mu_0+\delta)}{\sin(\mu_0+\alpha_0)} \tag{34.5-3}$$

式中　K——振动强度，$K=\dfrac{\omega^2 A}{g}$；

ω——工作面振动角频率（rad/s）；

A——工作面振幅（m）；

g——重力加速度，$g=9.8\text{m/s}^2$；

μ_0——静摩擦角，$\mu_0=\arctan(f_0)$；

f_0——物料与工作面之间的静摩擦因数；

α_0——工作面安装倾角，向下输送时取“+”号，向上输送时取“-”号；

δ——振动方向与工作面的夹角。

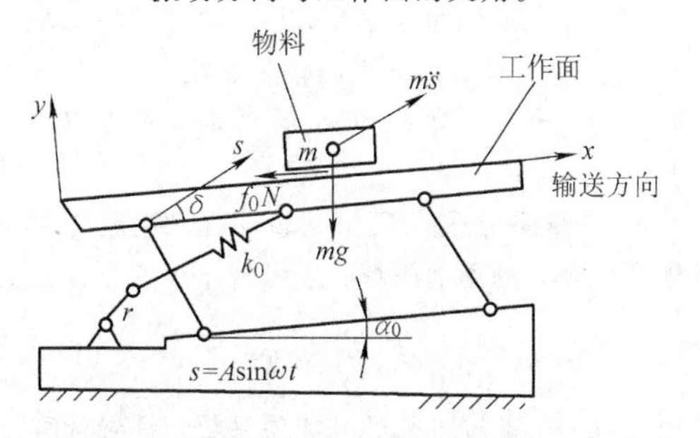

图 34.5-3　工作面的运动及物料的受力情况

由于运动学参数 ω、A、α_0 和 δ 等的不同，滑行指数 D_k、D_q 会出现不同的值，因而出现图 34.5-4（设动摩擦角 μ 与静摩擦角 μ_0 相等）所示的六种不同滑行运动状态，对应着图中的六个区域。分别为：状态Ⅰ，$D_k<1$、$D_q<1$，物料不会滑动；状态Ⅱ，$D_k>1$、$D_q<1$，物料仅做正向滑动；状态Ⅲ，$D_k<1$、$D_q>1$，物料仅做反向滑动；状态Ⅳ，$D_k>1$、$D_q>1$，正反向滑动并存，每次滑动后有一次停顿；状态Ⅴ，正反向滑动并存，每两次滑动后才有一次停顿；状态Ⅵ，正反向滑动连续地交换进行。

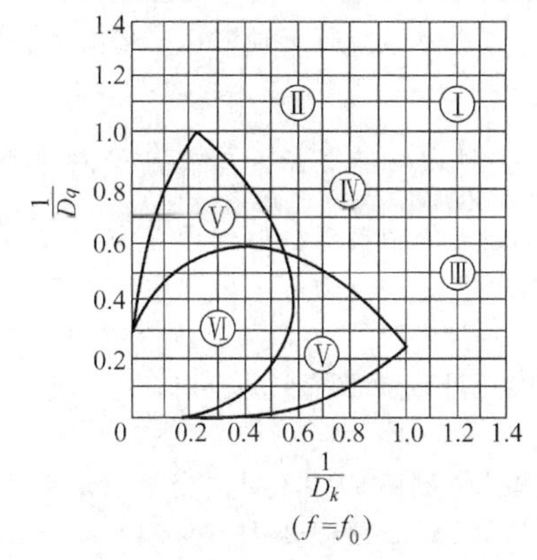

图 34.5-4　各种滑行运动区

少数振动机械，如槽式振动冷却机、低速振动筛，采用状态Ⅳ工作；其余大多数按滑行原理工作的振动机械，均采用状态Ⅱ工作。为保证工作效率，通常取 $D_k=2\sim3$，$D_q\leqslant1$，不希望出现反向滑动。

在设计计算中，一般首先依据工作要求、物料情况，取定 D_k、D_q、α_0 的具体数值，再进行如下计算，即

1）振动方向角 δ 的计算公式为

$$\delta=\arctan\frac{1-c}{(1+c)f_0} \tag{34.5-4}$$

式中　$c=\dfrac{D_q\sin(\mu_0+\alpha_0)}{D_k\sin(\mu_0-\alpha_0)}$

2）振动强度 K 的计算公式为

$$K=D_k\frac{\sin(\mu_0-\alpha_0)}{\cos(\mu_0-\delta)} \tag{34.5-5}$$

3）选定振幅 A 后，计算每分钟振动次数 n：

$$n=30\sqrt{gK/\pi^2 A} \tag{34.5-6}$$

3.1.3　物料的抛掷运动状态

在直线振动的系统中（见图 34.5-3），由出现抛掷运动时的受力平衡条件，可推出产生抛掷运动的条件为抛掷指数 $D>1$，而

$$D=\frac{\omega^2 A\sin\delta}{g\cos\alpha_0}=K\frac{\sin\delta}{\cos\alpha_0} \tag{34.5-7}$$

出现抛掷运动时的相位角称为抛始角 φ_d，有

$$\varphi_d=\arcsin\left(\frac{1}{D}\right) \tag{34.5-8}$$

抛掷终了的相位角称为抛止角 φ_z，$\varphi_z-\varphi_d=\theta_d$ 称为抛离角，它对应着物料的腾空时间。而抛离系数 $i_D=\dfrac{\theta_d}{2\pi}$ 表现了腾空时间与一个振动周期之比。抛离系数 i_D 与抛掷指数 D 有关，即

$$D=\sqrt{\left[\frac{2\pi^2 i_D^2+\cos(2\pi i_D)-1}{2\pi i_D-\sin(2\pi i_D)}\right]^2+1} \tag{34.5-9}$$

抛掷指数 D 的大小，决定着物料的腾空时间及抛掷强度与性质，见表 34.5-8、表 34.5-9。

表 34.5-8　抛掷指数 D 与抛掷情况

D	1	3.3	6.36	9.48
i_D	0	1	2	3
抛掷情况	临界态	振动一次，抛掷一次	抛掷一次期间，振动两次	抛掷一次期间，振动三次

表 34.5-9　抛掷指数 D 与抛掷分类

D	1.0~1.75	1.75~3.3	>3.3
抛掷分类	轻微抛掷	中速抛掷	高速抛掷

D	1.0~3.3 4.6~6.36 7.78~9.48	3.3~4.6 6.36~7.78 9.48~10.94
抛掷分类	周期性抛掷	非周期性抛掷

目前工业用的振动机械，大多数选用周期性抛掷运动。非周期性抛掷运动本质上属于混沌运动。一般常取 $1<D<3.3$，使工作面每振动一次，物料出现一次抛掷。当选定振幅 A 和抛掷指数 D 之后，每分钟振动次数为

$$n=30\sqrt{\frac{Dg\cos\alpha_0}{\pi^2 A\sin\delta}} \qquad (34.5\text{-}10)$$

对做椭圆振动的系统，物料的滑行运动与抛掷运动基本规律不变，只是由于振动轨迹的复杂化，使计算方法不同，可参阅文献［4］。

例 34.5-1　某振动输送机，用于输送不要求破碎的易碎物料，输送长度 20m，物料对于工作面的静摩擦因数为 0.9。试求其运动学参数。

解：1）因输送易碎物料而不要求破碎，故选取正向滑行状态，并取抛掷指数 $D<1$，正向滑行指数 $D_k=3$，反向滑行指数 $D_q\leqslant 1$。

2）长距离输送，取工作面安装倾角 $\alpha_0=0°$。

3）按式（34.5-4）计算振动方向角 δ：

因为　$\mu_0=\arctan f_0=\arctan 0.9=42°$

$$c=\frac{D_q\sin(\mu_0+\alpha_0)}{D_k\sin(\mu_0-\alpha_0)}=\frac{1}{3}\times\frac{\sin(42°+0°)}{\sin(42°-0°)}=0.33$$

所以

$$\delta=\arctan\frac{1-c}{(1+c)f_0}=\arctan\frac{1-0.33}{(1+0.33)\times 0.9}=29°14'\approx 30°$$

4）按式（34.5-5）计算振动强度 K：

$$K=D_k\frac{\sin(\mu_0-\alpha_0)}{\cos(\mu_0-\delta)}=3\times\frac{\sin(42°-0°)}{\cos(42°-30°)}=2.05$$

5）按机器结构，选取振幅 $A=5\text{mm}=0.005\text{m}$，按式（34.5-6）计算每分钟振动次数 n：

$$n=30\sqrt{gK/(\pi^2 A)}=30\times\sqrt{\frac{9.8\times 2.05}{\pi^2\times 0.005}}\text{r/min}=605.3\text{r/min}$$

3.2　物料的动力学

振动系统总是处理某种运动中的物料，完成一定的工艺过程，因此其动力学特性参数必然受到运动物料的影响。考虑这些影响的简便方法，是将物料的各种作用力归化到惯性力与阻尼力之中，从而得出物料的结合质量和当量阻尼，描述了运动物料的动力学影响。

3.2.1　物料滑行运动时的结合质量与当量阻尼

做滑行运动的物料对机体作用有惯性力和非线性摩擦力，利用谐波平衡法，可将它们的影响转化为物料结合质量 $K_m m_m$（其中 K_m 为结合系数，m_m 为物料质量）和物料当量阻尼系数 C_m。

1）结合系数 K_m。它说明运动物料将有其质量的百分之几参与振动，按谐波平衡法有

$$K_m=\sin^2\delta-\frac{b_1}{m_m\omega^2 A}\cos\delta \qquad (34.5\text{-}11)$$

式中　δ——振动方向角；

b_1——谐波平衡的一次谐波项系数，具体计算见参考文献［4］。

当物料无滑动时或振动方向角 $\delta=90°$时，$K_m=1$，物料全部参与振动；出现滑动后，$K_m<1$；振幅 A 增大时，K_m 减小。物料滑行运动时，一般有 $K_m=0.3\sim0.8$。

2）当量阻尼系数 C_m。它说明运动物料将对振动机体产生多大的附加阻尼，按谐波平衡有

$$C_m=\frac{a_1}{\omega A}\cos\delta \qquad (34.5\text{-}12)$$

式中　a_1——谐波平衡的基波项系数，详细计算见参考文献［4］。

当物料无滑动或 $\delta=90°$时，$C_m=0$，物料不产生附加阻尼；出现滑动后，$C_m>0$；振幅 A 增大时，C_m 变化不大。物料做滑行运动时，一般有 $C_m=(0.2\sim0.3)m_m\omega$。

3.2.2　物料抛掷运动时的结合质量与当量阻尼

抛掷运动的物料对机体作用着惯性力和非线性的断续摩擦力、冲击力等，情况更为复杂。通过理论分析和实验表明，K_m 值与抛掷指数 D、振动方向角 δ 有关，可根据图 34.5-5 由 D、δ 查出相应的 K_m 值。

当抛掷指数 $D=2\sim3$ 时，当量阻尼系数 C_m 在 $(0.16\sim0.18)m_m\omega$ 之间变化。表 34.5-10 列出了 $\delta=30°$时，D 与相对应的 K_m、C_m 的数值。

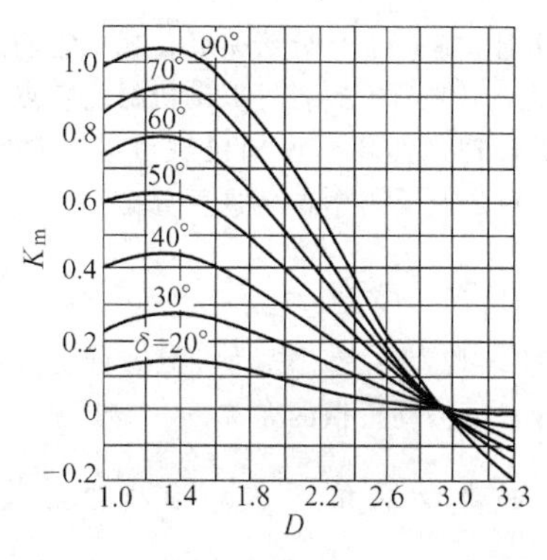

图 34.5-5　不同 δ 角时的 D-K_m 曲线

表 34.5-10　不同 D 值时的 K_m、C_m 值（$\delta=30°$）

抛掷指数 D	2.25	2.50	2.75	3.00
结合系数 K_m	0.17	0.09	0.041	≈0
当量阻尼系数 C_m	0.165 $m_m\omega$	0.18 $m_m\omega$	0.17 $m_m\omega$	0.165 $m_m\omega$

当 D 增大（即 A 增大）时，K_m 减小，即物料结合质量减小；$D>3$ 时，K_m 变为负值。D 又增大时，C_m 变化不大。

3.2.3　弹性元件的结合质量与阻尼

仿照物料的结合质量与当量阻尼，考虑弹性元件的质量影响和阻尼影响。利用能量法，可求得弹性元件的质量结合系数 K_k，若弹性元件质量为 m_k，则其结合质量为 $K_k m_k$；其阻尼特性来自材料的内耗，可用损耗因子 η 表示。表 34.5-11 列出了不同弹性元件的 K_k 值和 η 值。

3.2.4　振动系统的计算质量、总阻尼系数及功率消耗

1）计算质量 m。在考虑了物料结合质量、各弹性元件的结合质量后，计算质量为

表 34.5-11　不同弹性元件的 K_k 和 η 值

弹簧种类	安装方式	质量结合系数 K_k			损耗因子 η
		单质体振动机	双质体振动机		
			换算至 m_1	换算至 m_2	
金属板弹簧		$\frac{33}{140}$	—	—	0.005~0.02
		$\frac{13}{35}$	—	—	
	m_1 m_2	—	$\frac{17}{35}\frac{m_2}{m_1+m_2}$	$\frac{17}{35}\frac{m_1}{m_1+m_2}$	
金属螺旋簧	m_1 m_2	$\frac{1}{3}$	$\frac{1}{3}\frac{m_2}{m_1+m_2}$	$\frac{1}{3}\frac{m_1}{m_1+m_2}$	0.005~0.02
橡胶剪切簧	m_1 m_2	$\frac{1}{3}$	$\frac{1}{3}\frac{m_2}{m_1+m_2}$	$\frac{1}{3}\frac{m_1}{m_1+m_2}$	0.3~1.0

$$m=m_j+K_m m_m+\sum K_{ki}m_{ki} \qquad (34.5\text{-}13)$$

式中　m_j——振动机体的质量（kg），含偏心块的质量；

m_m——物料质量（kg）；

m_{ki}——某弹性元件的质量（kg）；

其他物理量意义同前。

2）总阻尼系数 c。在考虑了物料运动当量阻尼、弹性元件的内耗阻尼后，系统的总阻尼系数为

$$c=\sum c_{si}+\sum C_{mi} \qquad (34.5\text{-}14)$$

式中　c_{si}——某阻尼元件的阻尼系数（N·s/m）；

C_{mi}——某当量阻尼系数（N·s/m）。

振动系统的总阻尼系数 c，除了通过计算得到外，还可以通过振动试验实测得到。

3）功率消耗 P。振动系统的功率消耗，等于总阻尼的有用功率。对直线振动系统，功率消耗为

$$P=\frac{c\omega^2A^2}{2000\eta} \qquad (34.5\text{-}15)$$

式中　c——总阻尼系数（N·s/m）；

ω——振动圆频率（rad/s）；

A——工作面的振幅（m）；

η——传动效率，通常取 0.95 左右。

对于圆运动振动系统，功率消耗为

$$P=\frac{c\omega^2A^2}{1000\eta} \qquad (34.5\text{-}16)$$

需要指出的是，在振动系统的分析计算中，都把工作机体简化为无弹性的刚体，但实际上，工作机体在工作中也会产生自身弹性振动与变形，吸收输入功率。因此，振动系统的功率消耗，理论计算与实际情况有时差异较大，此时要视工作机体的刚性加以修正。

4　常用的振动机械

利用振动可有效地完成许多工艺过程，或用来提高某些机器的工作效率，这种应用振动原理而工作的机械称为振动机械。振动机械在矿山、冶金、化工、电力、建筑、石油、粮食和筑路等行业的各个部门中，发挥着极为重要的作用。

4.1　振动机械的分类

对振动机械进行分类的目的是：按照振动机械的类型，分别对它们进行分析研究，找出它们的共性与特性，便于了解与掌握各种振动机械的特点，以使它们得到更合理地使用。振动机械可以按照它们的用途、结构特点及动力学特性进行分类。

4.1.1　按用途分类

表 34.5-12 按用途对振动机械进行了分类，并列举了各种常见振动机械的名称。

4.1.2　按驱动装置（激振器）的型式分类

振动机械可按驱动装置（激振器）的型式进行分类，见表 34.5-6。

4.1.3　按动力学特性分类

表 34.5-13 按照动力学特性对振动机械进行了分类，并列举了各种常见振动机械的名称

表 34.5-12　振动机械按用途分类

类别	用途	各种常见振动机械名称
输送给料类	物料输送、给料、预防料仓起拱、作闸门用	振动给料机、水平振动输送机、振动料斗、垂直振动输送机、仓壁振动器
选分冷却类	筛分、选别、脱水、冷却、干燥	振动筛、共振筛、弹簧摇床、惯性四轴摇床、振动离心摇床、重介质振动溜槽、振动离心脱水机、槽式振动冷却机、塔式振动冷却机、振动干燥机
研磨清理类	粉磨、光饰、落砂、清理、除灰、破碎	振动破碎机、振动球磨机、振动光饰机、振动落砂机、振动除灰机、矿车清底振动器
成形紧实类	成形、紧实	振动成形机、振动整形机、振动造粒机、振动固井壁装置
振捣打拔类	夯土、振捣、压路、沉拔桩、挖掘、装载、凿岩	振动夯土机、插入式振捣器、振动压路机、振动沉拔桩机、电铲振动斗齿、振动装载机、风动与液压冲击器
试验测试类	测试、试验	试验用激振器、振动试验台、动平衡试验机、振动测试仪器
其他	振动时效、振动采油、振动医疗、海浪发电	振动时效用振动台、振动采油装置、振动按摩器、离子渗透仪、振动理疗床、振动牙刷、CT 机、波力电站

表 34.5-13　振动机械按动力学特性分类

类别	动力学状态的特性	常用激振器的形式	振动机械名称
线性非共振类振动机	线性或近似于线性非共振($\omega>>\omega_n$)	惯性激振器、风动式激振器、液压式激振器	单轴或双轴惯性振动筛、自同步概率筛、自同步振动给料机、双轴振动输送机、双轴振动落砂机、单轴振动球磨机、惯性式振动光饰机、惯性振动成形机、振动压路机、插入式振捣器、惯性式振动试验台、惯性振动冷却机、双轴振动破碎机
线性近共振类振动机	线性或近似于线性近共振($\omega\approx\omega_n$)	惯性式激振器、弹性连杆式激振器、电磁式激振器等	电磁振动给料机、惯性式近共振给料机、弹性连杆式和惯性式及电磁式近共振输送机、线性共振筛、槽式近共振冷却机、振动炉排、线性振动离心脱水机、电磁振动上料机
非线性振动机	非线性、非共振($\omega>>\omega_n$)或近共振($\omega\approx\omega_n$)	惯性式激振器、弹性连杆式激振器、电磁式激振器等	非线性振动给料机、非线性振动输送机、非线性共振筛、弹簧摇床、振动离心摇床、附着式振捣器、非线性振动离心脱水机、振动沉拔桩机
冲击式振动机	非线性、非共振($\omega>>\omega_n$)或近共振($\omega\approx\omega_n$)	惯性式激振器、电磁式激振器、风动式或液压式激振器等	蛙式振动夯土机、振动钻探机、振动锻锤机、冲击式电磁振动落砂机、冲击式振动造型机、风动冲击器、液压冲击器

4.2　常用振动机械的计算

振动机械的计算方法是：根据振动机械的具体结构特征，简化出力学模型，在确定出运动学参数后，进行计算质量、总阻尼系数、激振力和功率消耗等动力学参数的计算；再按力学定律，建立系统的运动微分方程，据此即可求解振动机械的运动规律及动态特性。

4.2.1　惯性式振动机械

惯性式振动机械常用于筛分、脱水、给料、振捣、压路和破碎粉磨等工作。它具有结构简单、制造容易、安装维修方便、规格品种繁多及应用广泛等特点。

1）单轴式单质体惯性振动机。单轴式惯性激振器的径向激振力沿 x、y 两个方向的分量分别为 $F_x(t)=m_0\omega^2 r\cos\omega t$、$F_y(t)=m_0\omega^2 r\sin\omega t$，按激振力与振动机体的相互位置，又可分为激振力通过机体质心与激振力不通过机体质心两种情况。

① 激振力通过机体质心，弹簧刚度矩 $k_1l_1+k_2l_2=0$的情况，如图 34.5-6 所示。这类振动机的阻尼力远远小于机体的惯性力与激振力，近似计算中可求得机体的振幅为

$$A_x \approx A_y \approx \frac{m_0 r}{m+m_0} \tag{34.5-17}$$

式中　m——计算质量（kg），$m=m_j+K_m m_m$，m_j 为机体质量；

m_0——偏心质量（kg）。

机体 x、y 两个方向振动的合成，近似于做圆运动。

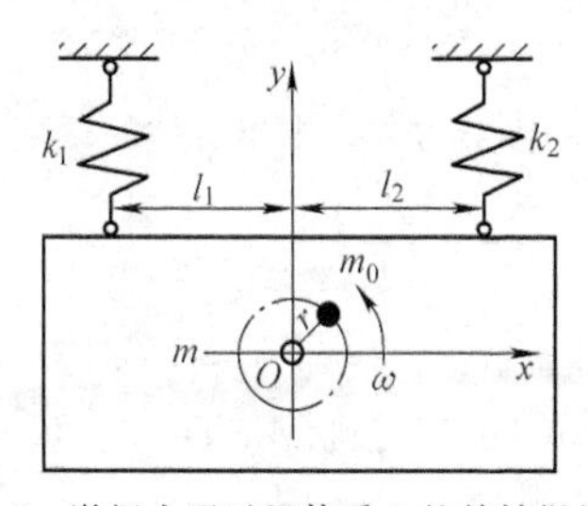

图 34.5-6　激振力通过机体质心的单轴惯性振动机

② 激振力不通过机体质心，弹簧刚度矩 $\sum k_il_i\neq 0$ 的情况，如图 34.5-7 所示。此时机体不仅做 x、y 两个方向的振动，还做绕其质心 m 的摆动。设机体与偏心块对质心的转动惯量分别为 J、J_O，l_{Ox}、l_{Oy}分别为偏心块回转轴心 O 对质心的坐标，可解出机体的线振幅 A_x、A_y 和角振幅 ψ 为

$$A_x \approx A_y \approx \frac{m_0 r}{m+m_0}$$
$$\psi=\frac{m_0 r}{J+J_O}\sqrt{l_{Ox}^2+l_{Oy}^2} \tag{34.5-18}$$

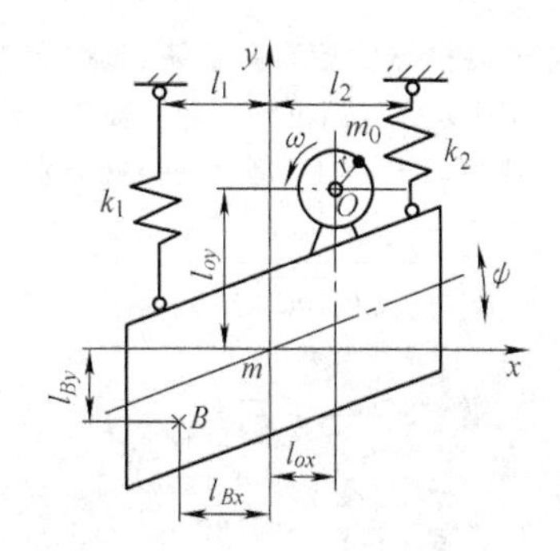

图 34.5-7　激振力不通过机体质心的单轴惯性振动机

机体上任意点 B（相对质心 m 的坐标为 l_{Bx}、l_{By}）的运动方程为

$$x_B=\frac{m_0 r l_{Ox}}{J+J_O}l_{By}\sin\omega t-\left(\frac{m_0 r}{m+m_0}+\frac{m_0 r l_{Oy}}{J+J_O}l_{By}\right)\cos\omega t$$
$$y_B=\frac{m_0 r l_{Oy}}{J+J_O}l_{Bx}\cos\omega t-\left(\frac{m_0 r}{m+m_0}+\frac{m_0 r l_{Ox}}{J+J_O}l_{Bx}\right)\sin\omega t \tag{34.5-19}$$

由式（34.5-19）可求出机体上任意点的轨迹方程，它们大部分为椭圆，而质心的运动轨迹是半径为 $\frac{m_0 r}{m+m_0}$的圆。

2）双轴式单质体惯性振动机。

① 平面双轴激振情况。图 34.5-8 所示为平面双轴惯性振动机。设激振器合成惯性力与 x 轴的夹角为 β，相应于 x、y 两方向的计算质量为 $m_x=m_j+K_m m_m$，$m_y=m_j+K_m m_m-k/\omega^2$，一般情况下，$m_x=m_y$，振动机体近似做直线运动，振动方向角 δ 及振幅 A 为

$$\delta=\beta$$
$$A=\frac{2m_0 r}{m_x+m_y} \tag{34.5-20}$$

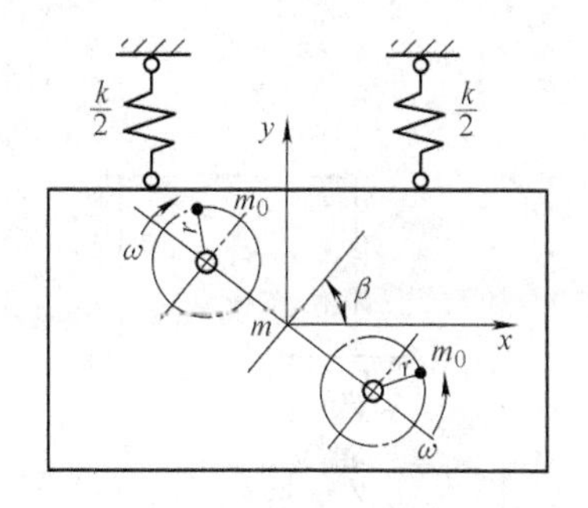

图 34.5-8　平面双轴惯性振动机

② 空间双轴激振情况。图 34.5-9 所示为空间双轴惯性振动机。空间双轴激振器提供 z 向激振力 F_z 及绕 z 轴的激振力矩 M_z（见表 34.5-1）。求出 F_z 和 M_z 之

后，若已知螺旋槽体的计算质量 m、绕 z 轴的转动惯量 J_z、z 向的刚度 k_z 及阻尼 c_z、绕 z 轴的角刚度 k_ψ 及角阻尼 c_ψ，则可求出 z 向、周向的振幅分别为

$$A_z=\frac{F_z}{\sqrt{(k_z-m\omega^2)^2+c_z\omega^2}}$$

$$\psi_z=\frac{M_z}{\sqrt{(k_\psi-m\omega^2)^2+c_\psi\omega^2}} \tag{34.5-21}$$

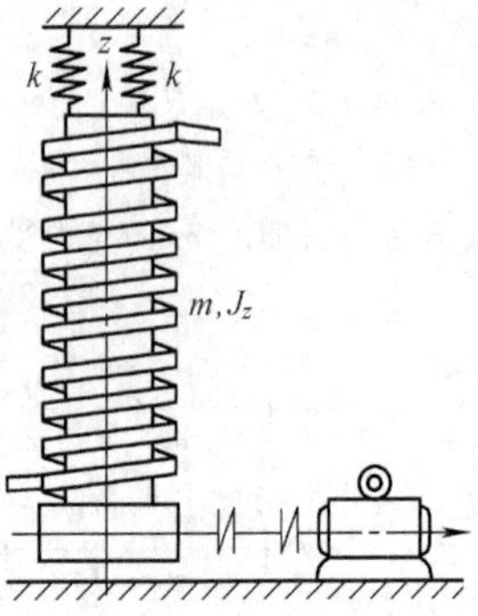

图 34.5-9　空间双轴惯性振动机

距 z 轴为 R 处，有合成振幅 A_R 及振动方向角 δ_R 分别为

$$A_R=\sqrt{A_z^2+\psi_z^2R^2}$$

$$\delta_R=\arctan\left(\frac{A_z}{\psi_zR}\right) \tag{34.5-22}$$

3）多轴惯性振动机。多轴惯性振动机可以使物料获得非谐运动，实现不同性质混合物料的选分。图 34.5-10 所示为四轴惯性摇床。设 $\omega_2=2\omega_1$，高速轴与低速轴相位差为 θ，则激振力 $F_y(t)=0, F_x(t)=F_1(t)+F_2(t)=2m_{01}\omega_1^2r_1\left[\sin\omega_1t+\frac{4m_{02}r_2}{m_{01}r_1}\sin(2\omega_1t+\theta)\right]$，忽略阻尼，应用叠加原理，可求出摇床工作面的运动为

$$x(t)=x_1(t)+x_2(t)$$

$$=\frac{-2m_{01}r_1}{m_j}\left[\sin\omega_1t+\frac{m_{02}r_2}{m_{01}r_1}\sin(2\omega_1t+\theta)\right] \tag{34.5-23}$$

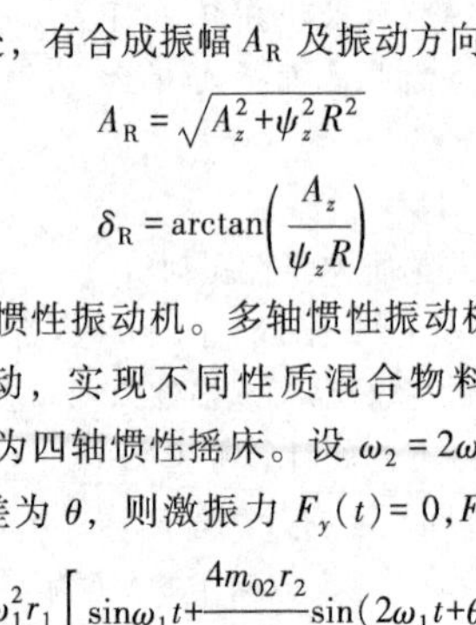

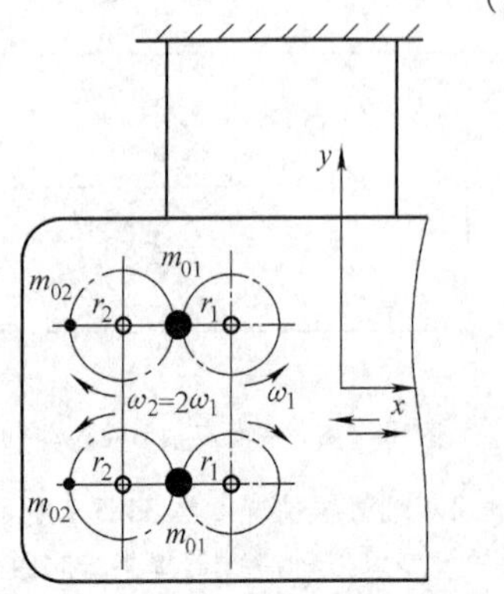

图 34.5-10　四轴惯性摇床

4.2.2　弹性连杆式振动机械

弹性连杆式振动机械包括弹性连杆式和黏性连杆式。其中弹性连杆式振动机械最为常用，多应用于物料的输送、筛分、选别和冷却等。它结构简单、制造方便、工作时传动机构受力较小，当采用双质体或多质体型式时，机器平衡性好，因而应用较广。

1）弹性连杆式振动水平输送机。这类振动机械的简图及力学模型如图 34.5-11 所示。当 $r<<l$ 时，可推出其运动微分方程为

$$m\ddot{x}+c\dot{x}+(k+k_0)x=k_0r\sin\omega t \tag{34.5-24}$$

式中　m——考虑了各种结合质量后的计算质量（kg），按式（34.5-13）求出；

c——总阻尼系数（N·s/m），按式（34.5-14）计算；

k——主振弹簧刚度（N/m），$k=k'+k''$。

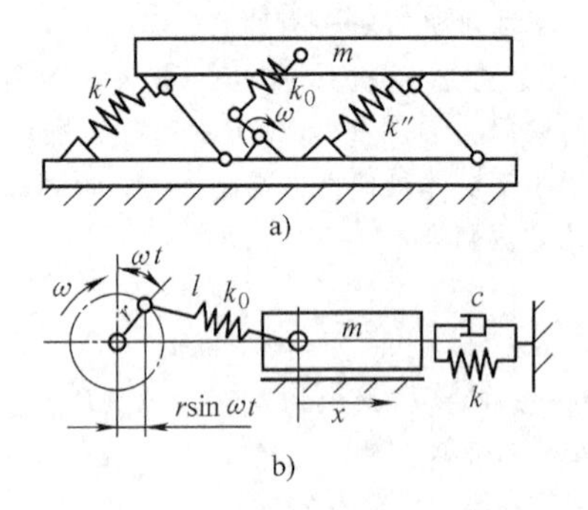

图 34.5-11　弹性连杆式振动水平输送机
a）结构简图　b）力学模型

解此受迫振动微分方程，求出机体的振幅为

$$A=\frac{k_0r}{(k+k_0)\sqrt{(1-z^2)^2+4\zeta^2z^2}} \tag{34.5-25}$$

式中　z——频率比，$z=\omega/\omega_n=\omega\Big/\sqrt{(k+k_0)/m}$，一般取亚共振状态，$z=0.8\sim0.9$；

ζ——阻尼比，$\zeta=c/(2m\omega_n)$，一般取 $\zeta=0.03\sim0.07$。

这类振动机械结构简单，但动力不平衡，传给地基的动载荷较大。

2）弹性连杆式垂直振动输送机。如图 34.5-12 所示，这类输送机的工作机体为一垂直安装螺旋形槽体，槽体的下方周边安装着沿圆周方向倾斜布置的主振弹簧及导向杆，槽体由水平偏心轴及弹性连杆驱动。由于槽体与基础之间主振弹簧及导向杆的作用，槽体的振动为垂直振动与旋转振动的叠加，可使物料沿螺旋槽向上运动，因而具有输送高度大、占地面积小的显著优点。

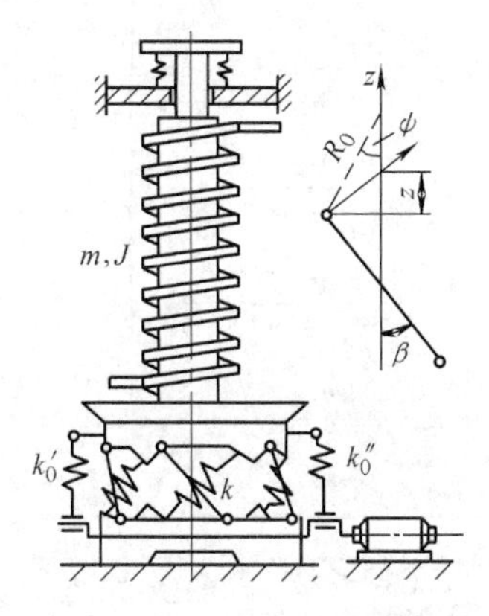

图 34.5-12　弹性连杆式垂直振动输送机

设导向杆端点至螺旋槽体轴线的距离为 R_0，导向杆与铅垂线的夹角为 β，则有几何关系

$$\tan\beta=\frac{z}{R_0\psi} \tag{34.5-26}$$

此式联系了垂直振动位移 z 与旋转振动角位移 ψ。由此这类叠加振动可简化为单自由度系统，求出垂直振幅为

$$A_z=\frac{k_0 r}{\left(k_z+k_\psi\frac{1}{R_0^2\tan^2\beta}+k_0\right)\sqrt{(1-z^2)^2+4\zeta^2 z^2}} \tag{34.5-27}$$

其中

$$z=\frac{\omega}{\omega_n}=\frac{\omega}{\sqrt{\dfrac{\left(k_z+k_\psi\dfrac{1}{R_0^2\tan^2\beta}+k_0\right)}{\left(m+J\dfrac{1}{R_0^2\tan^2\beta}\right)}}}$$

$$\zeta=\frac{\left(c_z+c_\psi\dfrac{1}{R_0^2\tan^2\beta}\right)}{\left[2\omega_n\left(m+J\dfrac{1}{R_0^2\tan^2\beta}\right)\right]}$$

式中　m——螺旋槽体的计算质量（kg）；

J——螺旋槽体对其轴线 z 轴的转动惯量（$\mathrm{kg\cdot m^2}$）；

k_z、k_ψ——垂直方向与圆周方向的弹簧刚度（N/m，N·m/rad）；

k_0——连杆弹簧刚度（N/m），$k_0=k_0'+k_0''$；

c_z、c_ψ——垂直方向与圆周方向的阻尼系数（N·s/m，N·m·s/rad）。

而旋转振动的振幅为

$$\theta_\psi=\frac{A_z}{R_0\tan\beta} \tag{34.5-28}$$

螺旋槽体上离轴线 z 距离不同的圆周上具有不同的振动方向角。在槽体外缘，即 $R=R_0$ 的圆周上，振动方向角 δ 等于导向杆与铅垂线的夹角 β。

3）不平衡式双质体弹性连杆振动机。为减小传给地基的动载荷，对图 34.5-11 所示的单质体振动水平输送机采取隔振措施，即除工作质体 1 之外，再附加隔振质体 2 及隔振弹簧 k_2（$k_2=k_2'+k_2''+k_2'''$），形成如图 34.5-13 所示的不平衡式双质体弹性连杆振动机。它属于多自由度系统，近似计算可按诱导单自由度情况进行。即以质体 1 与质体 2 之间的相对运动为诱导坐标，简化为单自由度情况，此时诱导质量为

$$m_u=\frac{m_1'm_2'}{m_1'+m_2'} \tag{34.5-29}$$

式中　m_1'——工作质体 1 的计算质量（kg）；

m_2'——隔振质体 2 的计算质量（kg），$m_2'=m_2-k_2/\omega^2$。

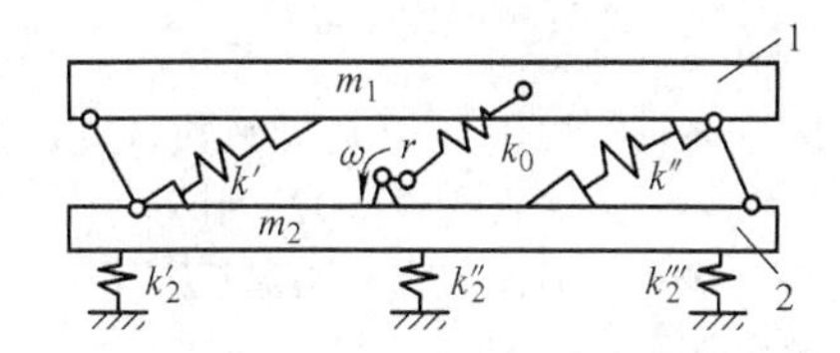

图 34.5-13　双质体隔振式振动水平输送机
1—工作质体　2—隔振质体

类似地，诱导阻尼系数为

$$c_u=\frac{m_1'c_2}{m_1'+m_2'}=\frac{m_2'c_1}{m_1'+m_2'} \tag{34.5-30}$$

式中　c_1、c_2——工作质体 1、工作质体 2 的绝对阻尼系数（N·s/m）。

由运动微分方程

$$m_u\ddot{x}+(c+c_{12})\dot{x}+(k+k_0)x=k_0 r\sin\omega t$$

可求得相对振幅

$$A=\frac{k_0 r}{\sqrt{[(k+k_0)-m\omega^2]^2+(c+c_{12})^2\omega^2}} \tag{34.5-31}$$

式中　c_{12}——工作质体 1 相对于隔振质体 2 的相对阻尼系数。

而工作质体 1、工作质体 2 的绝对振幅为

$$A_1=\frac{m_u}{m_1'}A$$
$$A_2=\frac{m_u}{m_2'}A \tag{34.5-32}$$

4）双质体平衡式弹性连杆振动机。减小单质体振动输送机传给地基动载荷的另一种方法是采用双质体平衡法，即两个相类似的工作质体 1、2 用橡胶链式导向杆连接，整个机器通过此导向杆的中间铰链及支架固定于基础上，两质体之间有弹性连杆激振器及

主振弹簧 $k(k=k'+k'')$。工作时，两质体做相反方向的振动，导向杆则绕其中点摆动，因而整机的惯性力可获得平衡，如图 34.5-14 所示。

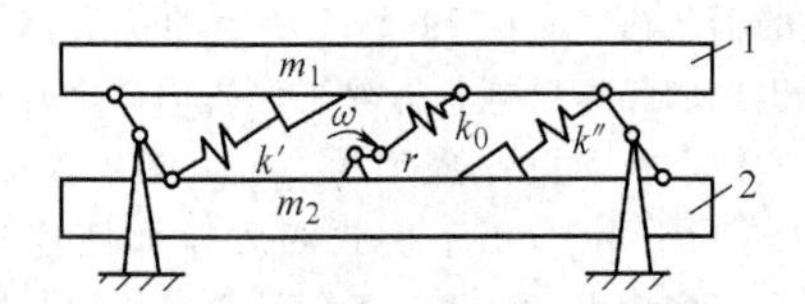

图 34.5-14　双质体平衡式弹性连杆振动机
1、2—工作质体

设质体 1、2 沿振动方向的位移分别为 s_1、s_2，则有 $s_1=-s_2$，由此可将二自由度系统转化为诱导单自由度系统，并有诱导质量 m_u 和诱导阻尼系数 c_u 为

$$\left.\begin{aligned} m_u &= \frac{1}{4}(m_1+m_2) \\ c_u &= \frac{1}{4}(c_1+c_2) \end{aligned}\right\} \tag{34.5-33}$$

式中　m_1、m_2——质体 1、2 的计算质量（kg），可按式（34.5-13）计算；

c_1、c_2——质体 1、2 的阻尼系数（N·s/m）。

求解运动微分方程可得振幅

$$A_1 = A_2 = \frac{k_0 r}{\sqrt{[(k+k_0)-m_u\omega^2]^2+c_u^2\omega^2}} \tag{34.5-34}$$

两质体的相对振幅 $A=2A_1$。而整机传给地基的动载荷幅值为

$$F_d = (m_1-m_2)\omega^2 A_1 \tag{34.5-35}$$

显然，两质体及其内物料分布相同时，可获得动力平衡。

5）隔振平衡式三质体振动机。当双质体平衡式振动机的两个质体相差较大时，传给地基的动载荷仍较大，若对它再采取隔振措施，即附加隔振底架 3 及隔振弹簧 k_3（$k_3=k_3'+k_3''+k_3'''$），则形成图 34.5-15 所示的隔振平衡式三质体振动机。

设 m_1'、m_2'分别为质体 1、2 计入物料影响后的计算质量，m_3'为隔振底架计入隔振弹簧 k_3 后的计算质量（$m_3'=m_3-k_3/\omega^2$），A_1、A_2、A_3 分别为质体 1、2 及底架 3 沿振动方向的振幅。由运动几何条件，相对振幅 $A=A_1+A_2$，而 $A_3=|A_1-A_2|$。在相对运动诱导坐标 $x=x_1-x_2$ 下，其诱导质量为

$$m_u = \frac{1}{4}\left[m_1'+m_2'-\frac{(m_1'-m_2')^2}{m_1'+m_2'+m_3'}\right] \tag{34.5-36}$$

求解该振动系统，得相对振幅 A 和质体 1、2 及底架 3 沿振动方向的绝对振幅 A_1、A_2、A_3 分别为

$$\left.\begin{aligned} A &= \frac{k_0 r}{k+k_0-m_u\omega^2} \\ A_1 &= A\frac{2m_2'+m_3'}{2(m_1'+m_2'+m_3')} \\ A_2 &= A\frac{2m_1'+m_3'}{2(m_1'+m_2'+m_3')} \\ A_3 &= A\frac{m_1'-m_2'}{2(m_1'+m_2'+m_3')} \end{aligned}\right\} \tag{34.5-37}$$

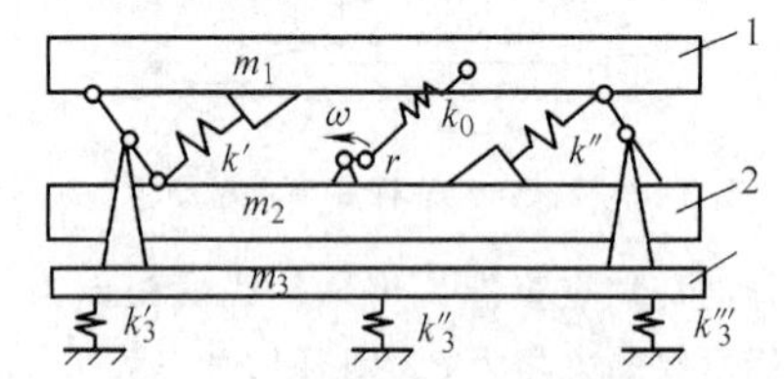

图 34.5-15　隔振平衡式三质体振动机
1、2—工作质体　3—隔振底架

6）非线性弹性连杆振动机。在双质体振动机的主振弹簧 k_1 之外，增加两个和振动质体 1 有一定间隙 e 的弹簧 k_4'、k_4''，形成非线性弹性力，可使工作时振幅稳定，并能采用共振工作状态，频率比可取为 0.95，减小激振力与能量消耗，还可使质体产生冲击加速度而提高工作效率。这种非线性弹性连杆振动机如图 34.5-16 所示。

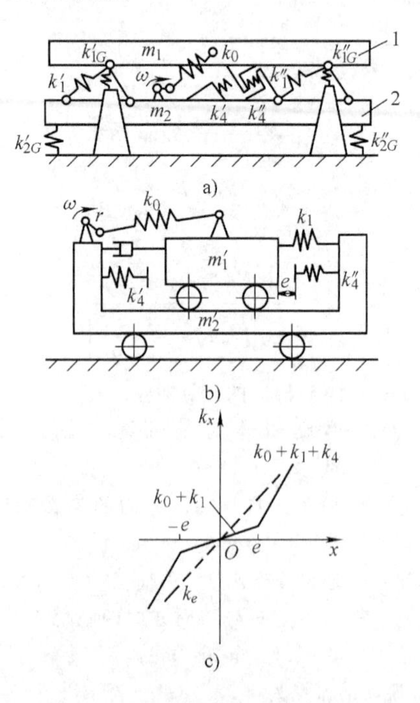

图 34.5-16　非线性弹性连杆振动机
a）机构简图　b）力学模型　c）弹性力曲线
1、2—振动质体

这类振动机的计算与双质体振动机相同，只需将非线性主振弹簧等效线性化，其刚度 k_e 按非线性理论求出，即

$$k_e = k_0 + k_1 + k_4\left(1 - \frac{5}{4}\times\frac{e}{A} + \frac{1}{4}\times\frac{e^5}{A^5}\right) \tag{34.5-38}$$

式中，$k_1=k'_1+k''_1$，$k_4=k'_4+k''_4$，e/A 为隙幅比，它决定着非线性的强弱，可按机器结构或工艺要求来决定，有时需进行迭代计算。在按双质体隔振式弹性连杆振动机的式（34.5-29）~式（34.5-32）计算时，注意此时 $m'_1=m_1+K_m m_m-k_{1G}/\omega^2$，$m'_2=m_2-k_{2G}/\omega^2$，而 $k+k_0$ 则代之以 k_e。

4.2.3　电磁式振动机械

电磁式振动机械是由电磁激振器驱动的。它的振动频率高，振幅和频率易于控制并能进行无级调节，用途广泛。根据激振方式的不同，可分为电动式驱动与电磁式驱动两大类。

1）电动式驱动类。如图 34.5-17 所示，它由直流电励磁的磁环或永磁环、中心磁极和通有交流电的可动线圈组成，可动线圈则与振动杆或振动机体相连接。这类电磁式振动机常用作振动台、定标台、试验台等。

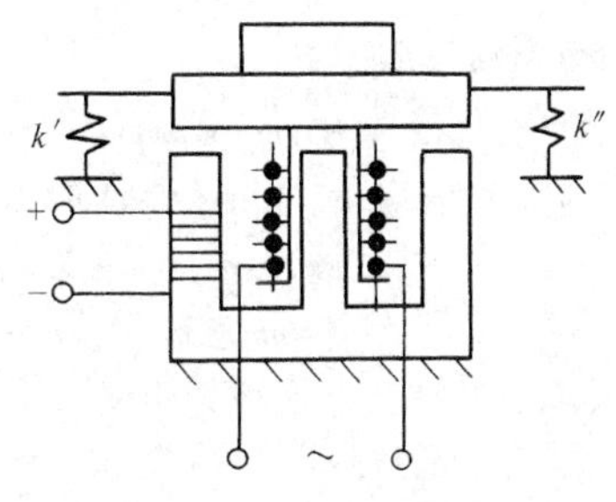

图 34.5-17　电动式驱动类

2）电磁式驱动类。如图 34.5-18 所示，它由铁心、电磁线圈、衔铁和弹簧组成。铁心通常与平衡质体固接，而衔铁则与质体或工作机体固连。在工业用的电磁式振动机械中，广泛采用电磁式驱动类。

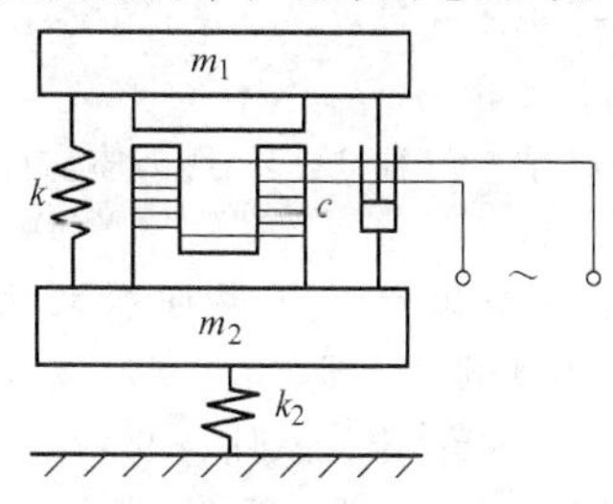

图 34.5-18　电磁式驱动类

3）双质体隔振式电磁振动机。电磁式振动机械一般采用近共振类，频率比 $z\approx1$，为减小传给基础的动载荷，常采用双质体隔振式（见图 34.5-19）。它属于二自由度系统，正常工作时，质体 1 及平衡质体 2 的计算质量为

$$m'_1 = m_1 + K_m m_m + K_{k_1} m_k - \frac{k_1}{\omega^2} \tag{34.5-39}$$

$$m'_2 = m_2 + K_{k_2} m_k - \frac{k_2}{\omega^2} \tag{34.5-40}$$

式中　m_m——质体中的物料质量（kg）；

K_m——物料质量结合系数，当抛掷指数 $D=2.7\sim3$ 时，$K_m=0.1\sim0.25$；

m_k——主振弹簧（$k=k'+k''$）的质量（kg）；

K_{k_1}、K_{k_2}——换算至 m_1、m_2 的弹簧质量结合系数。

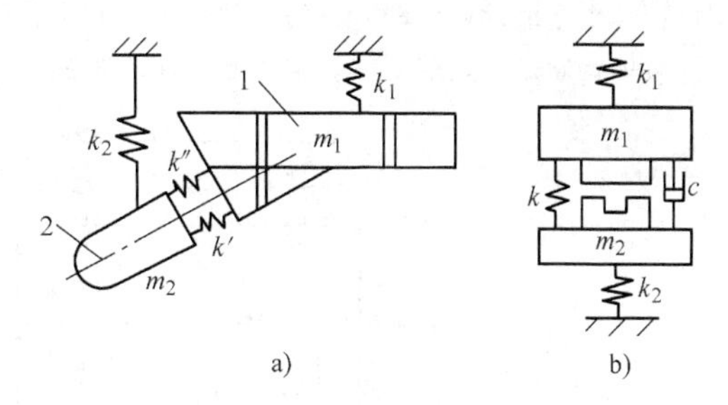

图 34.5-19　双质体隔振式电磁振动机
a）结构简图　b）力学模型
1—质体　2—平衡质体

以质体 1 与平衡质体 2 之间的相对运动 $x=x_1-x_2$ 为诱导坐标，可简化为诱导单自由度系统，仅考虑主谐波激振力 $F\sin\omega t$，其计算与双质体隔振式弹性连杆振动机类似，见式（34.5-29）~式（34.5-32）。

4.2.4　自同步式振动机械

为了满足不同的工艺要求，振动机械常常需要两台或多台电动机同时工作，要求它们具有相同的速度和相位。早期实现同步的方式是采用刚性传动（如齿轮传动），或采用柔性传动（如带式传动）。自 20 世纪 60 年代以来，由于发现在振动机械中可以利用振动的固有特性，在由两台电动机分别驱动的偏心转子间实现振动同步，或称自同步，而实现振动同步的该种机械则称为自同步振动机，由于采用了自同步原理使得它们的构造大为简化。

（1）自同步式振动机械的优点

1）利用自同步原理代替了强制同步式振动机中的齿轮传动，使传动部件的结构相当简单。

2）由于取消了齿轮传动，使机器的润滑、维护和检修等经常性的工作大为简化。

3）可以减小起动、停车通过共振区时的垂直方向和水平方向的共振振幅。但在一些自同步振动机中，通过共振区时的摇摆振动的振幅有时会显著增

大，这是该种振动机的不足。

4）双机驱动自同步振动机虽然增加了一个电动机，但目前工业中应用的自同步振动机不少采用激振电动机直接驱动，使它的结构相当简单。

5）自同步振动机激振器的两根主轴，可在较大的距离条件下进行安装。

6）该种振动机便于实现通用化、系列化和标准化。

（2）双电动机驱动的自同步式振动机械

自同步惯性振动机械的求解与一般的惯性振动机相同，重要的是实现自同步运转及要求的振动状态。为了实现自同步运转，必须满足同步性条件。同步性条件包含两方面的内容，首先是两台电动机的特性要相近；其次是电动机的转速、偏心质量矩、机体的质量分布等要满足一定的要求。这两方面分别通过电动机的选择及自同步设计来实现，统一由振动机的同步性指数 D_a 来衡量自同步性能。

为了进一步获得要求的运动轨迹，还必须满足相位同步状态下的稳定性条件。稳定性条件一般由振动机机体的质量分布及激振电动机的安装位置、各运动方向的阻尼系数及弹簧刚度来决定，由振动机的稳定性指数 W 来衡量。不同的 W 值，可获得不同的运动轨迹。

现以平面双轴单质体自同步振动机的对称安装同向回转情况（见图 34.5-20）为例来说明。此时机体质心位于两轴心连线的中点，或位于两轴连线的中垂线上，通过求解机体沿 x、y 方向和绕质心 O 点的振动微分方程，可导出同步性条件为

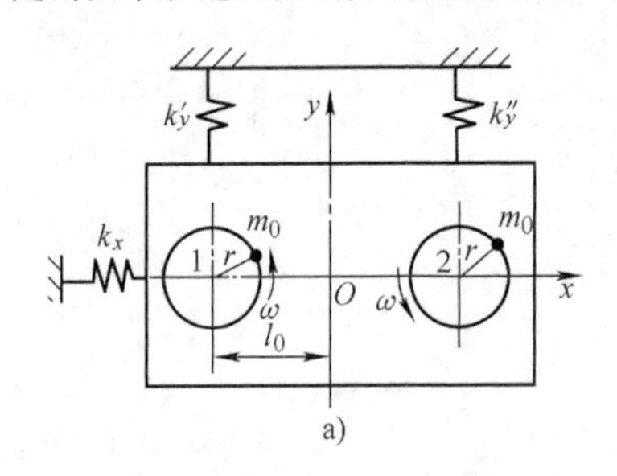

a)

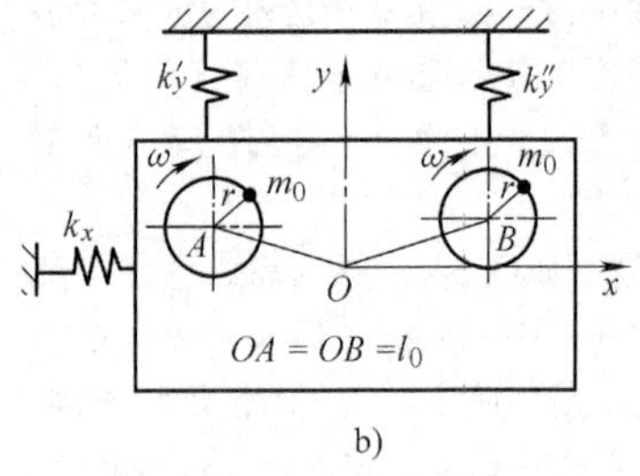

b)

图 34.5-20　平面双轴单质体自同步振动机的对称安装同向回转情况

$$\left|D_a\right|=\left|\frac{m_0^2\omega^2r^2W}{\Delta M_g-\Delta M_f}\right|>1 \tag{34.5-41}$$

式中　m_0——每根轴上的偏心块质量（kg）；

ω——两轴的同步转数（rad/s）；

r——每一轴上的偏心距（m）；

ΔM_g——两轴的电动机转矩差（N·m）；

ΔM_f——两轴的摩擦阻矩差（N·m）；

W——振动机稳定性指数（kg^{-1}）。

而稳定性指数为

$$W=\frac{l_0^2}{J'}\cos^2\alpha_\psi-\frac{\cos^2\alpha_y}{m_y'}-\frac{\cos^2\alpha_x}{m_x'} \tag{34.5-42}$$

式中　α_x、α_y、α_ψ——沿 x、y 和 ψ 方向振动时激振力与位移响应之间的相位差角 [（°）；（rad）]，$\alpha_x=\arctan\left(\frac{-c_x}{m_x'\omega}\right)$、$\alpha_y=\arctan\left(\frac{-c_y}{m_y'\omega}\right)$、$\alpha_\psi=\arctan\left(\frac{-c_\varphi}{J'\omega}\right)$；

c_x、c_y——沿 x、y 方向的阻尼系数（N·s/m）；

c_φ——沿 φ 方向的阻尼系数（N·m·s/rad）；

m_x'、m_y'——沿 x、y 方向的计算质量（kg），$m_x'=m+\sum m_0-k_x/\omega^2$，$m_y'=m+\sum m_0-k_y/\omega^2$；

式中　k_x、k_y——沿 x、y 和弹簧刚度（N/m），$k_y=k_y'+k_y''$；

$m+\sum m_0$——振动体（包括偏心块）的质量（kg）；

J'——机体对质心 O 的计算转动惯量（$kg\cdot m^2$），$J'=J+\sum J_0-k_\psi/\omega^2$；

式中　k_ψ——ψ 方向的弹簧刚度（N·m/rad）；

$J+\sum J_0$——机体（包括偏心块）对质心 O 的转动惯量（$kg\cdot m^2$）；

l_0——轴 1 或轴 2 中心至机体质心 O 的距离（m）。

对于平面双轴单质体惯性振动机，只要式（34.5-41）得到满足，即 $\left|D_a\right|>1$，两激振主轴就能实现自同步。而稳定性条件为 $W>0$，机体及其质心做近似圆形的椭圆运动；$W<0$，则机体绕质心做扭摆振动。

若振动机按非共振情况设计，则有 $c_\psi=c_y=c_x\approx0$，$J'=J+\sum J_0$，$m_y'\approx m_x'\approx m+\sum m_0$，则稳定性指数 W

简化为 $W=\frac{l_0^2}{J+\sum J_0}-\frac{2}{m+\sum m_0}$，稳定性条件变为：$l_0>\sqrt{\frac{2(J+\sum J_0)}{m+\sum m_0}}$，机体做椭圆振动；$l_0<\sqrt{\frac{2(J+\sum J_0)}{m+\sum m_0}}$，机体做扭摆振动。

当机体质心偏离两轴心连线的中垂线安装时，同步性条件与稳定性条件基本不变，仅稳定性指数表达式有变化；质心偏移量增大，对于 $W>0$ 对应的机体椭圆运动不利，过大的偏移量会使椭圆振动不能形成。当两激振主轴反向回转时，同步性条件 $|D_a|>1$ 仍然适用。而稳定性条件变为：$W>0$，机体作为近似 y 方向的直线振动；$W<0$，机体做扭摆振动加 x 方向的直线振动。

当两激振电动机成交叉轴式安装时，同步性条件仍为 $|D_a|>1$，稳定性指数 W 的计算更为复杂。当 $W>0$ 时，机体可获得垂直振动与绕 z 轴扭转振动的组合。因此，$|D_a|>1$ 及 $W>0$，是交叉双轴式自同步垂直输送机使物料沿螺旋槽上升的条件。

5　若干振动机械示例

目前已用于生活和生产中的振动机械有几十种之多，如单轴激振器驱动的振动球磨机、惯性振动圆锥破碎机、振动光饰机、振动压路机和振动料斗等，以及双轴激振器驱动的振动颚式破碎机、复合同步振动圆锥破碎机、卧式振动离心脱水机、垂直振动输送机、螺旋振动筛、锥形筛、双向半螺旋振动筛、旋振筛和振动烘干机等，其中多种振动机械是近几年来编者的最新研究成果。这些振动机械在各部门中已发挥了重要作用。下面介绍它们的结构、工作原理及特点，以作为范例。

5.1　单轴激振器驱动的振动机械

单轴激振器驱动的振动机械有多种，如单轴惯性振动筛、振动球磨机、振动光饰机、插入式振捣器、振动料斗、惯性振动圆锥破碎机和振动压路机等。

5.1.1　单轴惯性振动圆锥破碎机

从 20 世纪 50 年代开始研制惯性振动圆锥破碎机。苏联选矿研究院（米哈诺布尔）对该种破碎机进行了大量研究工作，已开发出多种规格的 KID 型和 КИД 型惯性振动圆锥破碎机，分别如图 34.5-21 和图 34.5-22 所示。该破碎机的工作机构由外破碎锥和可动的内破碎锥组成，两锥体工作面上均镶有保护衬板，并形成破碎腔，在内破碎锥的轴上装有激振偏心块，整台机器安装在充气式减振器上。电动机通过

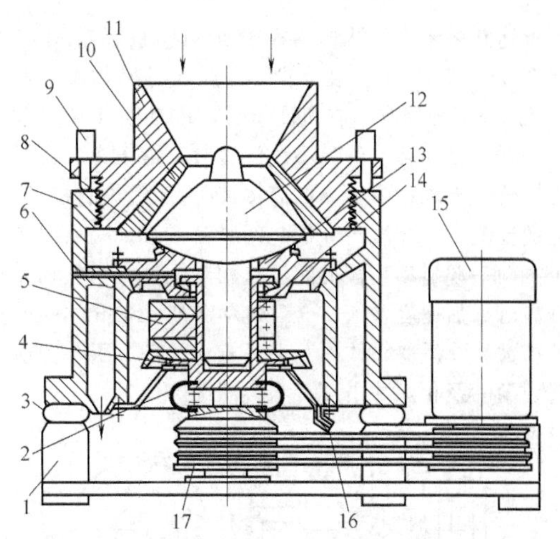

图 34.5-21　KID 型惯性振动圆锥破碎机的结构
1—底座　2—柔性联轴器　3—充气式减振器　4、13—密封　5—偏心块　6—润滑剂注入孔　7—机架　8—球面支承装置　9—液压锁紧装置　10—外破碎锥　11—调整环　12—内破碎锥　14—支承套　15—电动机　16—排油孔　17—V 带

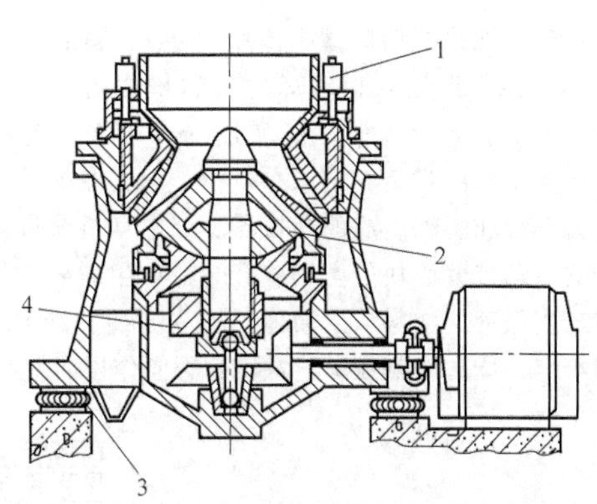

图 34.5-22　КИД 型惯性振动圆锥破碎机的结构
1—液压制动器　2—破碎锥　3—充气式减振器　4—激振器

V 带、柔性联轴器传给激振偏心块，并产生离心力，离心力迫使支承在球面支承装置内破碎锥绕其球心做旋摆运动。如果破碎腔中没有物料，内破碎锥沿外破碎锥的内表面做无间隙的滚动；有物料时则沿物料层滚动，在滚动的同时随物料层厚度变化伴有挤压和冲击，实现对物料的破碎。

惯性振动圆锥破碎机在冶金、建材、陶瓷、耐火材料、造纸、食品和废弃物的加工处理，以及其他许多工业部门中得到了广泛的应用，这对于破碎作业的改革、降低能耗、提高生产率都具有实际意义。

5.1.2　振动球磨机

振动球磨机用于物料的细磨和超细磨，其粉磨粒

度可达几微米。单筒惯性式振动球磨机的结构示意图如图 34. 5-23 所示。装有粉磨介质和待磨物料的筒体 6 通过隔振弹簧支承在机座上，当电动机 1 通过弹性联轴器 2 带动轴上的偏心块旋转时，由于离心力的作用，使得支承在弹簧上的筒体产生振动。在振动频率低的情况下，介质与介质之间紧密接触，一层层按一个方向一起运动，彼此间没有相互位移；当振动频率升高时，加速度增大，介质运动激烈，各介质间的空隙扩大，介质在筒体内几乎呈悬浮状态，引起介质自转、抛动及相互冲击而将物料磨细。

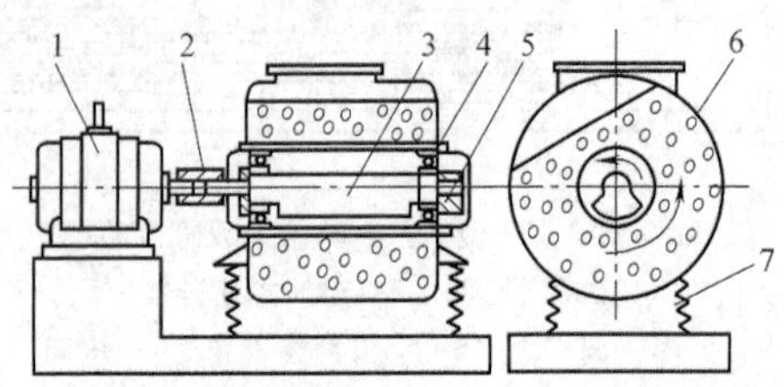

图 34. 5-23　单筒惯性式振动球磨机的结构示意图
1—电动机　2—弹性联轴器　3—单轴式激振器
4—轴承　5—偏心块　6—筒体　7—隔振弹簧

双筒惯性式振动球磨机的结构示意图如图 34. 5-24 所示。双筒惯性式振动球磨机的粉磨筒体为串联方式，上下布置，它们之间通过支承板 6 互连在一起，而支承板由弹簧 5 支承在机座 1 上，在支承板中部有偏心块和主轴组成的激振器。当电动机通过弹性联轴器驱动带偏心块的主轴旋转时，产生的离心力使筒体产生振动，物料从上筒体 7 的一端给入，在筒内受到粉磨介质的激烈振动、冲击、磨剥作用而使粒度变小，并运动到筒体的另一端的排料口；从排料口给到下筒体内进行粉磨，粉磨粒度达到要求后，则从下筒的排料口排出。

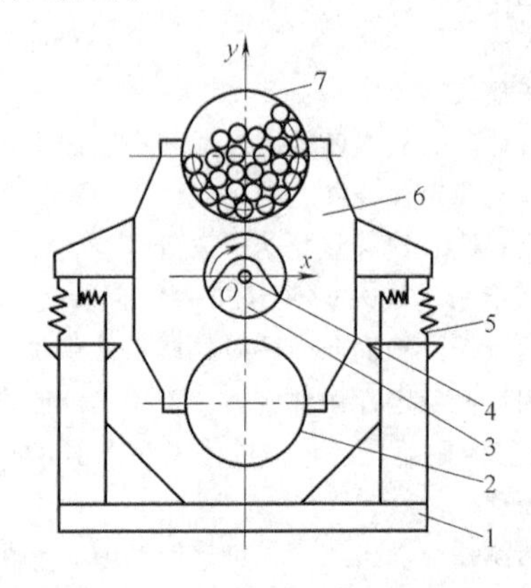

图 34. 5-24　双筒惯性式振动球磨机的结构示意图
1—机座　2—下筒体　3—偏心块　4—主轴
5—隔振弹簧　6—连接支承板　7—上筒体

三筒惯性振动球磨机的结构示意图如图 34. 5-25 所示。它由电动机、弹性联轴器、机架、筒体、激振器、隔振弹簧和连通管等部分所组成。电动机 1 通过弹性联轴器 2 带动激振器 5 旋转，产生离心力，从而使坐落在弹簧上的筒体产生高频小幅振动。物料在上筒内粉磨介质的频繁冲击和研磨作用下被磨细，完成第一段粉磨；而后经过进料连通管分别流入下部两个圆筒内进行第二段粉磨，磨好的合格产品从下筒排料口排出。

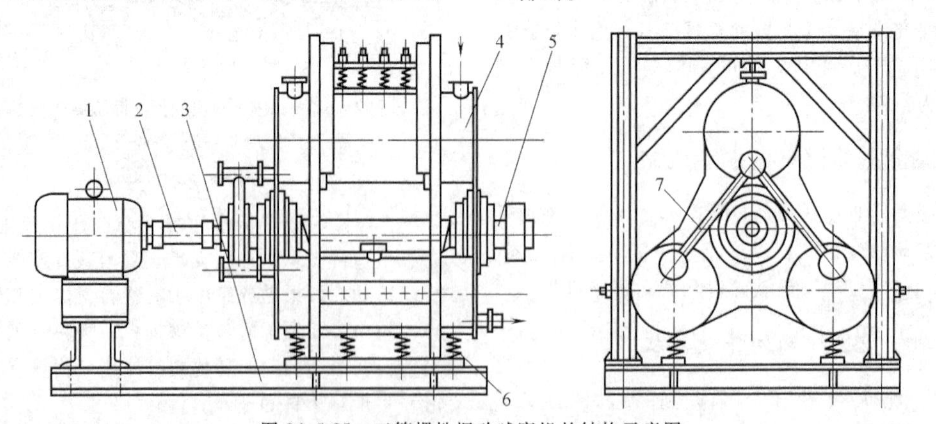

图 34. 5-25　三筒惯性振动球磨机的结构示意图
1—电动机　2—弹性联轴器　3—机架　4—筒体　5—激振器　6—隔振弹簧　7—连通管

5. 1. 3　空间运动惯性光饰机和单激振器振动料斗

立式惯性振动光饰机的结构示意图如图 34. 5-26 所示。由图可见，容器 1 与立式激振器连成一体，并支承在隔振弹簧 3 上，激振器主轴上下两端装有偏心块，它们在水平面上的投影互成一个角度。当激振器主轴高速旋转时，偏心块产生的激振力和激振力矩，使容器产生周期性的振动。由于容器底部为一圆环形状，各点的振幅不一，使容器中的研磨介质和被磨工件既绕容器中心轴线（垂直轴）公转，又绕圆环中心翻滚，其合成运动为环形螺旋运动。因为介质和工件在运动时相互磨削，所以可对工件进行加工。

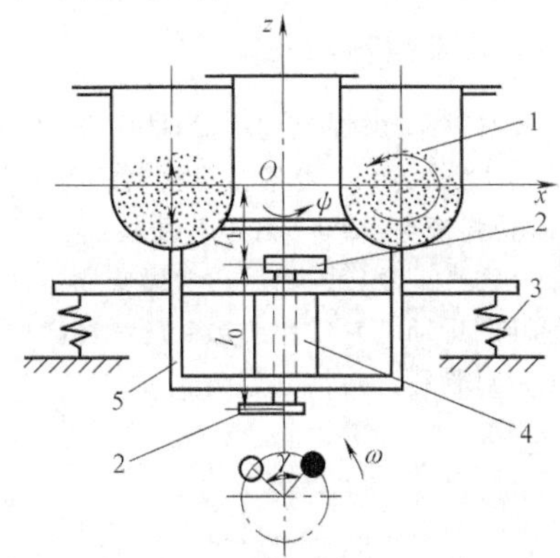

图 34.5-26　立式惯性振动光饰机的结构示意图
1—容器　2—偏心块　3—隔振弹簧　4—电动机　5—底座

振动光饰机常用来去除机械加工件、冲压件和锻件的飞边和氧化皮，也可用作工件的尖角倒圆、除锈和抛光等加工。

单激振器振动料斗的结构示意图如图 34.5-27 所示。该单激振器振动料斗由料仓 1、可调减压锥 2、振动电动机 3、给料斗 4、挠性密封装置 5 和隔振橡胶弹簧 6 组成，用于向受料设备或装置给料。料斗本体由外筒和内锥组成，用弹簧将它悬挂在上方的料仓底部，外筒呈 Y 形，下部有斜槽，物料从斜槽的斗口排出；内滑动锥为尖锥形，小头向上；由于在料斗侧面安装的振动电动机的作用，内锥在水平方向做近似椭圆运动，使物料连续并定量地向受料装置给料。

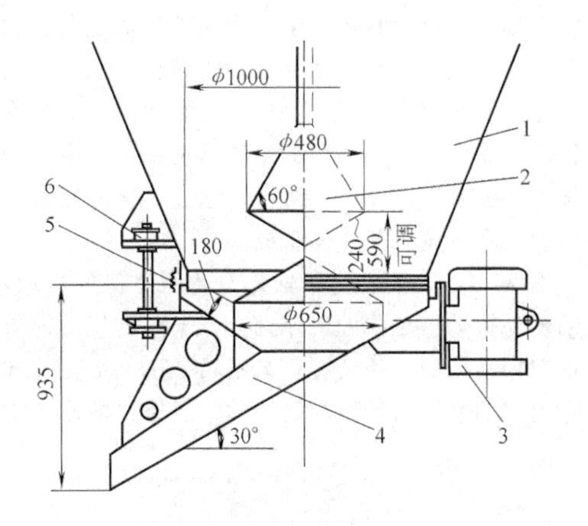

图 34.5-27　单激振器振动料斗的结构示意图
1—料仓　2—可调减压锥　3—振动电动机　4—给料斗
5—挠性密封装置　6—隔振橡胶弹簧

5.1.4　插入式振捣器和单钢轮式轮胎振动压路机

插入式振捣器的结构示意图如图 34.5-28a 所示。它是由带有增速齿轮的电动机 15、软轴 5 和偏心式振动棒 2 所组成。电动机 15 通过软轴 5 将动力传给振动棒 2；软轴的另一作用可使振动棒在任意一个位置进行工作。建筑部门用来振捣混凝土的插入式振捣器的振动棒，除偏心式外，还采用行星式振动棒，它又分为外滚道式和内滚道式两种。图 34.5-28b 所示为外滚道式振动棒，图 34.5-28c 所示为内滚道式振动棒。采用了行星摩擦传动，在不采用增速齿轮的情况下，就可以使振动棒的振动频率增加到电动机工作频率的 4~7 倍。通常在采用 2800r/min 的电动机驱动时，振动棒的频率可增加到 10000~20000 次/min 的高频率，对于提高混凝土的浇灌质量是有效的，这有利于除去混凝土中的气孔和促使浇灌件密实。

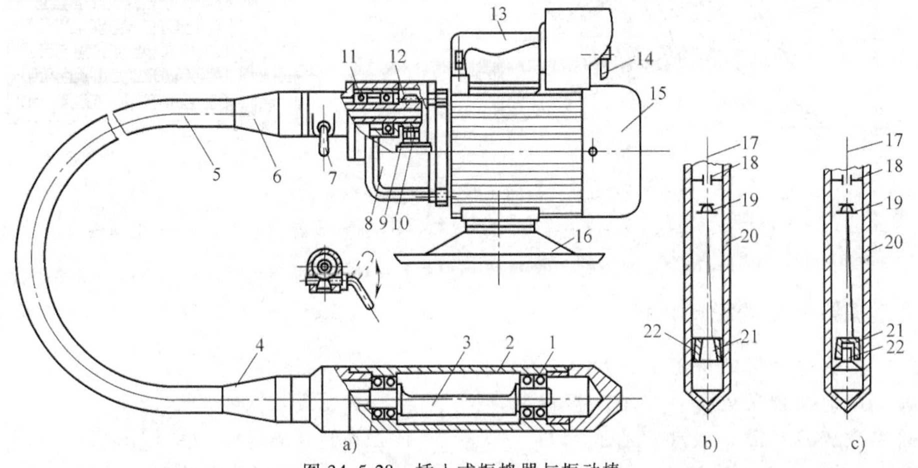

图 34.5-28　插入式振捣器与振动棒
a）结构示意图　b）外滚道式振动棒　c）内滚道式振动棒
1、11、18—轴承　2—振动棒　3—偏心轴　4、6—软管接头　5—软轴　7—软管锁紧扳手
8—增速器　9—电动机转子轴　10—胀轮式防逆装置　12—增速小齿轮　13—提手　14—电源开关
15—电动机　16—转盘　17—传动轴　19—万向接头　20—壳体　21—滚锥　22—滚道

振动压路机的种类很多，按钢轮的数量和驱动形式分，有单钢轮式轮胎驱动振动压路机、双钢轮式振动压路机和拖式振动压路机等。图 34.5-29a 所示为单钢轮式轮胎振动压路机的结构示意图。它由振动轮框架 1、振动轮 2、操作台和驾驶室 3、橡胶轮胎式驱动后轮 4 和后轮支架 5 等组成。

图 34.5-29b 所示为单轴式振动压路机的振动轮。振动轮为振动压路机的工作部分，土壤的压实效果主要依赖振动轮的工作情况。振动轮是由圆形轮壳和装于它内部的激振器所组成。振动式压路机的压实深度较深，它是修建高速公路、一般道路、机场和大坝等工程中不可缺少的机械设备。

5.1.5　单轴式惯性振动筛

单轴式惯性振动筛的结构示意图如图 34.5-30 所示。它由单轴惯性激振器 1、带有隔振弹簧 2 的悬吊装置、筛箱 3、前拉弹簧 4、筛面 5 和电动机 6 等组成。

单轴式惯性振动筛的筛箱通常做圆周运动或近似于圆形的椭圆运动。它常用于选矿厂、选煤厂、水泥厂和化工厂对物料进行筛分分级。

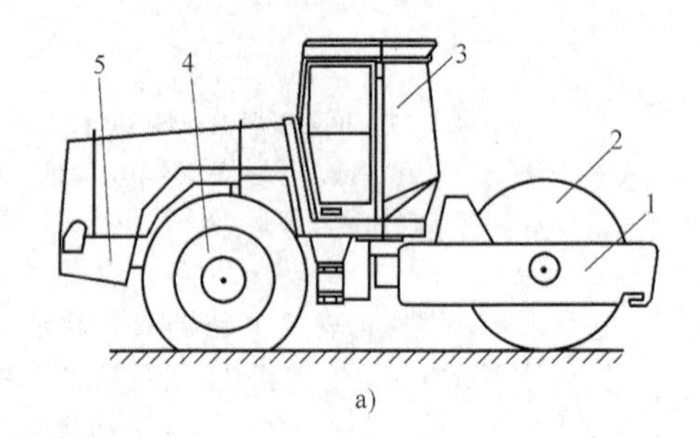

a)

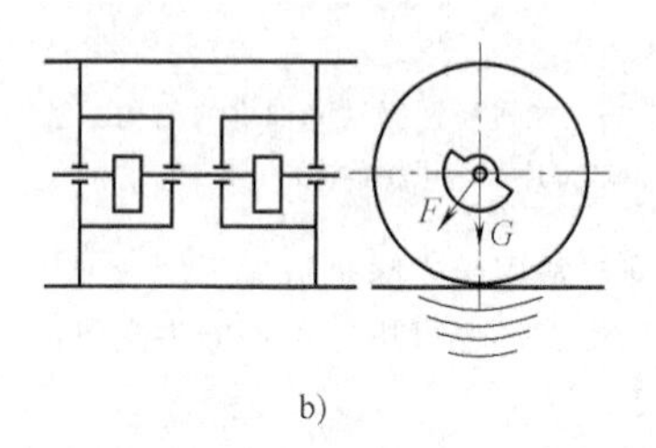

b)

图 34.5-29　振动压路机的结构示意图

a）单钢轮式轮胎振动压路机　b）单轴式振动压路机的振动轮

1—振动轮框架　2—振动轮　3—操作台和驾驶室　4—橡胶轮胎式驱动后轮　5—后轮支架

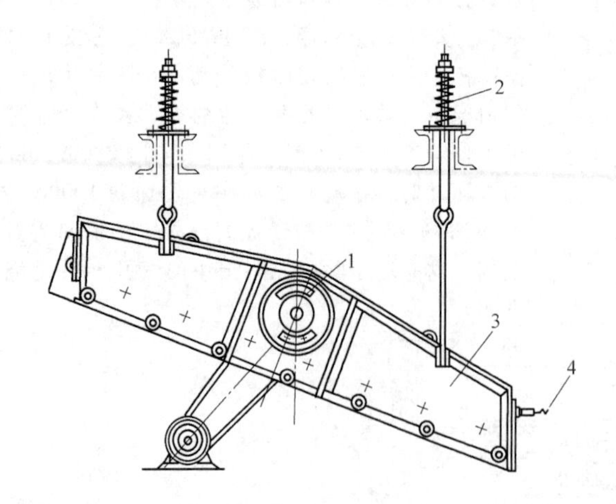

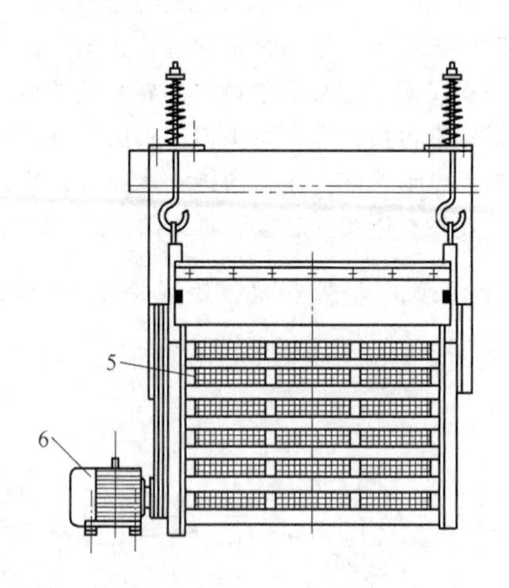

图 34.5-30　单轴式惯性振动筛的结构示意图

1—单轴惯性激振器　2—隔振弹簧　3—筛箱　4—前拉弹簧　5—筛面　6—电动机

5.2　双轴激振器驱动的振动机械

双轴激振器驱动的振动机械有多种，如双轴惯性振动筛、振动颚式破碎机、双轴激振器驱动惯性振动圆锥破碎机、卧式振动离心脱水机、垂直振动输送机、振动锤、螺旋振动筛、锥形筛、双向半螺旋振动筛、旋振筛和振动烘干机等。下面仅举其中的几个例子。

5.2.1　振动颚式破碎机和双轴激振器驱动惯性振动圆锥破碎机

（1）振动颚式破碎机

振动颚式破碎机的结构示意图如图 34.5-31 所示。它由机座 1、动颚板 2、激振器 3 和扭力轴 4 等组成。机座 1 弹性支承在基础上，两个动颚板 2 通过扭力轴 4 悬挂在机座 1 上，动颚板装备有自同步激振器 3。当激振器反向旋转时，颚板相对扭力轴做方向相反的摆动，扭力轴起着限制颚板振幅、按产品粒度的要求将振幅调整到一定值的作用。

振动颚式破碎机既能在载满下又能在定量给料情况下运转工作，破碎比能够在 4~20 范围内调整。振动颚式破碎机主要用于要求严格控制产品粒度组成的铁合金和中间合金的破碎，还能巧妙地破碎冰冻的鱼块而不损伤鱼。最大的振动颚式破碎机用于井下巷道，可破碎 1000mm 的大块，其破碎产品小于 90mm。

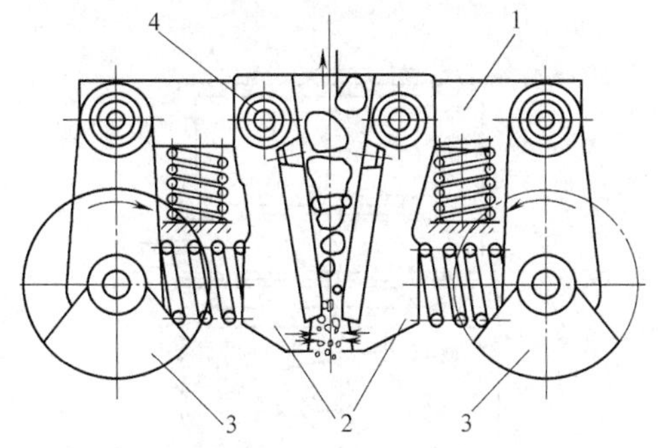

图 34.5-31　振动颚式破碎机的结构示意图
1—机座　2—动颚板　3—激振器　4—扭力轴

(2) 双轴激振器驱动惯性振动圆锥破碎机

获国家专利的新型结构——双轴激振器驱动惯性振动圆锥破碎机的结构示意图如图 34.5-32 所示。它由内破碎锥、外破碎锥、激振器、上连接板、下连接板、隔振弹簧和悬吊装置等组成。内、外破碎锥的工作表面均镶有保护衬板，彼此构成破碎腔。电动机 1 通过轮胎联轴器 2 驱动两激振器 3 等速同向回转产生离心力，在离心力的作用下，可动的内破碎锥 9 绕机器中心线做圆运动，实现对物料的有效破碎。该破碎机比俄罗斯的 КИД 型和国内的 PZ 型两种惯性圆锥破碎机结构都简单，因而制造成本低。

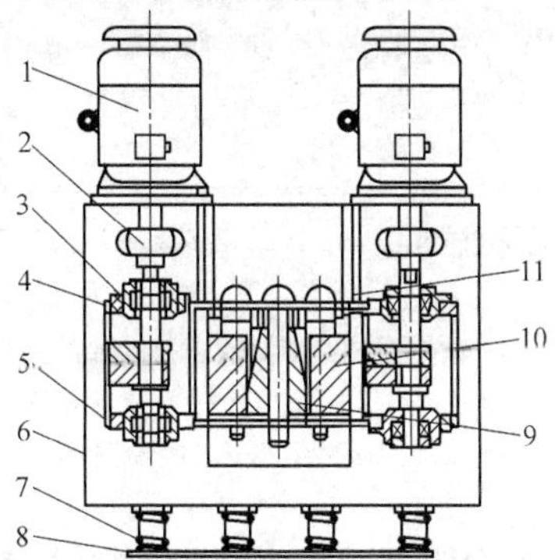

图 34.5-32　双轴激振器驱动惯性振动圆锥破碎机的结构示意图
1—电动机　2—轮胎联轴器　3—激振器　4—上连接板
5—下连接板　6—护板　7—隔振弹簧　8—底板
9—内破碎锥　10—外破碎锥　11—悬吊装置

5.2.2　卧式振动离心脱水机

最新的研究成果——VM 型卧式振动离心脱水机的结构示意图如图 34.5-33 所示。它由电动机、带传动装置、剪切橡胶弹簧、振动电动机（惯性激振器）、壳体、筛篮、入料溜槽和隔振弹簧等组成。固定在地基上的电动机 1 旋转带动小带轮 2 转动，通过 V 带 3、大带轮 4 驱动转轴 6 及筛篮 10 做旋转运动，具有偏心质量的振动电动机 8 转动产生对机壳 9 的激振作用力，筛篮 10、转轴 6 在做旋转运动的同时产生沿转轴轴线方向的水平振动。含有水分的物料经入料溜槽 11 进入筛篮 10 的底部，筛篮内的物料受离心力作用紧贴筛面，在振动力和物料重力沿筛面分力的作用下，料层均匀地向筛篮大端移动，并进行固液分离；脱水后的物料从筛篮大端甩出，落入机壳 9 下部的排料口，向下排出机外。物料中小于筛孔尺寸的物料和水在离心力作用下，透过料层和筛孔甩向机壳四周，沿机壳内壁流向滤液出口，排出机外，实现了对加工物料的固液分离。

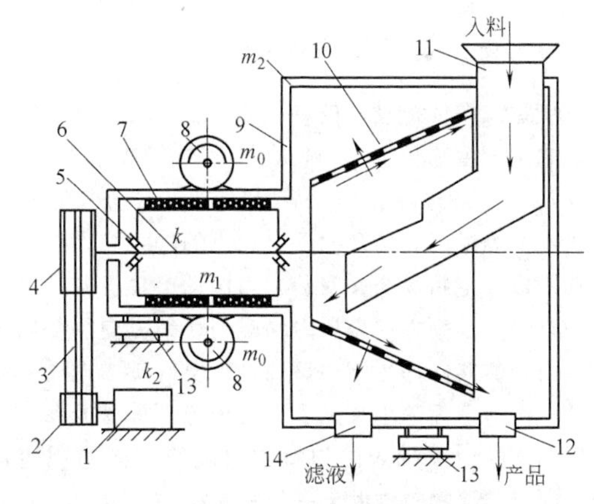

图 34.5-33　VM 型卧式振动离心脱水机的结构示意图
1—电动机　2—小带轮　3—V 带　4—大带轮
5—轴承　6—转轴　7—剪切橡胶弹簧　8—振动电动机
9—机壳　10—筛篮　11—入料溜槽　12—出料口
13—隔振弹簧　14—滤液出口

5.2.3　振动锤

双轴惯性激振器驱动振动锤的结构示意图如图 34.5-34 所示。它是由双轴惯性激振器、夹持器、冲击锤和弹簧等组成的。为了防止由于冲击引起电动机损坏，在图 34.5-34b 中，用弹簧 5 将电动机 1 与激振器 2 隔离。电动机通过 V 带使激振器回转。为了预防由于振动引起传动带的伸长与缩短，在电动机底座上增设一个中间带轮 6，中间带轮轴与激振器轴在一个水平面内。

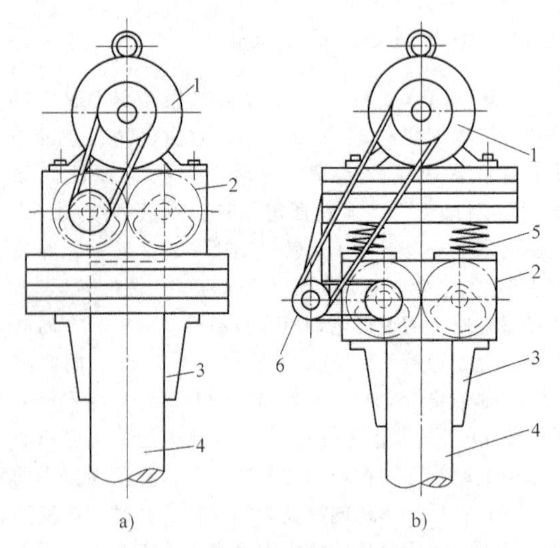

图 34.5-34　双轴惯性激振器驱动振动锤的结构示意图
a）电动机与激振器连在一起的振动锤
b）电动机用弹簧与激振器隔离的振动锤
1—电动机　2—双轴惯性激振器　3—夹持器
4—冲击锤　5—弹簧　6—中间带轮

5.2.4　旋振式惯性振动筛和烘干机

旋振式惯性振动筛的结构示意图如图 34.5-35 所示。它主要由筛箱盖 1、圆形筛网 2、橡胶球 3、球托 4、筛箱 5、隔振弹簧 6、电动机座 7、振动电动机 8、筛机座 9 等组成。两台振动电动机的轴线与筛机的铅垂轴线成一定角度交叉安装，当振动电动机同步反向转动时，在铅垂方向激振力和圆周切线方向往复回转激振力矩的共同作用下，该筛机做空间旋摆振动。物料是从圆形筛面的中央加入，由于筛面旋摆振动，从圆形筛面的中央加入的物料成螺旋线方向向周边运动，同时被筛物料被抛起并使物料松散、分层，当物料落回到筛面上时，物料粒度小于筛孔的将自由通过

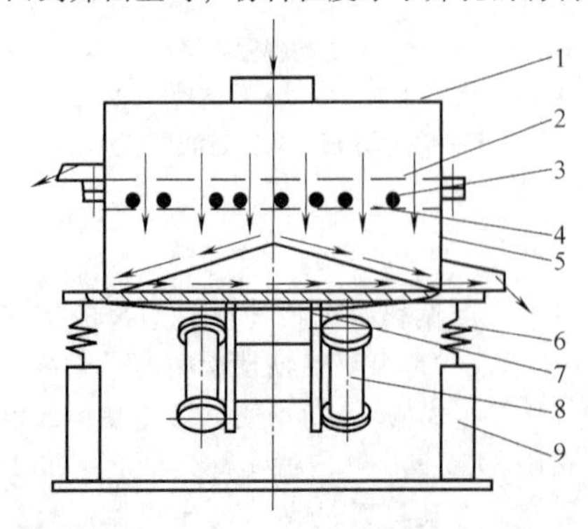

图 34.5-35　旋振式惯性振动筛的结构示意图
1—筛箱盖　2—圆形筛网　3—橡胶球　4—球托　5—筛箱
6—隔振弹簧　7—电动机座　8—振动电动机　9—筛机座

筛孔落到锥面底板上，并向周边运动，从细料排料口排出；筛面上的物料沿螺旋方向向周边运动，从周边的粗排料口排出，从而实现物料分级。

振动烘干机的种类很多，典型的为双激振器式圆筒形振动烘干机，其结构示意图如图 34.5-36 所示。它是由热风进出口、进料口、筒体、出料口、隔振弹簧、支架和振动电动机等组成。振动烘干机可用于粮食、药材和食品等的烘干作业。

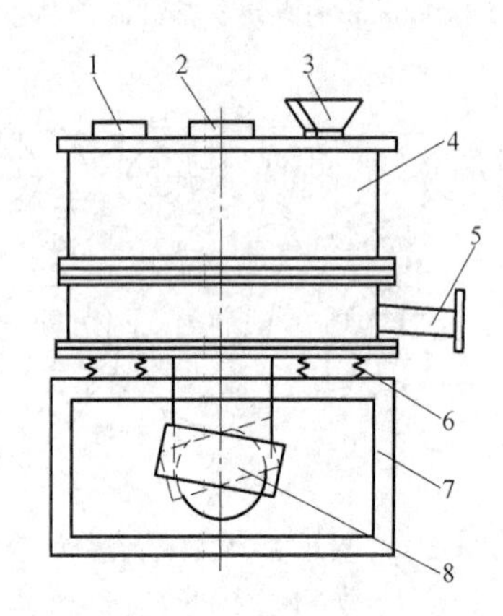

图 34.5-36　振动烘干机的结构示意图
1、2—热风进出口　3—进料口　4—筒体
5—出料口　6—隔振弹簧　7—支架　8—振动电动机

5.2.5　激振器偏移式自同步振动筛

获国家科技进步三等奖的激振器偏移式自同步振动筛的结构示意图如图 34.5-37 所示。该筛用于冶金部门冷矿的筛分。它由激振器、筛体、一次隔振弹簧、二次隔振架和二次隔振弹簧等组成。

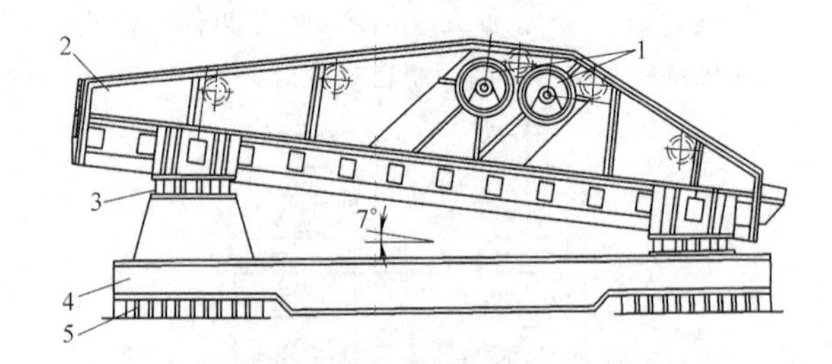

图 34.5-37　激振器偏移式自同步振动筛的结构示意图
1—激振器　2—筛体　3—一次隔振弹簧
4—二次隔振架　5—二次隔振弹簧

5.2.6　双向半螺旋多层多路给料振动细筛和交叉轴式自同步垂直输送机

获国家专利和辽宁省科技发明一等奖的双向半螺旋多层多路给料振动细筛的结构示意图如图 34.5-38

所示。它是由机体、隔振弹簧、振动电动机和机座等组成。双向半螺旋式箱体 4 从上往下共 4 层，内装有数块扇形筛板 3，木楔 7 压紧构成 8 路筛面。整个机体连同振动电动机 11 坐落在机座 12 上的金属螺旋隔振弹簧 10 上。当 2 台振动电动机同步反向回转时，水平方向的激振力相互抵消，垂直方向的激振力相互叠加，使螺旋面上的物料做抛掷运动，实现对物料的分级。

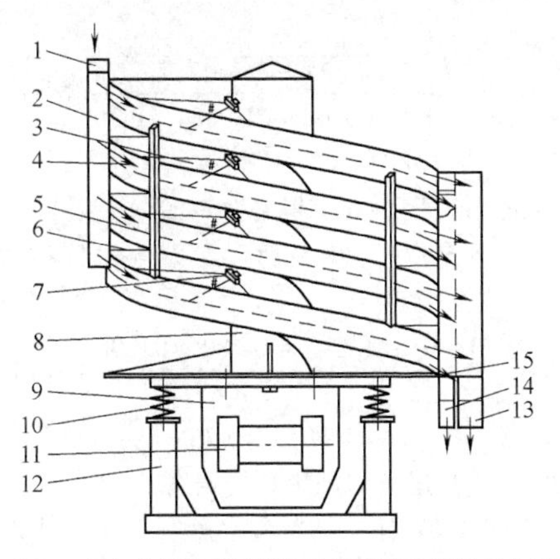

图 34. 5-38　双向半螺旋多层多路给料振动细筛的结构示意图
1—进料口　2—进料箱　3—扇形筛板　4—箱体　5—加强肋　6—隔板　7—木楔　8—立柱　9—电动机座　10—隔振弹簧　11—振动电动机　12—机座　13—粗料排料口　14—细料排料口　15—底盘

交叉轴式自同步垂直输送机的结构示意图如图 34. 5-39 所示。它是由螺旋槽体、隔振弹簧、激振电动机、电动机底座和底架等组成。垂直输送机在冶金、建材、煤炭、医药、机械和粮食行业得到广泛的应用。

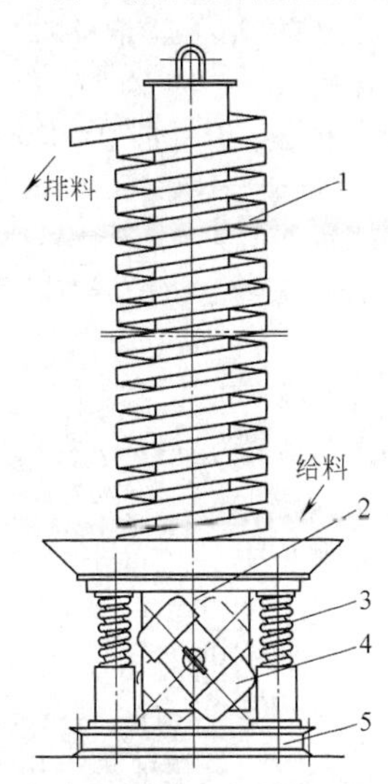

图 34. 5-39　交叉轴式自同步垂直输送机的结构示意图
1—螺旋槽体　2—电动机底座　3—隔振弹簧　4—激振电动机　5—底架

6　振动机械设计示例

6.1　远超共振惯性振动机设计示例

6.1.1　远超共振惯性振动机的运动参数设计示例

例 34. 5-2　某振动输送机的安装倾角 $\alpha_0=0°$，振动次数 $n=330$ 次/min，要求物料做滑行运动，物料对槽底的动摩擦因数和静摩擦因数分别为 0.6 和 0.95，试选择与计算其运动学参数。

解：（1）滑行指数的选择

选取正向滑行指数 $D_k=2\sim3$，反向滑行指数 $D_q\approx1$，抛掷指数 $D<1$。

（2）振动方向角的计算

当静摩擦因数 $f_0=0.95$ 时，则静摩擦角 $\mu_0=43.5312°$，按式 $c=[D_q\sin(\mu_0+\alpha_0)]/[D_k\sin(\mu_0-\alpha_0)]=0.5\sim0.33$，振动方向角 δ 按式（34. 5-4）计算，则得

$$\delta=\arctan\frac{1-c}{f_0(1+c)}=\arctan\frac{1-0.5}{0.95\times(1+0.5)}\sim\arctan\frac{1-0.33}{0.95\times(1+0.33)}=19°20'\sim27°56'$$

当 $D_k=2.5$ 时，振动方向角 $\delta=22°$。

（3）振幅的计算

由式（34. 5-2）可计算出振幅为

$$A=\frac{900D_k g\sin(\mu_0-\alpha_0)}{n^2\pi^2\cos(\mu_0-\delta)}=\frac{900\times2.5\times9800\sin(43.5312°-0°)}{330^2\pi^2\cos(43.5312°-22°)}\text{mm}=15.19\text{mm}$$

取 $A=15\text{mm}$。

（4）精算正向滑行指数、反向滑行指数和抛掷指数

振动强度为

$$K=\frac{\pi^2n^2A}{900g}=\frac{330^2\pi^2\times15}{900\times9800}=1.828$$

正向滑行指数为

$$D_k=K\frac{\cos(\mu_0-\delta)}{\sin(\mu_0-\alpha_0)}=\frac{1.828\cos(43.5312°-22°)}{\sin(43.5312°-0°)}=2.47$$

反向滑行指数为

$$D_q=K\frac{\cos(\mu_0+\delta)}{\sin(\mu_0+\alpha_0)}$$

$$=\frac{1.828\cos(43.5312°+22°)}{\sin(43.5312°+0°)}$$

$$=1.099>1$$

有极轻微反向滑动。

抛掷指数为

$$D=\frac{K\sin\delta}{\cos\alpha_0}=\frac{1.828\sin22°}{\cos0°}=0.685<1$$

（5）计算滑始角和滑止角，确定滑始运动状态

正向滑始角为

$$\varphi_{k0}=\varphi'_k=\arcsin\frac{1}{D_k}=\arcsin\frac{1}{2.47}=24°$$

反向滑始角为

$$\varphi_{q0}=\varphi'_q=\arcsin\left(-\frac{1}{D_q}\right)=\arcsin\frac{-1}{1.099}=294.5°$$

根据正向滑始角 φ_{k0} 和 φ'_k，按参考文献［4］中的图 2-3 查得正向滑止角 $\varphi'_m=233°$，因为 $\varphi'_m<\varphi_{q0}$，所以正向滑动终了与反向滑行开始还有一段时间间隔。再根据反向滑始角 φ_{q0} 和 φ'_q，按参考文献［4］中的图 2-3 查得反向滑止角 $\varphi'_e=320°$，因为 $(\varphi'_e-360°)<\varphi_{k0}$，所以物料反向滑行终了与正向滑行开始也是不连续的。物料运动状态属于正向滑行与反向滑行两次间断的运动状态。

（6）滑行理论平均速度的计算

根据正向与反向滑始角 φ_{k0}、φ'_k 和 φ'_{q0}、φ'_q，按参考文献［4］中的图 2-3 查得正向与反向滑行速度系数 $P_{km}=1.96$，$P_{qe}=0.07$。

物料正向滑行理论平均速度为

$$v_k=\omega A\cos\delta(1+\tan\mu\tan\delta)P_{km}/2\pi$$

$$=\frac{2\pi\times330\times15}{60}\cos22°(1+0.6\tan22°)\times\frac{1.96}{2\pi}$$

$$=186.3\text{mm/s}=0.1863\text{m/s}$$

物料反向滑行理论平均速度为

$$v_q=-\omega A\cos\delta(1-\tan\mu\tan\delta)P_{qe}/2\pi$$

$$=\frac{-2\pi\times330\times15}{60}\cos22°(1-0.6\tan22°)\times\frac{0.07}{2\pi}$$

$$=-4.06\text{mm/s}=-0.00406\text{m/s}$$

物料滑行运动的理论平均速度为

$$v_{kq}=v_k+v_q=(0.1863-0.00406)\text{m/s}$$

$$=0.1822\text{m/s}$$

例 34.5-3 已知某单管振动输送机，工作面倾角 $\alpha_0=0$，若选用抛掷运动状态，试确定该振动输送机的运动学参数。

解：（1）选取抛掷指数 D 与振动强度 K

对于远超共振惯性振动输送机，通常取 $D=1.5\sim2.5$，现取 $D=2$。振动强度为 $K=3\sim5$，现取 $K=4$。

（2）槽体振动方向角 δ 的选择

对于抛掷运动状态，当根据振动强度 $K=4$ 时，最佳振动方向角取 $\delta=30°$。

（3）振幅 A 与振动次数 n 的计算

若选取单振幅 $A=7\sim8\text{mm}$，则按式（34.5-10）计算出振动次数为

$$n=30\sqrt{\frac{Dg\cos\alpha_0}{\pi^2A\sin\delta}}$$

$$=30\sqrt{\frac{2\times9.8\cos0°}{\pi^2\times(0.007\sim0.008)\sin30°}}\text{次/min}$$

$$=715\sim668\text{ 次/min}$$

取 $n=680$ 次/min，根据选定的 n，按式 $K=\omega^2A/g$ 和式（34.5-7）计算振动强度 K 与抛掷指数 D 分别为

$$K=\frac{\omega^2A}{g}=\frac{\pi^2n^2A}{900g}=\frac{3.14^2\times680^2\times0.008}{900\times9.8}=4.14$$

$$D=K\sin\delta=4.14\sin30°=2.07$$

（4）物料运行的理论平均速度

当 $D=2.07$ 时，查参考文献［4］中图 2-7，得抛离系数 $i_D=0.77$。物料运行的理论平均速度为

$$v_d=\omega A\cos\delta\frac{\pi i_D^2}{D}(1+\tan\alpha_0\tan\delta)$$

$$=\frac{680\pi}{30}\times0.008\cos30°\times\frac{3.14\times0.77^2}{2.07}(1+\tan0°\tan30°)\text{m/s}=0.444\text{m/s}$$

6.1.2 远超共振惯性振动机的动力参数设计示例

例 34.5-4 某自同步振动给料机，振动机体总质量为 740kg，转速为 $n=930\text{r/min}$，振幅 $A=0.5\text{cm}$，物料呈抛掷运动状态，给料量 $Q=220\text{t/h}$，物料平均输送速度 $v_m=0.308\text{m/s}$，槽体长 $L=1.5\text{m}$，振动方向角 $\delta=30°$，槽体倾角 $\alpha_0=0°$，设计其动力学参数。

解：（1）选取振动系统的频率比并计算隔振弹簧刚度

选振动系统的频率比：$z=2\sim10$

振动机的振动频率为 $\omega=n\pi/30=(930\times3.14/30)\text{rad/s}=97.34\text{rad/s}$

隔振弹簧总刚度为

$$\sum k=\frac{1}{z^2}m\omega^2=\frac{740}{2^2\sim10^2}\times(97.34)^2\text{N/m}$$

$$=1752889\sim70116\text{N/m}$$

取 $\sum k=300\text{kN/m}$，该振动机采用 4 只弹簧，每只弹簧的刚度为

$$k=\frac{\sum k}{4}=\frac{300}{4}\text{kN/m}=75\text{kN/m}$$

（2）振动质体的计算质量

物料的质量 m_m 为

$$m_m=\frac{QL}{3600v_m}=\frac{220\times10^3\times1.5}{3600\times0.308}\text{kg}=298\text{kg}$$

取物料结合系数 $K_m=0.2$，由式 $m=m_j+K_m m_m$ 可求出计算质量 m 为

$$m=m_j+K_m m_m$$
$$=(740+0.2\times298)\text{kg}=799.6\text{kg}$$

（3）振动系统的等效阻尼系数 c

$$c=0.14m\omega=0.14\times799.6\times97.34\text{kg/s}$$
$$=10896.6\text{kg/s}$$

（4）所需要的激振力幅值及偏心块质量矩

折算到振动方向上的弹簧刚度 k_s 为

$$k_s=\sum k\sin^2\delta=300\sin^2 30°\text{kN/m}=75\text{kN/m}$$

相位差角 α

$$\alpha=\arctan\frac{c\omega}{k_s-m\omega^2}$$
$$=\arctan\frac{10896.6\times97.34}{75000-799.6\times97.34^2}=172°$$

激振力幅值为

$$\sum m_0\omega^2 r=\frac{1}{\cos172°}(75000-799.6\times97.34^2)\times0.005\text{N}=37875\text{N}$$

采用双轴自同步激振器，每一激振器的激振力为 $0.5\times37875\text{N}=18937.5\text{N}$，每一激振器采用四片偏心块，每片偏心块的质量矩为

$$m_0 r=\frac{18937.5}{4\times97.34^2}\text{kg}\cdot\text{m}=0.5\text{kg}\cdot\text{m}$$

（5）电动机功率

若 $c_x=c_y=c$，$\eta=0.95$，A_x 和 A_y 合成为 A，则振动阻尼所消耗的功率为

$$P_z=\frac{1}{1000\eta}\left(\frac{1}{2}c_y\omega^2A_y^2\sin^2\delta+\frac{1}{2}c_x\omega^2A_x^2\cos^2\delta\right)$$
$$=\frac{1}{2000\eta}c\omega^2A^2=\frac{1}{2000\times0.95}10896.6\times(97.34)^2\times0.005^2\text{kW}=1.359\text{kW}$$

轴直径 $d=0.05\text{m}$，轴与轴承间的摩擦因数取 0.007，则轴承摩擦所消耗功率为

$$P_z=\frac{1}{1000\eta}f_d\sum m_0 r\omega^2\frac{d}{2}\omega$$
$$=\frac{1}{1000\times0.95}\times0.007\times37875\times0.5\times0.05\times97.34\text{kW}=0.679\text{kW}$$

总功率为

$$P=P_z+P_f=(1.359+0.679)\text{kW}=2.038\text{kW}$$

选用两台振动电动机以自同步型式作为激振器，根据激振力、激振频率、功率要求，选取两台 YZO-18-6 型振动电动机，激振力为 $20\times2\text{kN}=40\text{kN}$，激振频率为 950r/min，功率为 $1.5\times2\text{kW}=3\text{kW}$，满足设计要求。

（6）传给基础的动载荷

$$F_d=\sum kA\sin\delta=300000\times0.005\sin30\text{N}=750\text{N}$$

6.2 惯性共振式振动机的动力参数设计示例

惯性共振式振动机的运动参数设计与远超共振惯性振动机的运动参数设计类似，所以不再重复。下面仅介绍惯性共振式振动机动力参数设计示例。

例 34.5-5　某非线性惯性共振筛，振动质体 1 的质量为 850kg，振动方向角 $\delta=45°$，振动次数 $n=800\text{r/min}$，振幅 $A_1=6.5\text{mm}$，质量比 $m_2/m_1=0.7$，工作面上物料量为质体 1 质量的 10%，试求动力学参数。

解：（1）隔振系统频率比及隔振弹簧刚度

隔振系统频率比 z_g 选为 3.2。

隔振弹簧刚度为

$$\sum k_1=\frac{1}{z_g^2}(m_1+m_2)\omega^2$$
$$=\frac{1}{3.2^2}(850+0.7\times850)\left(\frac{\pi\times800}{30}\right)^2\text{N/m}$$
$$=990000\text{N/m}$$

采用 4 只弹簧，每只弹簧的刚度为

$$k_1=\sum k_1/4=(990000/4)\text{ N/m}=247500\text{N/m}$$

（2）质体 1 和质体 2 的计算质量及系统的诱导质量

质体 1 的计算质量为

$$m'_1=m_1+0.1K_m m_m-\frac{\sum k_1\sin^2\delta}{\omega^2}$$
$$=850+0.1\times850\times0.25-\frac{990000\sin45°}{(3.14\times800/30)^2}\text{kg}$$
$$=771\text{kg}$$

质体 2 的计算质量为

$$m_2=0.7\times850\text{kg}=595\text{kg}$$

诱导质量为

$$m=\frac{m'_1m_2}{m'_1+m_2}=\frac{771\times595}{771+595}\text{kg}=336\text{kg}$$

（3）主振系统的频率比及主振弹簧等效刚度

主振系统的频率比取 $z=0.9$。

主振弹簧等效刚度为

$$k_e=\frac{1}{z^2}m\omega^2=\frac{1}{0.9^2}\times336\times\left(\frac{3.14\times800}{30}\right)^2\text{N/m}$$
$$=2906915\text{N/m}$$

（4）非线性弹簧的隙幅比及非线性弹簧刚度

隙幅比选为 $e/A=0.6$。

非线性弹簧刚度为

$$\Delta k=\frac{k_e-k}{1-\frac{4}{\pi}\frac{e}{A}\left[1-\frac{1}{6}\left(\frac{e}{A}\right)^2-\frac{1}{40}\left(\frac{e}{A}\right)^4\right]}$$

$$=\frac{2906915-0}{1-\frac{4}{\pi}\times0.6\times\left[1-\frac{1}{6}\times0.6^2-\frac{1}{40}\times0.6^4\right]}\text{N/m}$$

$=10244763\text{N/m}$

（5）振动系统的等效阻尼及相位差角

根据有关实验，等效阻尼比一般为 $b=0.05$。

相位差角为

$$\alpha=\arctan\frac{2bz}{1-z^2}=\arctan\frac{2\times0.05\times0.9}{1-0.9^2}=25°$$

（6）所需激振力幅及偏心块的质量矩

相对振幅为

$$A=\frac{m_1{}'A_1}{m}z^2=\frac{771\times6.5\times0.9^2}{336}\text{mm}=12\text{mm}$$

偏心块的质量矩为

$$\sum m_0r=\frac{m_2A(1-z^2)}{z^2\cos\alpha}$$

$$=\frac{595\times0.012\times(1-0.9^2)}{0.9^2\cos25°}\text{kg}\cdot\text{m}$$

$$=1.848\text{kg}\cdot\text{m}$$

所需激振力为

$$\sum m_0r\omega^2=1.848\times\left(\frac{3.14\times800}{30}\right)^2\text{N}=12957\text{N}$$

（7）电动机功率

等效阻尼系数为

$$c_e=2bm\omega_n=2\times0.05m\omega/0.9=0.11m\omega$$

等效阻尼所消耗的功率为

$$P_z=\frac{1}{2000}c_e\omega^2A^2=\frac{1}{2000}\times0.11m\omega^3A^2$$

$$=\frac{1}{2000}\times0.11\times336\times\left(\frac{3.14\times800}{30}\right)^3\times0.012\text{kW}$$

$$=1.56\text{kW}$$

轴承摩擦所消耗的功率近似取

$$P_f=0.5P_z=0.5\times1.56\text{kW}=0.78\text{kW}$$

总功率为

$$P=\frac{1}{\eta}(P_z+P_f)=\frac{1}{0.95}(1.56+0.78)\text{kW}$$

$$=2.47\text{kW}$$

采用一台 3kW 的电动机。

（8）传给基础的动载荷

$$F_d=\sum k_1A_1\sin\delta=990000\times0.0065\sin45°\text{N}=4550\text{N}$$

6.3　弹性连杆式振动机的动力参数设计示例

例 34.5-6　如图 34.5-13 所示的双质体隔振式振动水平输送机，槽长 $L=18\text{m}$，其质量为 $m_1=2000\text{kg}$，弹性底架质量为 $m_2=8000\text{kg}$，振动次数为 $n=700\text{r/min}$，振动方向角 $\delta=30°$，输送物料量为 $Q=60\text{t/h}$，其抛掷状态下的物料速度为 $v_m=0.21\text{m/s}$. 试确定系统的动力学参数。

解：（1）隔振弹簧刚度的计算

仅在底架下安装隔振弹簧，通常取垂直方向的低频固有圆频率 $\omega_{nd}=\pi(150\sim300)/30$，则隔振弹簧在垂直方向的总刚度为

$$k_{gc}=(m_1+m_2)\omega_{nd}^2$$

$$=(2000+8000)\times\frac{3.14^2}{30^2}(150^2\sim300^2)\text{N/m}$$

$$=2464900\sim9859600\text{N/m}$$

取 $k_{gc}=88\times10^5\text{N/m}$

（2）振动质体的计算质量与诱导质量

1）槽体的计算质量 m'_1

$$m'_1=m_1+K_mm_m$$

物料质量 m_m 为

$$m_m=\frac{QL}{3600v_m}=\frac{60\times10^3\times18}{3600\times0.21}\text{kg}=1428\text{kg}$$

物料结合系数取 $K_m=0.25$，则槽体的计算质量 m'_1 为

$$m'_1=m_1+K_mm_m$$

$$=(2000+0.25\times1428)\text{kg}=2357\text{kg}$$

2）底架的计算质量 m'_2

工作圆频率为 $\omega=(700\times3.14/30)\text{s}^{-1}=73.3\text{s}^{-1}$，振动方向上的隔振刚度 k_{gz} 为

$$k_{gz}=k_{gc}\sin^2\delta+0.3k_{gc}\cos^2\delta$$

$$=(88\times10^5\sin^230°+0.3\times88\times10^5\cos^230°)\text{N/m}$$

$$=418\times10^4\text{N/m}$$

底架的计算质量 m'_2 为

$$m'_2=m_2-k_{gz}/\omega^2$$

$$=(8000-418\times10^4/73.3^2)\text{kg}=7222\text{kg}$$

3）有载时的诱导质量 m_{uf}

$$m_{uf}=\frac{m'_1m'_2}{m'_1+m'_2}=\frac{2357\times7222}{2357+7222}\text{kg}=1777\text{kg}$$

4）空载时的诱导质量 m_{uk}

$$m_{uk}=\frac{m_1m'_2}{m_1+m'_2}=\frac{2000\times7222}{2000+7222}\text{kg}=1566\text{kg}$$

（3）主振固有圆频率 ω_n 与频率比 z

有载时频率比取 $z_f=0.83$

有载时主振固有圆频率 ω_{nf} 为

$$\omega_{nf}=\omega/z_f=(73.3/0.831)\text{s}^{-1}=88.3\text{s}^{-1}$$

空载时频率比 z_k 为

$$z_k=\sqrt{\frac{m_{uk}}{m_{uf}}}z_f=\sqrt{\frac{1566}{1777}}\times0.83=0.78$$

空载时主振固有圆频率 ω_{nk} 为

$$\omega_{nk}=\omega/z_k=(73.3/0.781)\text{s}^{-1}=94\text{s}^{-1}$$

（4）主振弹簧与连杆弹簧的刚度

1）共振弹簧的刚度

$k+k_0=m_{uf}\omega_{nf}^2=1777\times88.3^2\text{N/m}=13855074\text{N/m}$

2）主振弹簧的刚度

$k=m_{uf}\omega^2=1777\times73.3^2\text{N/m}=9547626\text{N/m}$

3）连杆弹簧的刚度

$$k_0=k+k_0-k=(13855074-9547626)\text{N/m}=4307448\text{N/m}$$

（5）相位差角与相对振幅

1）相位差角。

相对阻尼系数 b 取 0.07 时的相位差角为

$$\alpha=\arctan\frac{2bz_f}{1-z_f^2}=\arctan\frac{2\times0.07\times0.83}{1-0.83^2}=20°29'$$

2）相对振幅。

输送槽振幅 $A_1=6\text{mm}$ 时，则相对振幅为

$$A=\frac{m'_1}{m_{uf}}A_1=\frac{2357}{1777}\times6\text{mm}=7.96\text{mm}$$

（6）所需的计算激振力及偏心矩

1）计算激振力为

$$k_0r=k_0A/\cos\alpha=(4307448\times0.00796/\cos20°29')\text{N}=36600\text{N}$$

2）偏心矩为

$$r=A/\cos\alpha=(7.96/\cos20°29')\text{mm}=8.5\text{mm}$$

（7）电动机的功率

1）正常运转时的功率消耗。

正常运转时传动效率取 $\eta=0.95$，阻尼系数为

$$c=2bm_{uf}\omega_{nf}=2\times0.07\times1777\times88.3\text{kg/s}=21967.274\text{kg/s}$$

正常运转时的功率消耗为

$$P_Z=\frac{1}{2000\eta}cA^2\omega^2=\frac{1}{2000\times0.95}\times21967.274\times(0.00796)^2\times(73.3)^2\text{kW}=3.936\text{kW}$$

2）按起动条件计算所需功率。

连杆弹簧动刚度系数取 $K_{0d}=1.12$，主振弹簧动刚度系数取 $K_d-1.05$，最大起动转矩为

$$M_{qc}=\frac{1}{2}\times\frac{kk_0r^2}{K_dk_0+K_{0d}k}=\frac{1}{2}\times\frac{9547626\times4307448\times(0.0085)^2}{1.05\times4307448+1.12\times9547626}\text{N}\cdot\text{m}=97.638\text{N}\cdot\text{m}$$

拟选定 Y 系列电动机，起动转矩系数为 $K_c=1.8$，按起动转矩计算电动机功率为

$$P_{qc}=\frac{M_{qc}\omega}{1000\eta K_c}=\frac{97.638\times73.3}{1000\times0.95\times1.8}\text{kW}=4.185\text{kW}$$

选用 Y132M2-6 型电动机，功率为 5.5kW，转速为 960r/min。

（8）连杆最大作用力及连杆弹簧预压力

起动时连杆最大作用力为

$$F_{1\max}=\frac{k_0kr}{K_dk_0+K_{0d}k}=\frac{4307448\times9547626\times0.0085}{1.05\times4307448+1.12\times9547626}\text{N}=22974\text{N}$$

正常运转时连杆最大作用力为

$$F_{1z}=k_0\sqrt{A^2-2Ar\cos\alpha+r^2}=4307448\times\sqrt{(0.00796)^2-2\times0.00796\times0.0085\cos20°29'+(0.0085)^2}\text{N}=12811\text{N}$$

起动时连杆弹簧最大变形量 a_0 为

$$a_0=\frac{kr}{k+k_0}=\frac{9547626\times0.0085}{9547626+4307448}\text{m}=0.00586\text{m}$$

所以，连杆弹簧预压量应大于 a_0，可取 7mm。

（9）传给地基的动载荷幅值

传给地基垂直方向的动载荷幅值

$$F_c=k_{gc}(A-A_1)\sin\delta=[88\times10^5\times(0.00796-0.006)\sin30°]\text{N}=8624\text{N}$$

传给地基水平方向的动载荷幅值

$$F_s=0.3k_{gc}(A-A_1)\cos\delta=[0.3\times88\times10^5\times(0.00796-0.006)\cos30°]\text{N}=4481\text{N}$$

传给地基的合成动载荷幅值为

$$F_d=\sqrt{F_c^2+F_s^2}=\sqrt{8624^2+4481^2}\text{N}=9719\text{N}$$

6.4 电磁式振动机的动力参数设计示例

例 34.5-7 如图 34.5-19 所示的电磁式振动给料机，槽体部有效质量（包括物料折算质量）$m_1=85\text{kg}$，电磁铁部有效质量 $m_2=136\text{kg}$，工作面倾角 $\alpha_0=0°$，振动方向角 $\delta=20°$，抛掷指数选取 $D=3$，采用半波整流激磁方式（$n=3000\text{r/min}$），试求动力学参数。

解：（1）隔振弹簧刚度 k_1+k_2

选取 $\omega_{nd}=300\pi/30\text{s}^{-1}=31.4\text{s}^{-1}$，则隔振弹簧刚度为

$$k_1+k_2=(m_1+m_2)\omega_{nd}^2=(85+136)\times(31.4)^2\text{N/m}=217897\text{N/m}$$

$$k_1=\frac{m_1}{m_1+m_2}(k_1+k_2)$$

$$=\frac{85}{85+136}\times 217897\text{N/m}=83807\text{N/m}$$

$$k_2=\frac{m_2}{m_1+m_2}(k_1+k_2)$$

$$=\frac{136}{85+136}\times 217897\text{N/m}=134090\text{N/m}$$

（2）主振弹簧刚度 k

按电磁铁有漏磁，属于拟线性电振机，取 $z_f=0.92$，而实际弹簧刚度变化的百分比 $\Delta k_\delta=0.083$，则主振弹簧刚度 k 为

$$k=\frac{1}{z_f}\times\frac{m_1m_2}{m_1+m_2}\omega^2\frac{1}{1-\Delta k_\delta}$$

$$=\frac{1}{0.92^2}\times\frac{85\times 136}{85+136}\times(2\pi\times 50)^2\times\frac{1}{1-0.083}\text{N/m}$$

$$=6644769\text{N/m}$$

（3）质体1的振幅 A_1 及相对振幅 A

质体1的振幅 A_1 为

$$A_1=\frac{900Dg\cos\alpha_0}{\pi^2n^2\sin\delta}$$

$$=\frac{900\times 3\times 9810\cos 0°}{3.14^2\times 3000^2\sin 20°}\text{mm}=0.87\text{mm}$$

相对振幅 A 为

$$A=\frac{m_1}{m_u}A_1=\frac{m_1+m_2}{m_2}A_1$$

$$=\frac{85+136}{136}\times 0.87\text{mm}=1.41\text{mm}$$

（4）所需的激振力 F_z、基本电磁力 F_a 和最大电磁力 F_m

$$F_z=\frac{m_u\omega^2A(1-z_f^2)}{z_f^2\cos\alpha}$$

$$=\frac{52.3\times(2\pi\times 50)^2(1-0.92^2)\times 0.00141}{0.92^2\cos 39°59'}\text{N}$$

$$=1722\text{N}$$

诱导质量 m_u

$$m_u=\frac{m_1m_2}{m_1+m_2}=\frac{85\times 136}{85+136}\text{kg}=52.3\text{kg}$$

取相对阻尼系数 $b=0.07$，则 $\alpha=\arctan\frac{2bz_f}{1-z_f^2}=\arctan\frac{2\times 0.07\times 0.92}{1-0.92^2}=39°59'$

半波整流电振机，特征数 $A'=1$，所以基本电磁力为

$$F_a=\frac{F_z}{2A'}=\frac{1722}{2}\text{N}=861\text{N}$$

最大电磁力为

$$F_m=\frac{(1+A')^2}{2A'}F_z=2F_z=1722\times 2\text{N}=3444\text{N}$$

（5）电振机功率

电磁铁效率取 $\eta=0.9$，则

$$P=\frac{F_z^2z_f^2\sin 2\alpha}{4000\eta m_u\omega(1-z_f^2)}$$

$$=\frac{1722^2\times 0.92^2\sin(2\times 39°59')}{4000\times 0.9\times 52.3\times 2\pi\times 50\times(1-0.92^2)}\text{kW}$$

$$=0.272\text{kW}$$

最大功率为

$$P_m=\frac{P}{\sin 2\alpha}=\frac{0.272}{\sin(2\times 39°59')}\text{kW}=0.276\text{kW}$$

第 6 章　机械振动的控制

在工程生产和人们生活中，处处都有振动产生。各种机械振动对环境、人体健康、设备及产品质量等都会带来不良影响，甚至导致灾难性破坏。为了既保证机械设备正常工作，延长其使用寿命，又使振动能够达到不影响工程和人体健康的要求，在机械设计中，首要的课题就是机械振动的预测和控制。通常从以下几方面控制振动：

1）减小机械各运动件的不平衡量，及其他对机械的各种干扰，从振动的起源来控制振动。

2）采用振动的隔离技术，切断振动波的传递路径，控制振动的传播。

3）采用阻振、减振措施，消耗或转移振动的能量；引进外部能量来抑制振动能量；以及改进设计，提高机械的抗振能力，控制振动的响应。

4）制定各种机械设备的允许振动量，成为控制振动的目标。

1　机械及其零部件的平衡

机械设备中做旋转运动的零部件（简称回转体）产生的不平衡离心惯性力和做往复运动的零部件产生的往复惯性力是引起机器振动的主要原因之一。平衡就是通过减小这个振源，使其达到允许的平衡精度，把振动控制在允许范围内的一种工艺方法。

1.1　刚性转子的平衡

1.1.1　回转体的动力分析

图 34.6-1 所示为具有任意形状的刚性回转体。绕定轴 z 以等角速度 ω 旋转，其上各点的离心惯性力向任一坐标原点 O 简化，得此惯性力系的主矢 R_O 及主矩 M_O，用矢量表示为

$$\left.\begin{aligned}R_O=\sum F_i=\sum m_i\omega^2 r_i=m'\omega^2\boldsymbol{r}_c\\|R_O|=m'\omega^2|r_c|\end{aligned}\right\}\qquad(34.6\text{-}1)$$

$$\left.\begin{aligned}M_O=\sum \boldsymbol{P}_i\times F_i\\|M_O|=\omega^2\sqrt{J_{xz}^2+J_{yz}^2}\end{aligned}\right\}\qquad(34.6\text{-}2)$$

式中　m_i——第 i 个微小质点的质量；

r_i——第 i 个微小质点到 z 轴的距离；

F_i——第 i 个微小质点产生的离心惯性力；

m'——刚性回转体的总质量；

$\boldsymbol{r}_c$——刚性回转体的质心 c 点到 z 轴的距离矢量；

$\boldsymbol{P}_i$——第 i 个微小质点到原点 O 的距离矢量；

J_{xz}——刚性回转体对 x 轴的离心惯性积；

J_{yz}——刚性回转体对 y 轴的离心惯性积。

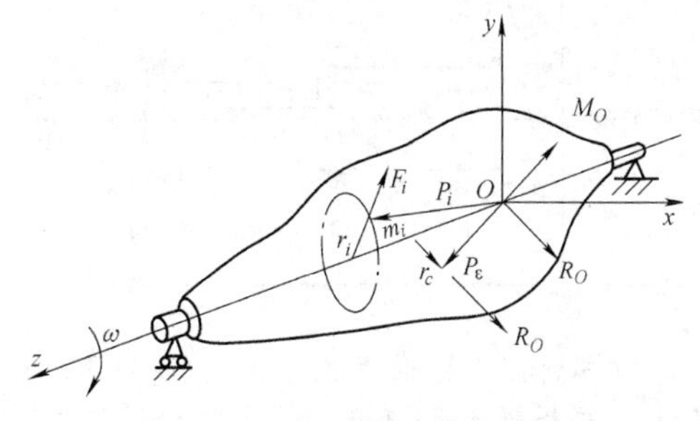

图 34.6-1　离心惯性力简化示意图

主矢 R_O 的大小与选择原点 O 的位置无关，而主矩 M_O 的大小却与原点 O 的位置有关。刚性回转体旋转时，R_O 与 M_O 的方向也随之旋转，将引起回转体的支承产生交变动反力，这样的回转体是不平衡的。所以，刚性回转体要得到平衡，必须使惯性力系向任一点简化得到的主矢与主矩都为零，即

1）$R_O=0$，即 $\boldsymbol{r}_c=0$，则回转体的旋转轴 z 必须通过质心 c。

2）$M_O=0$，即 $J_{xz}=0$，$J_{yz}=0$，则 z 轴是回转体的主惯轴之一。

因此，回转体平衡的必要和充分条件是 z 轴是回转体的中心主惯轴之一。为了满足这个条件，需要重新调整回转体的质量分布，即在其局部增加或去掉质量，使回转体的中心主惯轴与旋转轴一致。根据回转体惯性力系简化结果的不同，刚性回转体可能存在四种不平衡状态，见表 34.6-1。

表 34.6-1　不平衡的类型

类　型	示　意　图	转轴与中心主惯轴的关系	惯性力系简化结果
静不平衡	x R_O a c b z　x R_O a c b y	平行	$R_O\neq0$，即 $r_c\neq0$ R_O 通过质心 c $M_O=0$，即 $J_{xz}=0$，$J_{yz}=0$

（续）

类　型	示　意　图	转轴与中心主惯轴的关系	惯性力系简化结果
准静不平衡		相交于某一点	$R_O \neq 0$，即 $r_c \neq 0$ R_O 不通过质心 c $M_O = 0$，即 $J_{xz} = 0$，$J_{yz} = 0$
偶不平衡		相交于质心 c	$R_O = 0$，即 $r_c = 0$ $M_O \neq 0$，即 $J_{xz} \neq 0$，$J_{yz} \neq 0$
动不平衡		既不相交，又不平行	$R_O \neq 0$，即 $r_c \neq 0$ $M_O \neq 0$，即 $J_{xz} \neq 0$，$J_{yz} \neq 0$

在对回转体进行平衡前，由于 R_O 与 M_O 事先不知道，可根据表 34.6-2 的原则，选择对回转体的平衡方法。表中未包括的情况可视具体情况而定。

表 34.6-2　静平衡与动平衡的选择原则

平衡方法	L、l、D 之间的关系	工作转速 n
静平衡	$D \geqslant 5l$	任何转速
静平衡	$D \leqslant l$；$L \geqslant 2l$	任何转速
动平衡	$D \leqslant l$	$n > 1000\text{r/min}$

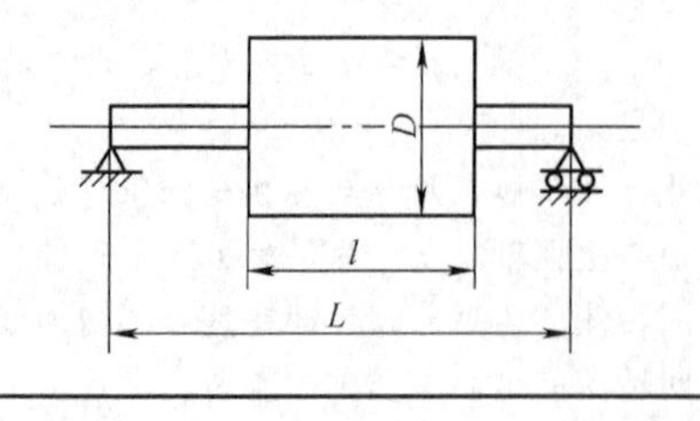

1.1.2　平衡精度

平衡精度是表示回转体平衡后的不平衡程度，也称许用不平衡量。各种典型刚性回转体的平衡等级及许用不平衡量见表 34.6-3。当回转体的平衡等级确定后，则可根据最大工作速度，用式（34.6-3）计算出回转体的许用偏心距，即

$$A = e\omega/1000 \tag{34.6-3}$$

式中　A——平衡精度（mm/s）；

e——许用偏心距（mm）；

ω——回转体的最大角速度（rad/s），$\omega = n\pi/30$；

n——回转体的最大工作转速（r/min）。

根据许用偏心距，按下式计算出许用不平衡量为

$$|U| = m'e \tag{34.6-4}$$

式中　m'——刚性回转体的总质量（kg）；

e——许用偏心距（μm）。

表 34.6-3　各种典型刚性回转体的平衡等级及许用不平衡量

平衡等级 G	平衡精度 $A/\text{mm} \cdot \text{s}^{-1}$	典型刚性转子举例
G 4000	4000	刚性安装的具有奇数气缸的低速①船用柴油机曲轴传动装置②
G 1600	1600	刚性安装的大型二冲程发动机曲轴传动装置
G 630	630	刚性安装的大型四冲程发动机曲轴传动装置；弹性安装的船用柴油机曲轴传动装置
G 250	250	刚性安装的高速四缸柴油机曲轴传动装置

（续）

平衡等级 G	平衡精度 A/mm · s^{-1}	典型刚性转子举例
G 100	100	六缸和六缸以上高速[①]柴油机曲轴传动装置；汽车、机车用发动机整机（汽油机或柴油机）
G 40	40	汽车车轮、轮缘、轮组、传动轴；弹性安装的六缸和六缸以上高速四冲程发动机（汽油机或柴油机）曲轴传动装置；汽车、机车用发动机曲轴传动装置
G 16	16	特殊要求的传动轴（螺旋桨轴、万向节轴）；破碎机的零件；农用机械的零件；汽车和机车用发动机（汽油机或柴油机）部件；特殊要求的六缸和六缸以上发动机曲轴传动装置
G 6.3	6.3	作业机械的零件；船用主汽轮机齿轮（商船用）；离心机鼓轮；风扇；装配好的航空燃气轮机；泵转子；机床和一般的机械零件；普通电动机转子；特殊要求的发动机部件
G 2.5	2.5	燃气轮机和汽轮机，包括船用主汽轮机（商船用）；刚性汽轮发电机转子，涡轮压缩机；机床传动装置；特殊要求的中型和大型电动机转子；小型电动机转子；涡轮驱动泵
G 1	1	磁带记录仪和录音机的传动装置；磨床传动装置；特殊要求的小型电动机转子
G 0.4	0.4	精密磨床主轴；砂轮盘及电动机转子；陀螺仪

① 按国际标准，低速柴油机的活塞速度小于 9m/s，高速柴油机的活塞速度大于 9m/s。

② 曲轴传动装置是包括曲轴、飞轮、离合器、带轮、减速器和连杆回转部分等的组件。

1.1.3　刚性回转体的静平衡

转子的平衡就是在转子上选定适当的校正平面，在其上加上适当的校正质量（或质量组），使得转子（或轴承）的振动（或力）减小到某个允许值以下。使用单面校正去掉静不平衡量，首先要找出静不平衡量的大小和方向。通常把待校正的回转体装在平衡心轴上，或将其直接装在静平衡架上进行。图 34.6-2 所示为典型的平行导轨式静平衡架示意图。

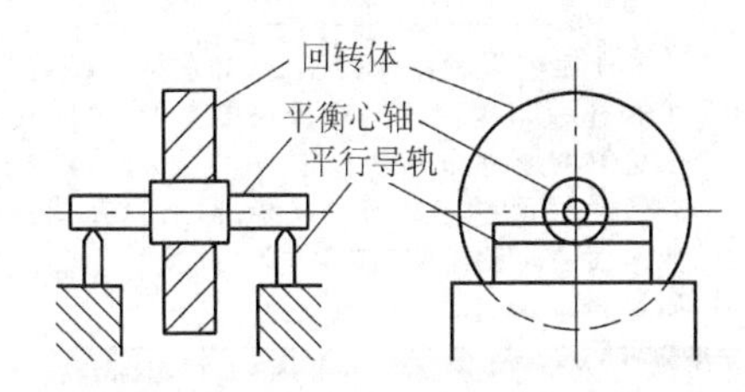

图 34.6-2　平行导轨式静平衡架示意图

1）确定静不平衡量的方向。使回转体在静平衡架上多次来回摆动，取摆动后停下次数最多、垂线向下的方向，即为静不平衡量的方向。

2）静不平衡量的计算。使回转体的静不平衡方向偏离垂线方向一个小于 90°的角度 φ_m，令其在静平衡架上摆动，测出摆动周期 T，则静不平衡量为

$$U = \frac{16J}{gT^2}F^2\left(\sin\frac{\varphi_m}{2},\ \frac{\pi}{2}\right) \qquad (34.6\text{-}5)$$

式中　J——回转体（包括平衡心轴）绕转动中心的转动惯量（kg · m^2）；

T——摆动周期（s）；

g——重力加速度（m/s^2）；

$F^2\left(\sin\frac{\varphi_m}{2},\ \frac{\pi}{2}\right)$——第一类完全椭圆积分，查有关数学手册。

还可以通过实验法求出静不平衡量。先第一次测出摆动周期 T_1，再在回转体不平衡的反方向上距轴心为 r 的地方，加以小质量 m_0（令 $m_0r<U$），按照测 T_1 的方法，测出附加 m_0 后的摆动周期 T_2，则不平衡量为

$$U = \frac{T_2^2}{T_2^2 - T_1^2}m_0r \qquad (34.6\text{-}6)$$

如果使用静平衡机或自动平衡装置，更容易测出静不平衡量的大小和方向。

在找出回转体静不平衡量 U 的大小和方向后，用去质量、加质量或调整校正质量的方法，使不平衡量小于或等于许用不平衡量，一般通过多次尝试达到平衡的要求。

1.1.4　刚性回转体的动平衡

1）转子动平衡的概念。转子动平衡是指消除转子动不平衡所做的工作。转子经过静平衡后，质心调整至旋转中心线上，这种转子旋转时，很可能在通过旋转中心线的平面上出现一个力偶，这种情况称为转子动不平衡。为了消除动不平衡力偶，转子要做动平衡。转子动平衡的实质就是在转子两端端面的专门加厚部分上，磨锉去一定量的金属或加装一定量的平衡块，人为地使转子旋转时产生一个力偶，用以抵消掉原来动不平衡力偶。

2）转子动平衡的常用方法。根据静力等效原

理，将转子上不平衡离心惯性力向校正面上简化，针对每个校正面上的合力 R 或合力矩 M，对转子进行去质量或加质量，抵消 R 及 M，就能校正整个转子的动不平衡。由于简化不同相应的校正方法也不同，常用动平衡的校正方法见表 34.6-4。

对回转体进行动平衡，可把其安装在动平衡机的弹性支承上，使回转体转动。测量出支承的振动或支反力，计算出回转体的不平衡量，再对回转体进行加质量或去质量，直至允许的不平衡量达到要求。

对巨大的回转体，没有相应的动平衡机；对处于高温、高电磁场工作的回转体，由于热变形或磁滞伸缩变形，使已做过的平衡被破坏，这些都需要进行现场动平衡。可通过对现场回转体进行测振重新分析计算，求出校正面上的不平衡量的大小和方向。

表 34.6-4　常用动平衡的校正方法

校正方法	平衡原理图	简要说明
不平衡惯性力系向两校正面简化	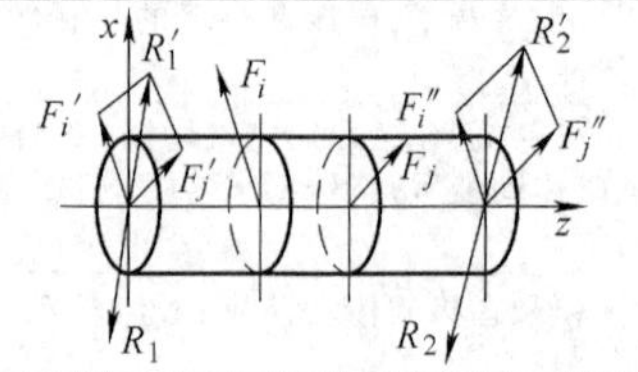	不平衡惯性力 F_i、F_j 向两端面分解为 F_i'、F_i'' 和 F_j'、F_j''，分别求出合力 R_1'、R_2'。在两端面用 R_1、R_2 将其校正
不平衡惯性力系简化为一个力和一个力偶	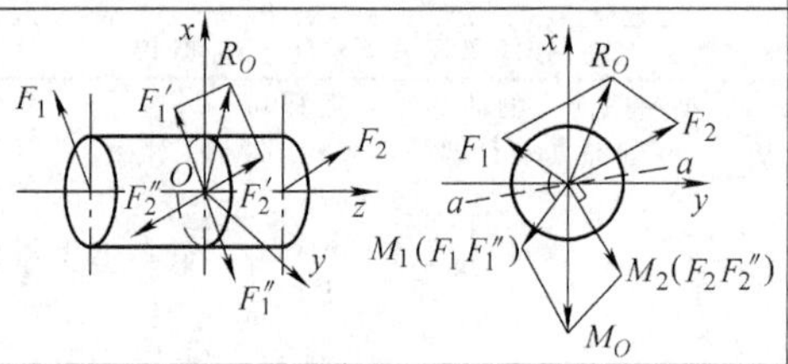	不平衡惯性力 F_1、F_2 向 O 点简化，得力 R_O 和力偶 M_O（力偶作用面 a—a 不一定与力作用面重合）。校正方法：在过 O 的横截面上校正 R_O，在任意两横截面的 a—a 方向校正 M_O
不平衡惯性力系简化为一组对称力和反对称力	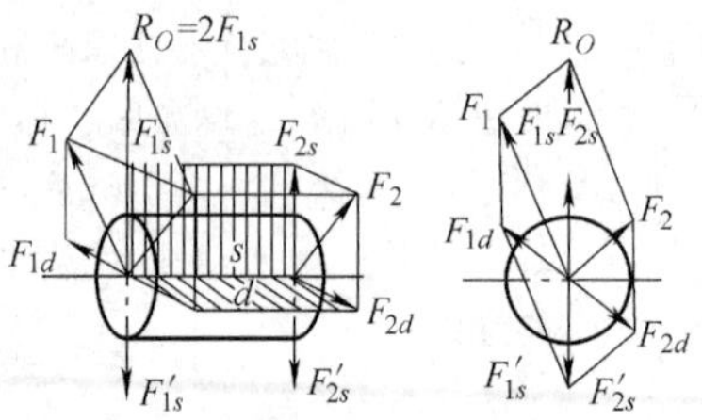	不平衡惯性力 F_1、F_2 分解为在 s 平面上的两相等同向力 F_{1s}、F_{2s}（对称力）和在 d 平面上的两相等反向力 F_{1d}、F_{2d}（反对称力），分别校正之。这种方法常用于挠性转子动平衡
多面校正	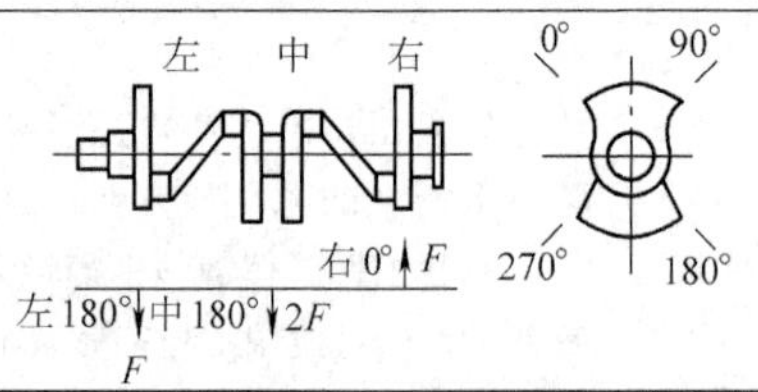	对于某些形状特殊的工件，如曲柄，找不到一个可在任一角度位置进行校正的平面，这时用平行力分解的原理采用多面校正。例如，需在不能去质量的平面（左 180°）去质量 m，可以在能去质量的平面去质量代替（图中 180°去质量 $2m$，右 0°去质量 m）

1.2　柔性转子的动平衡

1）振型平衡法。根据转子的具体情况，取 N 个校正面，在每个校正面上设置一个平衡量（假设为去量或加量）。应用挠曲变形方程，令这些不平衡量产生的挠曲变形 $r'(z)$ 去抵消转子已有的挠曲变形 $r(z)$，即令 $r'(z) - r(z) = 0$，即可算出动平衡时在各校正面上需要配质量的方案。这种方法只适用于结构简单，不超过三阶的柔性转子的动平衡。

2）影响系数法。在转子上选定有限个校正面及振动测量点，依次在每个校正面上加一个不平衡量。启动转子旋转，同时测出各测量点的振动量，就可知道这一不平衡量对各点振动的影响，计算出其影响系数。把所加的各不平衡量和相应的各影响系数，代入影响系数方程，就可算出各校正面的等效不平衡量。采用去质量和加质量的方法，抵消这些等效不平衡量，使各测点的振动响应均为零。这种方法适用于结构复杂的转子。

1.3　往复机械惯性力的平衡

往复机械运转时所产生的往复惯性力、旋转惯性力以及反扭矩将最终传递到往复机械的机体支承，以力和力矩的形式出现。这些力和力矩都是曲轴转角的周期函数，对往复机械的支承及其机架是一种周期性的激励，引起系统的振动。

往复机械的平衡就是采取某些措施抵消上述三种惯性力或使它们减小到允许的程度。通常采取的措施是使由惯性力和惯性力矩所产生的不平衡尽可能在往复机械的内部解决，使其尽量不传或尽可能少地传到机外。

为了简化计算，根据静力等效条件把曲柄滑块机构（见图 34.6-3）简化为图 34.6-4 所示的力学模型。其具体做法是将连杆质量 m_l 分为两部分：一部分质量$\frac{l_A}{l}m_l$随曲柄做旋转运动；一部分质量$\frac{l_B}{l}m_l$随滑块做往复运动。曲柄以匀角速度 ω 回转时，不平衡惯性力按表 34.6-5 中公式计算。

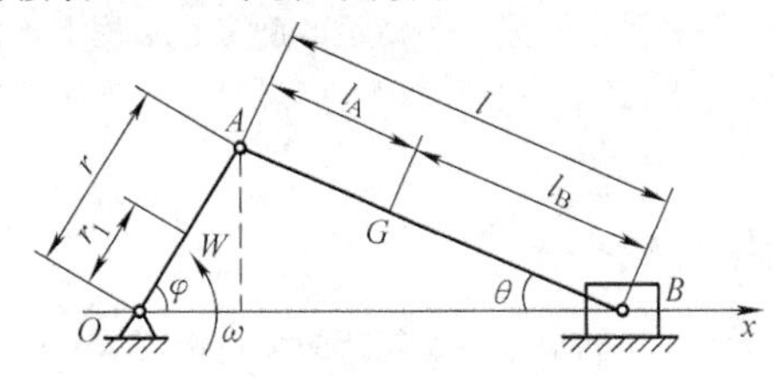

图 34.6-3　曲柄滑块机构示意图

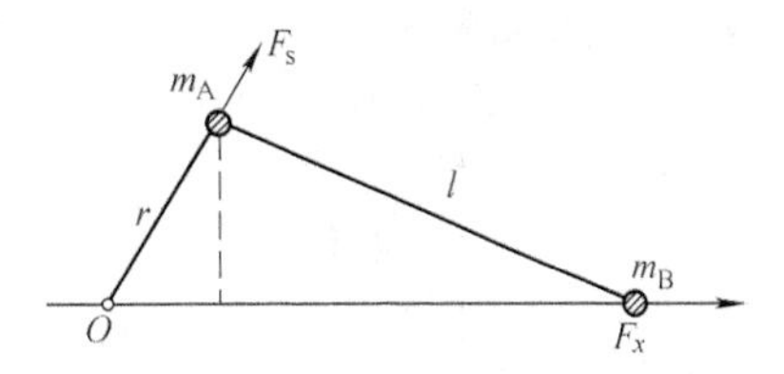

图 34.6-4　曲柄滑块机构力学模型

往复质量惯性力的平衡方法如下：

在曲柄滑块机构中，需要平衡回转质量 m_A 产生的离心惯性力 F_S，以及由往复质量 m_B 产生的往复惯性力 F_x。

如图 34.6-5 所示，由回转质量 m_A 产生的离心惯性力 F_S，只需在曲柄销的反面距轴心 r_b 处加以质量 m_b，使 $m_b r_b = m_A r$，则 m_b 和 m_A 产生的离心惯性力大小相等、方向相反，互相抵消，即得到平衡。对于往

表 34.6-5　曲柄连杆机构不平衡惯性力的计算

类　型	计算公式	当量质量	方　向	频　率
回转惯性力	$F_s = m_A r\omega^2$	$m_A = \frac{r_1}{r}m_r + \frac{l_A}{l}m_l$	沿曲柄向外	ω
一次往复惯性力	$F_{1x} = m_B r\omega^2\cos\omega t$	$m_B = m_h + \frac{l_B}{l}m_l$	滑块运动方向	ω
二次往复惯性力	$F_{2x} = \frac{r}{l}m_B r\omega^2\cos2\omega t$			2ω

注：ω—曲柄回转角速度（rad/s）；r—曲柄半径（m）；r_1—曲柄质心 O 距转轴的距离（m）；l—连杆长度（m）；l_A—连杆质心距曲柄销 A 的距离（m）；l_B—连杆质心距滑块销 B 的距离（m）；m_r—曲柄质量（kg）；m_l—连杆质量（kg）；m_h—滑块质量（kg）。

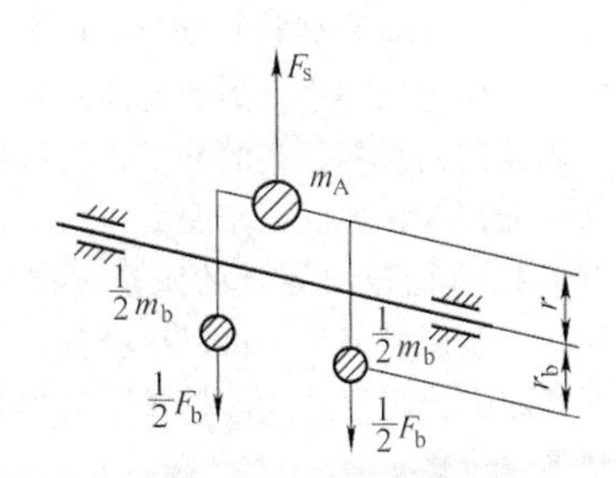

图 34.6-5　回转惯性力的平衡原理

复质量 m_B 产生的往复惯性力 F_x，常用的平衡方法有：

1）半平衡法。如图 34.6-6 所示，在曲柄销的反面距轴心 r_d 处，加以平衡质量 m_d，使 $m_d r_d = 0.5m_B r$，则 m_d 产生的回转惯性力在 x 方向的分力 $F_{dx} = 0.5m_B r\omega^2\cos\omega t$，使一次往复惯性力 F_{x1} 减小了一半。但又在 y 方向增加一个不平衡力 F_{dy}。

2）单轴平衡法。如图 34.6-7 所示，在曲柄销的反面，距轴心 r 处加一平衡质量 m_c；又在通过齿轮 z_1 和 z_2 带动的另一轴的圆盘上加以平衡质量 m_c，并使 $m_c = 0.5m_B$，则 m_c 产生的回转惯性力 F_c 在 x 方向的分力 $F_{cx} = 0.5m_B r\omega^2\cos\omega t$，二者之和将一次往复惯性力 F_{x1}在力系中完全消除，且二者在 y 方向的分力

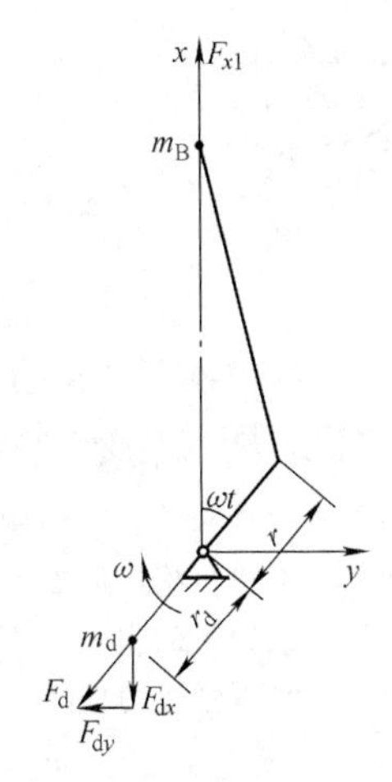

图 34.6-6　半平衡法原理

相互抵消，不再有不平衡力。但是由于各力不在同一线上，将产生不平衡力偶 M_c。为使 M_c 减小，应尽可能减小二齿轮中心距的尺寸。

3）双轴平衡法。使用图 34.6-8a 所示的双轴平衡机构，不仅可与单轴平衡机构一样消除一次往复惯性力 F_{x1}，而且不再产生不平衡力偶。若将两个平衡质量的转速提高一倍，可用于平衡二次往复惯性力，

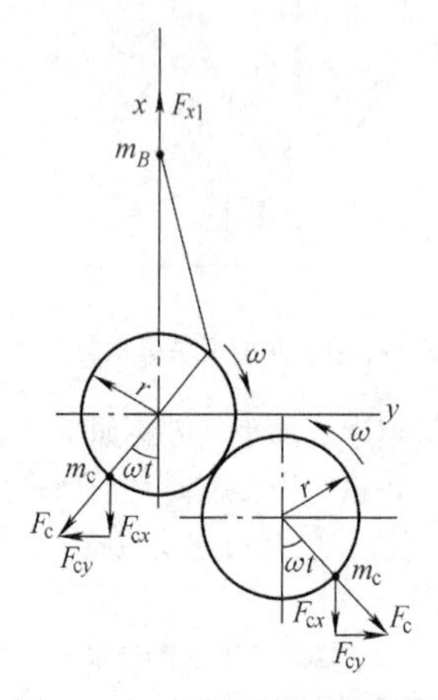

图 34.6-7　单轴平衡法原理图

而且在 y 方向上的合力为零，力偶也为零，如图 34.6-8b 所示。

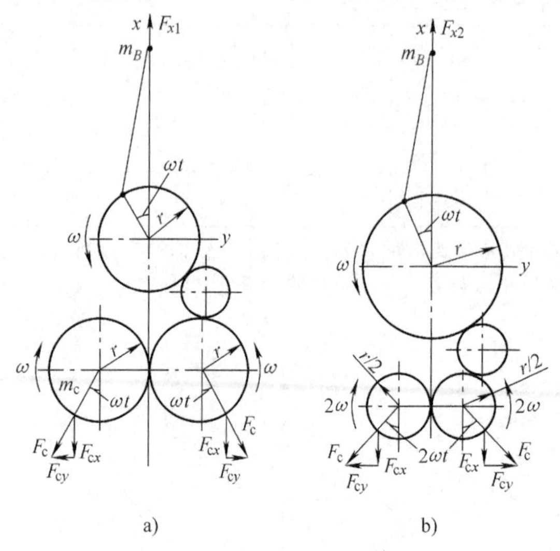

图 34.6-8　双轴平衡法原理图

4）调整质心平衡法。如图 34.6-9 所示，在曲柄和连杆上，增加平衡块Ⅰ和Ⅱ，调整两平衡块的大小和位置，使整套曲柄滑块机构的质心位于固定轴心 O 上，从而消除机构惯性力系的主矢，不存在回转惯性力和往复惯性力，只剩下惯性力偶。

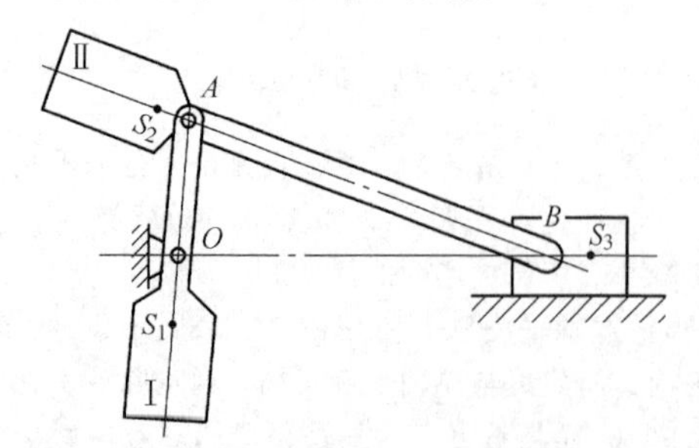

图 34.6-9　调整质心平衡法原理图

设曲柄增加平衡块Ⅰ后的总质量为 m_1，质心位于 S_1 点；连杆增加平衡块Ⅱ后的总质量为 m_2，质心位于 S_2 点；滑块的质量为 m_3，质心位于 S_3 点。如果满足以下条件：

$$\begin{cases} m_1 OS_1 = (m_2 + m_3) OA \\ m_2 AS_2 = m_3 AB \\ BS_3 = 0 \end{cases} \tag{34.6-7}$$

则整套机构的质心必将位于固定轴心 O 上。

在内燃机上，连杆平衡块的配置在结构上难以实现。这种平衡法方法不宜用于内燃机，仅适用于锯床等曲柄滑杆机构。

2　阻尼减振

现代工程机构大多为复杂的多自由度系统，一般的减振、隔振技术很难满足控制振动的要求，还必须采用各种形式的阻尼，耗散振动体的能量，达到减小振动的目的。在系统中增加阻尼可通过多种方法来实现，如使用高内阻的材料制造零件，在设备表面涂加阻尼层，增加运动件的相对摩擦，在系统中安装阻尼器等。选择不合适的阻尼不仅不能控制振动，而且还会降低机器的效率，加速零件的磨损，增加设备的热变性等不良后果。

2.1　材料阻尼

由图 34.6-10 所示的材料应力-应变滞后回线可以看出，在一个应力循环中，加载期间外界对材料所做的功大于卸载期间材料释放的能量，材料把一部分能量转换为热能而消耗掉。在交变力作用下，材料内部分子相互摩擦消耗振动能量的阻尼，称为材料阻尼。根据回线所包围的面积，可以比较各种材料的阻尼性能，面积越大，阻尼越大。材料阻尼的大小用等效黏性阻尼系数来衡量。

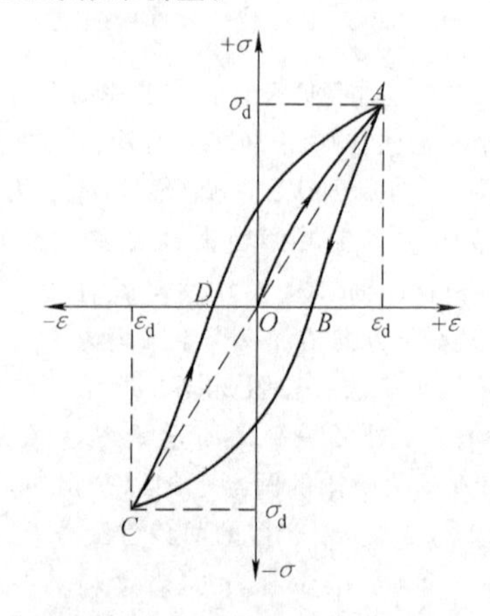

图 34.6-10　材料应力-应变滞后回线

通常以材料的损耗因子 β 值来衡量其对振动的吸收能力的特征量。它是材料受到振动激励时，损耗能量与振动能量的比值

$$\beta=\frac{W_d}{2\pi U} \tag{34.6-8}$$

式中　W_d——一个周期中阻尼所消耗的功（J）；

U——系统的最大弹性势能（J），$U=kA^2/2$；

k——系统的刚度（N/m）；

A——振幅（m）。

由于等效阻尼为 $c_e=\frac{W_d}{\pi\omega A^2}$，因此损耗因子 β 和等效阻尼 c_e 的关系为

$$c_e=\frac{k}{\omega}\beta \tag{34.6-9}$$

由式（34.6-9）可知，β 值越大，阻尼越大。各种常用材料在室温和声频范围内的 β 值见表 34.6-6。

常用的 31 型、90 型等橡胶层的较详细资料见表 34.6-7。

表 34.6-6　常用材料在室温和声频范围内的 β 值

材料	损耗因子 β	材料	损耗因子 β	材料	损耗因子 β
钢、铁	0.0001~0.0006	夹层板	0.01~0.13	高分子聚合物	0.1~10
铜、锡	0.002	软木塞	0.13~0.17	混凝土	0.015~0.05
铅	0.0006~0.002	复合材料	0.2	砖	0.01~0.02
铝、镁	0.0001	有机玻璃	0.02~0.04	干砂	0.12~0.6
阻尼合金	0.02~0.2	塑料	0.005		
木纤维板	0.01~0.03	阻尼橡胶	0.1~5		

表 34.6-7　常用 31 型、90 型等橡胶层的较详细资料

系　　列	型　　号	最大损耗因子 β_{max}	最大损耗因子时的温度/℃	最大损耗因子时切变模量/N·m^{-2}	最佳使用频率/Hz
31 型	3101	0.45	20	1.4×10^{10}	100~5000
	3102	0.65	42	2×10^{10}	100~5000
	3103	0.92	60	6.5×10^{10}	100~5000
90 型	9030	1.4	8	5.8×10^{9}	100~5000
	9050	1.5	10	6.5×10^{9}	100~5000
	9050A	1.3	32	7×10^{9}	100~5000
ZN00	ZN01	1.6	10	2×10^{7}	
	ZN02	1.42	20	2×10^{7}	
	ZN03	1.42	30	1.5×10^{7}	
	ZN04	1.45	-10	2×10^{7}	
ZN10	ZN11	1.5	20	2.5×10^{7}	
	ZN12	1.1	10	5×10^{8}	
	ZN13	1.34	20	1.5×10^{8}	
	ZN14	1.0	100	4×10^{7}	
ZN20	ZN21	1.4	25	5×10^{7}	
ZN30	ZN31	1.2	100	7×10^{7}	
	ZN33	1.0	200	1×10^{9}	

注：橡胶材料的复刚度 $k=k'+ih=k'(1+i\beta)$，k' 为橡胶弹性元件的单向位移动刚度（同相动刚度），h 为反映橡胶材料阻尼特性的正交动刚度（即结构阻尼），损耗因子 $\beta=h/k'$。动刚度 k 同时代表了橡胶元件的动刚度和阻尼。

2.2　扩散阻尼

振动体向周围介质辐射弹性波，带走振动的能量，起到扩散阻尼的作用。结构的扩散阻尼视其形状、尺寸和振动频率而定。例如，平板传播横向波时，振动的频率低于某一临界频率就不辐射能量；1cm 厚的钢板的临界频率为 1000Hz，超过这个频率，辐射的能量就随频率的增加而增加；如果板的自由边角在黏性液中振动，将更多的消耗能量。

扩散阻尼还包括固体结构的零件之间以及从一结构到另一结构的扩散。悬臂梁把其端部振动的弹性能扩散到支承中，如果激励是瞬态的，支承比振动系统体积大很多，则振动能量基本扩散出去而不返回，因而振动被阻止。

2.3　相对运动阻尼

相对运动消耗的能量占总阻尼消耗能量的 90% 左右，是阻振的主要手段。减小相对运动件的间隙、施加预载荷、提高接触面的表面粗糙度是常见的提高相对运动阻尼的方法。

碰撞是另一相对运动阻尼的形式，如把金属球放入振动的机体，把松散的颗粒放入镗杆，在非工作的封闭空间中保留砂芯或充填物料，这些都是利用它们之间的碰撞而消耗能量，起到阻尼的作用。

2.4　结构阻尼

结构的形状明显地影响着振动能量的消耗与扩散。图34.6-11所示为几种典型的阻尼性能好的结构外形：图34.6-11a所示为柔性的梁或板；图34.6-11b所示为外表加肋的结构，适用于飞机的机壳、汽车车身以及金属建筑物的机架；图34.6-11c所示为由若干金属板组合的刚性结构；图34.6-11d所示为蜂窝形板和壳。

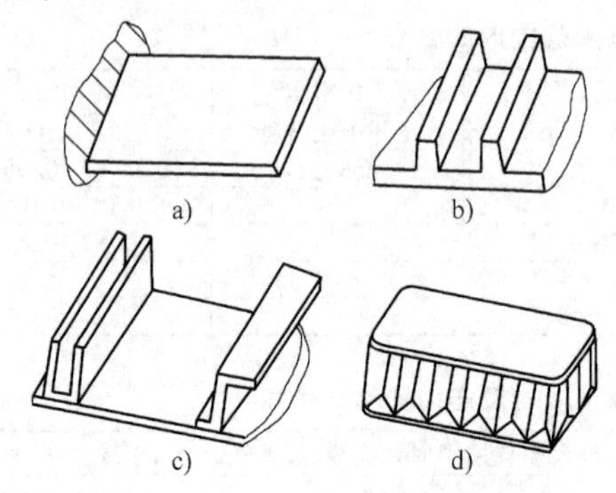

图34.6-11　几种典型的阻尼结构外形

2.5　附加阻尼

在振动体上，使用各种方式附加一层具有高内阻的黏弹性材料（如沥青基制成的胶泥减振剂、高分子聚合物和油漆腻子等），振动时使阻尼材料产生很大变形，消耗振动的能量而不损坏。图34.6-12a所示为自由阻尼层也称非约束阻尼层，是在振动体上直接喷涂一层黏弹性材料，方法简单、成本低但阻尼性能较差；图34.6-12b所示为多层约束阻尼层，在黏弹性材料上附加一薄层或多层刚性材料，当振动体变形时，起约束作用的刚性材料不变形，从而增加了黏弹性材料的剪切变形，提高阻尼性能；图34.6-12c所示为多层间隔约束阻尼层，把起约束作用的刚性材料薄片按一定间隔排列在黏弹性材料中，其阻尼效果将更加提高；图34.6-12d所示为阻尼夹心镶板，可安置于振动系统中，使阻尼材料产生较大的变形而发挥消耗能量的阻尼作用；图34.6-12e所示为共振阻尼装置，是由黏弹性材料和质量块组成的装置，相当于高阻尼的单自由度系统，附加在振动体上将产生谐振，使黏弹性材料产生更大的变形，发挥更好的阻尼作用；图34.6-12f所示为共振梁阻尼装置，与图34.6-12e所述的装置相比，工作原理相同，但有更多的黏弹性材料发挥阻尼作用，增加了阻尼效果。

这类附加阻尼的共同优点是不改变原设计的结构和刚度而提高其阻尼性能。附加阻尼还有各种型式。图34.6-13所示为典型多层薄板梁的阻尼结构横截面。由于振动产生变形时，夹在薄板中间的黏弹性材料产生剪切变形而发挥阻尼的作用。图34.6-14所示为典型的由外体-嵌入体-黏弹性材料组成的梁的阻尼结构横截面。在梁振动产生变形时，嵌入体与外体之间的相对运动使中间的黏弹性材料产生剪切变形，而消耗振动的能量，可用于各种结构中。这种阻尼层未与振动体牢固黏合的插入阻尼，还有多种型式。

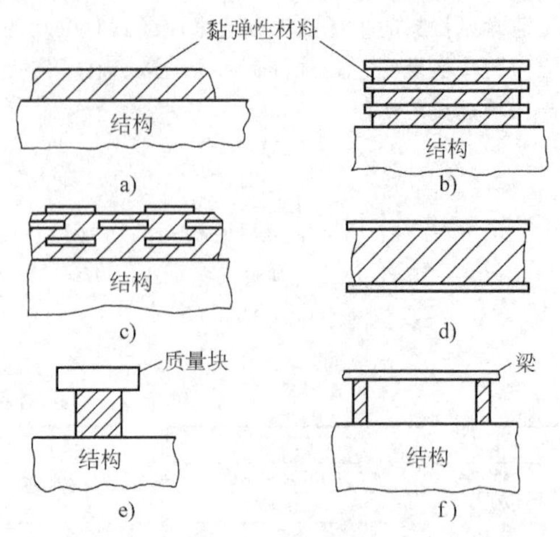

图34.6-12　几种典型的附加阻尼

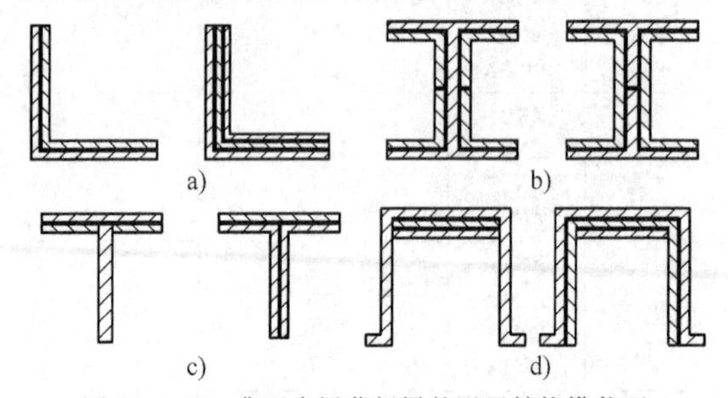

图34.6-13　典型多层薄板梁的阻尼结构横截面
a）角截面　b）I形截面
c）T形截面　d）帽、盖截面

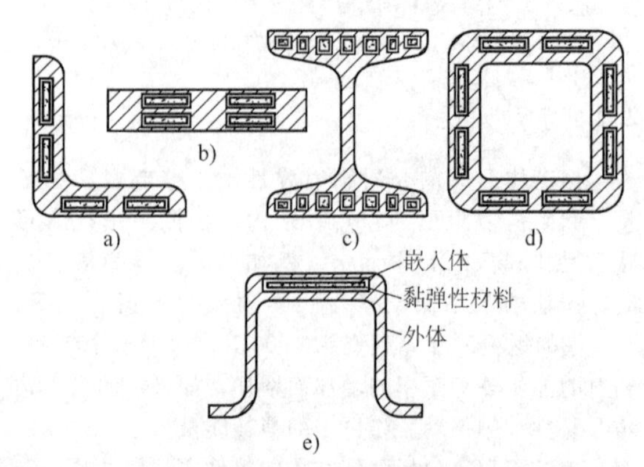

图34.6-14　外体-嵌入体-黏弹性材料梁的阻尼结构横截面
a）角截面　b）平杆截面　c）I形截面
d）方形截面　e）帽、盖截面

2.6　阻尼减振原理

阻尼减振的原理见表 34.6-8。

表 34.6-8　阻尼减振的原理

类　别	图　例	说　明
空气阻尼器		摆锤运动使空气以很大的速度从小孔流入或流出而获得大的阻尼力，性能稳定，阻尼力与运动速度的线性较差
油阻尼器		阻尼板在油中产生涡流及阻尼板与油的黏滞力获得阻尼力，种类很多，流体介质以硅油为最稳定 左图例说明：振动体通过摇臂 2 使活塞 1 产生往复运动，迫使油液通过活塞的节流孔来回流动，产生摩擦阻尼
干摩擦阻尼器	1—轴　2—摩擦盘 3—飞轮　4—弹簧	摩擦片、弹簧、橡胶和钢丝绳减振器等；种类很多
磁阻尼器		金属材料制成的阻尼环在磁场中运动产生电动势、产生涡流而形成阻尼力 F(N) $F=\pi \dfrac{B^2}{\rho} D_m bt+v\times 10^{-14}$ 式中　B—空隙的磁通密度(G，1G=10^{-4}T) ρ—圆环的电阻率(Ω·cm) 设磁场中圆环部分的电阻为 R(Ω)，则 $\rho=Rbt/(\pi D_m)$
线圈式电磁阻尼器		如用线圈在磁场中运动切割磁力线时产生电动势，与磁场相互作用而产生阻止运动的力，则为线圈式电磁阻尼器

3　常用的减振装置

常用的减振装置有阻尼减振器、固体摩擦减振器、动力减振器、液体摩擦减振器、摆式减振器和冲击减振器等。

3.1　阻尼减振器

阻尼减振器与振动体相连接，直接增加系统的阻尼，把动能变为热能起减振作用。阻尼减振器的工作原理及计算见表 34.6-9。每一振动周期内消耗的能量越大，减振效果越好，为了提高减振效果，则应：①提高阻尼器的阻尼力；②把阻尼器安装在与振动体相对运动最大的位置；③阻尼器的结构尺寸，应具有足够的散热能力。

表 34.6-9　阻尼器的工作原理及计算

类　型	工作原理	实例示意图	每振动周期内消耗的能量 W
固体摩擦阻振器	振动时，运动件与阻尼件、阻尼件与固定件之间的固体摩擦力，消耗振动能量	振动体；环形弹簧；运动件；阻尼件；蝶形弹簧；固定件	$W=4FA$ 式中　F—摩擦力(N) A—振幅(m)
液体摩擦阻振器	振动时，运动件在阻尼液体中形成旋涡（见图a），或产生黏性摩擦力（见图b），消耗振动能量	振动件；运动件；a)；b)	图a　$W=\frac{8}{3}\gamma A^3\omega^2$ 图b　$W=0.4\times10^{-4}\pi\gamma aA\omega^2$ 式中　ω—振动角频率(rad/s) A—振幅(m) a—摩擦板面积(m^2) γ—阻尼液的运动黏性系数(kg/m)
电磁阻振器	运动件在磁场内振动，将产生涡流，涡流与磁场的相互作用形成电磁阻尼，以减小振动	运动件；h；振动体	$W=\pi cA^2\omega$ 式中　ω—振动角频率(rad/s) A—振幅(m) c—与磁场强度活动板的面积和厚度等因素有关的系数(N·s/m)

3.2　固体摩擦减振器

典型的固体摩擦减振器的结构示意图如图 34.6-15 所示。

由于飞轮有较大的惯性不能随同轴系一起振动，飞轮与毂盘之间产生相对运动以及伴随的摩擦力矩，从而把振动能量转换成热能，起到减振作用。减振效果主要与飞轮的转动惯量和摩擦力矩的大小有关，在设计和使用时，应根据激振力矩和允许振幅的大小选取飞轮的最佳转动惯量和最佳摩擦力矩。若作用在扭振系统上的激振力矩为 $M_j\sin\omega t$，安装减振器的允许振幅为$[\theta]$，则按以下步骤计算减振器的各项参数

1）计算飞轮的最佳转动惯量

$$J=\frac{\pi^2M_j}{4\omega_j^2[\theta]}\qquad(34.6\text{-}10)$$

式中　M_j——力矩（N·m）；

ω_j——飞轮转动角速度（rad/s）；

$[\theta]$——允许振幅（rad）。

2）确定飞轮的几何尺寸

$$J=10\rho\left(\frac{L}{D_e}\right)D_e^5\left[1-\left(\frac{D_i}{D_e}\right)^4\right]\qquad(34.6\text{-}11)$$

式中　L、D_e、D_i——飞轮厚度、直径尺寸及毂盘直径（见图 34.6-15）（m）；

ρ——飞轮材料的密度（kg/m^3）。

先根据减振器的安装位置要求，选取 D_i/D_e 和 L/D_e，再根据飞轮材料的密度 ρ 及式（34.6-10）算出的 J，按式（34.6-11）确定飞轮的几何尺寸。

3）计算最佳摩擦力矩 M_{OP}

$$M_{OP}=1.11M_j\qquad(34.6\text{-}12)$$

4）确定摩擦盘的尺寸和材料，计算最佳弹簧压力

$$F_{OP}=\frac{3}{4}\times\frac{M_{OP}}{\mu}\times\frac{r_e^2-r_i^2}{r_e^3-r_i^3}\qquad(34.6\text{-}13)$$

式中　r_e、r_i——摩擦盘外半径与内半径（m）。

先根据结构要求及飞轮的尺寸，选取摩擦盘尺寸 r_e、r_i，由选取的摩擦盘材料确定摩擦因数 μ，再按式（34.6-13）计算 F_{OP}。根据 F_{OP} 确定弹簧的尺寸，要求实际的弹簧压力在 F_{OP} 的±33%以内。

5）计算每一振动周期中减振器消耗的能量最大值 W_{max} 及功率 P_{max}

$$W_{\max} = \frac{4}{\pi} J\omega^2 [\theta]^2 \quad (34.6\text{-}14)$$

$$P_{\max} = \frac{W_{\max}\omega}{1000} \quad (34.6\text{-}15)$$

式中符号意义同前。

W 为每振动周期消耗的功，用以确定减振器的减振效果；P 为消耗的功率，用以校验其散热能力。

6）校核对其他激振力矩 M'_j 的减振结果

$$\theta' = \frac{2\pi M_{OP}^2}{J\omega^2 \sqrt{16M_{OP}^2 - \pi^2 M'^2_j}} \quad (34.6\text{-}16)$$

θ'应小于允许振幅$[\theta]$，才能满足设计要求。若达不到此要求，须改进设计。

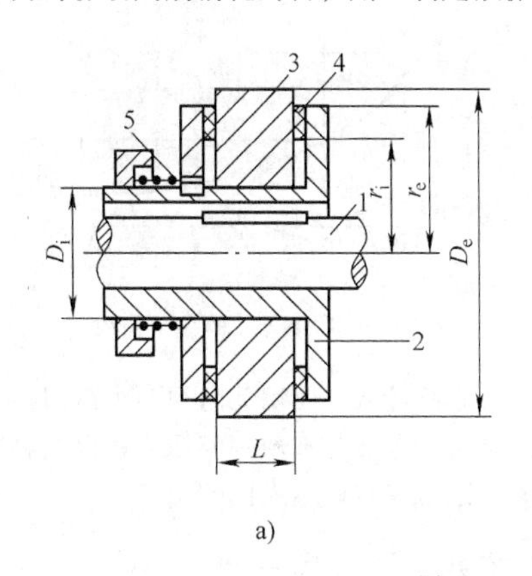

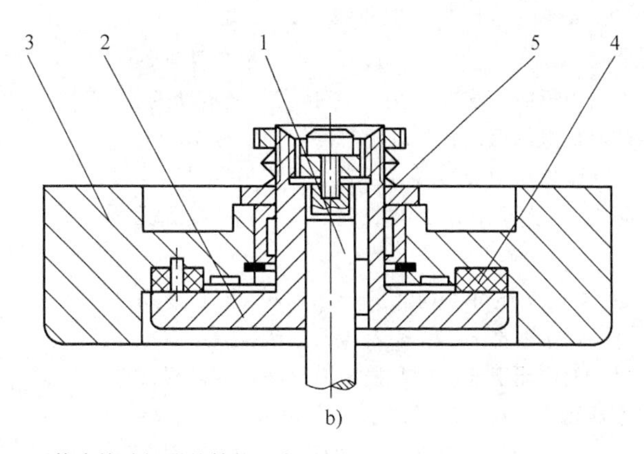

图 34.6-15　固体摩擦减振器的结构示意图

1—扭振轴　2—毂盘　3—飞轮　4—摩擦盘　5—弹簧

3.3　动力减振器

3.3.1　无阻尼动力减振器

图 34.6-16 所示为无阻尼动力减振器的示意图及动力学模型。梁上有一固定转速的电动机，运转时由于偏心而产生受迫振动。这可简化为质量为 m_1、弹簧刚度为 k_1 的单自由度系统，受到激振力 $F_1\sin\omega t$ 而引起的受迫振动。当 ω 接近系统固有频率 $\sqrt{k_1/m_1}$ 时，将产生强烈振动。在梁上附加一质量为 m_2、刚度为 k_2 的弹簧-质量系统，就成为二自由度系统。若使选择的附加质量 m_2 和弹簧刚度 k_2 满足条件 $\sqrt{k_2/m_2}=\omega$，则主系统（梁和电动机）的振动急剧减小，而附加系统则振动不止，犹如把主系统振动吸收过来由它代替一样。这种附加的弹簧-质量系统就是动力**减振器**。在生产实践中，消除频率范围变化较小的机器（如电动机）的过大振动，可采用这一方法。

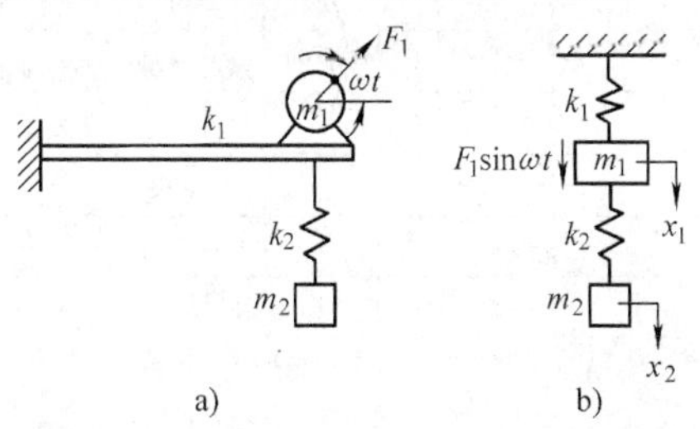

图 34.6-16　无阻尼动力减振器的示意图及动力学模型

图 34.6-16b 所示力学模型的振动微分方程为

$$\begin{aligned} m_1\ddot{x}_1 + (k_1+k_2)x_1 - k_2x_2 &= F_1\sin\omega t \\ m_2\ddot{x}_2 - k_2x_1 + k_2x_2 &= 0 \end{aligned} \quad (34.6\text{-}17)$$

其受迫振动的振幅为

$$A_1 = \frac{\begin{vmatrix} F_1 & -k_2 \\ 0 & k_2-m_2\omega^2 \end{vmatrix}}{\begin{vmatrix} k_1+k_2-m_1\omega^2 & -k_2 \\ -k_2 & k_2-m_2\omega^2 \end{vmatrix}} = \frac{F_1(k_2-m_2\omega^2)}{(k_1+k_2-m_1\omega^2)(k_2-m_2\omega^2)-k_2^2}$$

$$A_2 = \frac{\begin{vmatrix} k_1+k_2-m_1\omega^2 & F_1 \\ -k_2 & 0 \end{vmatrix}}{\begin{vmatrix} k_1+k_2-m_1\omega^2 & -k_2 \\ -k_2 & k_2-m_2\omega^2 \end{vmatrix}} = \frac{F_1k_2}{(k_1+k_2-m_1\omega^2)(k_2-m_2\omega^2)-k_2^2}$$

$$(34.6\text{-}18)$$

当 $\omega^2=k_2/m_2$ 时，得

$$\begin{aligned} A_0 &= 0 \\ A_2 &= -F_1/k_2 \end{aligned} \quad (34.6\text{-}19)$$

可见选择动力吸振器的固有频率 $\sqrt{k_2/m_2}=\omega$ 时，主系统即保持不动，而动力吸振器则以频率 ω 做 $x_2=A_2\sin\omega t$ 的受迫振动。吸振器弹簧在下端受到的作用

力为

$$k_2x_2=-F_1\sin\omega t \tag{34.6-20}$$

在任何瞬时恰好与上端的激振力 $F_1\sin\omega t$ 相平衡，因此使主系统的振动转移到吸振器上来。

图 34.6-17 所示为主系统的幅频响应曲线。曲线是在比值 $\alpha=(k_2/m_2)/(k_1/m_1)=1$、质量比 $\mu=m_2/m_1=0.2$ 的条件下做出的。由曲线可以看出，当 $\omega/\sqrt{k_2/m_2}=1$ 时，$A_1k_1/F_1=0$，这是在无阻尼条件下的结论。在有阻尼的情况下，主系统不是完全不动的，而是以较小的振幅振动；随着阻尼的增加，振幅将会增大，因此采用动力吸振器时，应注意减小阻尼，这和以往增加阻尼可以减小共振区附近的振幅情况不同。

由图 34.6-17 还可以看出，$\omega=\sqrt{k_2/m_2}$ 附近有两个共振峰，如果选择 m_2 和 k_2 不当，或激振频率有较大变化时，就可能引起新的共振。为此必须控制附加动力消振器后的二自由度系统的固有频率。对于 $\alpha=1$ $(k_1/m_1=k_2/m_2)$、质量比为 μ 的系统，两个固有频率为

$$\omega_{n1}^2\text{和}\ \omega_{n2}^2=\frac{k_1}{m_1}\left[\left(1+\frac{\mu}{2}\right)\mp\sqrt{\mu+\frac{\mu^2}{4}}\right] \tag{34.6-21}$$

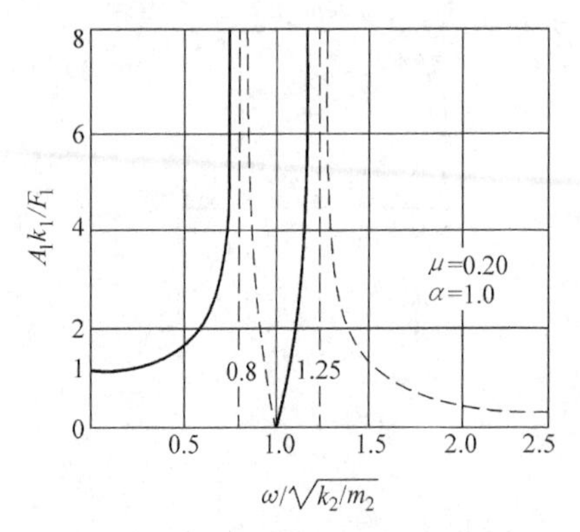

图 34.6-17　主系统的幅频响应曲线

由式（34.6-21）作出 $z=(\omega_{n1},\omega_{n2})/\sqrt{k_1/m_1}$ 与 μ 的关系曲线，如图 34.6-18 所示。由图可以看出，对于一定的 μ 值，有两个对应 z 值的 z_1 和 z_2，它们表示系统的两个固有频率 ω_{n1} 和 ω_{n2} 相隔的范围。而 μ 值越小，ω_{n1} 和 ω_{n2} 将越接近，动力减振器的使用频带也就越窄。例如，在本例中，$m_2/m_1=0.2$ 时，$\omega_{n1}=0.8\sqrt{k_1/m_1}$，$\omega_{n2}=1.25\sqrt{k_1/m_1}$；当 $m_2/m_1=0.1$ 时，$\omega_{n1}=0.85\sqrt{k_1/m_1}$，$\omega_{n2}=1.17\sqrt{k_1/m_1}$，所以必须保持一定的质量比，即减振器的质量不能过小，才不致发生新的共振。一般要求 $\mu>0.1$。此外为了使减振器能安全工作，还应根据式（34.6-19）的振幅 A_2 进行强度校核。

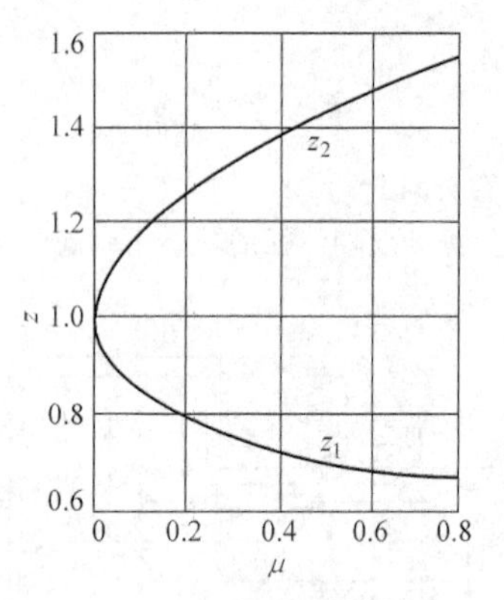

图 34.6-18　z 与 μ 的关系曲线

由以上分析可见，使用无阻尼动力减振器时要特别慎重，应用不当会带来新的问题，所以这种减振器主要用于激振频率变化不大的情况。

3.3.2　有阻尼动力减振器

图 34.6-19 所示为在动力减振器中加入适当的阻尼，除动力作用外，还利用阻尼消耗振动能量，减振效果更好，而且还使减振频带加宽，具有更广的适用范围。有阻尼动力减振器与主系统的相对振幅 A_1/δ_{st} 的数学表达式见式（34.6-22），与此相应的 A_1/δ_{st} 与 z 的关系曲线，如图 34.6-20 所示。

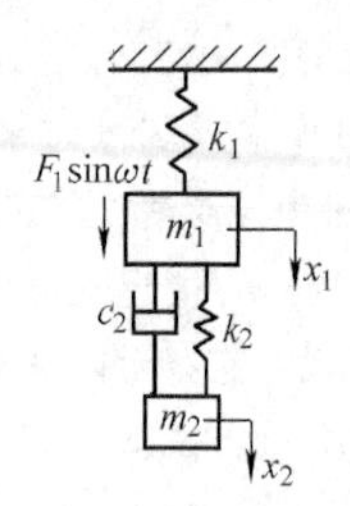

图 34.6-19　有阻尼动力减振器系统力学模型

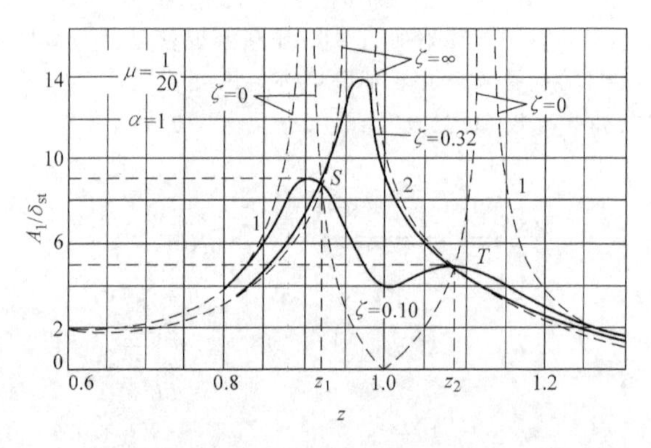

图 34.6-20　A_1/δ_{st} 与 z 的关系曲线

$$\frac{A_1}{\delta_{st}}=\sqrt{\frac{(z^2-\alpha^2)^2+(2\zeta\alpha z)^2}{[\mu z^2\alpha^2-(1-z^2)(\alpha^2-z^2)]^2+(2\zeta\alpha z)^2(1-z^2-\mu z^2)^2}} \tag{34.6-22}$$

式中　A_1——质体 1 的振幅（mm）；

δ_{st}——主系统在与激振力幅 F_1 相等的静力作用下产生的静变形（mm）；

$\alpha=\omega_{n2}/\omega_{n1}$——减振器与主系统固有频率之比；

$\omega_{n1}=\sqrt{k_1/m_1}$——主系统的固有频率（rad/s）；

$\omega_{n2}=\sqrt{k_2/m_2}$——减振器的固有频率（rad/s）；

$z=\omega/\omega_{n1}$——激振频率与主系统固有频率之比；

$\mu=m_2/m_1$——辅助质量与主质量之比；

$\zeta=\dfrac{c_2}{2m_2\omega_{n2}}$——减振器的阻尼比。

1）由图 34.6-20 可以看出，无论阻尼比 ζ 为何值，所有幅频曲线都经过 S、T 两点，因此这两点的值与阻尼无关。这一物理现象是设计有阻尼动力减振器的重要依据。

2）为保证减振器在整个频率范围内都有较好的减振效果，应使 S、T 两点的纵坐标相等，而且成为幅频响应曲线的最高点，如图 34.6-21 所示。按式（34.6-23）和式（34.6-24）选择最佳阻尼比和最佳频率比，即可达到此要求

$$\zeta_{OP}=\sqrt{\frac{3\mu}{8(1+\mu)^3}} \tag{34.6-23}$$

$$\alpha_{OP}=\frac{1}{1+\mu} \tag{34.6-24}$$

3）为保证减振效果达到预定要求，应使最佳参数情况下 S、T 两点的纵坐标小到允许振幅之内。最佳参数情况下，S、T 两点的纵、横坐标的表达式分别为

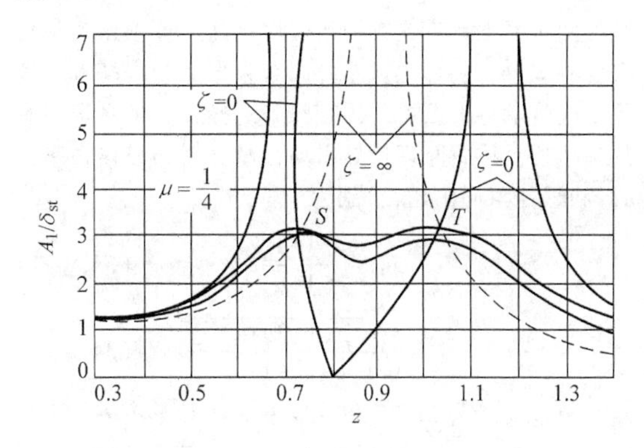

图 34.6-21　最佳情况下 A_1/δ_{st} 与 z 的关系曲线

$$\left(\frac{A_1}{\delta_{st}}\right)_S=\left(\frac{A_1}{\delta_{st}}\right)_T=\sqrt{1+\frac{2}{\mu}} \tag{34.6-25}$$

$$z_{S,T}^2=\left(\frac{\omega}{\omega_{n1}}\right)^2=\frac{1}{1+\mu}\left(1\mp\sqrt{\frac{\mu}{2+\mu}}\right) \tag{34.6-26}$$

由上式可以看出，增加质量比 μ，主系统的振幅 A_1 将减小，减振效果提高，但会导致系统的质量增加。因此，应注意把主系统中的某些部件作为辅助质量，这样既能提高减振效果，又不增加系统的质量。

3.3.3　动力减振器的最佳参数

在设计动力减振器时，通常假设主质量受有简谐激振力，而且以主质量的振幅 A_1 为优化目标，得出动力减振器的最佳参数。当激振形式和优化目标参数改变时，可查表 34.6-10。

表 34.6-10　不同激振形式及优化目标参数的动力减振器的最佳参数

激振形式	激振位置	优化目标参数 A	最佳频率比 α_{OP}	最佳阻尼比 ζ_{OP}^2	A_{OP}
$F_0e^{i\omega t}$	主质量	k_1x_1/F_0	$\dfrac{1}{1+\mu}$	$\dfrac{3\mu}{8(1+\mu)^3}$	$\sqrt{2/\mu}\times\sqrt{1+\mu/2}$
$F_0e^{i\omega t}$	主质量	支座反力 k_1x_1/F_0			
$\ddot{x}_0e^{i\omega t}$	基座	$\ddot{x}_1/\ddot{x}_0$			
$F_0e^{i\omega t}$	主质量	$m_1\ddot{x}_1/F_0$		$\dfrac{3\mu}{8(1+\mu/2)}$	$\sqrt{\dfrac{2}{\mu}}\times\dfrac{1}{\sqrt{1+\mu}}$
$b\omega^2e^{i\omega t}$	主质量	m_1x_1/b			
$b\omega^2e^{i\omega t}$	主质量	支座反力 $k_1x_1/b\omega^2$			
$F_0e^{i\omega t}$	主质量	$k_1\ddot{x}_1/F_0$	$\dfrac{\sqrt{1+\mu/2}}{1+\mu}$	$\dfrac{3\mu\ (1+\mu+5\mu^2/24)}{8\ (1+\mu)\ (1+\mu/2)}$	$\sqrt{\dfrac{2}{\mu}}\times\sqrt{\dfrac{1+\mu/2}{1+\mu}}$
$\ddot{x}_0e^{i\omega t}$	基座	$\omega_{n1}^2(x_1-x_0)/\ddot{x}_0$	$\dfrac{\sqrt{1-\mu/2}}{1+\mu}$	$\dfrac{3\mu}{8\ (1+\mu)\ (1-\mu/2)}$	$\sqrt{\dfrac{2}{\mu}}\ (1+\mu)$
$\ddot{x}_0e^{i\omega t}$	基座	$-\omega_{n1}^2x_1/\ddot{x}_0$		$\dfrac{3\mu\ (1-3\mu+1.5\mu^2\cdots)}{8\ (1-3.5\mu-2\mu^2\cdots)}$	$\sqrt{\dfrac{2}{\mu}}\ (1+2\mu+2.128\mu^2+3.375\mu^3+\cdots)$

注：μ—质量比；F_0—激振力幅值；$\ddot{x}_0$—基座激振的加速度幅值；ω—激振角频率；m_1、k_1—主振系统的质量和刚度；x_1、$\ddot{x}_1$—主振系统的位移和加速度的幅值。

3.3.4 随机振动的动力减振器

随机微振具有连续频谱密度函数，即微振频率含有各种成分，包括主振系统固有频率。为提高减振效果，应将动力减振器的固有频率选择在主振系统固有频率附近。按此原理推导出动力减振器的最佳频率比α_{OP}和最佳阻尼比ζ_{OP}分别为

$$\alpha_{OP}=\frac{\sqrt{1+\mu/2}}{1+\mu} \quad (34.6\text{-}27)$$

$$\zeta_{OP}=\sqrt{\frac{\mu(1+3\mu/4)}{4(1+\mu)(1+\mu/2)}} \quad (34.6\text{-}28)$$

与α_{OP}、ζ_{OP}相对应的主质量最小位移方差为

$$(\sigma_1^2)_{min}=\frac{2\pi S_0\omega_{n1}}{k_1^2}\sqrt{\frac{1+3\mu/4}{\mu(1+\mu)}} \quad (34.6\text{-}29)$$

式中 μ——质量比；

S_0——随机激振的频谱密度；

ω_{n1}——主振系统的固有频率（rad/s）；

k_1——主振系统刚度（N/m）。

3.4 液压摩擦减振器

图34.6-22所示为液体摩擦减振器的示意图及其动力学模型。液体摩擦减振器也是一种动力减振器，主要靠辅助质量（转动惯量为J_2）和振动体（转动惯量为J_1）间相对运动产生的液体摩擦力减振；其次，辅助质量的惯性力也起减振作用。

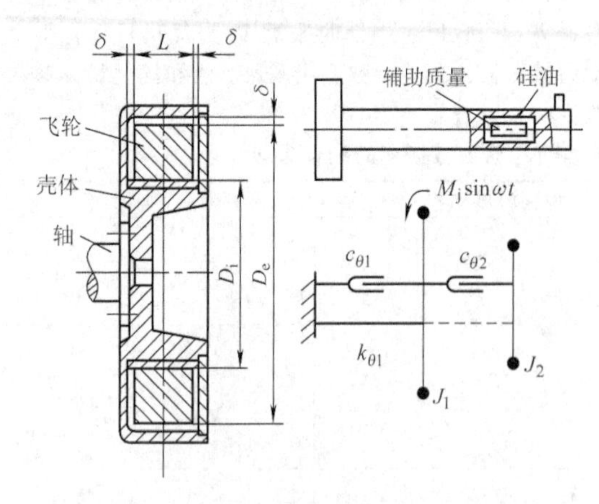

图34.6-22 液体摩擦减振器的示意图及其动力学模型

为使液体摩擦减振器能在较宽的频域内具有较好的减振效果，仿照动力减振器的方法，推导出主振系统有阻尼时，减振器的最佳参数的计算公式。最佳阻尼比为

$$(\zeta_2)_{OP}=\frac{(c_{\theta2})_{OP}}{2J_2\omega_{n1}}$$

$$=\frac{1}{2+\mu}\left[\sqrt{\frac{2+\mu-2\mu^2\zeta_1}{2(1+\mu)}}-\mu\zeta_1\right] \quad (34.6\text{-}30)$$

最佳频率比为

$$z_{OP}^2=\left(\frac{\omega}{\omega_{n1}}\right)^2$$

$$=4(\zeta_2)_{OP}[\mu\zeta_1+(1+\mu)(\zeta_2)_{OP}] \quad (34.6\text{-}31)$$

与其相对应的振幅放大系数为

$$\left(\frac{\theta_1}{\theta_{st}}\right)=\frac{1}{1-4(1+\mu)(\zeta_2)_{OP}^2} \quad (34.6\text{-}32)$$

当主系统的阻尼可忽略不计时，即$\zeta_1=0$，以上三式变为

$$(\zeta_2)_{OP}=\frac{1}{\sqrt{2(1+\mu)(2+\mu)}} \quad (34.6\text{-}33)$$

$$z_{OP}=\sqrt{\frac{2}{2+\mu}} \quad (34.6\text{-}34)$$

$$\left(\frac{\theta_1}{\theta_{st}}\right)=\frac{2+\mu}{\mu} \quad (34.6\text{-}35)$$

式中，$\mu=J_2/J_1$，$\omega_{n1}=\sqrt{k_{\theta1}/J_1}$，$\zeta_1=\dfrac{c_{\theta1}}{2J_1\omega_{n1}}$，

$\zeta_2=\dfrac{c_{\theta2}}{2J_2\omega_{n1}}$，$\theta_{st}=\dfrac{M_j}{k_{\theta1}}$

根据主系统的J_1、$k_{\theta1}$、$c_{\theta1}$和允许振幅［θ_1］，以及作用在系统上的激振力矩M_j，按式（34.6-33）~式（34.6-35）可分别求出减振器的参数J_2和ζ_2，再根据J_2和ζ_2对减振器进行结构设计和硅油的选取。必要时，根据工作温度的要求，对减振器的散热面积进行校核。

3.5 摆式减振器

在产生扭转振动的旋转轴系中，安装离心摆，即摆式减振器，并使其产生惯性力矩与激振力矩对消，从而起减振作用。摆式减振器也是动力减振器的一种型式，由动力减振器的设计可知，当减振器的固有频率等于激振频率时，减振效果最好。旋转轴系的激振频率与旋转转速成正比，离心摆的固有频率也与旋转转速成正比，因此摆式减振器在变速轴系的整个转速范围都有较好的减振效果，特别适用于减小变速运动机器的扭转振动。

摆式减振器有挂摆、滚摆和环摆等多种型式，图34.6-23所示为最简单的挂摆型摆式减振器示意图及其动力学模型。

根据摆体的运动方程，可求出摆的振幅Θ_2与扭转轴系振幅Θ_1的关系式为

$$\frac{\Theta_1}{\Theta_2}=\frac{l(\omega_n^2-\omega^2)}{(R+l)\omega^2} \quad (34.6\text{-}36)$$

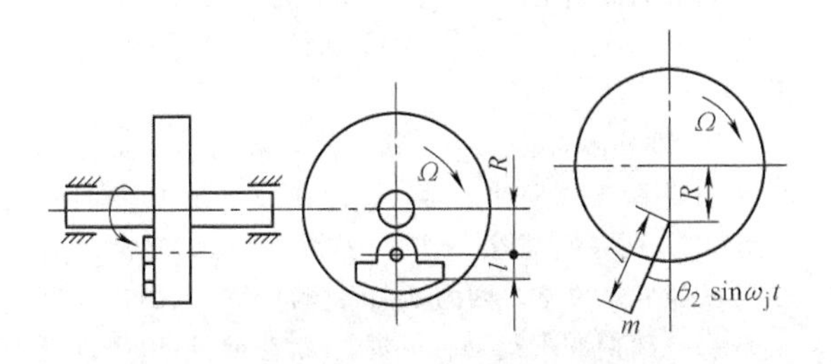

图 34.6-23　挂摆型摆式减振器示意图及其动力学模型

式中　$\omega_n=\Omega\sqrt{R/l}$——挂摆型减振器的固有频率（rad/s）；

ω——扭转轴系的激振频率（rad/s）。

由式（34.6-36）可以看出，当 $\omega_n=\omega$ 时，$\Theta_1=0$，消除了轴系的扭转振动。

对于旋转轴系的扭振，激振力矩的频率 ω 通常为平均角速度 Ω 的 n 倍，n 为简谐次数。离心摆的固有角频率 ω_n 也与旋转平均角速度 Ω 成正比，即 $\omega_n=K\Omega$，比例常数 K 为调谐比，$K=\sqrt{R/l}$。所以，只要适当选择减振器的几何参数 R、l，使调谐比 K 等于简谐次数 n，则在机器的整个工作速度范围内都能对 n 次激振起减振作用。根据摆所产生的扭矩应与激振力矩 M_j 大小相等、方向相反的原则，决定摆的质量为

$$m=\frac{M_j}{\omega^2 l(R+l)\Theta_2} \tag{34.6-37}$$

式中，Θ_2 为摆的最大摆角，一般应小于 30°。如果计算出的 m 过大，不宜制成一个大摆时，可用几个小摆来代替。

如果系统上还作用有其他次激振力矩，则应按下式（34.6-38）校核该力矩引起的振幅 Θ'_1：

$$\Theta'_1=\frac{M'_j(K^2-n^2)}{m(R+l)^2\omega'^2K^2} \tag{34.6-38}$$

式中　M'_j——n'次等效简谐激振力矩的幅值（N·m）；

ω'——此激振力矩的角频率（rad/s）。

如果校核结果不能满足要求，则应再设计一个摆，用以减小 n'次激振力矩引起的振动。通常需要对所存在的几次危险的激振力矩分别设计不同参数的若干摆来减小系统的振动。表 34.6-11 列出了挂摆型、滚摆型及环摆型摆式减振器的原理简图、几何参数、调谐比及振幅计算公式。

表 34.6-11　常用摆式减振器的结构参数

型　式	挂　摆　型	滚　摆　型	环　摆　型
原理简图	$l=D-d$　G-质心	d—滚子的外径	D—环的外径
调谐比 K	$K^2=\frac{R}{l}$	$K^2=\frac{R}{l}\frac{1}{\left(1+\frac{4J_2}{md^2}\right)}$	$K^2=\frac{R}{l}\frac{1}{\left(1+\frac{4J_2}{mD^2}\right)}$
共振时摆的振幅 Θ_2	$\Theta_2=\frac{M_j}{m(R+l)l\omega^2}$	$\Theta_2=\frac{M_j}{\left[m(R+l)-\frac{2J_2}{d}\right]l\omega^2}$	$\Theta_2=\frac{M_j}{\left[m(R+l)-\frac{2J_2}{D}\right]l\omega^2}$
结构简图			

注：m—摆的质量（kg）；J_2—摆的转动惯量（kg·m²）；M_j—激振力矩（N·m）；ω—激振角频率（rad/s）。

3.6　冲击减振器

利用两物体相互碰撞后能量损失原理，在振动体上安装一个或多个起冲击作用的自由质量，当系统振动时，自由质量将反复地冲击振动体来消耗振动能量，达到减振的目的，这就是冲击减振器的工作原理。冲击减振器具有结构简单、质量轻和体积小，以及在较大的频率范围内都可使用等优点。典型的简单冲击减振器的机构及其动力学模型如图 34.6-24 所示。由图可以看出，在振动体 M 内部的冲击块 m，能在间隙为 δ 的空间里往复运动。为了提高冲击减振效果，在设计和使用冲击减振器时，应注意以下几点：

1）要实现冲击减振，就要使自由质量 m 对振动体 M 产生稳态周期冲击运动，即在每个振动周期内，m 和 M 分别左右碰撞一次。为此，通过试验选择合适的间隙 δ 是关键。因为 δ 在某些特定的范围内才能实现稳态周期冲击运动；同时，希望 m 和 M 都以其最大速度运动时进行碰撞，以获得有力的碰撞条件，造成最大的能量损失。

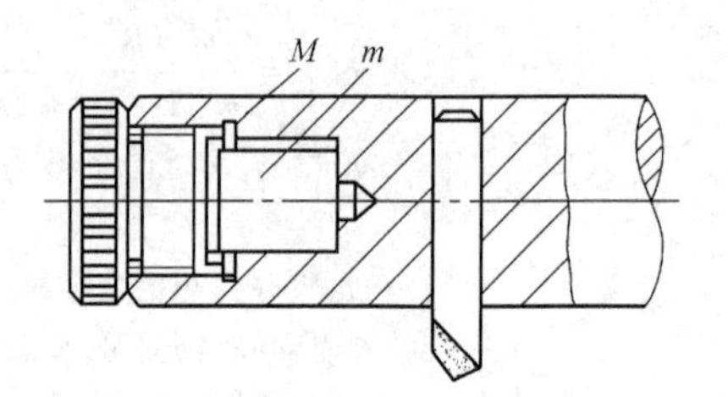

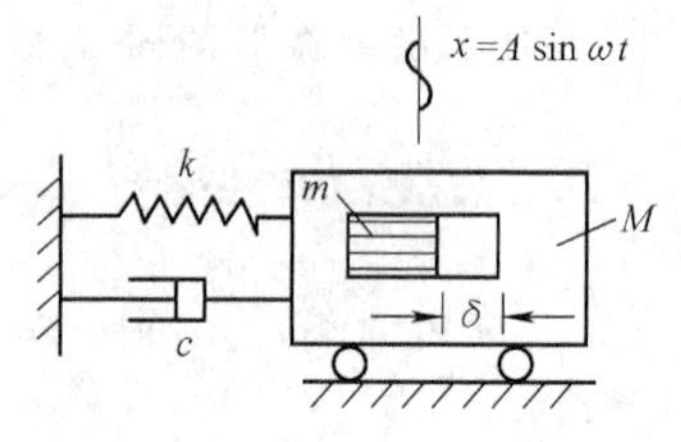

图 34.6-24　冲击减振器的机构及其动力学模型

2）自由质量 m 越大，碰撞时消耗的能量越多。因此，在结构允许的条件下，应尽可能选用大的质量比 $\mu=m/M$，或者在冲击块挖空的内部注入密度大的材料，以增加其质量。

3）冲击块的恢复系数越小，减振效果越好，但是会影响运动的稳定性。因此，应使恢复系数的数值基本稳定，通常选用淬硬钢或硬质合金钢制造冲击块。

4）把冲击块安装在振幅最大的位置，可提高减振效果。

5）增加自由质量可提高减振效果，但增加冲击量会加大噪声。为此，使用多自由质量冲击减振器，如图 34.6-25 所示，既增加减振效果，又不增大噪声。

6）自由质量在振动体内运动，二者在接触面产生的干摩擦力，对减振效果有一定的影响。在主振系统共振时，增加干摩擦力会提高减振效果；在非共振状态，增加干摩擦力会降低减振效果。

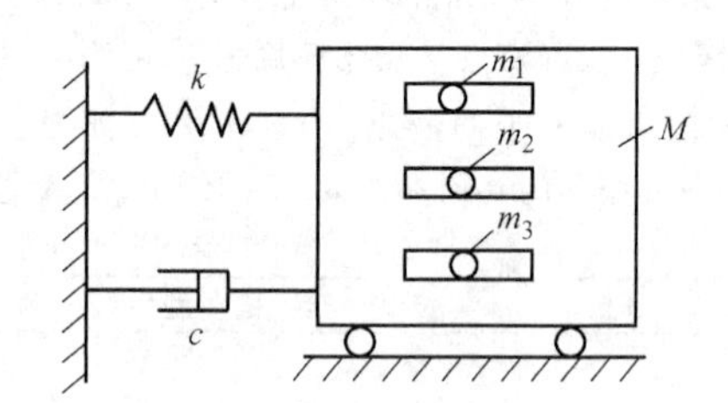

图 34.6-25　多自由质量冲击减振系统的力学模型

4　隔振原理及隔振设计

4.1　隔振原理及一次隔振的动力参数设计

采用振动隔离技术，控制振动的传递，是消除振动危害的重要途径之一。根据振源的不同，一般分为两种性质不同的隔振，即主动隔振和被动隔振。隔振原理及一次隔振的动力参数设计见表 34.6-12。

表 34.6-12　隔振原理及一次隔振的动力参数设计

项　目	主动(积极)隔振	被动(消极)隔振
隔振目的与说明	机械设备本身为振源，为了减少它对周围环境的影响，即减少传给基础的动载荷，采取措施将设备与基础隔离开来	振源来自基础运动，为了使外界振动尽可能少地传给机械设备，采取措施将基础与机械设备隔离开来
力学模型	$F_0\sin\omega t$　m_1　x　k_1　c_1　F_T	x　m_1　k_1　c_1　u　$u=U\sin\omega t$

（续）

项　　目	主动（积极）隔振	被动（消极）隔振
主要考核内容	传给基础的动载荷 $F_{d1}=\eta_A F_0$	传给机械设备的位移幅值 $A=\eta_A U$
绝对传递率 η_A（隔振系数 η）	$\eta_A=\dfrac{\sqrt{1+(2\zeta z)^2}}{\sqrt{(1-z^2)^2+(2\zeta z)^2}}$　其中，$z=\dfrac{\omega}{\omega_n}$。$z$ 很小时，$\eta_A=\left\|\dfrac{1}{1-z^2}\right\|$ 式中　ω—被隔离的振源圆频率（rad/s）； ω_n—隔振系统的固有圆频率（rad/s） 绝对传递率 η_A 只与系统的固有特性（质量、阻尼和刚度）有关，与外激励性质无关，所以确定系统在传递简谐激励、非简谐激励和随机激励过程中，绝对传递率都是一样的	
隔振效率 E	$E=(1-\eta)\times100\%$	
说明	从绝对传递率公式中可以看出，在阻尼很小的情况下（$\zeta=0$），只有频率比 $z>\sqrt{2}$ 时，才有隔振效果，即 $\eta<1$	
设计条件	在已知机械设备总体质量 m_1 和激振圆频率 ω 的条件下，可根据要求的隔振系数 η 进行隔振的动力参数设计。若还知道激振力幅值，可根据基础所能承受的动载荷进行隔振的动力参数设计	在已知机械设备或装置的总体质量 m_1 和支承运动圆频率 ω 的条件下，可根据隔振系数 η 进行隔振的动力参数设计。若还知道支承运动位移幅值，可根据机械设备允许的运动位移幅值进行隔振的动力参数设计
频率比的选择	一般选择范围 $z=2\sim10$　$\eta=0.25\sim0.01$　$z\approx1/\sqrt{\eta}$ 最佳选择范围 $z=3\sim6$　$\eta=0.11\sim0.04$	
隔振弹簧总刚度	隔振弹簧总刚度　$k_1=\dfrac{1}{z^2}m_1\omega^2$	
辅助考核内容：考核指标	瞬时最大运动响应：$A_{max}=(3\sim7)A$ 式中　$A=\dfrac{F_0}{k_1}\beta$	瞬时最大相对运动响应：$\delta_{max}=(3\sim7)\delta_0$ 式中　$\delta_0=U\beta_R$
辅助考核内容：稳态响应系数	稳态响应系数：$\beta=\dfrac{A}{A_{st}}=\dfrac{1}{\sqrt{(1-z^2)^2+(2\zeta z)^2}}$	相对传递系数：$\beta_R=\dfrac{\delta_0}{U}=\dfrac{z^2}{\sqrt{(1-z^2)^2+(2\zeta z)^2}}$
辅助考核内容：说明	当 $z>\sqrt{2}$ 时，如果单纯从隔振观点出发，阻尼的增加会降低隔振效果，但工程中常遇到外界突然冲击和扰动，为避免弹性支承物体产生过大振幅的自由振动，常人为地增加一些阻尼抑制其振幅，且可使自由振动很快消失，特别是当隔振对象在起动和停机过程中经过共振区时，阻尼的作用就更显得重要。综合考虑，适用最佳阻尼比 $\zeta=0.05\sim0.20$。在此范围内，加速和停机造成的共振不会过分大，因共振区是低频区，而不平衡扰动力在低频时都很小；其次，隔振系统受扰动后常以较快速度越过共振区，该瞬时最大位移可达正常振幅的 3～7 倍。同时，隔振性能也不致降得过多，通常隔振效率可达 80%以上	
辅助考核内容：设计思想	为防止机体 m_1 和基础相互碰撞（包括机体与基础或固定在基础上六个方向所有物体的碰撞），机体 m_1 和基础间的最小间隙应大于 2 倍的 A_{max} 或 δ_{max}。为防止机体 m_2 跳离隔振弹簧，弹簧的静压缩量应大于 A_{max} 或 δ_{max}，弹簧的允许极限压缩量应大于 2 倍的 A_{max} 或 δ_{max}；非压缩弹簧相对允许变形量应大于 2 倍的 A_{max} 或 δ_{max}	

（续）

项　目	主动（积极）隔振	被动（消极）隔振
隔振弹簧设计参数的确定	弹簧的最小、工作和极限变形量分别为 $\delta_1 \geqslant 0.2A_{max}$ $\delta_n = \delta_1 + A_{max}$ $\delta_j = \delta_1 + 2A_{max}$ 与之相对应的力分别为 $F_1 = k'_1\delta_1$　$F_n = k'_1\delta_n$ $F_j = k'_1\delta_j$	弹簧的最小、工作和极限变形量分别为 $\delta_1 \geqslant 0.2\delta_{max}$ $\delta_n = \delta_1 + \delta_{max}$ $\delta_j = \delta_1 + 2\delta_{max}$ 与之相对应的力分别为 $F_1 = k'_1\delta_1$　$F_n = k'_1\delta_n$ $F_j = k'_1\delta_j$ F_j F_n F_1 δ_1 δ_n δ_j

注：1. F_0—激振力幅值（N）；U—支承运动位移幅值（m）；ω—激振力或支承运动的圆频率（rad/s）；A—简谐激励稳态响应幅值（m）；A_{st}—隔振弹簧在数值为 F_0 的静作用下的变形量，$A_{st}=F_0/k_1$（m）；δ_0—支承简谐运动，隔振物体与基础相对振动（x-u）的振幅（m）；ω_n—系统的固有圆频率，$\omega_n^2=k_1/m_1$（rad/s）；z—频率比，$z=\omega/\omega_n$；ζ—阻尼比，$\zeta=c_1/2\omega_n$。

2. 一次隔振指的是经一级弹簧进行振动隔离，隔振系统（如力学模型所示）是一个二阶单自由度系统。

4.2　单自由度隔振系统

表 34.6-13 列出了具有不同阻尼装置的四类单自由度隔振系统的动力学模型及其计算公式。

表 34.6-13　单自由度隔振系统的动力学模型及其计算公式

序号	阻尼形式	简　图	绝对传递率 η_A、相对传递系数 β_R、稳态响应系数 β
1	刚性连接的黏性阻尼	$F_0\sin\omega t$　m　$A\sin(\omega t+\theta)$　k　c　$U\sin\omega t$　$F_T\sin(\omega t+\theta)$	$\eta_A=\dfrac{A}{U}=\dfrac{F_T}{F_0}=\sqrt{\dfrac{1+(2\zeta z)^2}{(1-z^2)^2+(2\zeta z)^2}}$ $\beta_R=\dfrac{\delta_0}{U}=\dfrac{z^2}{\sqrt{(1-z^2)^2+(2\zeta z)^2}}$ $\beta=\dfrac{Ak}{F_0}=\dfrac{1}{\sqrt{(1-z^2)^2+(2\zeta z)^2}}$
2	刚性连接的库仑阻尼	$F_0\sin\omega t$　m　$A\sin(\omega t+\theta)$　k　F_f　$U\sin\omega t$　$F_T\sin(\omega t+\theta)$	$\eta_A=\dfrac{A}{U}=\dfrac{F_T}{F_0}=\sqrt{\dfrac{1+\left(\dfrac{4}{\pi}\eta\right)^2\left(1-\dfrac{2}{z^2}\right)}{1-z^2}}$ $\beta_R=\dfrac{\delta_0}{U}=\dfrac{\sqrt{z^4-\left(\dfrac{4}{\pi}\eta\right)^2}}{1-z^2}$ $\beta=\dfrac{Ak}{F_0}=\dfrac{\sqrt{1-\left(\dfrac{4}{\pi}\zeta\right)^2}}{1-z^2}$

（续）

序号	阻尼型式	简　　图	绝对传递率 η_A、相对传递系数 β_R、稳态响应系数 β
3	弹性连接的黏性阻尼	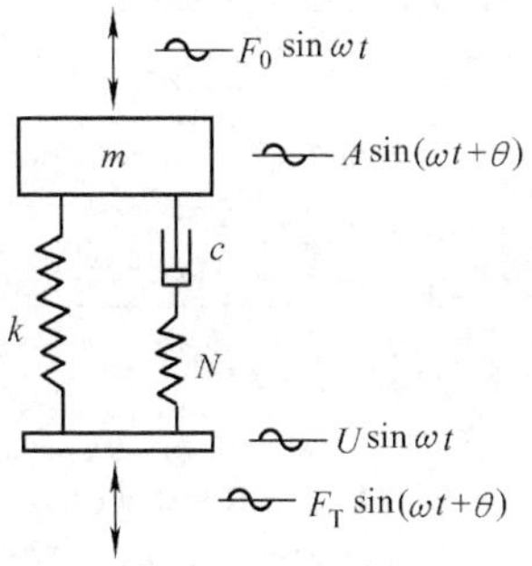 $F_0\sin\omega t$；m；$A\sin(\omega t+\theta)$；k；c；N；$U\sin\omega t$；$F_T\sin(\omega t+\theta)$	$\eta_A=\dfrac{A}{U}=\dfrac{F_T}{F_0}=\sqrt{\dfrac{1+4\left(\dfrac{N+1}{N}\right)^2\zeta^2z^2}{(1-z^2)^2+\dfrac{4}{N^2}\zeta^2z^2(N+1-z^2)^2}}$ $\beta_R=\dfrac{\delta_0}{U}=\sqrt{\dfrac{z^2+\dfrac{4}{N^2}\zeta^2z^6}{(1-z^2)^2+\dfrac{4}{N^2}\zeta^2z^2(N+1-z^2)^2}}$ $\beta=\dfrac{Ak}{F_0}=\sqrt{\dfrac{1+\dfrac{4}{N^2}\zeta^2z^2}{(1-z^2)^2+\dfrac{4}{N^2}\zeta^2z^2(N+1-z^2)^2}}$
4	弹性连接的库仑阻尼	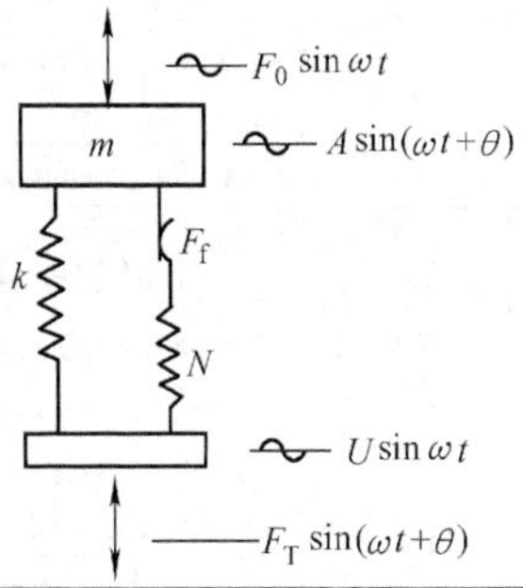 $F_0\sin\omega t$；m；$A\sin(\omega t+\theta)$；k；F_f；N；$U\sin\omega t$；$F_T\sin(\omega t+\theta)$	$\eta_A=\dfrac{A}{U}=\dfrac{F_T}{F_0}=\dfrac{\sqrt{z^4+\left(\dfrac{4}{\pi}\eta\right)^2\left[\left(\dfrac{2+N}{N}\right)-2\left(\dfrac{1+N}{N}\right)\dfrac{1}{z^2}\right]}}{1-z^2}$ $\beta_R=\dfrac{\delta_0}{U}=\dfrac{\sqrt{z^4+\left(\dfrac{4}{\pi}\eta\right)^2\left[\dfrac{2}{N}z^2-\left(\dfrac{2+N}{N}\right)\right]}}{1-z^2}$

注：F_0—激振力幅值(N)；F_T—主动隔振系统中传到基础上的力幅值(N)；U—基础的振幅(m)；A—设备的振幅(m)；N—弹簧刚度(N/m)；$\zeta=\dfrac{c}{2\sqrt{km}}$(刚性连接阻尼比)；$\eta=\dfrac{F_f}{kU}$；$\zeta=\dfrac{F_f}{mU}$(弹性连接阻尼比)；$z=\dfrac{\omega}{\omega_n}$；$\omega_n=\sqrt{\dfrac{k}{m}}$。

4.3　二次隔振动力参数设计

为了提高隔振效果，对振动系统可采用二次隔振。二次隔振的动力参数设计见表 34.6-14。

表 34.6-14　二次隔振的动力参数设计

项　　目	主动(积极)隔振	被动(消极)隔振
力学模型	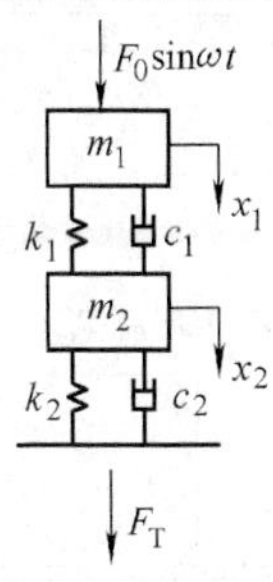 $F_0\sin\omega t$；m_1；x_1；k_1；c_1；m_2；x_2；k_2；c_2；F_T	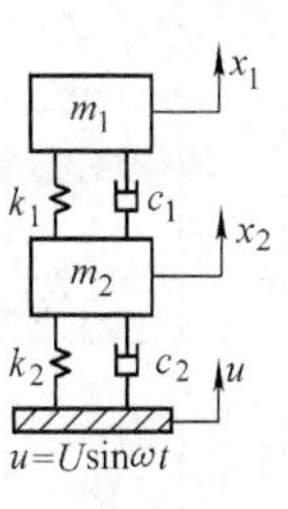 x_1；m_1；k_1；c_1；x_2；m_2；k_2；c_2；u；$u=U\sin\omega t$
设计已知条件	当一次隔振满足不了隔振要求时，就需要采用二次隔振，所以一次隔振器动力参数设计的已知条件以及一次隔振设计确定的动力参数均为二次隔振设计的已知条件，即已知系统的参数 m_1、k_1、c_1、激振力幅值 F_0 或支承运动幅值 U、激振圆频率 ω、传给基础的允许动载荷幅值[F_d]或被动隔振物体允许的位移幅值[A_1]	
确定的动力参数	二次隔振设计所要确定的动力参数是二次隔振架的参振质量 m_2 和二次隔振弹簧的刚度 k_2。为方便设计，引用刚度比 s、质量比 μ、振幅比 Δ 和一次隔振系统的固有圆频率 ω_n 四个物理量 $s=\dfrac{k_2}{k_1},\mu=\dfrac{m_2}{m_1},\Delta=\dfrac{A_1}{A_2},\omega_n=\sqrt{\dfrac{k_1}{m_1}}$ 由于 $k_2=sk_1$，$m_2=\mu m_1$，于是将确定 k_2 和 m_2 的问题转化为确定 s 和 μ 的问题	

（续）

项 目	主动（积极）隔振	被动（消极）隔振
系统的固有频率	$\omega_{n1},\omega_{n2}=\sqrt{\frac{\omega_n^2}{2\mu}\left[(s+\mu+1)\mp\sqrt{(s+\mu+1)^2-4s\mu}\right]}$	
系统稳态响应振幅	$A_1=\frac{F_0}{k_1}\times\frac{\omega_n^4}{(\omega^2-\omega_{n1}^2)(\omega^2-\omega_{n2}^2)\mu}$ $A_2=\frac{F_0}{k_1}\times\frac{\omega_n^2[(s+1)\omega_n^2-\mu\omega^2]}{(\omega^2-\omega_{n1}^2)(\omega^2-\omega_{n2}^2)\mu}$	$A_1=\frac{\omega_n^4 sU}{(\omega^2-\omega_{n1}^2)(\omega^2-\omega_{n2}^2)\mu}$ $A_2=\frac{\omega_n^2(\omega_n^2-\omega^2)sU}{(\omega^2-\omega_{n1}^2)(\omega^2-\omega_{n2}^2)\mu}$
刚度比与质量比的关系	$s=\frac{k_2}{k_1}=K_s\frac{m_1+m_2}{m_1}=K_s(1+\mu)\qquad K_s=\frac{\delta_{10}}{\delta_{20}}$ 式中，K_s 为两弹簧静变形量之比，设计中 K_s 的取值可在 0.8～1.2 的范围内选择；δ_{10} 为弹簧 k_1 在 m_1g 作用下的静变形量（m）；δ_{20} 为弹簧 k_2 在 $(m_1+m_2)g$ 作用下的静变形量（m）	
主要考核指标	传给基础的动载荷幅值：$F_{d2}=\eta F_0=k_2A_2$	传给机械设备的位移幅值：$A_1=\eta U$
隔振系数 η	$\eta=\frac{\omega_n^4 s}{(\omega^2-\omega_{n1}^2)(\omega^2-\omega_{n2}^2)\mu}$ $=k_2\frac{\omega_n^4}{(\omega^2-\omega_{n1}^2)(\omega^2-\omega_{n2}^2)\mu}\times\frac{1}{k_1}$	$\eta=\frac{\omega_n^4 s}{(\omega^2-\omega_{n1}^2)(\omega^2-\omega_{n2}^2)\mu}$ $=k_2\frac{\omega_n^4}{(\omega^2-\omega_{n1}^2)(\omega^2-\omega_{n2}^2)\mu}\times\frac{1}{k_1}$
二次隔振与一次隔振传给基础动载荷幅值之比	$K_F=\frac{F_{d2}}{F_{d1}}=\frac{k_2A_2}{k_1A_1}=K_s(1+\mu)\lvert\Delta\rvert$	$K_F=\frac{A_1}{A}=\frac{k_2A_{2e}}{k_1A_{1e}}=K_s(1+\mu)\lvert\Delta\rvert$ 等效被动二次隔振稳态振幅 $A_{2e}=\frac{\omega_n^4}{(\omega^2-\omega_{n1}^2)(\omega^2-\omega_{n2}^2)\mu}\times\frac{U}{k_1}$ $A_{1e}=\frac{\omega_n^2[(s+1)\omega_n^2-\mu\omega^2]}{(\omega^2-\omega_{n1}^2)(\omega^2-\omega_{n2}^2)\mu}\times\frac{U}{k_1}$ 等效被动一次隔振稳态振幅 $A_e=\frac{\omega_n^2U}{\omega^2-\omega_n^2}$
振幅比	$\Delta=\left\lvert\frac{A_2}{A_1}\right\rvert$	$\Delta=\left\lvert\frac{A_{2e}}{A_{1e}}\right\rvert$
	$\Delta=\left\lvert\frac{1}{1+K_s(1+\mu)-\frac{\omega^2}{\omega_n^2}\mu}\right\rvert$	
质量比	$\mu=\frac{1+\left(1\mp\frac{1}{K_F}\right)}{\left(\frac{\omega}{\omega_n}\right)^2-K_s\left(1\mp\frac{1}{K_F}\right)}$ 式中，正负号的选取应使 μ 为正值	
动力参数	二次隔振架参振质量 $m_2=\mu m_1$；二次隔振弹簧刚度 $k_2=K_s(1+\mu)k_1$	
辅助考核指标	$A_{1max}=(3\sim7)A_1$ $\delta_{1max}=(3\sim7)(A_2-A_1)$ $A_{2max}=(3\sim7)A_2$	$\delta_{max}=(3\sim7)(U-A_1)$ $\delta_{1max}=(3\sim7)(A_1-A_2)$ $\delta_{2max}=(3\sim7)(U-A_2)$
设计思想	为防止机体 m_1、二次隔振架 m_2 和基础（包括固定在它上面的物体）沿空间六个方向的相互碰撞，机体和基础间的最小间隙应大于 A_{1max} 或 δ_{max}，机体 m_1 和二次隔振架 m_2 间的最小间隙应大于 δ_{1max}，二次隔振架 m_2 和基础间的最小间隙应大于 A_{2max} 或 δ_{2max} 为防止机体 m_1、二次隔振架 m_2 在振动过程中跳离隔振弹簧，弹簧的静压缩量 δ_{n1}、δ_{n2} 应分别大于 δ_{1max}、A_{2max} 或 δ_{2max}，允许极限压缩量 δ'_{j1}、δ'_{j2} 应分别大于 $(\delta_{n1}+\delta_{1max})$、$(\delta_{n2}+A_{2max})$ 或 $(\delta_{n2}+\delta_{2max})$；对非压缩弹簧，允许相对变形量应分别大于 2 倍的 δ_{1max}、A_{2max} 或 δ_{2max}	
隔振弹簧设计参数确定	用 δ_{1max} 确定一次隔振弹簧的变形量：$\delta_{11}>0.2\delta_{1max}\quad \delta_{n1}=\delta_{11}+\delta_{1max}\quad \delta_{j1}=\delta_{n1}+\delta_{1max}$ 用 A_{2max} 或 δ_{2max} 确定二次隔振弹簧的变形量：$\delta_{12}>0.2A_{2max}\quad \delta_{n2}=\delta_{12}+A_{2max}\quad \delta_{j2}=\delta_{n2}+A_{2max}$ 或 $\delta_{12}>0.2\delta_{2max}\quad \delta_{n2}=\delta_{12}+\delta_{2max}\quad \delta_{j2}=\delta_{n2}+\delta_{2max}$ 根据刚度分配原则和弹簧的布置情况，确定出各组弹簧的一只弹簧的刚度，用该刚度分别去乘弹簧的各变形量 δ_1、δ_n、δ_j 得到相应的力 F_1、F_n、F_j	

4.4　多自由度隔振系统

如果在设备的几个方向上都存在着激振力或激振力偶的作用，或者基础有几个方向的干扰，则应在各个方向上都安装隔振器，以隔除各个方向的振动，此时隔振设计应按多自由度系统进行。图 34.6-26 所示为常见的在设备质心之下，在相同平面上布置的多自由度隔振器的系统。为了使被隔设备在加隔振器后，能保持其原来的工作位置；同时，为了使此六个自由度系统的运动方程能部分解耦，以利于隔振计算，隔振器应对称于 xOz 平面和 yOz 平面进行布置。选取设备的质心为坐标的原点，在 x 方向上各隔振器到坐标原点的坐标为 a_i，在 y 方向上各隔振器到坐标原点的坐标为 b_i，在 z 方向上各隔振器到坐标原点的坐标为 h。

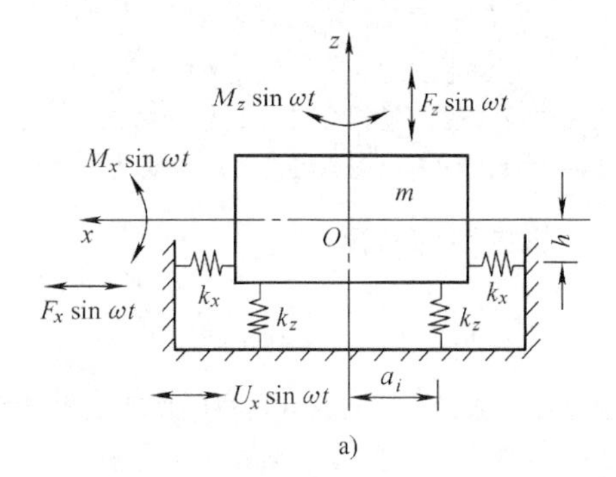

a)

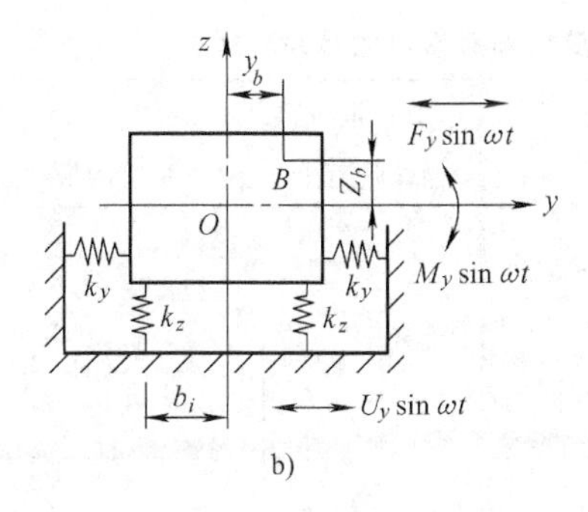

b)

图 34.6-26　多自由度隔振系统

4.4.1　固有频率

在隔振设计中，要求多自由度隔振系统的各固有频率 ω_n 都低于激振频率 ω，并能满足 $z=\omega/\omega_n=2.5\sim5$ 的要求，因此应首先计算出系统的各固有频率。根据求多自由度系统固有频率的方法，求得图 34.6-26 所示系统的各固有频率。

沿 z 轴的直线振动固有频率为

$$\omega_z^2=\frac{K_z}{m} \tag{34.6-39}$$

绕 z 轴的扭转振动固有频率为

$$\omega_{\theta z}^2=\frac{k_y\sum a_i^2+k_x\sum b_i^2}{J_z} \tag{34.6-40}$$

平行于 xOz 平面的摇摆振动（沿 x 轴的直线运动与绕 y 轴的扭转振动的耦合）

$$\omega_{11}^2,\omega_{12}^2=\frac{1}{2}\left[(\omega_x^2+\omega_{\theta y}^2)\mp\sqrt{(\omega_x^2+\omega_{\theta y}^2)^2+\frac{4\omega_x^4h^2m}{J_y}}\right] \tag{34.6-41}$$

平行于 yOz 平面的摇摆振动（沿 y 轴的直线运动与绕 x 轴的扭转振动的耦合）

$$\omega_{21}^2,\omega_{22}^2=\frac{1}{2}\left[(\omega_y^2+\omega_{\theta x}^2)\mp\sqrt{(\omega_y^2+\omega_{\theta x}^2)^2+\frac{4\omega_y^4h^2m}{J_x}}\right] \tag{34.6-42}$$

式中　$\omega_x^2=K_x/m$；$\omega_y^2=K_y/m$；$\omega_{\theta x}^2=(k_z\sum b_i^2+K_yh^2)/J_x$；$\omega_{\theta y}^2=(k_z\sum a_i^2+K_xh^2)/J_y$。

k_x、k_y、k_z——x、y、z 方向上单个隔振器的刚度；

K_x、K_y、K_z——x、y、z 方向上隔振器的总刚度；

J_x、J_y、J_z——刚体（被隔振设备）对 x、y、z 坐标轴转动惯量。

4.4.2　主动隔振

若在图 34.6-26 所示的刚体上，沿 x、y、z 轴分别作用有通过质心的激振力 $F_x\sin\omega t$、$F_y\sin\omega t$、$F_z\sin\omega t$ 以及绕 x、y、z 轴分别作用有激振力矩 $M_x\sin\omega t$、$M_y\sin\omega t$、$M_z\sin\omega t$，系统则产生受迫振动。各隔振器的位移幅值乘以相应的刚度等于传递到基础上的力。在隔振设计时，应使传递到基础上的力小于激振力，从而达到主动隔振的目的。

沿 z 轴的直线振动振幅为

$$A_z=\frac{F_z}{m(\omega_z^2-\omega^2)} \tag{34.6-43}$$

绕 z 轴的扭转振动振幅为

$$\theta_z=\frac{M_z}{J_z(\omega_{\theta z}^2-\omega^2)} \tag{34.6-44}$$

平行于 xOz 平面的摇摆振动振幅为

$$A_x=\frac{F_xJ_y(\omega_{\theta y}^2-\omega^2)-M_yK_xh}{mJ_y(\omega_{11}^2-\omega^2)(\omega_{12}^2-\omega^2)} \tag{34.6-45}$$

$$\theta_y=\frac{M_y(\omega_x^2-\omega^2)-F_x\omega_x^2h}{J_y(\omega_{11}^2-\omega^2)(\omega_{12}^2-\omega^2)} \tag{34.6-46}$$

平行于 yOz 平面的摇摆振动振幅为

$$A_y=\frac{F_yJ_x(\omega_{\theta x}^2-\omega^2)-M_xK_yh}{mJ_x(\omega_{21}^2-\omega^2)(\omega_{22}^2-\omega^2)} \tag{34.6-47}$$

$$\theta_x = \frac{M_x(\omega_y^2 - \omega^2) - F_y\omega_y^2 h}{J_x(\omega_{21}^2 - \omega^2)(\omega_{22}^2 - \omega^2)} \quad (34.6\text{-}48)$$

在此耦合系统中，隔振器的变形量同时取决于刚体的移动和转动在隔振器方位上的变形量，所以上述各振动的振幅组合为隔振器的变形量。在 x、y、z 方向上隔振器的最大变形量分别为

$$\begin{cases} A_{gx} = |A_x| + |\theta_y h| + |\theta_z b_{max}| \\ A_{gy} = |A_y| + |\theta_x h| + |\theta_z a_{max}| \\ A_{gz} = |A_z| + |\theta_x b_{max}| + |\theta_y a_{max}| \end{cases} \quad (34.6\text{-}49)$$

式中　a_{max}——距 yOz 平面最远的隔振器的 x 坐标；

b_{max}——距 xOz 平面最远的隔振器的 y 坐标。

通过隔振器传给基础的力分别为

$$\begin{cases} F_{dx} = K_x A_{gx} \\ F_{dy} = K_y A_{gy} \\ F_{dz} = K_z A_{gz} \end{cases} \quad (34.6\text{-}50)$$

根据允许传递给基础上的力，按式（34.6-50）可计算出隔振器的刚度。

4.4.3　被动隔振

如图 34.6-26 所示的系统，其基础受 $U_x\sin\omega t$ 或 $U_y\sin\omega t$ 的水平位移激振的作用，质体产生受迫振动，被动隔振应使质体的振动小于基础的振动。

平行于 xOz 平面的摇摆振动的振幅为

$$A_x = \frac{\omega_x^2 J_y(\omega_{\theta y}^2 - \omega^2) + \omega_x^4 h^2 m}{J_y(\omega_{11}^2 - \omega^2)(\omega_{12}^2 - \omega^2)} U_x \quad (34.6\text{-}51)$$

$$\theta_y = \frac{K_x\omega^2 h}{J_y(\omega_{11}^2 - \omega^2)(\omega_{12}^2 - \omega^2)} U_x \quad (34.6\text{-}52)$$

平行于 yOz 平面的摇摆振动的振幅为

$$A_y = \frac{\omega_y^2 J_x(\omega_{\theta x}^2 - \omega^2) + \omega_y^4 h^2 m}{J_x(\omega_{21}^2 - \omega^2)(\omega_{22}^2 - \omega^2)} U_y \quad (34.6\text{-}53)$$

$$\theta_x = \frac{K_y\omega^2 h}{J_x(\omega_{21}^2 - \omega^2)(\omega_{22}^2 - \omega^2)} U_y \quad (34.6\text{-}54)$$

刚体上任一点（x_b、y_b、z_b）在 x、y、z 方向上的最大振幅为

$$\begin{cases} A_{xb} = |A_x| + |\theta_y z_b| \\ A_{yb} = |A_y| + |\theta_x z_b| \\ A_{zb} = |\theta_x y_b| + |\theta_y x_b| \end{cases} \quad (34.6\text{-}55)$$

在隔振设计时，根据允许传递给设备的最大振幅，按式（34.6-55）计算出隔振器的刚度及安装位置。

4.5　随机振动的隔离

4.5.1　单自由度随机隔振系统

受白噪声激励的单自由度随机隔振系统的计算公式见表 34.6-15。

表 34.6-15　受白噪声激励的单自由度随机隔振系统的计算公式

动力学模型	相对位移方差 σ_δ^2	隔振体加速度方差 $\sigma_{\ddot{x}}^2$	$\sigma_{\ddot{x}}^2$ 最小的最佳阻尼比	$\phi=\sigma_{\ddot{x}}^2+\nu\sigma_\delta^2$ 最小的最佳阻尼比
m, k, c, x, u	$\sigma_\delta^2=\dfrac{\pi S_0}{2\zeta\omega_n^3}$	$\sigma_{\ddot{x}}^2=\dfrac{\pi S_0\omega_n}{2\zeta}(1+4\zeta^2)$	$\zeta_{OP}=0.5$	$\zeta_{OP}^*=\dfrac{\sqrt{\nu+\omega_n^4}}{2\omega_n^2}$
m, c, k, Nk, x, x_1, u	$\sigma_\delta^2=\dfrac{\pi S_0}{2\zeta\omega_n^3}\left[1+\left(\dfrac{2\zeta}{N}\right)^2\right]$	$\sigma_{\ddot{x}}^2=\dfrac{\pi S_0\omega_n}{2\zeta}\left[1+4\zeta^2\left(1+\dfrac{1}{N}\right)^2\right]$	$\zeta_{OP}=\dfrac{N}{2(1+N)}$	$\zeta_{OP}^*=\dfrac{\sqrt{1+\dfrac{\nu}{\omega_n^4}}}{2\left[\left(1+\dfrac{1}{N}\right)^2+\dfrac{\nu}{\omega_n^4N^2}\right]}$

注：S_0—基础加速度 $\ddot{u}$ 的功率谱密度函数；ν—权因子，着重考虑 σ_δ^2 时 ν 取大值，着重考虑 $\sigma_{\ddot{x}}^2$ 时 ν 取小值；$\omega_n=\sqrt{k/m}$；$\zeta=\dfrac{c}{2\sqrt{km}}$；$\delta=x-u$。

在随机隔振时，通常要求隔振体的加速度方差 $\sigma_{\ddot{x}}^2$ 最小，隔振体与基础的相对位移方差 σ_δ^2 不能小于允许值 $[\sigma_\delta^2]$。参照表 34.6-15，按照以下步骤进行计算：

1）为使 $\sigma_{\ddot{x}}^2$ 最小，选用表中的最佳阻尼比 ζ_{OP}。

2）为使 σ_δ^2 不小于允许值，根据基础加速度 $\ddot{u}$ 的自功率谱密度函数 S_0 和 $[\sigma_\delta^2]$，用表中 σ_δ^2 的计算公式求出隔振系统的固有频率 ω_n。

3）根据隔振体的质量 m 和已算出的 ζ 和 ω_n，求出隔振系统的刚度 $k=m\omega_n^2$ 和阻尼系数 $c=2\zeta\sqrt{km}$，得到了隔振系统的物理参数。

若要求同时考虑隔振体加速度方差 $\sigma_{\ddot{x}}^2$ 和相对位移力差 σ_δ^2 时，则选用使综合指标 $\phi=\sigma_{\ddot{x}}^2+\nu\sigma_\delta^2$ 最小的最佳阻尼比 ζ_{OP}^*。为此，根据具体情况，选用符合要求的权因子 ν，并给参数 ω_n 和 N 定值，按表中的公式计算出 ζ_{OP}^*。

4.5.2　二自由度随机隔振系统

图 34.6-27 所示为二自由度随机被动隔振系统。其基础加速度 $\ddot{u}$ 是自功率谱密度函数为 S_0 的白噪声，则被隔振体 m_1 的加速度的方差 $\sigma_{\ddot{x}}^2$，以及 m_1 与 m_2 的相对位移方差 σ_δ^2 的计算公式分别为

$$\sigma_{\ddot{x}}^2 = \pi\omega_1^4\omega_2 S_0 A/C \tag{34.6-56}$$

$$\sigma_\delta^2 = \pi\omega_1 S_0 B/C \tag{34.6-57}$$

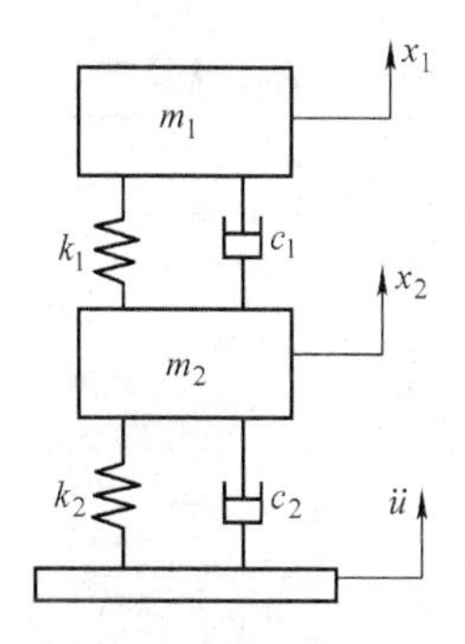

图 34.6-27　二自由度随机被动隔振系统

式中　$A=\zeta_2\lambda(\mu+\lambda^2)+\zeta_1[\mu\lambda^2+(1+\mu^2)]+4[\zeta_2^3\lambda+\zeta_1\zeta_2(\zeta_1\lambda+\zeta_2)(1+\mu+\lambda^2)+\zeta_1^3\lambda^2(1+\mu)]+16\zeta_1^2\zeta_2^2\lambda(\zeta_1\lambda+\zeta_2)$

$B=\zeta_2\lambda(\mu+\lambda^2)+\zeta_1[\mu\lambda^2+(1+\mu^2)]+4\zeta_1\zeta_2\{\zeta_2(1+\mu+\lambda^2)+\zeta_1\lambda[1+\mu+(\zeta_2/\zeta_1)^2]\}$

$C=2\mu\omega_1\omega_2(\zeta_1\omega_2+\zeta_2\omega_1)^2+2\zeta_1\zeta_2[\omega_2^2-(1+\mu)\omega_1^2]^2+8\zeta_1\zeta_2\omega_1\omega_2[\omega_1\omega_2(\zeta_2^2+\zeta_1^2+\mu\zeta_1^2)+\zeta_1\zeta_2(\omega_2^2+\omega_1^2+\mu\omega_1^2)]$

$\omega_1=\sqrt{k_1/m_1}$；$\omega_2=\sqrt{k_2/m_2}$；$\mu=m_1/m_2$；$\lambda=\omega_2/\omega_1$；$\zeta_1=c_1/(2\sqrt{k_1m_1})$；$\zeta_2=c_2/(2\sqrt{k_2m_2})$

根据 $\sigma_{\ddot{x}}^2$ 和 σ_δ^2，使用与单自由度随机隔振系统相同的方法进行隔振计算。由于计算公式中参数较多，不能直接求出最佳参数的数学表达式，因此要用数值计算法进行随机隔振的分析与计算。

4.6　冲击隔离

当设备受到碰撞、锻锤、振摇、跌落及爆炸等引起的冲击激励后，其力、位移、速度和加速度将发生急剧变化，可能使其工作失效甚至破坏；冲击传到基础，还可能损害周围的设备和基础。为此要进行冲击隔离。

4.6.1　冲击隔离原理

冲击是一个突然加入系统的瞬态激励，其作用时期比系统的固有周期短得多。冲击隔离就是在冲击能量的释放、转换和传递的过程中，通过冲击隔离器的变形、把急骤输入系统的能量贮存起来，再通过系统的自由振动用比固有周期多几倍的时间把能量平稳地释放出来，且利用冲击隔离器的阻尼消耗部分能量，使尖锐的冲击波以较缓和的形式作用在设备或基础上，以减轻冲击的危害。

由于冲击含有各个频率分量，因此不能使用对简谐振动有用的振动传递率来隔离计算；另外，由于把冲击激励简化为矩形脉冲，其自功率谱密度函数也是超越函数，很难求得冲击响应的差的解析式。因此，不能使用随机隔离的方法，必须有冲击隔离的计算。

冲击隔离同样分为主动和被动隔离，以及单自由度和多自由度隔离。冲击激励函数一般分为阶跃型和脉冲型两大类。通常用其峰值、持续时间和波形来表示。根据隔离系统在冲击作用下的运动规律进行隔离计算。

4.6.2　冲击的主动隔离

主动隔离用来减轻机器本身产生的冲击力对支承、基础及周围的影响，以减小支承或基础的应力与应变，减小通过基础传到周围的冲击波（见图 34.6-28）。冲击的主动隔离应满足以下要求：

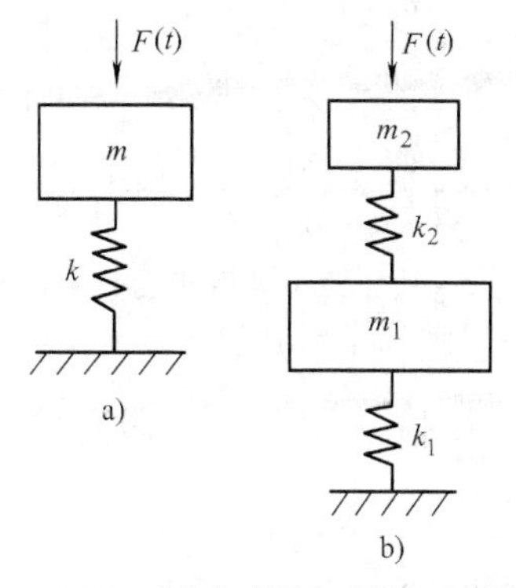

图 34.6-28　冲击主动隔离系统的力学模型

a）单自由度系统　b）二自由度系统

1）通过隔离器传递到基础（或支承）的最大力小于许用值。

2）隔离器的最大变形量小于许用值。

图 34.6-28a 所示为单自由度冲击主动隔离系统的力学模型。设其上的冲击力为 $F(t)$，冲击力作用时间为 τ，则此力所产生的冲量为

$$I = \int_0^{\tau} F(t)\,\mathrm{d}t \qquad (34.6\text{-}58)$$

根据主动隔离的要求，应算出隔离器的最大变形量 δ_m 和传递到基础的最大力 F_m，其计算公式见表 34.6-16。

图 34.6-28b 所示为二自由度冲击主动隔离系统的力学模型。设其上的冲击力为 $F(t)$，冲击力的作用时间为 τ，则此力产生的冲量按式（34.6-58）计算。根据主动隔离的要求，应算出隔离器的最大变形 δ_{2m} 和传递到基础的最大力 F_{1m}。由于 $F_{1m}=k_1\delta_{1m}$，故只需算出 δ_{1m} 即可。若把图中的 m_1 和 k_1 视为另一层隔离装置，计算 m_1 和 k_1，则得二次隔离的效果。

当 $m_1 \gg m_2$ 时，此二自由度系统用两个单自由度系统来近似。其运动方程和最大变形量的计算公式见表 34.6-17。

表 34.6-16　无阻尼单自由度冲击主动隔离系统的计算公式

力脉冲形状	最大变形量 δ_m 和最大力 F_m
$\tau<\dfrac{T}{3}$ 的脉冲	$\delta_m=\dfrac{T}{m\omega_n}, F_m=k\delta_m$
矩形脉冲	$\delta_m=\dfrac{2I}{k\tau}, (0\leqslant t\leqslant\tau)$ $\delta_m=\dfrac{2I}{k\tau}\sin\dfrac{\omega_n\tau}{2}, (t\leqslant\tau)$ $, F_m=k\delta_m$
半正弦脉冲	$\delta_m=\dfrac{I\pi}{2m\omega_n(\omega_n\tau-\pi)}\sin\dfrac{2n\pi}{\omega_n\tau+\pi}, (0\leqslant t\leqslant\tau)$ $\delta_m=\dfrac{I\pi^2}{m\omega_n(\pi^2-\omega_n^2\tau^2)}\cos\dfrac{\omega_n\tau}{2}, (t\geqslant\tau)$ $F_m=k\delta_m$

注：$\omega_n=\sqrt{k/m}$；I—冲量，按式（34.6-58）计算；τ—力脉冲作用时间；T—系统固有周期；n—正整数，取 n 值使相应正弦项在［0，π］域内最大；其他参见图 34.6-28b。

表 34.6-17　无阻尼二自由度冲击主动隔离系统（$m_1 \gg m_2$）的计算公式

计算内容	力脉冲形状	
	$\tau<T/3$ 的脉冲	半正弦脉冲
m_2 的运动方程及初始条件	$m_2\ddot{x}_2+k_2x_2=0$ $t=0$ 时，$x_2=0$ $\dot{x}_2=\dfrac{I}{m_2}$	$m_2\ddot{x}_2+k_2x_2=\dfrac{\pi I}{2\tau}\sin\dfrac{\pi}{\tau}t, (0\leqslant t\leqslant\tau)$ $m_2\ddot{x}_2+k_2x_2=0, (t\geqslant\tau)$ $t=0$ 时，$x_2=\dot{x}_2=0$
隔离器的最大变形量 δ_{2m}	$\delta_{2m}=\dfrac{I}{m_2\omega_{n2}}$	$\delta_{2m}=\dfrac{\dfrac{I}{m_2\omega_{n2}}}{\dfrac{\omega_{n2}\tau}{\pi}-1}\sin\dfrac{2n\pi}{\dfrac{\omega_{n2}\tau}{\pi}+1}, (0\leqslant t\leqslant\tau)$　　$\delta_{2m}=\dfrac{\dfrac{I}{m_2\omega_{n2}}}{1-\left(\dfrac{\omega_{n2}\tau}{\pi}\right)^2}\cos\dfrac{\omega_{n2}\pi}{2}, (t\geqslant\tau)$
m_1 的运动方程及初始条件	$m_1\ddot{x}_1+k_1x_1=k_2\delta_2$ $t=0$ 时，$x_1=\dot{x}_1=0$	$m_1\ddot{x}_1+k_1x_1=k_2\delta_2$ $t=0$ 时，$x_1=\dot{x}_1=0$
基础或双层隔离器的最大变形量 δ_{1m}	$\delta_{1m}=\dfrac{\dfrac{I}{m_1\omega_{n1}}}{\dfrac{\omega_{n1}}{\omega_{n2}}-1}\sin\dfrac{2n\pi}{\dfrac{\omega_{n1}}{\omega_{n2}}+1}$	$\delta_{1m}=\dfrac{\left(\dfrac{I}{m_1\omega_{n1}}\right)\left(\dfrac{\omega_{n1}\tau}{\pi}\right)}{\left(\dfrac{\omega_{n1}}{\omega_{n2}}\right)^2-1}\left[\dfrac{\dfrac{\pi}{\omega_{n1}\tau}}{\left(\dfrac{\omega_{n1}\tau}{\pi}\right)^2-1}\cos\dfrac{\omega_{n1}\tau}{2}+\dfrac{\dfrac{\pi}{\omega_{n2}\tau}}{1-\left(\dfrac{\omega_{n2}\tau}{\pi}\right)^2}\cos\dfrac{\omega_{n2}\tau}{2}\right]$

注：$\omega_{n1}=\sqrt{k_1/m_1}$；$\omega_{n2}=\sqrt{k_2/m_2}$；其他符号意义与表 34.6-16 相同。

当 $m_1 \approx m_2$ 时，运动相互耦合，隔离系统应按二自由度系统计算。对无阻尼系统，其运动方程为

$$\begin{cases}\ddot{\delta}_1+\omega_{n1}^2\delta_1=\dfrac{m_2}{m_1}\omega_{n2}^2\delta_2\\ \ddot{\delta}_2+\omega_{n2}^2\delta_1=-\ddot{\delta}_1\end{cases} \qquad (34.6\text{-}59)$$

对于作用时间 τ 很短的力脉冲，冲击力对系统的作用可用阶跃量为 $\dot{u}_m$ 的速度阶跃来近似，则方程式（34.6-59），的初始条件为：$t=0$ 时，$\delta_1=\delta_2=0$，$\dot{\delta}_1=0$，$\dot{\delta}_2=\dot{u}_m=I/m_2$。求解式（34.6-59），得隔离器的最大变形量 δ_{2m} 和传递到基础上的最大力 F_{1m} 分别为

$$\delta_{2m}=\frac{I}{m_2\omega_{n2}}\left[1+\frac{\mu}{(1+\alpha)^2}\right]^{-\frac{1}{2}} \qquad (34.6\text{-}60)$$

$$F_{1m}=I\omega_{n1}\left[(1+\alpha)^2+\mu\right]^{-\frac{1}{2}} \qquad (34.6\text{-}61)$$

式中，$\omega_{n1}=\sqrt{k_1/m_1}$；$\omega_{n2}=\sqrt{k_2/m_2}$；$\alpha=\omega_{n1}/\omega_{n2}$；$\mu=m_2/m_1$。

4.6.3　冲击的被动隔离

被动隔离用来减轻外部冲击引起的基础运动对机器设备的影响，以减小设备中的应力与应变。冲击的被动隔离应满足以下要求，即

1）通过隔离器传递到受保护设备（或设备的某零部件）的最大振动量或最大力小于许用值，确保被隔设备的安全运转。

2）隔离器的最大变形量小于许用值，使隔离器获得足够的工作空间。

图 34.6-29a 所示为单自由度冲击被动隔离系统的力学模型。根据被动隔离的要求，需算出被隔体的最大加速度 $\ddot{x}_m$；被隔体与基础的相对位移，即隔离器的变形量最大值 δ_m，其计算公式见表 34.6-18。

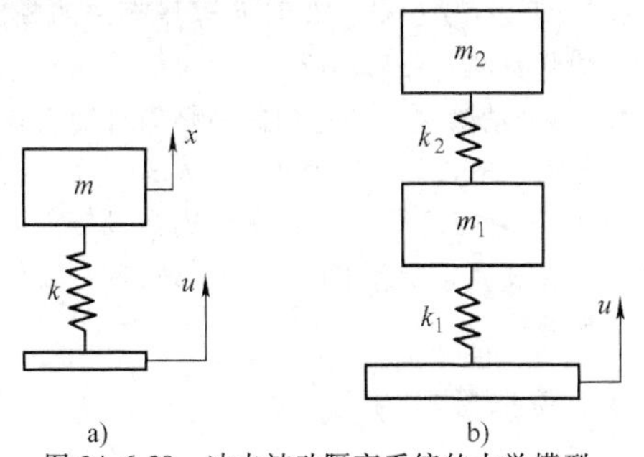

图 34.6-29　冲击被动隔离系统的力学模型

a）单自由度系统　b）二自由度系统

表 34.6-18　无阻尼单自由度冲击被动隔离系统的计算公式

激励类型		最大变形量 δ_m 和最大加速度 $\ddot{x}_m$
速度阶跃 $\dot{u}_m$ 的激励		$\delta_m=\frac{\dot{u}_m}{\omega_n},\ddot{x}_m=\dot{u}_m\omega_n$
峰值为 $\ddot{u}_m$ 的加速度脉冲的激励	矩形脉冲	$\delta_m=\frac{\ddot{x}_m}{\omega_n^2}=\frac{2\ddot{u}_m}{\omega_n^2},(\omega_n\tau\geqslant\pi)$ $\delta_m=\frac{\ddot{x}_m}{\omega_n^2}=\frac{2\ddot{u}_m}{\omega_n^2}\sin\frac{\omega_n\tau}{2},(\omega_n\tau\leqslant\pi)$
	半正弦脉冲	$\delta_m=\frac{\ddot{x}_m}{\omega_n^2}=\frac{\ddot{u}_m}{\omega_n^2}\times\frac{\omega_n\tau}{\omega_n\tau-\pi}\sin\frac{2n\pi}{\omega_n\tau+\pi},(\omega_n\tau\geqslant\pi)$ $\delta_m=\frac{\ddot{x}_m}{\omega_n^2}=\frac{\ddot{u}_m}{\omega_n^2}\times\frac{2\pi\omega_n\tau}{\pi^2-\omega_n^2\tau^2}\cos\frac{\omega_n\tau}{2},(\omega_n\tau\leqslant\pi)$
	正矢脉冲	$\delta_m=\frac{\ddot{x}_m}{\omega_n^2}=\frac{\ddot{u}_m}{\omega_n^2}\times\frac{4\pi^2}{4\pi^2-\omega_n^2\tau^2}\sin\frac{\omega_n\tau}{2},(\omega_n\tau\leqslant\pi)$

注：$\omega_n=\sqrt{k/m}$—固有圆频率；τ—脉冲持续时间；n—正整数，取 n 值是相应正弦项在［0，π］域内最大。

对受速度阶跃 $\dot{u}_m$ 激励的无阻尼非线性的最大变形 δ_m 和最大加速度 $\ddot{x}_m$ 的计算公式分别为

$$\delta_m=\frac{\dot{u}_m}{\omega_n}\sqrt{1-\varepsilon\left(\frac{\dot{u}_m}{\omega_n}\right)^2}\tag{34.6-62}$$

$$\ddot{x}_m=\dot{u}_m\omega_n\sqrt{1-\frac{3}{2}\varepsilon\left(\frac{\dot{u}_m}{\omega_n}\right)^2}\tag{34.6-63}$$

式中，ε 为非线性刚度的系数，ε 越大非线性越强。刚度为软特性时 ε 为负，刚度为硬特性时 ε 为正。由上两式看出，若使用软特性弹性元件会降低 $\ddot{x}_m$，但 δ_m 增加，宜综合考虑 $\ddot{x}_m$ 和 δ_m 的数值，选取弹性元件的刚度及其特性。由表 34.6-18 或式（34.6-63）算出最大加速度 $\ddot{x}_m$，则就根据被隔体的质量 m，算出其最大力 $F_m=m\ddot{x}_m$。

图 34.6-29b 所示为二自由度冲击被动隔离系统的力学模型。根据隔离要求，需计算出隔离器的最大变形 δ_{1m} 和传递到被隔体的最大加速度 $\ddot{x}_{2m}$ 或最大力 F_{2m}，当系统受速度阶跃激励时，计算公式见表 34.6-19。

表 34.6-19　无阻尼二自由度冲击被动隔离系统受速度阶跃激励时的计算公式

系统类型	计　算　公　式
$m_1\gg m_2$ 无弹性回跳	$\delta_{1m}=\frac{\dot{u}_m}{\omega_{n1}}$ $\ddot{x}_{2m}=\frac{\dot{u}_m\omega_{n2}}{1-\alpha}$
$m_1\gg m_2$ 弹性回跳	$\delta_{1m}=\frac{\dot{u}_m}{\omega_{n1}}$ $F_{2m}=\frac{k_2\dot{u}_m}{\omega_{n2}(\alpha-1)}\sin\frac{2n\pi}{\alpha+1},\left(0\leqslant t\leqslant\frac{\pi}{\omega_{n1}}\right)$ $F_{2m}=\frac{2k_2\dot{u}_m}{\omega_{n2}(1-\alpha^2)}\cos\frac{\pi\alpha}{2},\left(t\geqslant\frac{\pi}{\omega_{n1}}\right)$
m_1 与 m_2 有相同数量级	$\delta_{1m}=\frac{\dot{u}_m}{\omega_{n1}}\times\frac{1+\alpha(1+\mu)}{\sqrt{(\alpha+1)^2+\mu\alpha^2}}$ $\ddot{x}_m=\frac{\dot{u}_m\omega_{n2}}{\sqrt{(\alpha-1)^2+\mu\alpha^2}}$

注：$\dot{u}_m$—速度阶跃量；$\omega_{n1}=\sqrt{k_1/m_1}$；$\omega_{n2}=\sqrt{k_2/m_2}$；$\alpha=\omega_{n2}/\omega_{n1}$；$\mu=m_2/m_1$；其他参数意义见图 34.6-29b 及表 34.6-18 的说明。

在冲击被动隔离中，由于冲击直接作用在有弹性的隔离器上，可能使隔离器中的弹簧受冲击压缩后又产生回弹，使整个系统离开冲击作用点，称为弹性回跳。如果不产生回弹，系统仍在冲击作用点振动，称为无弹性回跳。实际系统受冲击后，既不是完全弹性回跳，也不是完全无弹性回跳，而是介于二者之间，计算时可按较近似的一种情况进行。

4.6.4　阻尼对冲击隔离的影响

当考虑冲击隔离系统的阻尼时，其计算比较复杂，这里介绍根据计算得到的定性结论。

1）在具有黏性阻尼的单自由度冲击隔离系统中，当其受速度阶跃冲击阻尼比 $\zeta=0\sim0.5$ 时，通过隔离器传递的最大加速度 $\ddot{x}_m$，都比无阻尼时要小，对冲击隔离有利；当 $\zeta>0.5$ 时，随着 ζ 的增加，$\ddot{x}_m$ 也越来越增加，对冲击隔离有害。根据阻尼吸收冲击能量的大小及其他因素，宜选用 $\zeta=0.35$ 左右。若系统受脉冲激励，增加阻尼会降低 $\ddot{x}_m$，但在脉冲持续时间较长时，阻尼的作用较小；当 $\omega_n\tau<1.5$ 时，即在脉冲持续时间 τ 较短时，宜选用 $\zeta=0.26$ 左右。

2）在具有黏性阻尼的二自由度冲击隔离系统中，当 $\omega_{n2}/\omega_{n1}<2$ 时，增加阻尼可降低受速度阶跃传递的最大加速度 $\ddot{x}_{2m}$，对冲击隔离有利；当 $\omega_{n2}/\omega_{n1}>2$ 时，增加阻尼，则得相反的效果，对冲击隔离有害。

4.7　隔振设计的几个问题

4.7.1　隔振设计的步骤

1）通过计算、测量、对比或调查统计等方法确定被隔设备的原始数据，包括：设备及安装台座的尺寸、质量、质心和中心主惯轴的位置，以及振源的大小、方向、频率或频谱。

2）根据隔振的具体要求，主动隔振时允许传递到基础上的力，被动隔振时设备允许的振幅，计算隔振系统的绝对传递率 η_A、相对传递率 β_R 以及运动响应系数 β。再根据 η_A 或 β_R 计算隔振系统的频率比 z，由 $z=\omega/\omega_n$ 计算系统的固有频率 ω_n。或者，初选 $z=2.5\sim5.0$，再验算 η_A 或 β_R。如果在设备上作用有几个振源，在计算 z 时，应取激振频率 ω 的最小值；对于多自由度系统，应取系统的最高固有频率，以保证各个激振频率和固有频率都能满足 $z=2.5\sim5.0$ 的要求。

3）根据隔振系统所需的固有频率，计算隔振器的刚度；对多自由度隔振系统，可先估计隔振器的刚度，再验算固有频率。

4）计算主动隔振时设备传递给基础的力，或计算被动隔振时基础传递给仪器设备的振幅，核算是否满足隔振要求。若不能满足要求，可适当增加底座的质量，进一步降低质心位置，或改变隔振器的参数。

5）同时考虑隔振效果和设备起、停过程中通过共振区的振幅两方面的要求，决定隔振器的阻尼。

6）根据隔振器要求的刚度和阻尼，选择隔振器的类型，进行隔振器的尺寸计算和结构设计。

4.7.2　隔振设计的要点

1）预防机体产生摇摆振动。设计中要注意激振力作用点尽量靠近机体质心，使围绕质心的激振力矩尽可能减小；还要使围绕质心的弹性力矩之和接近于零（变形量相同），并注意弹性支承稳定性。

2）以压缩弹簧支承隔振机械设备时，弹簧两端均采取用凸台式或碗式弹簧座，这样在弹簧变形量不够的情况下试运转时，既可防止弹簧飞出伤人，又可为支承机械设备限制定位。

3）如果对称质心布置的弹簧数量较多时，每排弹簧数量尽量采用奇数，而且弹簧的总刚度可以稍高于要求的值，这样便于调试在每排弹簧中增减 1~2 个，既可调节弹簧的静变形量和隔振系统的频率比，又不影响弹簧的对称质心分布。

4）对振动输送、给料和振动筛等有物料作用的振动机隔振器的设计，有时可在空载条件下，将频率比选择在 2~4 的范围内；当物料压在机体上时，其频率比自动变高，刚好在 3~5 的范围内，确保隔振器的隔振效果。

4.7.3　隔振器的阻尼

如果单纯从隔振角度看，阻尼对隔离高频振动是不利的，但在生产实际中，常遇见外界冲击和扰动。为避免弹性支承物体产生大幅度自由振动，人为增加阻尼，抑制振幅，且使自由振动尽快消失；特别是当隔振对象在起动和停机过程中需经过共振区时，阻尼作用就更为重要。从隔振器设计角度出发，阻尼值的大小似乎和隔振器设计无关，实际上系统阻尼大小，决定了系统减速的快慢。系统阻尼大，起动和停机时间就短，越过共振区的时间也短，共振振幅就小，否则相反。综合考虑，从隔振效果来看，实用最佳阻尼比为 $\zeta=0.05\sim0.2$。在此范围内，共振振幅不会很大，隔振效果也不会降低很多。通常的隔振系统 $\zeta=0.05$，无需加专门的阻尼器；当 $\zeta=0.1\sim0.2$ 时，最简单的方法是用橡胶减振器，它既是弹性元件，又是黏弹性阻尼器。

4.8　常用隔振器及隔振材料

表 34.6-20 列出了几种常用隔振器的类型和主要特性，供选择隔振器时参考使用。表 34.6-21 列出了决定隔振性能的隔振材料的主要特性和应用范围，供自行设计隔振装置时使用。

表 34.6-20　常用隔振器的类型和主要特性

序号	类型	代号	简　图	主 要 特 性
1	平板形隔振器	JP	（简图：标注 d_2、dH11、5°、h、b、s、h_1、H）	额定载荷范围为 4.41~153.35N，结构紧凑，连接方便。垂直方向的固有频率为 13.5~15Hz，水平方向的固有频率为 30~35Hz

（续）

序号	类型	代号	简　　图	主要特性
2	碗　形隔振器	JW	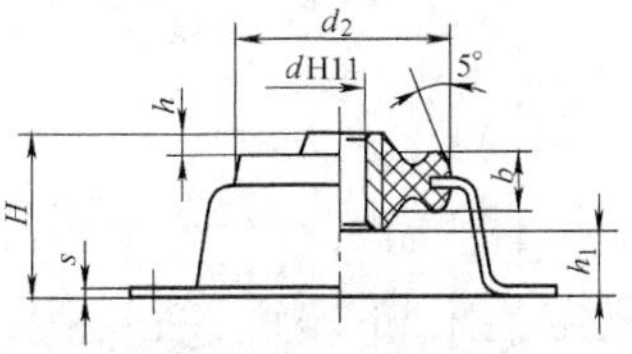	额定载荷范围为 4.41～153.35N，结构紧凑，连接方便。垂直方向的固有频率为 13.5～15Hz，水平方向的固有频率为 30～35Hz
3	加固形隔振器	JG	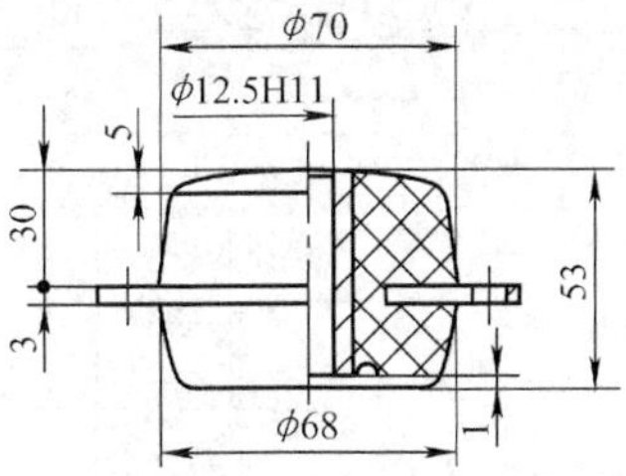	
4	封闭形隔振器	JF	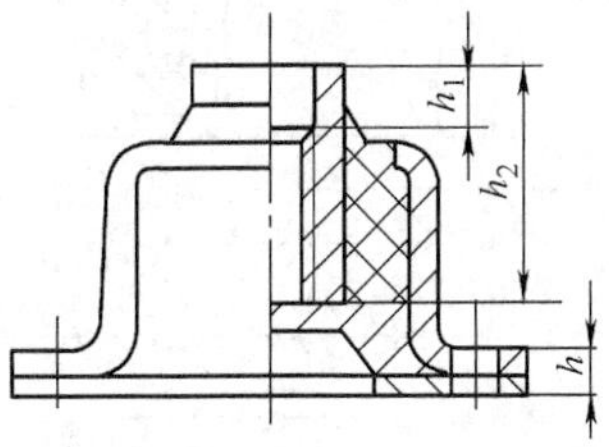	能承受高达 323.4～980N 的较大额定载荷。当隔振器橡胶损坏时，能防止设备与基础脱开，因此可用于支承在水平、倾斜和竖直基础上的设备
5	封闭形隔振器（耐油）	JF-A	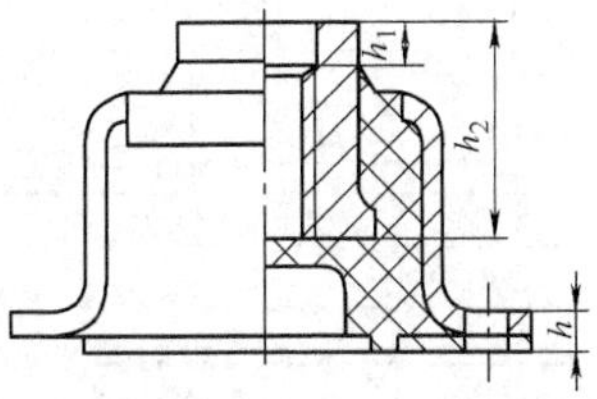	
6	封闭形隔振器（耐油）	JF-B	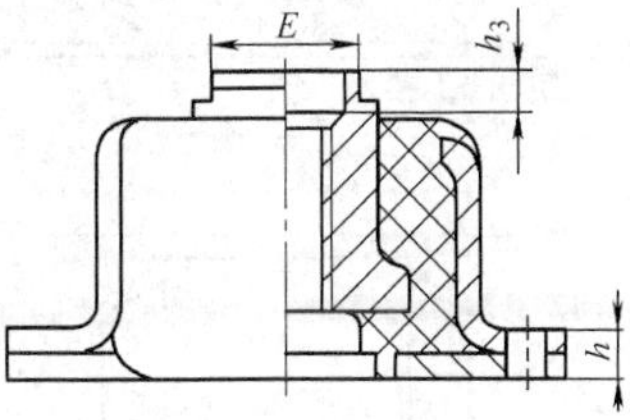	允许在润滑油、柴油和海水长期浸泡条件下工作，适用环境温度为-5～70℃
7	弧　形隔振器	JH	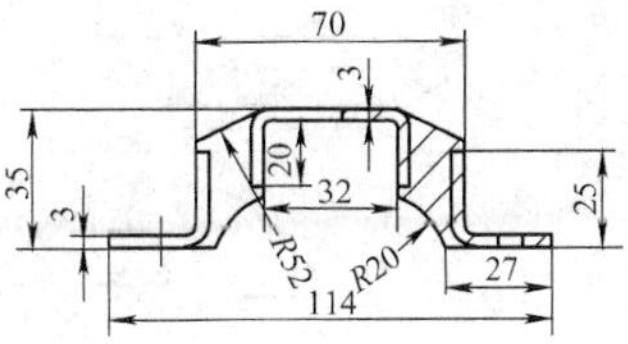	耐振强度小，随所加载荷方向的不同，特性变化较大
8	剪切形隔振器	JJQ	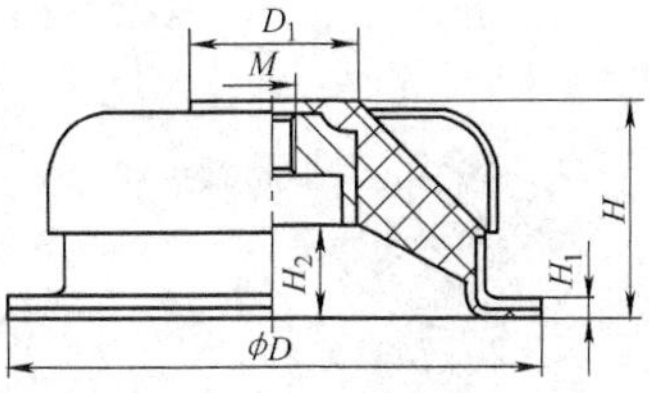	刚度小、阻尼大，支承稳定。额定载荷为 98～1176N

（续）

序号	类型	代号	简　图	主要特性
9	三　向 等刚度 隔振器	JPQ	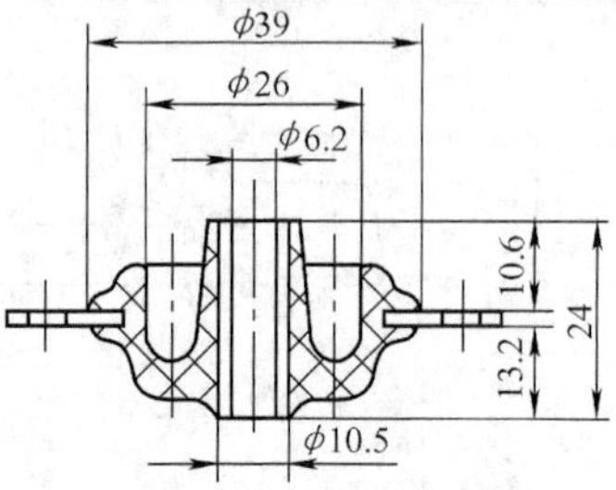 φ39　φ26　φ6.2　10.6　24　13.2　φ10.5	三个方向等刚度，垂直方向固有频率为7～12Hz，水平方向为8～12.5Hz，额定载荷为980～9800N
10	支柱形 隔振器	JZ	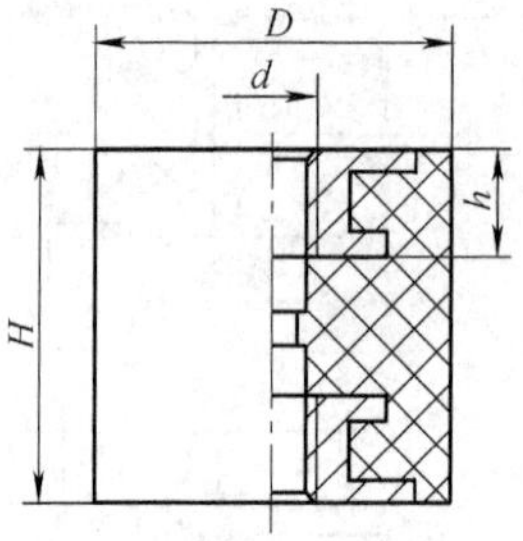 D　d　h　H	水平方向固有频率为6～7Hz，垂直方向为11～13Hz，大多用于水平方向的隔振
11	支脚形 隔振器	JJ	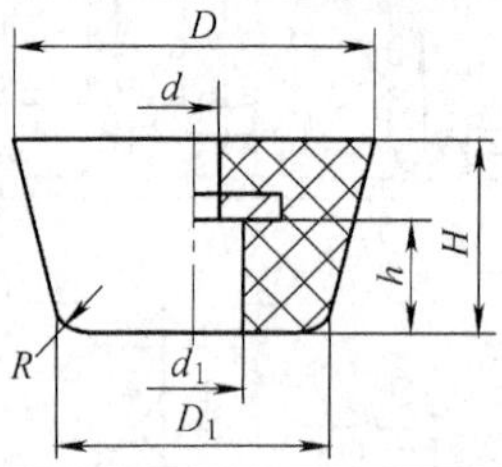 D　d　H　h　R　d_1　D_1	结构简单，成本低，额定载荷小，为98～588N
12	框架形 隔振器	JK	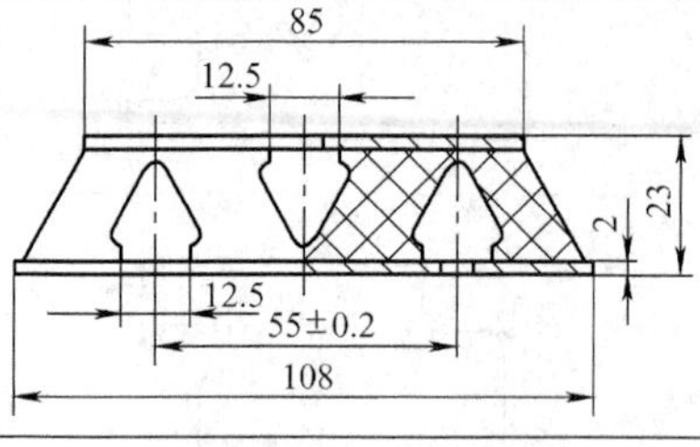 85　12.5　23　2　12.5　55±0.2　108	用来保护无线电设备整机振动与冲击隔离，额定载荷为147～245.3N
13	衬套形 隔振器	JC	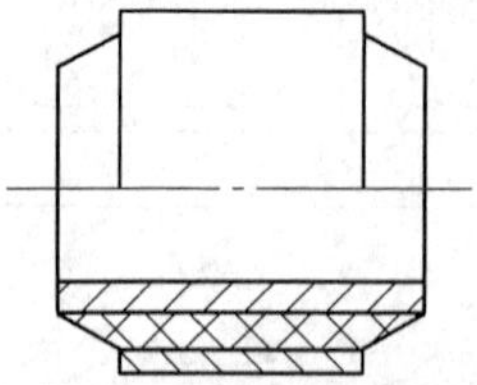	结构简单、紧凑，性能稳定，用于小型设备的单个隔振，能承受水平和垂直两个方向的载荷
14	球　形 隔振器	JQ	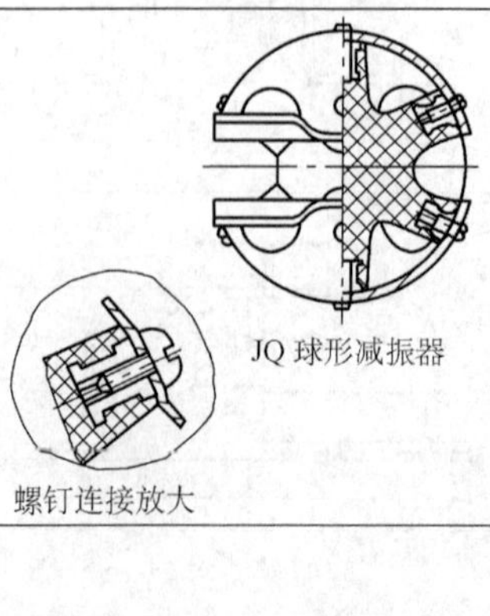 JQ球形减振器 螺钉连接放大	水平和垂直方向固有频率相近，平均为11～12Hz，应力分布均匀，额定载荷为19.6～78.5N

（续）

序号	类型	代号	简　图	主要特性
15	橡胶等频隔振器	JX	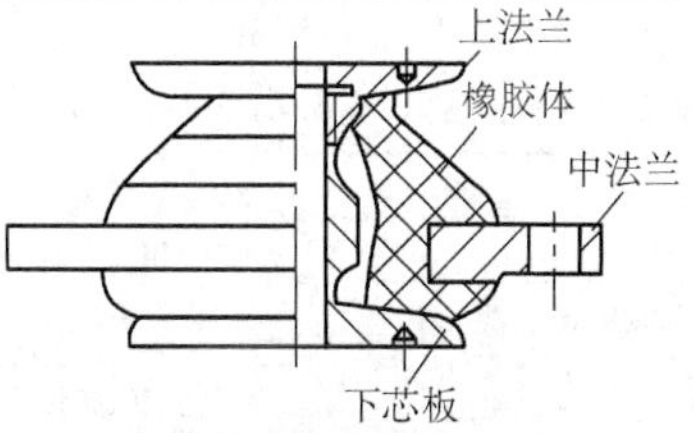 上法兰 橡胶体 中法兰 下芯板	非线性隔振器，承载范围大，既能用于隔振，也可用于冲击隔离
16	空气阻尼隔振器	JQZ	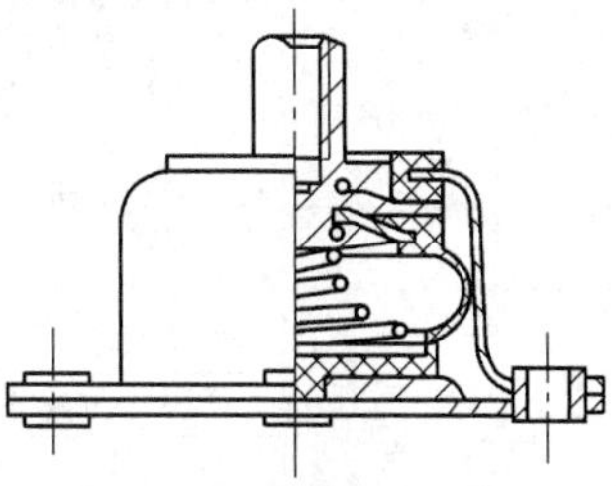	可通过改变孔径来调节阻尼系数，只能承受垂直方向载荷，额定载荷为 3.92~147.15N
17	金属网阻尼隔振器	JWL	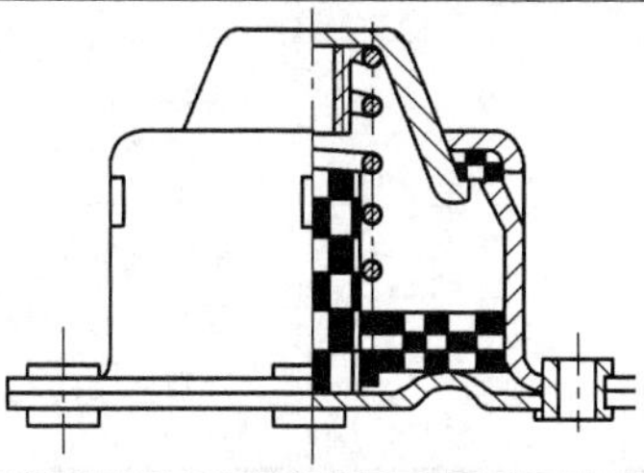	性能稳定，不会老化，用于环境恶劣的场合，能承受较大的线性过载，额定载荷为 14.7~147.15N

表 34.6-21　隔振材料的主要特性和应用范围

类型	主要特性	应用范围	注意事项
橡胶制品	承载能力低，阻尼系数为 0.15~0.3，弹性变形大，有蠕变效应。可做成各种形状，能自由的选取三个方向的刚度	多用于主动隔振。载荷较大时做成承压式，载荷较小时做成承剪式。与金属弹簧配合使用，隔离高频振动效果好	承压式应保证橡胶自由的向四周膨胀，相对变形量应控制在 10%~20%；承剪式的截面应设计成菱形。橡胶应避免日晒和油、水侵蚀，不宜受拉
金属弹簧	承载能力高，弹性变形量大，阻尼系数为 0.01。水平刚度较竖直刚度小，易晃动	用于被动隔振及大激振力设备的主动隔振。由于易晃动，不宜用于精密设备的隔振	当需要较大阻尼时，可增加阻尼器或与阻尼较大的材料（如橡胶）联合使用
钢丝绳	当振幅足够大时，各股钢丝绳之间发生干摩擦，增加阻尼，有利于隔振	用于悬挂式隔振器，能吸收冲击能量，也能衰减隔振器本身的驻波效应	调整钢丝绳的直径、股数、长度、圈数和缠绕形式，可改变刚度和阻尼
空气弹簧	刚度由压缩空气的内能决定。阻尼系数为 0.15~0.5	用于特殊要求的精密仪器和设备的被动隔振	为使空气压力稳定，应有恒压空气源
软木	承载能力小，质轻，有一定弹性，阻尼系数为 0.08~0.12，有蠕变效应	用于主动隔振，或和橡胶、金属弹簧联合作辅助隔振器	应力控制在 10N/cm^2 左右，要防止软木向四周自由膨胀。软木上应加涂料，防止吸水和吸油
泡沫橡胶	刚度小，富有弹性，阻尼系数为 0.1~0.15。承载能力小，性能不稳定，易老化	用于小型仪表的被动隔振	许用应力很低，相对变形量应控制在 20%~35%范围内。严禁日晒、雨淋，防止与酸、碱和油接触
泡沫塑料	承载能力低，刚度小，性能不稳定，易老化	用于特别小的仪器仪表的被动隔振	作用应力应控制在 2N/cm^2 左右
毛毡	阻尼大，在干、湿反复作用下易变硬，丧失弹性	用于冲击的隔离	厚度一般为 0.65~7.6cm
其他材料	木屑、玻璃纤维、黄砂等不定型的隔振材料	用于冲击的隔离，地板与设备的被动隔离	这些隔振材料要放置于适当的容器之内

4.9　隔振系数的参考标准

在隔振设计中，隔振系数即振动的绝对传递率应根据机器大小、安装场所、机器种类以及建筑物用途等各种因素进行选取，一般可参考表 34.6-22 选取。

表 34.6-22　机械设备隔振系数（振动的绝对传递率）η_A 的参考标准

（1）按机器功率分

机器功率/kW	隔振系数 η_A		
	底层、一楼	两楼以上（重型结构）	两楼以上（轻型结构）
≤4	只考虑隔声	0.5	0.1
5.5~11	0.5	0.25	0.07
15~30	0.2	0.1	0.05
38~75	0.1	0.05	0.025
75~225	0.05	0.03	0.015

（2）按机器种类分

机器种类		隔振系数 η_A	
		地下室、工厂	高层建筑（两楼以上）
泵	≤2.5kW >4kW	0.3 0.2	0.1 0.05
往复式冷冻机	<7.5kW 38kW 45~110kW	0.3 0.25 0.2	0.15 0.1 0.05

机器种类	隔振系数 η_A	
	地下室、工厂	高层建筑（两楼以上）
密闭式冷冻设备	0.3	0.1
离心式冷冻设备	0.15	0.05
空气调节设备	0.3	0.2
通风机	0.3	0.1
管路系统	0.3	0.05~0.1
引擎发电机	0.2	0.1
冷却塔	0.3	0.15~0.2
冷凝器	0.3	0.2
换气装置	0.3	0.2

（3）按建筑物用途分

场所	示例	隔振系数 η_A
只考虑隔声场所	工厂、地下室、仓库、车库	0.8~1.5
一般场所	办公室、商店、食堂	0.2~0.4
需注意的场所	旅馆、医院、学校、会议室	0.05~0.2
特别注意的场所	播音室、音乐厅、高层建筑上层	0.01~0.05

5　振动的主动控制

5.1　振动主动控制的原理

对被控的振动系统输入外部能量，通过控制激励力、控制系统的参数（质量、刚度或阻尼）或控制系统上原有的、附加的减振隔振装置的参数，以达到控制的预定目标，称为振动的主动控制，也称有源控制。

图 34.6-30 所示为主动控制系统的框图。其中图 34.6-30a 所示为开环控制，根据控制要求预先设计好的控制律由控制器发出指令，驱动作动器直接或通过子系统施加作用于受控对象，达到振动控制的目的。图 34.6-30b 所示为闭环控制，测量系统测出受控对象的振动信息，经适当调节放大后，传至控制器，控制器实现所需的控制律，发出驱动作动器的指令，作动器通过附加子系统或直接施加作用于受控对象，达到振动控制的预定要求。

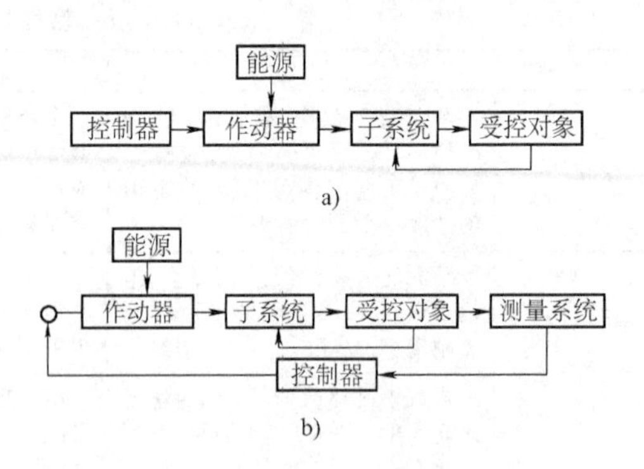

图 34.6-30　主动控制系统的框图
a）开环控制　b）闭环控制

在被动控制的技术基础上，主动控制使用振动信号的测量、分析、反馈和跟踪等先进技术，进行参数识别、系统建模和闭环控制。利用材料压电、磁致伸缩、形状记忆、电流变液及磁流变液等智能特性，得到结构紧凑、动作灵巧的各式作动器；引用能跟随外部环境和功能要求的变化而改变自身的几何形状和固有特性的智能机构；采用自动控制中的最优控制、自适应控制、预测控制、模糊控制等控制律，设计出控制器；引用具有很强的自适应能力、学习能力和容错能力的人工神经网络，能提取各种机械故障征兆的智能专家检测系统，从而使振动的主动控制成为由动力学、自动控制学、材料学、计算机及测试技术合为一体的高新技术。

5.2　振动主动控制的类型

根据不同的分类方法，振动主动控制的类型及特点见表 34.6-23。

表 34.6-23　振动主动控制的类型及特点

类型		特点
按控制目的分类	动力响应主动控制	在特定的外扰动作用下，通过控制受控对象的动力响应达到预定要求。具体有：直接法，即以控制对象的动力响应为目标函数来设计控制律；间接法，即通过控制模态频率、阻尼或振型来达到动力响应的预定目标
	稳定性主动控制	控制被控对象的各阶模态的稳定程度，使原来不稳定的模态变成稳定的模态，或使原来稳定的模态具有所要求的稳定裕度
按控制论原理分类	开环控制	对激励量与响应量的关系已知的受控对象，使用图 34.6-30a 所示的开环控制，又称程序控制。其优点是简单经济，控制系统稳定。由于控制律是预先设计好的与受控对象的运动状态无关，因此不适用于有外界干扰和参数不稳定的受控对象
	闭环控制	对外扰和参数变化或不确定的受控对象，使用图 34.6-30b 所示的闭环控制，也称反馈控制。利用受控对象的振动状态或闭环输出量作为反馈信号，进行实时的外加控制，前者称为状态反馈，后者称为输出反馈，得到相应的控制律
	自适应控制	对非平衡随机振动的系统使用自适应控制。利用自动连续测量被控对象的动态特性与希望的动态特性的差值来进行控制，能做到无论环境条件如何变化，被控对象都有最佳性能
按控制量分类	激励力控制	对受控对象施加频率、幅值和相位可变化的控制力，以抵消原激振力，使振动响应减小到预定目标。适用于原激振力不能改变或情况不明的场合
	受控对象参数控制	改变受控对象的质量、刚度或阻尼，从而改变其动态性能以减小振动的响应，或提高其稳定性，也称主动结构参数修改

5.3　振动主动控制的组成

主动控制系统由以下环节配套组成：

1）受控对象。产品、结构或系统的统称，可以是单、多自由度系统以及无限多自由度的弹性体。

2）作动器。产生控制力（或控制力矩）的机构。控制力可直接或通过附加子系统间接地作用在受控对象上，有液动式、气动式、电动式、电磁式和压电式等各种类型。例如，①对液压或气动伺服阀，施加控制信号，令其改变进、出活塞腔的液流或气流，从而推动活塞移动，产生控制力。②对恒定磁场中的动线圈输入交变电流，利用二者的相互作用产生电动控制力。③对绕于电磁铁上的线圈输入交变电流，产生电磁控制力作用于铁质材料的受控对象上。④对具有逆压电效应的压电材料，施加交变电压，从而产生机械应变得到控制力。

3）测量系统。由传感器、适调器、放大器及滤波器等组成的测量系统，把受控对象的运动状态转变为输送到控制器各环节的信息。常用的测试装置见本篇第 7 章。

4）控制器。把测量系统输送来的振动信息（闭环），或把预先设计好的程序（开环）转变为驱动作动器的指令，即控制律的执行器。控制律可由模拟电路或模拟电子计算机实现模拟控制，或由数字计算机实现数字控制。

5）能源。供给执行机构工作的外界能量，有电源、气源和液压油源等。

6）附加子系统。当作动器不能直接作用在受控对象时，就先施力或运动于附加子系统，再通过附加子系统的运动产生施加于受控对象的控制力。

5.4　控制律的设计方法

为实现主动控制，需要依据受控对象、控制环境和控制目标等因素，选择控制律的设计方法。基于控制理论，设计出决定控制效果、表达控制器输入与输出之间传递关系的控制律。常用的控制律设计方法见表 34.6-24。

表 34.6-24　控制律设计方法

类型		特点
时域设计法	最优控制法	根据响应和控制两方面的要求,定出优化目标函数,使其性能指标达到最优。具体分为:①确定性最优控制。可使输出响应跟踪预定的稳态和瞬态响应,或使输出的稳态和瞬态响应跟踪零,适用于模型和环境条件均已知的受控对象。②随机最优控制,可使控制总代价的数学期望达到最小,适用于存在外界随机扰动和随机测量噪声的受控对象。③瞬时最优控制,可使控制的每一瞬时达到最优目标函数,适用于不需预知外扰信息的受控对象

（续）

类型		特点
时域设计法	次最优控制法	仍用最优控制法的目标函数，但只使用部分状态信息作反馈，可得到与最优控制接近的控制效果。适用于无法得到全部状态信息的受控对象
	特征结构配置法	把系统的特征值和特征矢量控制到预定的数值上，即把极点配置到复平面预定的位置上，使系统的动态性能最优
	自适应控制法	适用于受控对象的模型、参数及环境条件变化较大的场合，具体有：①使受控对象和参考模型二者的输出之差最小的参考模型自适应控制；②使用符号跟随器和符号参考模型的基于超稳定性的自适应控制；③在受控对象某些有特殊要求的位置上，使控制力和外扰力产生的响应相抵消的基于自适应滤波的前馈控制
	预测控制法	根据受控对象的历史信息和未来输入，得到能够预测未来输出的预测模型，并在每一采样时刻，优化反映受控对象性能的指标，实现滚动优化；再通过反馈校正实现在线优化过程达到控制目标。在本时刻施加控制，到下一时刻，首先检测受控对象的实际输出，并利用它对基于模型的预测进行修正，然后进行新一轮的优化
	模态控制法	把无限自由度系统（弹性体）的振动控制转化为在模态空间内少量几个模态的振动控制。具体有：①模态耦合控制法。能用少量执行机构控制较多的模态，但计算量大且计算困难。②独立模态空间控制法。计算量小，设计方便，不会导致不稳定，但需要用较多的执行机构，还需使用模态观测器或模态滤波器估计出模态坐标及其导数。③分块独立模态空间控制法。对①、②法取长补短而得
频域设计法		根据系统的传递函数或传递函数模型，即输入-输出模型在频域内设计控制律。有跟轨迹法、基于频率特性的设计法等，即根据系统各环节（测量系统、控制器、执行机构及受控对象）的频响函数（幅、相频特性），求出控制器的频响函数，达到动力响应或动态稳定性的控制要求
时域、频域联合设计法		首先使用时域设计法进行设计，然后采用输出反馈控制律，在一个频段范围内优选闭环系统的传递函数，使时域和频域的控制律达到最佳拟合，可同时实现时域和频域设计法的优点
控制对象与控制器联合优化设计法		对给定的受控对象设计控制律，是以上各种设计法都把控制对象的参数固定不动的重要缺陷。如果受控对象与控制器进行联合优化设计，对受控对象做适当修改，可使整个闭环控制系统的性能有较大的改善，得到更加理想的控制系统，从而在达到控制性能要求的同时，做到受控对象的结构质量和所需的控制能量都尽可能小

5.5　主控消振

把主动控制力（或力矩）作用于受控对象，去抵消引起受控对象振动的振源或抵消振源引起受控对象的响应，为主控消振。

5.5.1　谐波控制

从受控对象振动信号中提取振源的主要谐波分量，对受控对象施加幅值和相位适当的谐波控制力，以抵消激励力的主要分量，达到消减振源从而控制受控对象振动的目的。

5.5.2　结构响应主动控制

图 34.6-31 所示为结构响应主动控制示意图。从图中可以看出，由质量 m、阻尼 c 及刚度 k 组成的受控系统上作用有激振力 $F(t)$。由传感器 1 测得受控对象振动信号 $x(t)$，经过控制器 2 进行分析处理，判别出作用于受控对象上的激振力，并发出反馈控制信号 $y(t)$，输入作动器 3 产生控制力 $f(t)$，其运动方程为

$$m\ddot{x}+c\dot{x}+kx=F(t)+f(t) \qquad (34.6\text{-}64)$$

当 $f(t)=0$ 时，即未施加控制力时，系统的幅频特性（位移导纳）为

$$R_1(\omega)=\frac{x(\omega)}{F(\omega)}=\sqrt{\frac{1}{(k-m\omega^2)^2+c^2\omega^2}}$$

$$R_1(0)=\lim_{\omega\to 0}R(\omega)=\frac{1}{k}$$

当 $f(t)=-G(x+\varepsilon\dot{x})$ 时，系统的幅频特性为

$$R_2(\omega)=\sqrt{\frac{1}{(k+G-m\omega^2)^2+\omega^2(c+G\varepsilon)^2}}$$

$$R_2(0)=\frac{1}{k+G}$$

由上可看出，施加控制力 $f(t)$ 后，$R_2(\omega)$、$R_2(0)$ 都比 $R_1(\omega)$、$R_1(0)$ 小，即减小了受控对象的振动。

当 $f(t)=-G\int_0^t x(\tau)\mathrm{d}\tau$ 时，系统的幅频特性为

$$R_3(\omega)=\sqrt{\frac{\omega^2}{\omega^2(k-m\omega^2)^2+(G-c\omega^2)^2}}$$

$$R_3(0)=0$$

由上可看出，施加具有积分形式的控制力 $f(t)$ 后，$R_3(0)=0$，即在超低频区内，主动控制更加有效。

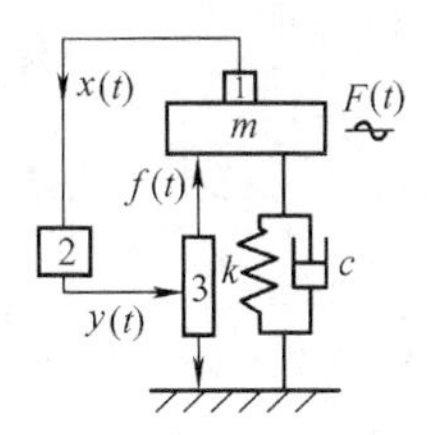

图 34. 6-31　结构响应主动控制示意图

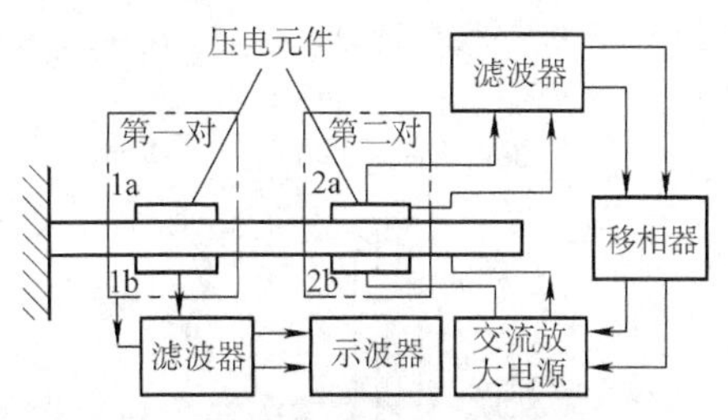

图 34. 6-32　压电阻尼试验原理图

5. 5. 3　脉冲控制

检测受控对象预定的各控制点的振动量，当检测值超过某一设定的门限值时，控制脉冲发生，从而抵消外扰响应，使各控制点的响应保持在一定的门限值之内。这是一种不需对受控对象做全状态估计，只有开与关两种状态的节约能量的开环控制。

实现上述目标最简单的控制方案是，在选定的位置上安装脉冲发生器，当受控对象的振动速度在这些位置上达到最大时，发生一个与该振动速度方向相反的脉冲力，即

$$F_i=\begin{cases}-K_i\operatorname{sgn}(v_i)\,|v_i|^{n_i}, & t_i\leqslant t\leqslant(t_i+T_{di})\\ 0, & (t_i+T_{di})<t<t_{i+1}\end{cases}\tag{34. 6-65}$$

式中　K_i——比例系数；

v_i——受控对象检测点 i 的振动速度（m/s）；

n_i——与速度规律有关的系数；

T_{di}——脉冲持续时间（s）。

5. 6　主控阻振

对受控对象施加与其振动速度成正比的控制力，作为阻尼力消耗振动能量，达到减小振动的目的，称为主控阻振。进行主控阻振的作动器有各式阻尼器，如电磁式、液压式和气动式等集中式阻尼器，这类作动器需要有固定其位置的基础；还有压电式具有分布阻尼特性的阻尼器。这类作动器质量轻，适用场合广，不需要固定其位置的基础，日益得到推广和应用。

在主控阻振中常用的元件是压电晶体，将其粘贴在结构高应变区的位置上，利用其压电效应可作为传感器，经过测试系统可测出结构的振动信息。利用其逆压电效应可作为作动器，经过控制器对其施加控制信号，在交变电场作用下，产生与振动引起的变形相反的变形，能有效地抑制结构的振动。

图 34. 6-32 所示为压电阻尼试验原理图。在悬臂梁的上、下两侧分别粘贴有 1a、1b 和 2a、2b 两对压电薄膜。可通过以下 5 种途径使梁的模态阻尼比增加：①1a 为传感器，1b 为作动器；②2a 为传感器，2b 为作动器；③2a 为传感器，1b 和 2b 为作动器；④2a（或 2b）为传感器，1a 和 1b 为作动器；⑤1a（或 1b）为传感器，2a 和 2b 为作动器。

在梁受外部脉冲激励下，测得以上 5 种情况梁的首阶模态阻尼比 ζ 随驱动电压 U 变化的曲线，如图 34. 6-33 所示。由图可以看出：

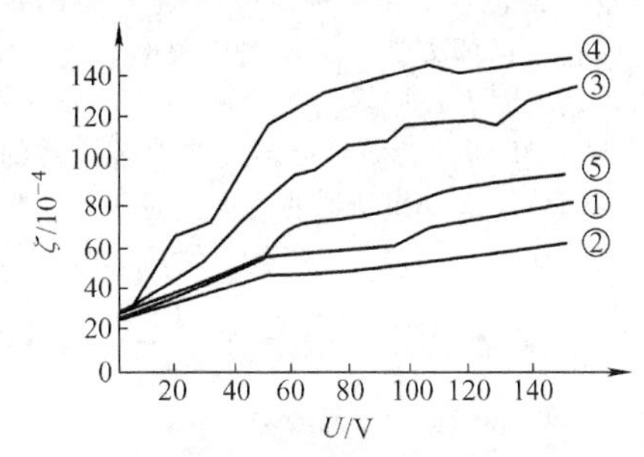

图 34. 6-33　模态阻尼比 ζ 随驱动电压 U 变化的曲线

1）压电晶体粘贴于梁后，梁的首阶模态阻尼比均增加，并随着驱动电压的提高而增加。

2）上下两侧驱动片同时作用（第④⑤两种情况）及同侧两驱动片同时作用（第③种情况）时，提高的模态阻尼比更大。

3）驱动片在不同位置，所实现的模态阻尼比不同。在结构应变越高的位置上粘贴驱动片，效果更好。

5. 7　主控吸振

通过控制力改变吸振器的惯性元件或弹性元件的特性，或直接驱动吸振器的振动体按一定规律运动，使受控对象的振动转移到吸振器上，达到减振的目的，称为主控吸振。主控吸振器有频率可调式和非频率可调式两类。频率可调式动力吸振器的固有频率能自动跟随外界激励频率的变化，始终处于调谐状态，从而使受控对象处于振动达到最小值的反共振状态。

5. 7. 1　惯性可调式动力吸振器

图 34. 6-34 所示为转动惯量可调式倒立摆动力吸振器的示意图，其固有频率为

$$\omega_n=\sqrt{\frac{ka^2}{ml^2}-\frac{g}{l}}\tag{34. 6-66}$$

式中　m——滑动质量（kg）；

k——弹簧刚度（N/m）；

g——重力加速度（m/s^2），$g=9.8m/s^2$。

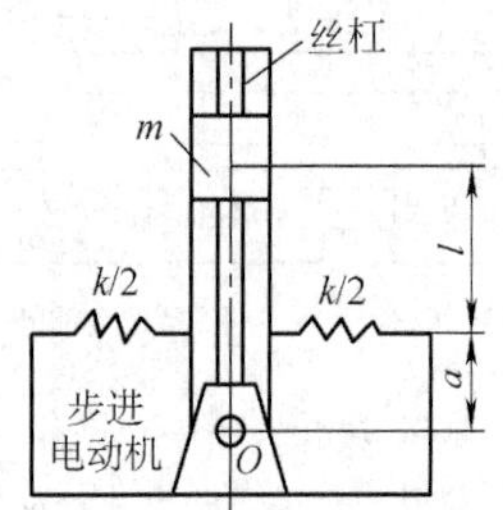

图 34.6-34　转动惯量可调式倒立摆动力吸振器的示意图

控制信号驱动步进电动机转动，带动丝杠转动，滑动质量 m 的位置变化，从而使 m 绕 O 点的转动惯量发生变化，也即 l 变化使其固有频率 ω_n 变化，成为频率可调式动力吸振器。

图 34.6-35 所示为质量可调式动力吸振器的一种型式。控制信号指令作动器使附加质量 m_1 处于 1、2 两个位置，在 1、2 位置时，其固有频率分别为

$$\omega_{n1}=\sqrt{\frac{k}{m}}\;;\;\omega_{n2}=\sqrt{\frac{k}{m+m_1}} \qquad (34.6\text{-}67)$$

形成了频率可调式动力吸振器。

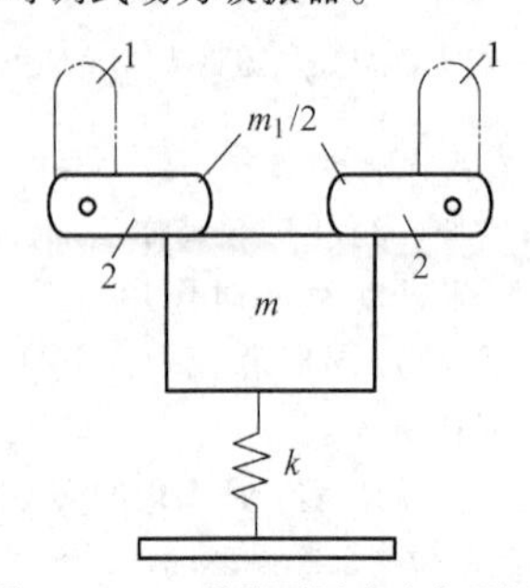

图 34.6-35　质量可调式动力吸振器

5.7.2　刚度可调式动力吸振器

改变动力吸振器的刚度既可改变其振动的频率，又可改变其振幅，方便地用于主动控制系统中。图 34.6-36a 所示为由质量块、弹性梁和步进电动机组成的动力吸振器。控制信号驱动步进电动机转动，带动质量块在弹性梁上左、右移动，弹性梁起作用的长度随之改变，动力吸振器的刚度变化。图 34.6-36b 所示为由质量块、复合片弹簧、丝杠套筒及步进电动机组成的动力吸振器。控制信号驱动步进电动机转动，带动丝杠套筒中的丝杠转动，套筒上、下移动，使片弹簧分开的程度 H 改变，从而改变两端对中心点的刚度。这种片弹簧的最大和最小刚度之比达 62，特别适用于控制旋转机械起动和停止时的振动。

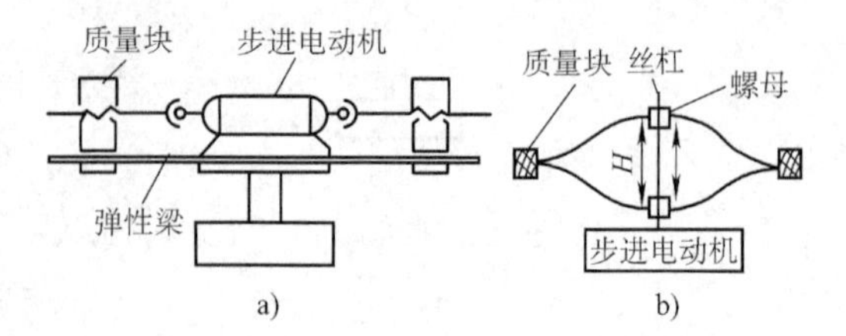

图 34.6-36　刚度可调式动力吸振器

图 34.6-37 所示为由定子与动子组成的电磁式动力吸振器。根据反应式步进电动机能够产生反应力矩的原理，通过调节线圈中的激励电流，调节定子与动子之间的电磁力矩随二者相对转角而变的程度，也即电磁弹簧的刚度。实验表明，这种动力吸振器可在较宽的频域内获得较好的减振效果，在受控对象扭转振动固有频率附近，减振效果更好。

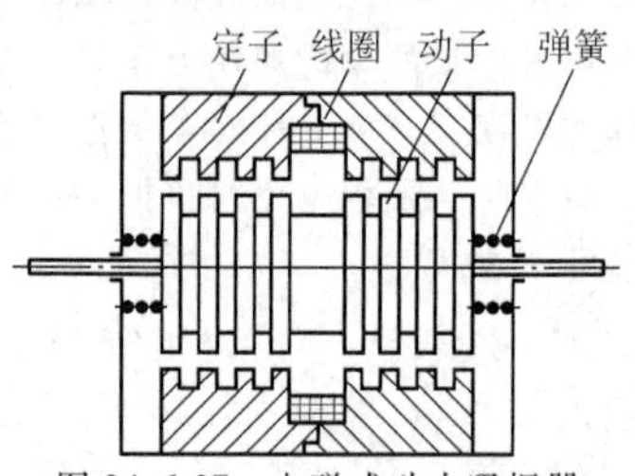

图 34.6-37　电磁式动力吸振器

图 34.6-38 所示为气液式动力吸振器原理图。吸振器动力学模型的质量由双缸、活塞等零件组成，弹簧由支承弹簧与气室所构成的空气弹簧并联而成。连通管沟通上、下油腔，当油腔中的压力升高时，气室中的压力也随之上升，气室容积减小，空气弹簧的刚度增大。通过调节向上、下油腔供油的液压系统的油压，就可调节空气弹簧的刚度。实验表明，这种动力吸振器在共振区减振达 86%，在高频区减振达 65%，适用于对中、高频振动的控制。

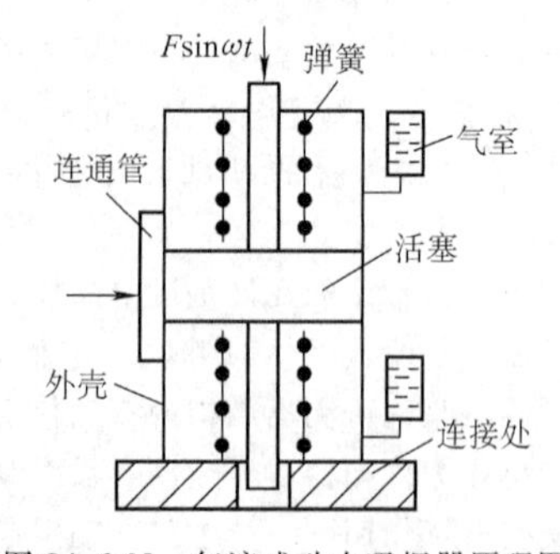

图 34.6-38　气液式动力吸振器原理图

为使以上各种频率可调式动力吸振器具有最佳减振效果，应使其处于调谐状态。由机械振动理论知，当其处于调谐状态时，吸振器与受控对象二者质量块位移的相位角为 $\varphi=-\arctan(1/\eta)$，η 为吸振器的损

耗因子。在主动控制过程中，随时检测 φ，只要吸振器处于非调谐状态，φ 角就偏移，此时控制器发生指令，使吸振器的质量或刚度变化而处于调谐状态。

5.7.3　主控式有阻尼动力吸振器

图 34.6-39 所示为安装于高层建筑上的主控式有阻尼动力吸振器。其工作原理是，根据测量系统测得受控对象的振动信息及设计好的控制律，在动力吸振器的质量块 m_2 与受控对象 m_1 之间施加控制力，m_2 将在控制力 $u(t)$、阻尼力 $c_2\dot{z}$ 和弹性力 k_2z 的作用下产生振动。这三个力共同反作用于受控对象，达到减振的目的。

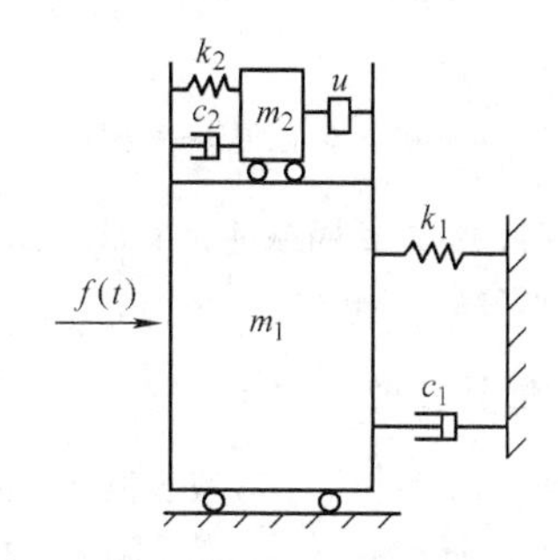

图 34.6-39　主控式有阻尼动力吸振器

由图 34.6-39 知，系统的运动方程为

$$\left.\begin{aligned}&m_1\ddot{x}_1+c_1\dot{x}_1+k_1x_1=c_2\dot{z}+k_2z+f(t)-u(t)\\&m_2\ddot{z}+c_2\dot{z}+k_2z=u(t)-m_2\ddot{x}_1\end{aligned}\right\}\quad(34.6\text{-}68)$$

式中　$z=x_2-x_1$，为 m_2 与 m_1 的相对位移。

设 $\boldsymbol{x}=[x_1\quad z\quad \dot{x}\quad \dot{z}]^T$，把式 (34.6-68) 改为状态方程，得

$$\dot{\boldsymbol{x}}=\dot{\boldsymbol{A}}\boldsymbol{x}+\boldsymbol{B}u+\boldsymbol{B}_1\boldsymbol{f}$$

若状态量 $\boldsymbol{x}$ 可观测，则应用确定性最优控制律的设计法，令其目标函数为

$$J=\frac{1}{2}\int_0^{\infty}(\boldsymbol{x}^{\mathrm{T}}\boldsymbol{Q}\boldsymbol{x}+ru^2)\ \mathrm{d}t$$

求取最优控制律 $u=-Fx$，使 J 极小。

5.8　主控隔振

在常规隔振的基础上并联主动控制的作动器，或者用作动器代替常规隔振装置的部分或全部元件的隔振，称为主控隔振。

5.8.1　全主控隔振

图 34.6-40 所示为单自由度全主控隔振系统的原理图，其运动方程为

$$m\ddot{x}+c\dot{x}+kx=c\dot{u}+ku+f(t)\qquad(34.6\text{-}69)$$

式中　m、c、k——隔振对象的质量、阻尼和刚度；

u、f——基础激励、作动器的控制力。

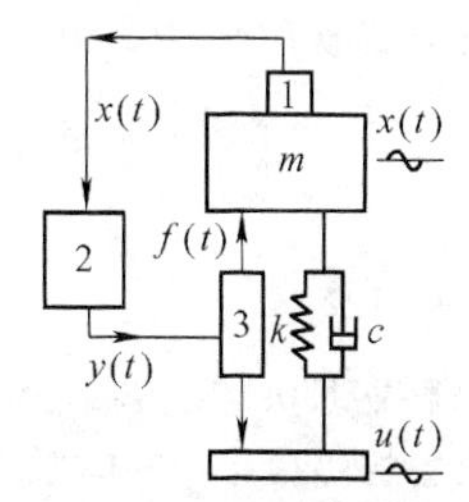

图 34.6-40　单自由度全主控隔振系统的原理图

对式 (34.6-69) 进行拉氏变换，得

$$(ms^2+cs+k)X(s)=(cs+k)u(s)+F(s)\qquad(34.6\text{-}70)$$

(1) 保持主控隔振系统稳定应选的控制律

当 $F(s)=0$，即未主控隔振时，由式 (34.6-70) 得

$$X_0(s)=\frac{cs+k}{ms^2+cs+k}u(s)\qquad(34.6\text{-}71)$$

当 $F(s)=-W(s)X(s)$ 时，由式 (34.6-70) 得

$$X(s)=\frac{cs+k}{ms^2+cs+k+W(s)}u(s)\qquad(34.6\text{-}72)$$

式 (34.6-72) 与式 (34.6-71) 相比，得

$$\frac{X(s)}{X_0(s)}=\frac{ms^2+cs+k}{ms^2+cs+k+W(s)}\qquad(34.6\text{-}73)$$

令 $s=i\omega$ 得

$$\frac{X(\omega)}{X_0(\omega)}=\frac{k-m\omega^2+ic\omega}{k-m\omega^2+ic\omega+W(\omega)}\qquad(34.6\text{-}74)$$

为使主控隔振系统稳定，必须选择 $W(s)$，使 $X(\omega)/X_0(\omega)<1$，$\omega\in[\omega_1,\omega_2]$，$\omega_1$、$\omega_2$ 为隔振系统的上、下工作频率。

(2) 控制律的一般形式

如果选择 $W(s)=as^2+bs-d$，则由式 (34.6-72) 得

$$X(s)=\frac{cs+k}{(m+a)s^2+(c+b)s+(k-d)}u(s)\qquad(34.6\text{-}75)$$

从式 (34.6-75) 看出，选择 $W(s)=as^2+bs-d$ 控制律的主控隔振系统具有以下特点：①在隔振弹簧的静变形仍为 mg/k 的条件下，使系统的实际质量由 m 增加到 $m+a$；刚度由 k 减小到 $k-d$；②产生与隔振对象绝对速度成正比的阻尼力，使系统的阻尼系数由 c 增加到 $c+b$，这些都可提高隔振效果。

(3) 主控反共振的控制律

如果选择 $W(s)=\omega_n^2/(s^2+\omega_n^2)$，则由式 (34.6-74) 得

$$\frac{X(\omega)}{X_0(\omega)}=\frac{k-m\omega^2+ic\omega}{k-m\omega^2+ic\omega+\omega_n^2/(\omega_n^2-\omega^2)}$$

$$\lim_{\omega\to\omega_n}\left|\frac{X(\omega)}{X_0(\omega)}\right|=0\qquad(34.6\text{-}76)$$

从式（34.6-76）看出，当激励频率 ω 接近固有频率 ω_n 时，系统对扰动的传递率为零，从而使该频率下的隔振效果十分显著，这就是主控反共振隔振。

5.8.2　半主控隔振

既不采用消耗能量大较复杂的全主控隔振装置，又争取具有与全主控隔振相近的隔振效果的隔振，称为半主控隔振。通常采用控制能量小、可连续调节阻尼力的主控式阻尼器进行半主控隔振，如图 34.6-41 所示。例如，通过调节阻尼器油孔的大小来调节阻尼力的大小，使其尽可能接近全主控隔振系统产生的阻尼力，就能做到既省力又方便地实现与全主控隔振相近的效果。

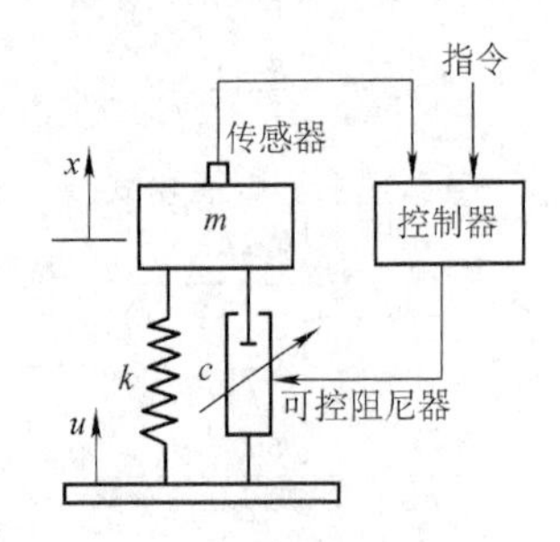

图 34.6-41　半主控隔振系统

设全主控隔振系统产生的阻尼力（称为理想阻尼力）为

$$F_{qc}=-c_1\dot{x} \qquad (34.6\text{-}77)$$

而半主控隔振系统产生的阻尼力为

$$F_{bc}=-c(\dot{x}-\dot{u}) \qquad (34.6\text{-}78)$$

式中　c_1、c——全、半主控隔振系统的阻尼系数；

$\dot{x}$、$\dot{u}$——隔振对象、基础振动的绝对速度。

按以下原则调节 c：

1）如果 F_{qc} 与 F_{bc} 同号，则调节半主控隔振系统的阻尼系数 c，使 $F_{qc}=F_{bc}$。

2）如果 F_{qc} 与 F_{bc} 反号，调节 c 使 $F_{bc}=0$。表达成数学语言为

$$\begin{cases}F_{bc}=F_{qc},\ \dot{x}(\dot{x}-\dot{u})\geqslant 0\\ F_{bc}=0,\ \dot{x}(\dot{x}-\dot{u})<0\end{cases} \qquad (34.6\text{-}79)$$

按式（34.6-79）的调节规律，可使半主控隔振的效果接近全主控隔振的效果。为实现此目标，必须对阻尼器进行连续调节。更简单的方法是不连续调节，使用图 34.6-42 所示的控制逻辑，只实行“开—关”控制，即

$$\begin{cases}F_{bc}=-c(\dot{x}-\dot{u}),\ \dot{x}(\dot{x}-\dot{u})\geqslant 0\\ F_{bc}=0,\ \dot{x}(\dot{x}-\dot{u})<0\end{cases} \qquad (34.6\text{-}80)$$

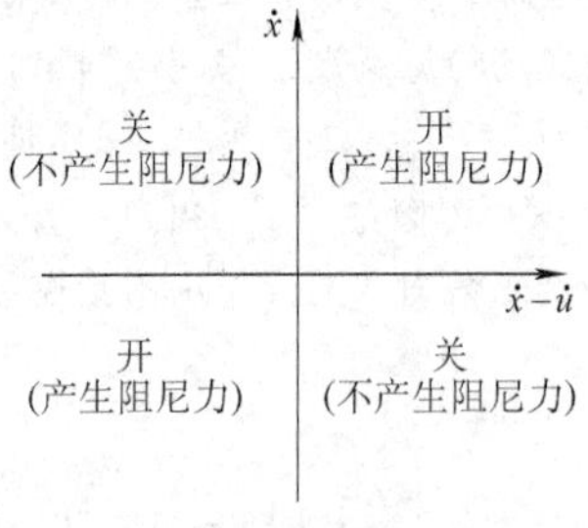

$\dot{x}$

关（不产生阻尼力）　开（产生阻尼力）

$\dot{x}-\dot{u}$

开（产生阻尼力）　关（不产生阻尼力）

图 34.6-42　半主控隔振控制逻辑

试验表明，半主控隔振易于实现，控制能量小，隔振效果接近全主控隔振。

5.8.3　主控隔振的作动器

实现主控隔振的作动器有很多类型，包括电液伺服型、机电型、伺服气垫型、电磁型、磁悬浮型和电流变液、磁流变液、磁致伸缩、压电等智能材料型。

图 34.6-43 所示为采用伺服气垫为作动器的隔振系统。由图可以看出，被隔对象 m 安装在气缸的活塞上，基础的振动 $u(t)$ 经过气体传到 m 产生的振动为 $x(t)$。由于气体具有弹性和阻尼的作用，已隔离了一部分振动，再经过 $x(t)$ 与 $u(t)$ 之差 $\delta(t)$ 驱动滑阀，控制进出上、下气缸气体的流率，使活塞保持理想的平衡位置，进一步提高隔振效果。

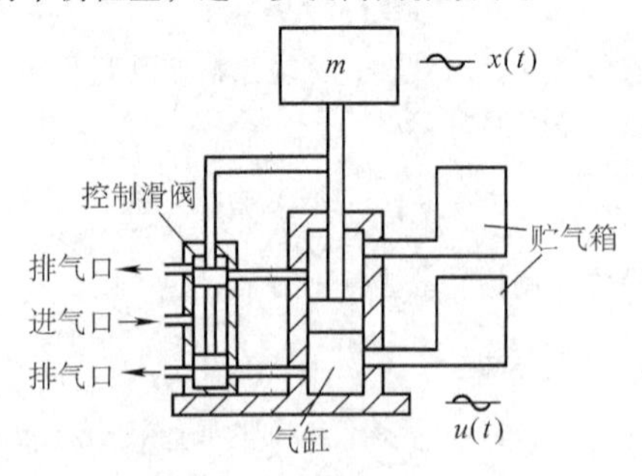

图 34.6-43　伺服气垫隔振系统

根据振动原理及气体流量的计算公式，推导出图 34.6-43 所示系统的振动传递率为

$$\eta=\frac{x}{u}=\sqrt{\frac{\left(\dfrac{G}{Nm\omega^3}-2\zeta z^2\right)^2+\left(1+2\zeta\dfrac{G}{Nm\omega^3}\right)^2 z^2}{\left[\dfrac{G}{Nm\omega^3}-2\zeta\left(1-\dfrac{z^2}{N}\right)z^2\right]^2+\left[\left(1+2\zeta\dfrac{G}{Nm\omega^3}\right)z-\dfrac{N+1}{N}z^3\right]^2}} \qquad (34.6\text{-}81)$$

式中　N——贮气箱容积与气缸有效容积之比；

z——激励频率与系统固有频率之比；

ζ——系统的阻尼比；

G——控制增益，即单位相对位移流过滑阀气体质量的流率。

分别给定一些参数，选择另一些参数为变量，按式（34.6-81）绘制传递率的曲线族，就可得到各参数对传递率的影响，为选择使传递率最小的参数提供依据。

图 34.6-44 所示为一个电液隔振系统，使用主动闭环控制的工作原理。传感器 1 测量被隔物体 m 的振动加速度 $\ddot{x}$，传感器 2 测量被隔物体与基础间的相对位移 δ 和相对速度 $\dot{\delta}$，将这些信号输入控制器 3 中进行线性组合和放大得到反馈信号。反馈信号驱动电液阀，控制进出液压缸上下腔油的流率，产生理想的控制力，使基础振动传递到被隔物体的振动最小。

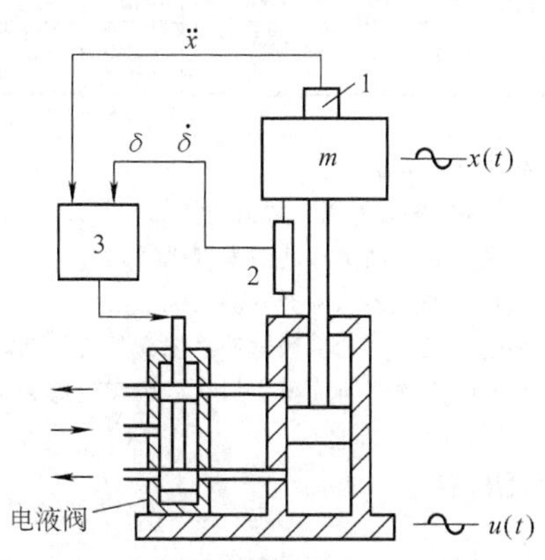

图 34.6-44　使用主动闭环控制的电液隔振系统的工作原理

1、2—传感器　3—控制器

根据油的流量 q 的简化连续性方程

$$q=A\dot{\delta} \tag{34.6-82}$$

式中　A——活塞面积。

反馈信道的方程为

$$q=-(c_1\ddot{x}+c_2\dot{\delta}+c_3\delta) \tag{34.6-83}$$

推导出绝对位移 x 对基础位移 u 的传递率 η_x 和相对位移 δ 对基础位移 u 的传递率 η_δ 分别为

$$\eta_x=\frac{(c_2+A)s+c_3}{c_1s^2+(c_2+A)s+c_3} \tag{34.6-84}$$

$$\eta_\delta=\frac{-c_1s}{c_1s^2+(c_2+A)s+c_3} \tag{34.6-85}$$

如果在反馈信号中再引入相对位移 δ 的积分，则反馈信道方程为

$$q=-(c_1\ddot{x}+c_2\dot{\delta}+c_3\delta)+c_4\int_0^t\delta(\tau)\mathrm{d}\tau$$

又可推导出相应的传递率为

$$\eta_x=\frac{(c_2+A)s^2+c_3s+c_4}{c_1s^3+(c_2+A)s^2+c_3s+c_4} \tag{34.6-86}$$

$$\eta_\delta=\frac{-c_1s^2}{c_1s^3+(c_2+A)s^2+c_3s+c_4} \tag{34.6-87}$$

把 $s=i\omega$ 代入式（34.6-84）~式（34.6-87），即可求得传递率的幅频响应特性，可以找出传递率最小的频域，进而设计隔振效果最好的电液隔振系统。

6　允许振动量

振动控制必须有一个目标，达不到这个目标就不能消除振动的危害；超过这个目标，势必会采取不必要的技术措施而造成浪费。这个目标就是允许振动量。

6.1　机械设备的允许振动量

振动对机械作用的动态力，使机械产生动态位移将影响其工作性能；同时产生的动应力将使其疲劳损伤，有时留下残余变形，降低机器的使用寿命，还会产生恶化环境的噪声。为保证机器设计的工作性能和使用寿命，应把机械自身的振动控制在允许量之内。

机械的种类很多，各有其自身对振动的要求。因此，出现了针对各类机械的国家标准或行业标准，从中可查到其允许振动量。

目前有些机械还没有这个限制振动的标准，可参考表 34.6-25。根据机器使用情况的好、可（可使用）、次（还可用）及坏（不可用），从表中查到各类机械相应的允许振动速度（有效值），也称振动烈度及等效的位移幅值。

6.2　其他要求的允许振动量

在机械的设计和使用中，除了要控制机械自身的振动外，还要兼顾振动对人体、建筑物及精密机器和仪表周围环境的影响。

1）人体处于振动环境中，将受到不利影响。轻者使人不舒适；重者使人疲劳，生产率下降；严重则危害人的健康和安全。根据振动方向、振动频率和受振时间，可从有关已有的标准中查到保证生产率不下降、保证人体舒适的允许振动量，以及人体允许振动量的极限。

2）仪表周围环境的振动，将降低仪表的精度甚至使仪表失灵，影响其使用功能。为保证仪表在使用寿命期内能正常工作，要求周围环境的振动小于允许量，以控制环境振动对仪表的干扰。根据仪表的安装类别（环境条件）、振动频域，可从有关已有的标准中查到仪表各振动等级对应的振动极限值。

3）建筑物内的振动及其周围环境的振动，可能使建筑物及其基础变形；严重者墙板开裂，甚至造成整个结构破坏。现在已有了机械振动与冲击对建筑物振动影响的测量和评价的标准，从中可查到建筑物的允许振动量。

表 34.6-25　机器振动的评价规则

<table>
<tr><th rowspan="2">振动速度(振动烈度)
v/mm · s^{-1}</th><th colspan="2">等效位移幅值 S/μm</th><th colspan="7">评　价</th></tr>
<tr><th>50Hz</th><th>10Hz</th><th>Ⅰ</th><th>Ⅱ</th><th>Ⅲ</th><th>Ⅳ</th><th>Ⅴ</th><th>Ⅵ</th><th>Ⅶ</th></tr>
<tr><td>0.11</td><td>0.5</td><td>2.5</td><td rowspan="5">好</td><td rowspan="6">好</td><td rowspan="7">好</td><td rowspan="8">好</td><td rowspan="9">好</td><td rowspan="10">好</td><td rowspan="11">好</td></tr>
<tr><td>0.18</td><td>0.8</td><td>4</td></tr>
<tr><td>0.28</td><td>1.25</td><td>6.25</td></tr>
<tr><td>0.45</td><td>2</td><td>10</td></tr>
<tr><td>0.71</td><td>3.15</td><td>15.75</td></tr>
<tr><td>1.12</td><td>5</td><td>25</td><td rowspan="2">可使用</td></tr>
<tr><td>1.80</td><td>8</td><td>40</td><td rowspan="2">可使用</td></tr>
<tr><td>2.80</td><td>12.5</td><td>62.5</td><td rowspan="2">还可用</td><td rowspan="2">可使用</td></tr>
<tr><td>4.50</td><td>20</td><td>100</td><td rowspan="2">还可用</td><td rowspan="2">可使用</td></tr>
<tr><td>7.10</td><td>31.5</td><td>157.5</td><td rowspan="7">不可用</td><td rowspan="2">还可用</td><td rowspan="2">可使用</td></tr>
<tr><td>11.20</td><td>50</td><td>250</td><td rowspan="6">不可用</td><td rowspan="2">还可用</td><td rowspan="2">可使用</td></tr>
<tr><td>18</td><td>80</td><td>400</td><td rowspan="5">不可用</td><td rowspan="2">还可用</td><td rowspan="2">可使用</td></tr>
<tr><td>28</td><td>125</td><td>625</td><td rowspan="4">不可用</td><td rowspan="2">还可用</td><td rowspan="2">可使用</td></tr>
<tr><td>45</td><td>200</td><td>1000</td><td rowspan="3">不可用</td><td rowspan="2">还可用</td></tr>
<tr><td>71</td><td>315</td><td>1575</td><td rowspan="2">不可用</td></tr>
<tr><td>112</td><td>500</td><td>5000</td><td>不可用</td></tr>
</table>

注：Ⅰ—在正常条件下与整机连成一体的电动机和机器零件。

Ⅱ—没有专用基础的中等尺寸的机器；刚性固定在专用基础上的发动机和机器。

Ⅲ—安装在刚性非常大的（在测振方向上）、重的基础上的、带有旋转质量的大型原动机和其他大型机器。

Ⅳ—安装在刚性非常小的（在测振方向上）基础上、带有旋转质量的大型原动机和其他大型机器。

Ⅴ—安装在刚性非常大的（在测振方向上）基础上、带有不平衡惯性力的机器和机械驱动系统。

Ⅵ—安装在刚性非常小的（在测振方向上）基础上、带有不平衡惯性力的机器和机械驱动系统；具有松动耦合旋转质量的机器；具有可变的不平衡力矩能自成系统地进行工作而不用连接件的机器；加工厂中用的振动筛、动态疲劳试验机和振动台。

Ⅶ—安装在弹性支承上、转速>3000r/min 的多缸柴油机；非固定式压缩机。

第7章　机械振动的测试

1　概述

1.1　测量在机械振动系统设计中的作用

测量是获取准确设计资料的重要手段。在各类机械振动系统的设计中，系统的频率比、阻尼比以及零件材料的弹性模量和阻尼系数等的取值范围都相当宽，振动参数的取值直接影响振动系统和振动元件的设计质量。对大量机械振动系统中各种参数的测量是获取和积累准确设计资料的重要手段。在工程上也经常遇见某些原始设计参数需要直接从测量中获得。例如，在动力吸振器设计中主振系统的固有频率、随机振动隔振器设计中的载荷谱、缓冲器设计中的最大冲击力和冲击作用时间等，往往需依靠测量手段获得。

调试工作更直接依靠测量。由于在机械振动系统设计之前，对实际振动系统进行了简化和抽象，忽略了诸多影响振动的因素，设计中又会遇到参数选取的准确性问题；再加上制造、安装上的误差，因而很难保证机械振动系统一经安装就能满足工程需要，一般要经过调试才能使各项参数符合设计要求，如动力吸振器和近共振类振动机工作点（频率比）的调试。对于一个经验丰富的设计人员，可以凭借经验对振动系统进行调试，但对于一般设计人员和调试人员，则需要通过测量和对测量结果的分析，确定调试方案；另外，振动测量结果及其分析也是机械振动系统设计验收的依据。

1.2　振动测量方法的分类

1.2.1　振动测量的主要内容

1）振动量的测量。测量振动体在选定点上位移、速度和加速度的大小；振动体的时间历程、频率、相位和频谱；激振力等。

2）系统特征参数的测试。系统的刚度、阻尼、固有频率、振型和动态响应特性等的测试。

3）机械、结构或部件的动力强度试验。对机械进行模拟环境条件的振动或冲击试验，以检验产品的耐振寿命、性能的稳定性，以及设计、制造和安装的合理性等。

4）设备、装置或运行机械的振动监测。对设备、装置或运行机械的在线监测，随时测取振动信息，诊断故障，及时做出处理以保证其正常可靠的运行。

为了满足振动测量和试验的要求，一个完整的测试系统，一般由传感器、信号的中间变换装置、信号分析设备及信号的显示和记录设备组成。一件完整的测试工作应包括：对被测对象振动的初步估计；测试系统的设计和组成；测试系统的标定；以及测试数据的取用、分析和储存。通用机械振动测试系统框图如图 34.7-1 所示。

1.2.2　振动测量的方法

按传感器与振动体的连接状态分为接触式与非接触式；按测量方法的力学原理分为相对式与惯性式；按振动信号的转换方式分为电测法、光测法和机械测振法，见表 34.7-1。

表 34.7-1　振动测量的方法

名　　称	简　　介	优缺点及其应用
电测法	电测法主要采用电力传感器，用来将被测的振动参量转换成电量或电参数，再用电量测试仪器进行测定	灵敏度和分辨率较高，频率范围和动态线性范围较宽，便于分析和遥测，但易受电磁场干扰。是目前应用最广泛的测量方法
光测法	光测法是利用光杠杆原理、读数显微镜、光波干涉原理、激光多普勒效应等，将机械振动转换为光信息进行测量的方法	测量精度高，速度快，不受电磁场干扰。适用于对质量小及不易安装传感器的构件做非接触测量。在精密测量和传感器、测振仪标定中用得较多
机械测振法	机械测振法是利用杠杆原理将振动量放大后直接记录下来	抗干扰能力强，频率范围和动态线性范围窄（频率：数 Hz 到数百 Hz，振幅：0.01mm 到数十 mm），测振时会给振动体加一定的负载，影响测试结果。主要用于低频大振幅振动及扭转振动的测量

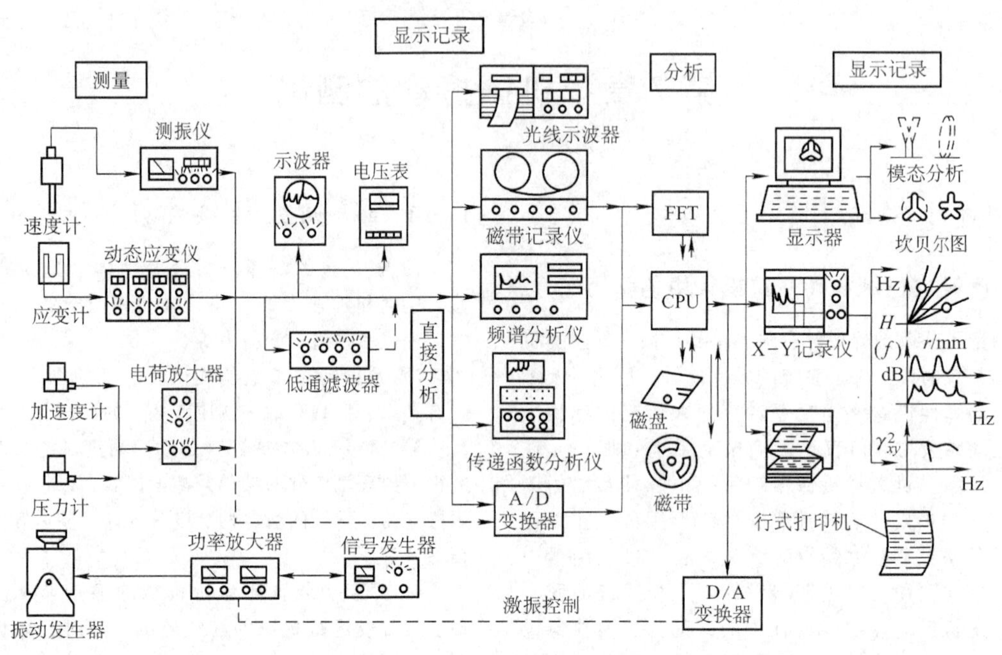

图 34.7-1　通用机械振动测试系统框图

1.3　测振原理

1.3.1　线性系统振动量时间历程曲线的测量

对于线性系统，无论施加给振动系统的激励是确定性激励还是随机激励，系统所产生的位移、速度和加速度之间始终存在着下列关系

$$\dot{x}=\frac{\mathrm{d}x}{\mathrm{d}t},\ \ddot{x}=\frac{\mathrm{d}\dot{x}}{\mathrm{d}t}=\frac{\mathrm{d}^2x}{\mathrm{d}t^2}\qquad(34.7\text{-}1)$$

因此，对于线性系统来说，只要测得振动位移、速度、加速度三者之一，就可以换算出另外两个量。如果知道了激励和多点线性振动的时间历程曲线，通过分析，即可得出其相应的振幅、相位等各种物理量。

实际振动系统往往具有一定的非线性性质，但对大多数工程实际系统来说，这种非线性性质都是很弱的，非线性系统振动的某些物理现象可能存在。但是在比较高次谐波振动和基频振动幅值时，就会发现高次谐波振动的幅值远小于基频振动幅值，测量弱非线性系统振动得到的时间历程曲线，几乎与测量线性系统振动所得到的时间历程曲线是相同的。

在线性振动测量中，简谐振动的测量十分重要。因为工程中的实际振动问题多数具有简谐变化性质或周期变化性质；其次，在识别系统的动态特性（如频率响应函数）时，一般施加给系统的激励都是简谐激励（因动态特性与激励性质无关），系统产生的振动也是简谐振动。简谐振动的振幅、相位、频谱及激振力和线性系统刚度、阻尼、固有频率及振型等参数的相互变换也非常方便。

1.3.2　测振仪的原理

图 34.7-2 所示为测振仪的原理。测振仪包括惯性测振装置、位移计和加速度计等。采用线性阻尼系统，一自由度，测振仪机壳固定于振动物体上，随其一起振动；拾振物体 m 相对于壳体做相对运动。系统输入的是壳体运动引起的惯性力，输出的是拾振物体 m 的位移。低频段输出与加速度成正比；高频段输出与位移成正比。

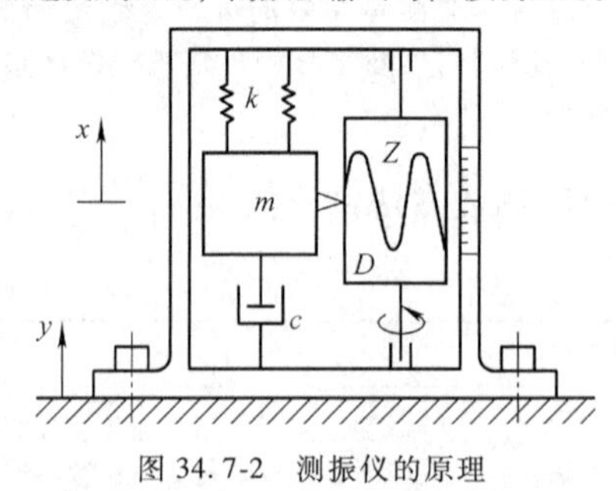

图 34.7-2　测振仪的原理

2　振动的测量

2.1　周期振动的测量

2.1.1　典型的电测系统

图 34.7-3 所示为电测法测振的典型测振系统框

图。振动体的振动量经发电型传感器转换为电荷、电流或电势的信号，再经前置放大器、微积分电路即可进入显示、记录和分析仪器；振动量经电参数型传感器转换为电阻、电感或电容信号，再经调制器、解调器及微积分电路即可进入显示、记录和分析仪器。为了对各振动量（位移、速度和加速度）都能测量，测量仪内大多包含有微分和积分电路。

在测量复杂振动时，应采用真实均方根（有效值）检测仪表，即具有平方律线路的检测指示表。同时，周期振动测量还常要求峰值检测指示。

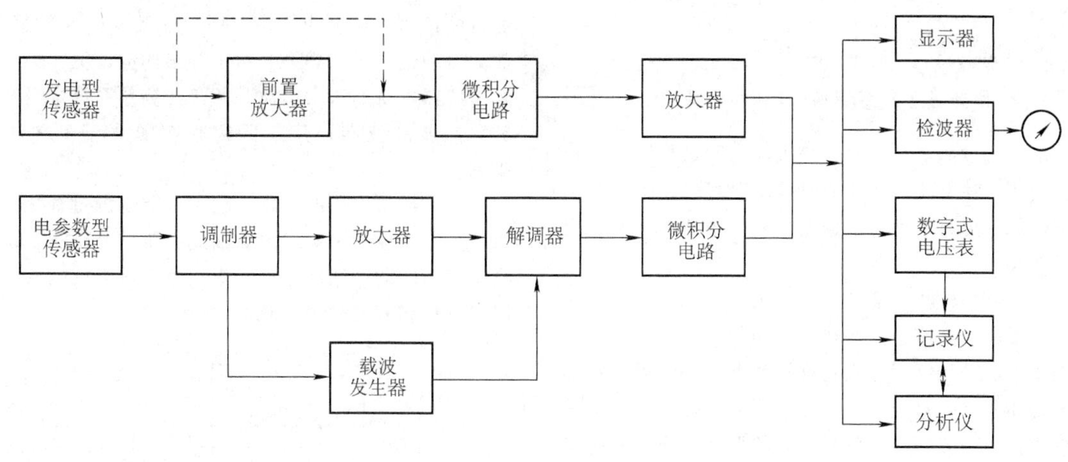

图 34.7-3　电测法测振的典型测振系统框图

2.1.2　振幅的测量

1）测试仪测振幅。把振动信号输入测试仪，直接读出位移、速度或加速度的幅值。

2）电压表测振幅。把振动信号输入电压表，根据电压值和测量系统的电压灵敏度的大小，计算出振幅。

3）光学法测振幅。用激光作为光源的干涉仪，或用全息摄影技术测振幅。

4）信号波形测振幅。把已记录或显示的振动波形的幅值乘以相应的灵敏度（对测量系统标定得到），计算出振幅。

5）百分表测振幅。用百分表或千分表固定在不动的参考点上做直接测量，可得位移振幅的峰峰值。

6）视觉滞留作用测振幅。用读数显微镜观测振动体的标志线，因人眼视觉的滞留作用，标志线形成标志带，从而直接读出位移振幅的峰峰值。或直接观测振动体上的楔形标志，因物体停留在两最大位移位置的时间最长，从而可观测出稳定的正弦振动位移的峰峰值。

2.1.3　频率的测量

测量周期振动频率的常用方法有以下几种：

1）用振动波形与时标对比测频。在记录振动量的时间历程时，输入一个适当的时标，用时标与波形进行比较，即可确定振动频率。此方法误差较大，但可测随时间变化的频率，也可测两个以上随时间变化的频率。

2）用数字频率计测频。将振动信号输入数字频率计，可直接读出频率值。此法使用方便，振动波形也不限于正弦波，但要求被测频率比较稳定。数字频率计测量频率的过程，就是在标准单位时间内，记录电信号变化的周波数。典型的数字频率计框图如图 34.7-4 所示。数字频率计必须有一高精度的时间标准，通常由石英晶体振荡器经分频器分频后，获得不同的时间标准。被测信号首先进入放大整形电路，将周期信号放大并整形为前沿陡峭的脉冲信号，然后再把此信号送入计数门。计数门的开、闭由标准时间信号控制。当计数门打开的标准时间内通过计数门的信号脉冲数被计时器记录下来，该脉冲数即为被测信号的频率。

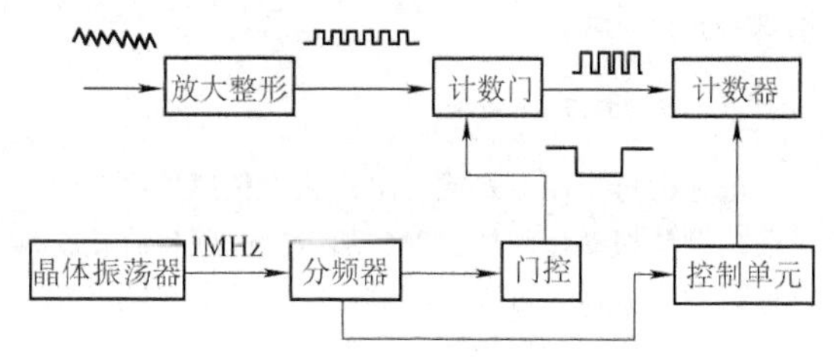

图 34.7-4　典型的数字频率计框图

当用频率计测量频率较低的振动时，误差很大，所以对低频信号改为测周期。测量周期的工作原理（见图 34.7-5）与测量频率是相反的，这样会明显地提高准确度。

3）用李萨如（Lissajou）图形测频。将被测振动

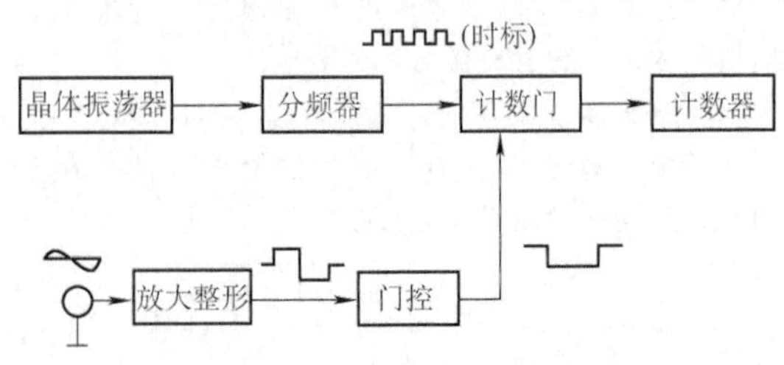

图 34.7-5　测量周期的工作原理

信号和信号发生器的信号，分别输入阴极射线示波器的 x 轴和 y 轴上，逐渐调节信号发生器的频率，当出现李萨如图形时，即可根据图形和发生器的频率确定振动频率。

4）闪光测频。闪光测频是通过闪光仪来实现的。如果闪光频率正好和物体振动频率一致，那么当振动体每次被照亮时，它正好振动到同一位置，看起来振动体就好像稳定在一个位置不动一样，这时从闪光仪上读出闪光频率，就是物体的振动频率。但应注意，当物体的振动频率是闪光频率的整数倍时，同样会出现振动稳定在一个位置不动的情况，这就需要从低频到高频反复调节闪光频率，以确定振动体的真实振动频率，或者根据振动系统的特性凭经验确定振动体的实际振动频率。可测频率范围为 1~2400Hz。

5）用频谱分析仪测频。将周期振动信号输入频谱分析仪，可直接测量出信号中所包括的各次谐波的频率。

2.1.4　相位的测量

稳定的周期性振动的相位可以用双线示波器、闪光灯、伏特表相位指示仪和相位计等仪器将振动信号与基准信号进行比较来确定，也可在记录纸上比较振动信号和基准信号的时间历程来测定。对于非周期性的振动，则需用相位计和记录仪、传递函数分析仪等记录其相位变化。

2.1.5　激振力的测量

激振力可用压电式或电阻式测力传感器测量，也可通过测量振动体的加速度并加以换算间接测定。对已标定的激振器，可通过测量使用时的电参数或机械参数间接测定其激振力。

2.2　冲击的测量

2.2.1　测试量

对冲击的测试量，主要是冲击的时间历程、冲击峰值、冲击持续时间、冲击傅里叶谐波和冲击响应谱。

2.2.2　冲击测量的特点和对仪器的要求

理论上，冲击过程含有从零到无穷大的频谱分量，要求测量系统具有较宽的频率范围，反映冲击的波形和参数才能少失真。图 34.7-6 所示为一般冲击测量的仪器所要求的频率范围，以及相应的传感器、放大器和记录仪的类型。由于冲击的频谱宽，为了消除传感器本身的高次谐波，通常在测量系统中设置抗频混低通滤波器，其最低频率在图 34.7-6 中也可查到。

由于冲击作用的急剧变化，可能使测量系统出现明显的非线性和过载情况。因此，要求冲击测量系统具有较高的动态线性范围，指示仪表具有较高的峰值因素（峰值与有效值之比）。

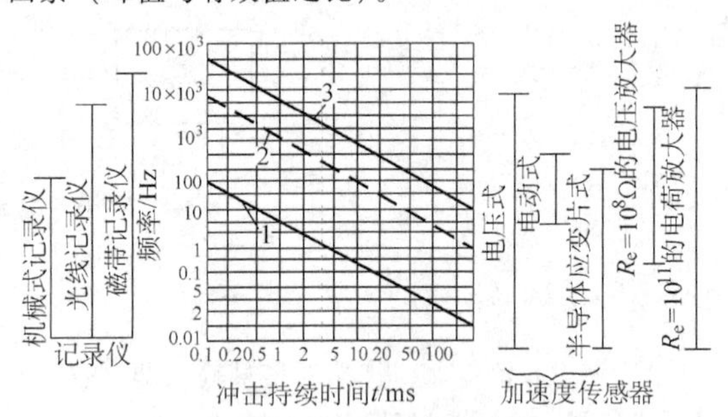

图 34.7-6　用不同仪器测量半正弦脉冲时对频率范围的要求
1—下限截止频率　2—低通滤波器的最低频率　3—上限截止频率

2.2.3　典型的冲击测量系统

图 34.7-7 所示为冲击测量系统的框图。目前用得最多的是压电晶体传感器和电荷放大器（或前置高阻抗放大器）组成的测量系统，这种系统具有较宽的频率响应范围。如果冲击加速度小于 50g，以及冲击持续时间大于 5ms，也可使用低频特性较好的由张丝式电阻传感器和动态电阻应变仪组成的测量系统。系统中的低通滤波器用于消除传感器的高次谐波。用不同仪器对冲击波形及参数进行显示、记录或拍摄。

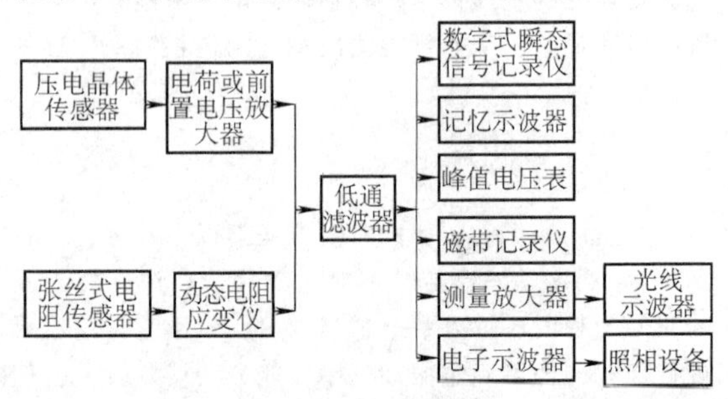

图 34.7-7　冲击测量系统的框图

2.3 随机振动的测量

2.3.1 测试量

对随机振动，主要是测量其均方根值或均方值、功率谱密度（均方谱密度），同时也观察其瞬时加速度峰值的最大值。有时则要求测量其平均值、自相关函数、互相关函数及幅值分布概率密度（分析结构疲劳强度时），以及传递函数和相干函数（分析结构的动态性能时）等。以上这些量的定义见第4章。

2.3.2 测量系统及其对仪器的要求

随机振动的测量系统框图如图34.7-8所示。测量系统的频率范围视被测量对象情况而定：航空和宇航机械，一般为5~500Hz，有时为2~2000Hz；火箭发动机为5000Hz，有时为10000Hz以上；海运机械为0~55Hz，陆运机械为2~500Hz。常用的三种测量系统的频率范围，见表34.7-2。

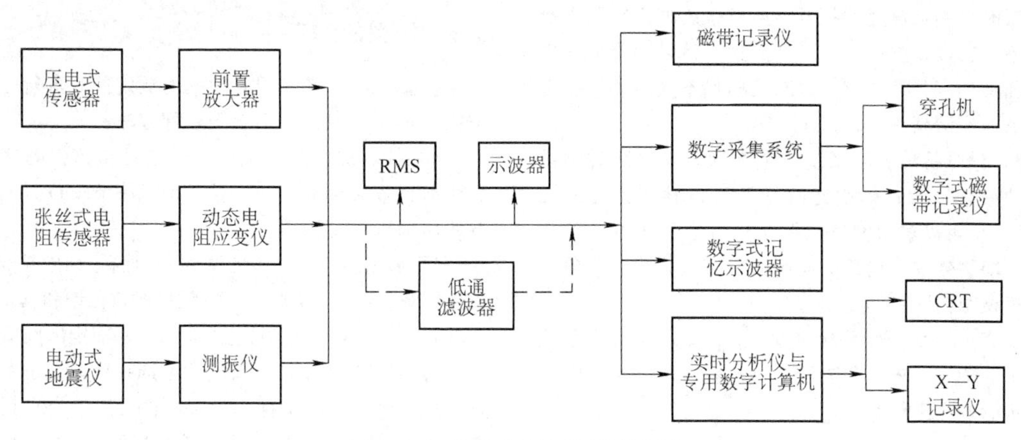

图34.7-8 随机振动的测量系统框图

表34.7-2 常用的三种测量系统的频率范围

测量系统	频率范围/Hz
压电式传感器、前置放大器、电压放大器、电荷放大器系统	$2\sim10^4$， $0.3\sim3\times10^4$
张丝式电阻传感器、动态应变仪系统	0~500(1000)
电动式地震仪、测振仪系统	0.5~50， 1~100

为防止测量和记录信号中大的幅值被削波，宜选用合适的仪器动态范围。对于高斯随机振动，宜以其3倍有效值为选择仪器的动态范围的依据。为了有效地利用记录仪器的动态范围，应要求记录信号具有合适的电平。

为了有效地提高信号的记录信噪比，应在记录仪器之前设置适当的滤波器，以滤除信号中的噪声。

当采用磁带记录仪记录随机振动信号时，应根据所测信号主要频率的预计值，合适地选择记录仪的记录速度。由于随机振动的特性是以其统计特性来表示，因此分析时必须取记录有足够长的一段时间历程，所取的这段记录历程常称为采样长度。一般情况下，采样长度要在2s以上；高频成分多时可取短些，反之取长些。为了得到可靠的结果和满足观察分析的需要，实际记录时间要数倍于采样长度，所以记录仪器必须有足够的容量。

为保证测量记录的成功，特别注意防止过截溢出，测量系统大都有监视设备，如真实均方根值仪表、电子示波器或光线示波器。

按随机振动的平稳情况，有时还需多次重复地进行记录，以便取记录函数集的平均值。

3 机械动力学系统振动特性的测试

振动特性包括系统的固有特性（固有频率、振型和阻尼比）和动力响应特性。可以单项测试，也可以各项同时测试；可在现场测试，也可在实验室进行更详细的试验分析和做模型试验。

3.1 固有频率的测定

1）敲击法。敲击试件，使试件产生能够进行测量的自由振动，记录下自由振动的时间历程与时标比较，便可算出试件的固有频率。设备简单、方便迅速，但只能测出试件少数低阶固频。

2）共振法。该方法是利用激振器对被测系统施以简谐干扰力，使系统产生受迫振动，然后连续改变干扰力频率，进行扫描激振。当干扰力频率和系统固有频率相近时，系统产生共振（振动幅值最大）。只要逐渐调节干扰力频率，同时测量振动幅值，绘出幅频响应曲线，曲线峰值所对应的频率即为系统的各阶固有频率。应当指出：由于测量振动参数不同，存在位移共振、速度共振和加速度共振，它们对应的共振频率的关系见表34.7-3。

表34.7-3 单自由度系统固有频率和共振频率关系

阻 尼	固有频率	位移共振频率	速度共振频率	加速度共振频率
无阻尼	ω_n	ω_n	ω_n	ω_n
有阻尼	$\omega_n\sqrt{1-\zeta^2}$	$\omega_n\sqrt{1-2\zeta^2}$	ω_n	$\omega_n\sqrt{1+2\zeta^2}$

由表34.7-3可见，在有阻尼的情况下，只有速度共振时，测得速度共振频率就是系统的无阻尼固有圆频率。所以在测量中，最好测速度信号。位移共振频率和加速度共振频率，只有当阻尼不大时，才接近无阻尼固有圆频率。

3）谱分析法。给系统一个激励，如果同时测试输入的激励以及物体引起的振动（位移、速度或加速度），就可以求取输出（振动）与输入（力）的关系——即物体或结构的响应函数。该系统响应函数反映了机械结构固有的力学特征。

设$X(s)$表示对系统的输入，$Y(s)$表示对系统的输出，$H(s)$表示系统函数，s为广义参数，则机械结构的响应函数为

$$H(s)=\frac{Y(s)}{X(s)} \tag{34.7-2}$$

如果以频率为参数，则$H(s)$成为频响函数。频响函数上的各个峰值所对应的频率即为结构的各阶固有频率。

特别地，当输入力为标准脉冲力$F(t)$时，其频谱幅度恒定为1，$X(s)-F(s)=1$；直接对响应信号（振动信号）进行频谱分析，即可得到结构的频响函数。

例如，对叶片敲击时，相当于对叶片施加一个准脉冲力，然后用微细型加速度传感器将其振动信号送入仪器进行频率分析，就可得到响应信号的频谱，即叶片频响函数。频谱上的峰值对应的频率即为叶片固有频率。

可采用频率分析仪测定固有频率，过程是：传感器将拾取叶片振动信号，经电荷放大器转换为电压信号，然后滤掉无用的频率成分，放大后送A/D转换器，转换成数字量送入微处理器，微处理器将信号进行频谱分析，分析结果在液晶显示器上显示出来，其峰值点对应的频率即为叶片固有频率。

4）试验模态分析法。对试件进行正弦、随机或瞬态激振，获取试件传递函数数据；使用频域数字曲线拟合法或时域数字拟合法，对系统动力学模型进行优化识别，快速而准确地同时将系统的固有频率、阻尼比和振型一起测试出来。这种方法得到的固有频率十分准确，并且还可以识别出与频率十分接近的密集模态，排除虚假峰值频率。

3.2 振型的测定

振型的测定常与固有频率的测定同时进行。根据结构的形状、尺寸选用以下几种方法：

1）探针法。激振试件，使它处于谐振状态，然后用探针依次接触试件上各点来探测节线位置，找出节线后即可定出振型。

2）砂型法。在平板的试件表面洒上细砂粒。激振试件，使它处于谐振状态，砂粒将逐渐移动和集中到节线附近，显示出节线的位置和形状，从而定出振型。

3）传感器测定法。在试件上选择数量足够的测振点，并定出各点的坐标。激振试件，使它处于谐振状态，用传感器和测振仪测出各点的振幅（或加速度）和相位，即可绘出其振型。此法适用于测定复杂、大型和刚度较大的构件或机器。测试时注意传感器的附加质量不应对试件原来的振动状态有较大的影响，并注意其他振型的影响，而选用多点激振的方式。

4）谱分析法。对被测试件各测振点振动位移响应数据进行幅值谱、功率谱和互谱分析，幅值谱可以给出各个测振点在各频率点上相应的幅值大小，互谱则可建立起各测振点间的相互关系，从而确定各阶振型。

5）试验模态分析法。如前所述，试验模态分析法既可测固有频率，又可测阻尼比及振型等各模态参数，是当前准确、快速、方便和适用范围广的方法。在一些具有模态分析功能的现代振动信号处理系统上所分析的振型结果，可直接在荧光屏幕上进行立体振型动态活化显示，并绘图输出。

6）激光全息照相法。有时间平均法、频闪法和实时法三种。时间平均法操作简便，用得较多，其光路布置如图34.7-9所示。它的原理与静止物体立体全息照相的不同点是，物体在全息干板曝光过程中做稳定的简谐振动，故得到物体的时间平均全息图。当这种全息图再现时，物体的全息照片上有明暗相间的干涉条纹，这种条纹图就是物体的振型图。

由于曝光时间较长，试件振动必须稳定，不应受其他振动的干扰，故试验必须在防振台上进行，一般激振设备都不适用。常用压电元件激振法，即将压电

片粘贴在试件易激起振动的部位，由音频信号发生器和功率放大器激振。此法适用于高频情况，激振频率由数百 Hz 到数万 Hz；但在低频情况中，压电片阻抗太大，不易与功率放大器匹配，不宜采用。

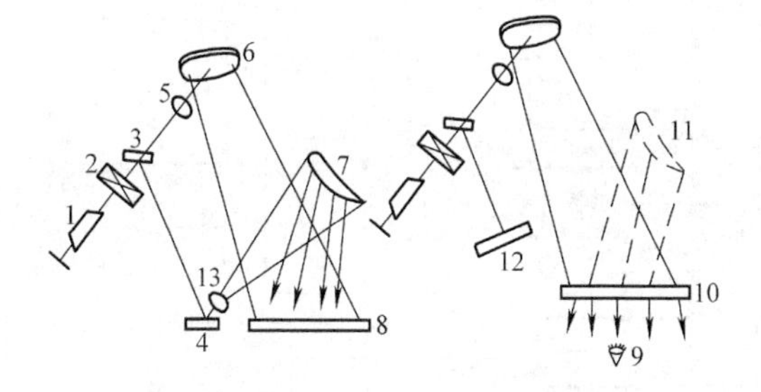

图 34.7-9　时间平均法的光路布置

1—氦-氖激光管　2—快门　3—分光镜　4—平面反射镜　5、13—扩散镜（显微镜物镜）　6—球面反射镜　7—物体（叶片）　8—全息干板　9—观察点　10—全息照相图　11—物体的全息像　12—不透明挡板

3.3　阻尼比的测定

阻尼是影响振动响应的重要因素之一，确定系统的阻尼多用实测方法。这里介绍几种常用测定方法。

1）自由衰减振动法。用自由衰减振动法测出系统自由振动衰减曲线，如图 34.7-10 所示。即测出振动幅值（可以是位移、速度或加速度幅值）随时间 t 变化的曲线，然后从衰减曲线上量出相隔 j 个周期的两个振幅值 A_1 和 A_{j+1}，按下式计算出阻尼比 ζ

$$\zeta = \frac{\delta}{\sqrt{4\pi^2 + \delta^2}} \tag{34.7-3}$$

式中　对数减幅系数 $\delta = \frac{1}{j}\ln\frac{A_1}{A_{j+1}} = \frac{2\pi\zeta}{\sqrt{1-\zeta^2}}$

当 $\zeta \leqslant 0.1$ 时

$$\zeta \approx \frac{\delta}{2\pi} = \frac{1}{2\pi j}\ln\frac{A_1}{A_{j+1}} \tag{34.7-4}$$

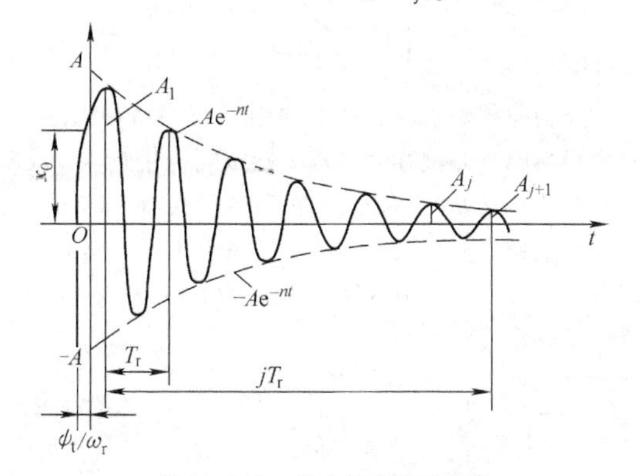

图 34.7-10　自由振动衰减曲线

2）受迫振动法。在简谐激振力作用下，使系统产生共振；在共振峰附近，改变激振频率，记录相应的振动幅值，作出图 34.7-11 所示的共振曲线。利用下式求出阻尼比

$$\zeta = \frac{f_2 - f_1}{2f_n} \tag{34.7-5}$$

式中　f_n——系统固有频率（Hz）；

f_1、f_2——幅频响应曲线上对应幅值为 $0.707A_0$（A_0 为共振振幅）时的频率（Hz）。

若相邻两共振峰靠得很近，则用试验模态分析法可获得较准确的结果。

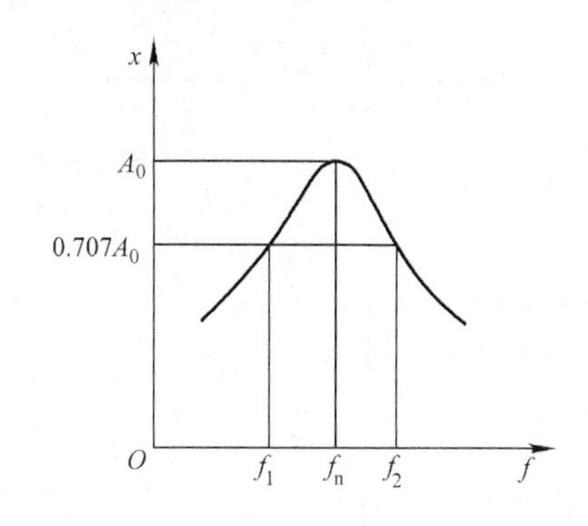

图 34.7-11　共振曲线

3.4　动力响应特性的测试

对机械动力系统施加激振力（输入），测量出系统的振动响应（输出），对系统进行以下分析计算：已知输入和输出，识别出系统固有特性（固有频率、振型、阻尼比、刚度和质量）；已知输入和固有特性，计算出系统的动力响应；已知输出和固有特性，识别出系统的输入特性。通常用输入和输出之间的关系——传递函数，来描述系统的动力响应特性，其测试过程为：

1）在选定坐标点和所需频率范围内，对测试对象施加一定类型（简谐、瞬态或随机激振）和量级的激振力。

2）测量激振力和所需坐标点的振动响应，或测量输入、输出的互谱及自谱密度函数。

3）对测得的激振力和响应信号，或互谱及自谱密度函数进行分析处理，求出对应各激励频率的传递函数数据。

4）将测得的传递函数数据，根据需要以各种图形（如幅频、相频或幅相特性图）或数据的形式进行记录而输出。

图 34.7-12 和图 34.7-13 所示分别为典型的模拟

式传递函数测试系统和典型的数字式（FFT）传递函数测试系统的框图。

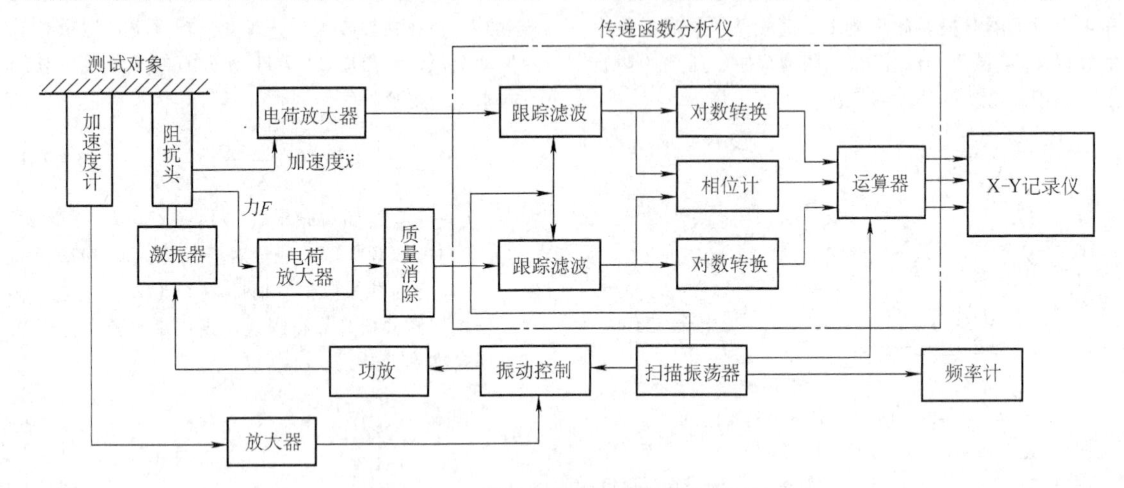

图 34.7-12 模拟式传递函数测试系统的框图

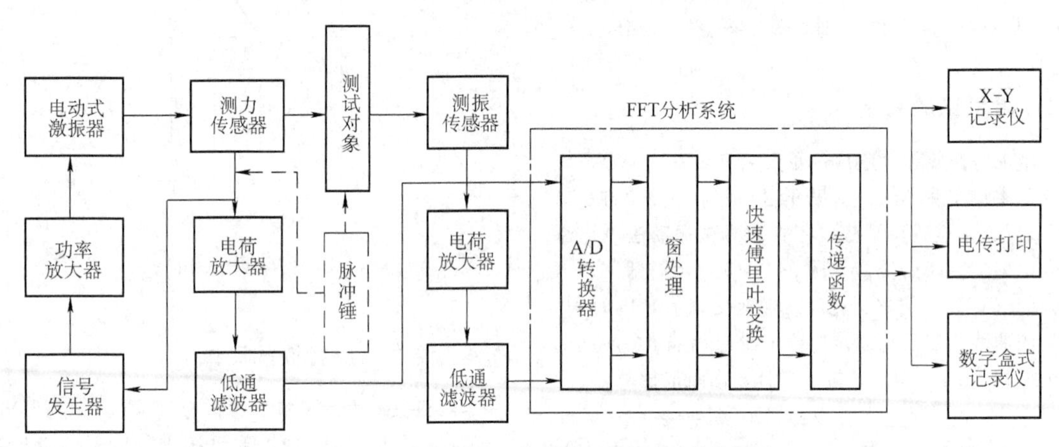

图 34.7-13 数字式（FFT）传递函数测试系统的框图

3.5 模型试验

对于大型、复杂的机器、结构或部件，宜利用模型试验来确定其振动特性。特别是在设计新产品时，通过模型试验，可以验证理论分析是否正确，获得设计所需的资料，模型可制成机械模型或电模型。机械模型用得较多的是几何相似的模型，即模型的各尺寸与实物的相应尺寸都成一定比例。以 K 表示实物某参数与模型同一参数的比例系数，设 $K_A=A_p/A_m$，$K_l=l_p/l_m$，$K_F=F_p/F_m$，$K_\omega=\omega_p/\omega_m$，$K_E=E_p/E_m$，$K_\rho=\rho_p/\rho_m$，$K_I=I_p/I_m$，$K_\mu=\mu_p/\mu_m$，$K_\zeta=\zeta_p/\zeta_m$……分别代表实物与模型的振幅比、尺寸比、激振力比、频率比、材料弹性模量比、材料密度比、截面二次矩比、泊桑比的比例系数和阻尼比的比例系数……。其中下标 p 代表实物、下标 m 代表模型。当为弯曲振动时，考虑动刚度相似和几何相似的准则为

$$\begin{cases} K_A = K_l \\ K_F = K_E K_l^2 \\ K_\omega = \dfrac{1}{K_l}\sqrt{\dfrac{K_E}{K_\rho}} \\ K_\mu = 1 \\ K_I = K_l^4 \\ K_\zeta = 1 \end{cases} \tag{34.7-6}$$

当为扭转振动时，则上式中 F 代表激振力矩，A 代表角振幅，并把弹性模量 E 换成切变模量 G，截面二次矩 I 换成极二次矩 I_p，仍可使用式（34.7-6）为其相似准则。如果实物与模型的材料不同，其泊松比不同，即 $K_\mu \neq 1$，则需修改式中的 K_F 和 K_ω 分别为

$$\begin{cases} K_F = K_E K_l^2 \dfrac{1+\mu_m}{1+\mu_p} \\ K_\omega = \dfrac{1}{K_l}\sqrt{\dfrac{K_E}{K_\rho}\times\dfrac{1+\mu_m}{1+\mu_p}} \end{cases} \tag{34.7-7}$$

通常都希望模型比实物小，即 $K_l>1$，故模型的固有额率比实物的固有频率高出几倍甚至几十倍；给试验带来困难时，则放弃几何相似，而采用其他相似条件，如运动相似，此时模拟条件应在理论分析的基础上按相似理论求出。

对于多自由度系统，其运动相似的模拟条件是模型和实际系统各相应参数间的比例相同，即①模型的各质量与实际系统的相应质量之比相同（质量的比例系数为 K_m）。②模型中各质量处的刚度与实际系统中相应处的刚度之比相同（刚度的比例系数为 K_k）。③模型和实际系统的阻尼情况相同。当不考虑阻尼时，实际系统与模型的固有频率之比 K_ω 为

$$K_\omega=\frac{\omega_p}{\omega_m}=\sqrt{\frac{K_k}{K_m}} \tag{34.7-8}$$

4　动力强度试验

为了检验产品的耐振寿命和性能的稳定性，发现可能引起破坏或失灵的薄弱环节，可以通过现场试验获得。但是，试验时间长，不容易查明其破坏原因，因此通常使用环境模拟试验，即将实物在模拟实际使用环境的振动、冲击条件下进行考核试验，这就是动力强度试验。

一般可将环境条件分为周期振动、随机振动和瞬态振动（冲击）三种。根据需要依次进行试验，或只进行一种试验，或一次试验同时模拟二种、三种环境条件。试验规范，通用产品按行业条例规定，特殊产品由使用、设计和研制单位规定。

4.1　周期振动试验

对试件作用有稳态简谐激励，要测出其破坏或失灵的时间（耐振寿命），或测出规定时间内其动态响应（性能的稳定性），通常用以下三种方法：

1）耐共振试验。试验是在被测试对象的共振频率下进行。由于设备或其零部件的破坏一般是由共振引起的，因此使用共振试验来检查其疲劳强度。但是复杂设备的共振点不易全部发现，可能会漏掉一些共振频率，而且试验中必须随时注意频率的微小变化。因此，还应采用另一种试验方法进行补充。

2）耐扫频试验。在一定频率范围内，按规定的振动量（位移或加速度）缓慢地连续改变振动频率对产品进行试验。环境的模拟方法，根据对试件进行大量测振的实际数据，绘出振幅-频率图或加速度-频率图，然后用一条包括 95% 数据点的包线作为稳态振动条件。试验时，应保持振幅或振动加速度为某一规定值，缓慢地由低频到高频扫描。如果扫描太快，被试产品的响应可能跟不上，达不到稳定振动的峰值。试验可在规定的时间内做一次或多次扫描完成。

3）耐预定频率试验。对于只在某一个或某几个经常工作频率的被试对象，则可在这些预定频率下进行试验，即耐预定频率试验。

为了缩短耐振寿命的试验时间，常采用短时间加大强度（即加大振动量）的试验来代替长期寿命试验。加大的程度，即强化系数应根据对设备和零部件的振动响应特性、疲劳强度的分析和累积疲劳损伤的概念来考虑。

4.2　随机振动试验

人为地产生一个随机过程（伪随机过程），实现随机振动的模拟，对被测试件进行动力强度试验。随机振动的模拟，可由实测记录的典型振动时间历程，通过专门设备在振动台上重现，以进行实验室试验。但更常用的方法是以其加速度功率谱密度来确定作为频率函数的振动量级分布，作出谱图，进行谱形模拟。如果已确定环境条件为平稳随机过程，可采用比实际条件更高的振动量级进行试验，以缩短试验时间。

4.3　冲击试验

冲击环境的模拟，可人为地产生瞬态激振信号来实现，也可根据实测记录用电动振动台、谱形或波形模拟激振控制设备（自动控制均衡/分析器）来重现。冲击寿命试验同样也是根据累积疲劳损伤的概念选取适当的强化系数，以缩短试验时间。

5　测试装置

完成以上测量和试验的装置，通常分为传感器、中间变换装置、记录与显示装置、激振设备以及数据分析和处理装置。有的将以上部分装置合为一种仪器。

5.1　传感器

振动实际上是一种交变运动，可用位移、速度和加速度随时间变化来描述。振动测量就是将此种振动运动转变为与之成正比的电学或其他便于观察、显示或处理的物理信号。在现代振动测量中，除某些特定情况采用光学测量外，一般用电测的方法。将振动运动转变为电学（或其他物理量）信号的装置称为振动传感器。

传感器是将被测的振动信息转换为便于传递、变换处理和保存的信息，且不受观察者直接影响

的装置。不同的测试方法（机、电、光）需要不同的传感器，下面介绍广泛使用的电测法常用的传感器。

5.1.1　电测法常用的传感器

电测法传感器分为以下两大类：

1）发电型。将机械振动量（位移、速度和加速度）的变化转换成电量（电压、电流和电荷）的变化。其中有压电式、电动式和电磁式，由振动加速度或速度的变化转换成电荷或电动势的变化。

2）电参数变化型。将机械振动量的变化转换成电参数（电阻、电容和电感）的变化。其中有振动时，传感器的电参数分别改变为电阻式、电容式和电感式。

5.1.2　传感器的选用原则

1）灵敏度。在量程范围内，保证信噪比足够大的条件下，灵敏度越大越好。用于单向向量测量时，要求其他向量的灵敏度越小越好；用于二维或三维向量测量时，要求交叉灵敏度越小越好。

2）响应特性。在所测频率范围内，保持信号不失真。响应的延迟时间越短越好。

3）线性。保证非线性误差在允许范围内。

4）稳定性。在使用时间内，能抵抗环境的干扰，保持输出特性不变化。

5）精确度。同时考虑测试精度的要求及传感器的经济性，选择合适的精确度。对定性分析，要求重复精确度高；对定量分析，要求量值精确度高。

6）测试方式。对运动部件及难以接触的振动体的测量，选用非接触式传感器。

7）其他。结构简单、体积小、易于维修和更换等。

5.2　中间转换装置

中间转换装置的作用是将传感器输出的信号进行放大、滤波和运算等，最后能驱动显示仪表、记录仪器、控制器或输入计算机进行数据处理等。其中有将传感器的高输出阻抗转换为低输出阻抗，将传感器输出的微弱信号放大，将传感器输出的电荷信号转换为电压信号的前置放大器、测量放大器；只使特定频率成分的测试信号顺利通过的滤波器，实现模-数转换（A/D）及数-模转换（D/A）的模拟数字转换器；将信号进行微分或积分的微分、积分线路，将电阻、电感或电容信号转换为电压或电流信号的电桥，以及将缓变信号经过调制变为频率适当的交流信号，利用交流放大器放大，再经过解调恢复为原来的缓变信号的调制与解调等。

5.3　记录及显示仪器

在测试系统中，使用记录与显示仪器，对测试结果进行直接观察分析，或保存测试结果供后继仪器进行分析处理。记录仪器可记录一个物理量随时间变化的函数关系，也可记录两个物理量之间的函数关系。有显性记录和隐性记录、模拟信号记录和数字信号记录及笔式记录和磁带记录等。

5.4　激振设备及简便的激振方法

在进行机械系统的振动特性参数和动力强度测试时，或对测振传感器和仪器进行校准时，需要对试件进行激振。激振时，除采用有正式产品的激振设备外，还可采用一些简便的激振方法。激振设备是对试件施加一定频率的某种预定的激振力（激振器），或对试件提供一定频率、振幅（振动台），激起试件振动的装置。通常由信号发生器、功率放大器和激振执行机构组成。常用的激振设备有：机械类的直接作用式、反作用式和共振式的振动台（激振器）；机械类的单次、多次冲击台；电动式的振动台（激振器）和多点激振设备；电-液式振动台（激振器）；定振级自动频率扫描的自动振动台；冲击和随机振动模拟用电-液或电动式激振系统；电磁式激振器等。

简单的激振方法有：适用于小型、薄壁试件的压电晶体片激振法；适用于高频校准振动台和超声波激振器的磁致伸缩激振法；适用于轻型薄壁试件的高声强激振法；适用于特殊试验的爆炸法；适用于高能级的特殊环境试验的枪炮弹冲击法，以及方法简便、需要设备少的敲击法等。

5.5　测试装置的校准及标定

为了保证测试结果的准确性和可靠性，在下列情况中必须对测试设备的技术性能（灵敏度、动态线性范围及频率响应特性等）进行校准和标定。

1）传感器和测量仪器在出厂前或经维修后，必须按其技术指标进行全面的、严格的校准和标定。

2）使用一段时间或搁置较长时间后，都需重新进行校准。此时，一般只校准其灵敏度和频率响应特性。

3）在进行重要和大型试验前，或在进行特殊试验前，常需进行现场标定，并根据需要进行某些特性的校准。例如，在振级变化大时，校准动态线性范围；在高温试验时，校准温度的影响。

测试装置校准及标定的常用方法有：适用于计量

单位和测振仪器制造厂的绝对法；常为仪器使用单位采用的相对比较法；常用作测量前现场校准的重力加速度法；适用于计量、研究和制造单位的互易法；适用于一般使用、研究和制造单位的共振梁法和扭转校准法，以及扭锤式、落体式、落球式、气枪（炮）及火炮式的冲击校准法。

5.5.1　绝对校准法

1）激光干涉法。这是一种绝对校准法，测量装置以迈克尔逊干涉仪为中心。激光束射向待校准加速度计的上表面，并由此沿一光路反射回来；干涉仪的分束器（半反射平面镜放置在该光路上），将从加速度计反射回来的部分光束射向光敏晶体管，射至光敏二极管的部分激光光束也来自分束器和干涉仪的固定平面镜，这就在光敏二极管上产生了干涉条纹；放大了的光敏二极管的输出被馈入频率计数器的输入，并由它测量每一周期的条纹数，而该条纹数是正比于加速度计的峰-峰位移量的。

振动频率由正弦波发生器产生，它的输出还用作频率计数器的外部时钟，调节振动的振幅，直至显示出正确的比例。标准加速度计的电信号输出，则用一个适调放大器和一个均方根差分电压表测量。由测得的峰-峰位移量及频率计数器读出的频率数，可导出加速度值。用测量到的加速度计的电信号输出除以加速度，就得到了灵敏度。通常使用的激励频率为 160Hz，加速度为 $10m/s^2$。图 34.7-14 所示为激光干涉仪校准装置。用这种方法校准在置信度为 99%时，其不确定度为 0.6%。激光干涉设备需要使用非常专门的设备，因此只应用于专门试验中，而一般用户都不可能是用这种方法自己进行校准。

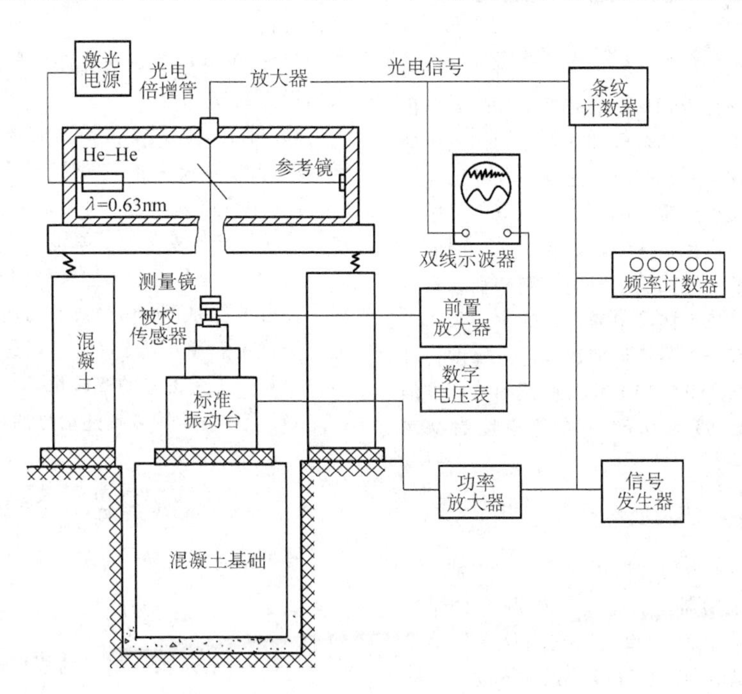

图 34.7-14　激光干涉仪校准装置

2）其他绝对法。其他绝对法有互易法校准和应用地球引力进行校准：①互易法校准。压电加速度计一般是无源、可逆和线性的，因此是互易换能器，它是电-力换能器。利用互易校准程序，可求得压电加速度计的灵敏度。任何一个拥有基本的、并非特殊专门设备的用户，都可以应用此法。但该方法非常烦琐，且难以获得好的结果。②应用地球引力进行校准。应用该法时，细心地将加速度计放在沿垂向圈内，以保证只有重力作用于加速度计。该法仅在低频率下是有用的，有时还适用于静态（直流）加速度计。

5.5.2　比较校准法

将待测灵敏度的加速度计以背靠背的方式固定于已知灵敏度的参考校准加速度计上（如丹麦 B&K 公司 8305 型），它们再一起被安装在合适的振源上。由于两个加速度计的输入加速度是一样的，它们的输出之比也就是它们的灵敏度之比。简易背靠背校准加速度计如图 34.7-15 所示。两个加速度计以恒定的频率被激励，它们的输出经过前置放大器（可以以电荷或电压模式工作，这取决于测量电荷灵敏度还是电压灵敏度），再分别用已知精确度的高质量电子电压表测量。

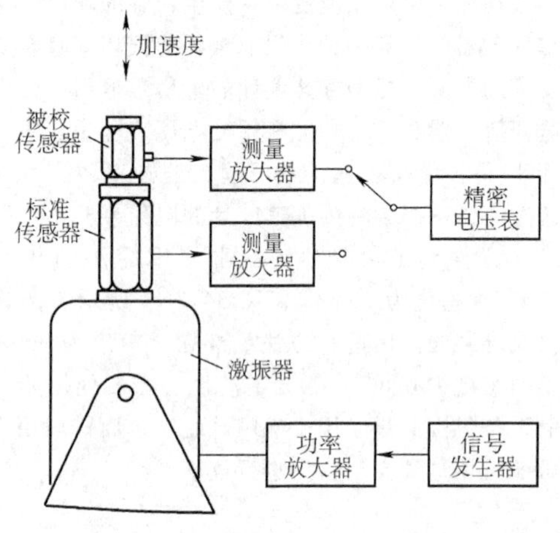

图 34.7-15　简易背靠背校准加速度计

校准时选择频率为160Hz，加速度为$10m/s^2$。由于加速度计在正常工作频率范围和动态范围内具有非常好的线性，因此在某一频率及加速度下校准已经足够。但在测量电压灵敏度时，必须记住，电压灵敏度是将加速度计和电缆作为整体考虑才有意义，因此它们是一起进行校准的。假如换了电缆，则校准就不再有效。因背靠背比较校准法简单易行，通常均采用该方法进行校准，比较法校准各种加速度计灵敏度，其总的不确定度优于0.95%，加上前面所述参考标准加速度计校准的不确定度为0.6%，在置信度为99%时，其值为1.12%。

5.5.3　*应用校准激励器进行校准*

在日常应用中，最方便和通用的校准方式是用一台已校准过的振动激励器，例如，丹麦B&K公司的4294型校准激励器和国产的设备，它们是一种小型的、袖珍式、电池供电和已校准过的振动激励器。在159.2Hz下，产生均方根值为$10m/s^2$的固定加速度，相当于均方根速度为10mm/s和均方根位移为10mm，精确度为±3%，非常适用于现场校准，不仅可校准加速度计灵敏度，还可校准从加速度计到分析仪整个测量系统的灵敏度。

6　信号分析及数据处理

在振动测试中，经测试系统得到的描述振动物理量的数据，一般称为信号。它们中包括有用信号和受外界干扰或仪器自身产生的无用的信号（称为噪声信号）。无论哪一种噪声都是有害的，有时甚至会将有用信号完全淹没。因此，有必要对振动测试所得的原始数据进行处理，排除噪声信号，提取有用信息。

根据不同的使用目的，可以把一个有用信号，定义成多个时间函数或频率的函数。因此，有必要对这些函数，即信号进行计算和分析。对测试所得的模拟信号，可以进行直接处理，即模拟信号分析；也可使用计算机进行数字信号分析。前者设备简单，后者精度高，速度快。是采用模拟信号分析还是采用数字信号分析，应根据仪器设备的条件及原始数据的状态进行选择。

6.1　信号的时域分析

振动幅值表示振动量的大小，反映振动的强度。幅值有不同的描述量，时域分析就是把一个信号的幅值，或几个信号幅值的相互关系，定义为多个不同的时间函数或参数，对这些函数进行计算和分析，也称幅值分析。

用$x(t)$表示某一确定性信号，在幅值域内可定义成以下函数：

1）峰值。最大峰值描述信号的最大值。峰值在局部范围内为极大值（对应于正峰值）或极小值（对应于负峰值），对于周期信号，峰值一定会重复出现；对于非周期信号，峰值至少有一个。

2）幅值。专用于描述正弦信号（简谐振动）的峰值。由于各种周期信号或非周期信号可以表示为无穷多个正弦信号分量之和，所以这些信号的峰值，不与其中某个正弦信号的幅值相等。

3）平均值。用以描述信号的稳定分量，定义为

对于周期信号

$$\mu_x = \frac{1}{T}\int_0^T x(t)\,dt$$

对于非周期信号

$$\mu_x = \lim_{T\to\infty}\frac{1}{T}\int_0^T x(t)\,dt$$

式中　T——表示周期信号的周期，对于非周期信号T趋于无穷大。

以后，凡是再提到T的场合，均照此处理，不再区分周期与非周期信号。

4）均方值。用于描述信号的能量，定义为

$$X_x^2 = \frac{1}{T}\int_0^T x^2(t)\,dt$$

5）均方根值。均方值的正平方根，定义为

$$X_x = \sqrt{\frac{1}{T}\int_0^T x^2(t)\,dt} = X_{rms}$$

6）有效值。专用于描述正弦信号的均方根值，是正弦信号峰值即幅值的$1/\sqrt{2}$。在正弦交流电路中，用电压有效值乘以电流有效值，求出电路中的功率。

在机械系统的等效电路中，相当于简谐振动激振力的有效值乘以振动速度的有效值，得出机械振动的功率。

7）绝对平均值。用于实测电路中计算均方根值。采用模拟电路，往往很难求出周期信号的均方根值，实用中常采用整流电路得到信号的绝对平均值；再通过正弦信号均方根值与绝对平均值之间的关系，计算出均方根值。绝对平均值的定义为

$$X_{\mathrm{abs}} = \frac{1}{T}\int_0^T |x(t)| \mathrm{d}t$$

对于正弦信号，$X_{\mathrm{rms}}/X_{\mathrm{abs}} = 1.11$；对于方波信号，$X_{\mathrm{rms}}/X_{\mathrm{abs}} = 1$。

8）方差。用于描述信号的波动分量，定义为

$$\sigma_x^2 = \frac{1}{T}\int_0^T [x(t) - \mu_x]^2 \mathrm{d}t = X_x^2 - \mu_x^2$$

9）标准差。方差的平方根，定义为

$$\sigma_x = \sqrt{\frac{1}{T}\int_0^T [x(t) - \mu_x]^2 \mathrm{d}t}$$

10）概率密度函数。用以描述信号沿幅值域的分布状态，取各种值的概率以了解信号的大小。概率密度函数是随机振动瞬时值出现于某一单位幅值区间的概率。当统计出随机变量 X(t) 的大小在 x 与 x+Δx 之间的 n 个样本时，其概率的定义为

$$P_{\mathrm{rob}}\{x \leqslant X(t) \leqslant x + \Delta x\} = \lim_{N\to\infty} \frac{n}{N}$$

则概率密度函数的定义为

$$P(x,\ t) = \lim_{\Delta x\to 0} \frac{P_{\mathrm{rob}}\{x \leqslant X(t) \leqslant x + \Delta x\}}{\Delta x}$$

11）概率分布函数。取各种值的分布以了解信号的大小。瞬时值小于或等于某 x 值的概率称为概率分布函数，其定义为

$$P(x,\ t) = P_{\mathrm{rob}}\{X(t) \leqslant x\}$$

对其求导数可得概率密度函数，即

$$P(x,\ t) = \frac{\partial P(x,\ t)}{\partial x}$$

12）自相关函数。用以描述信号自身的相似程度，其定义为

$$R_{xx}(\tau) = \int_{-\infty}^{\infty} x(t)x(\tau + t)\mathrm{d}t$$

或

$$R_{xx}(t) = \int_{-\infty}^{\infty} x(\tau)x(t + \tau)\mathrm{d}\tau$$

由于周期信号的自相关函数是周期函数，而白噪声信号的自相关函数是 δ 函数，所以进行自相关函数分析，可以发现淹没在噪声信号中的周期信号。

13）互相关函数。用以描述两个信号之间的相似程度或相关性。用 $x(t)$ 表示某确定性信号，$y(t)$ 表示另一确定性信号，则互相关函数的定义为

$$R_{xy}(\tau) = \int_{-\infty}^{\infty} x(t)y(\tau + t)\mathrm{d}t$$

或

$$R_{xy}(t) = \int_{-\infty}^{\infty} x(\tau)y(t + \tau)\mathrm{d}\tau$$

若互相关函数中出现峰值，则表示这两个信号是相似的，其中一个信号在时间上滞后了峰值所在的时差值。若互相关函数中几乎处处为零，则表示这两个信号是互不相关。

6.2　信号的频域分析

把周期信号展开成为傅里叶级数，或对非周期信号进行傅里叶变换，使信号成为频率的函数，即把时域内的振动信号 $x(t)$ 变换为频域内的振动信号 $x(f)$。对频率函数进行计算和分析就是频域分析，也称为频谱分析。

为了解信号的频率结构（即信号中频率分量所占的比例），用以发现信号产生的原因或采取相应的措施加以控制，对这些频率函数可进行直接分析。

在频谱分析中，常用以下各函数：

1）自功率谱密度函数。用以表示信号能量的频率结构，其定义为

$$S_{xx}(f) = \overline{X}(f)X(f)$$

$$X(f) = \int_{-\infty}^{\infty} x(t)\mathrm{e}^{-2i\pi f}\mathrm{d}t$$

式中　$X(f)$——信号 $x(t)$ 的傅里叶变换；

$\overline{X}(f)$——$X(f)$ 的共轭函数。

2）互功率谱密度函数。用以表示两个信号能量之间的频率结构关系，其定义为

$$S_{xy}(f) = \overline{X}(f)Y(f)$$

$$Y(f) = \int_{-\infty}^{\infty} y(t)\mathrm{e}^{-2i\pi f}\mathrm{d}t$$

式中　$Y(f)$——非周期信号 $y(t)$ 的傅里叶变换。

3）相干函数。用以表示两个信号的相干程度，其定义为

$$\gamma_{xy}^2(f) = \frac{|S_{xy}(f)|^2}{S_{xx}(f)S_{yy}(f)} \qquad (0 \leqslant \gamma_{xy}^2 \leqslant 1)$$

式中　$S_{xx}(f)$、$S_{yy}(f)$——信号 $x(t)$ 和 $y(t)$ 的自功率谱密度函数；

$S_{xy}(f)$——信号 $x(t)$ 和 $y(t)$ 的互功率谱密度函数。

若 $x(t)$ 为输入信号，$y(t)$ 为输出信号，当求出的相干函数 $\gamma_{xy}^2 = 0$ 时，表示输出信号与输入信号不相干，即在输出信号中没有输入信号的作用，而完全被噪声信号所代替；当 $\gamma_{xy}^2 = 1$ 时，表示输出信号与输入信号完全相干，没有受噪声信号的影响。

6.3　模拟信号分析

1）模拟信号相关分析。将同一信号送入改变滞后时间，就可得到相关函数随时间变化关系的模拟相关分析仪的两个输入端，得到的输出即为自相关函数。将不同信号送入其两个输入端，就可得互相关函数。

2）模拟信号的自功率谱分析。可使用等百分比带宽邻接式谱分析仪、外差式谱分析仪和相关积分式谱分析仪等多种仪器。

等百分比带宽邻接式谱分析仪是由一组中心频率不同，而增益相同的带通滤波器组成。每个滤波器占据一定带宽，彼此邻接覆盖整个频率范围。使被分析的信号依次（串行分析）或同时（并行分析）进入不同滤波器，输出后取其均方（根）值，记录或显示的结果，即为自功率谱密度函数。

外差式谱分析仪由扫频信号发生器和恒定带宽滤波器组成。扫频信号发生器连续改变扫描频率 ω 发出的扫频信号为 $A\sin(\Omega+\omega)t$。令其与含有噪声信号 $f(t)$ 的被分析信号 $X\sin(\omega t+\varphi)+f(t)$，在分析仪内相乘，为

$$A\sin(\Omega+\omega)t[X\sin(\omega t+\varphi)+f(t)] = \frac{AX}{2}\cos(\Omega t-\varphi)-\frac{AX}{2}\cos[(\Omega+2\omega)t+\varphi]+A\sin(\Omega+\omega)tf(t)$$

由公式看出，只有其第一项能通过中心频率为 Ω 的恒定带宽滤波器。随着扫描频率 ω 的连续变化，被分析信号中的频率与扫频信号相差为 Ω 的成分，连续通过滤波器并产生输出，取其均方（根）值，即得自功率谱密度函数。

相关积分式谱分析仪由参考信号发生器和积分平均器组成。参考信号发生器发出频率为 ω 连续变化的参考信号 $A\sin\omega t$，令其与被测信号相乘，则为

$$A\sin\omega t[X\sin(\omega t+\varphi)+f(t)] = \frac{AX}{2}\cos\varphi+\frac{AX}{2}\cos(2\omega t+\varphi)+A\sin\omega tf(t)$$

经积分平均器后，只有式中第一项直流分量 $\frac{AX}{2}\cos\varphi$ 输出，经过运算后可得被分析信号的幅值及其与参考信号间的相位差。

3）模拟信号的互功率谱分析。模拟信号使用互功率谱密度分析仪进行分析，它综合了外差式和相关积分式谱分析仪的优点，把被分析的两个信号 $x(t)$ 和 $y(t)$ 分别送进分析仪的两个输入端，各自与扫频信号发生器的扫频信号相乘，按外差式原理得两路滤波信号；再按相关积分式原理，令两路滤波信号相乘后积分平均得互功率谱密度函数的实部，令其中一路相移90°（正弦信号变为余弦信号）后与另一路相乘，经积分平均后得互功率谱密度函数的虚部。

6.4　数字信号分析

数字信号分析可用软件在计算机上进行，也可采用分析速度更快、分辨能力和分析精度更高、功能更广的专用数据处理机进行。通常都要对信号进行模-数（A/D）转换和快速傅里叶变换（FFT），再计算出各种函数，具体步骤如下：

1）信号的预处理。信号的预处理包括对调制信号的解调，滤出高频噪声，使信号中的幅值与A/D转换器的动态范围适应以及隔离信号中的直流分量等。

2）采样和量化。采样和量化就是用A/D转换器对连续的时间信号，在时间上等间隔的采样和幅值上量化，即把连续变化的振动模拟量用一系列的数字量表示。每个数字之间的间隔为 T_s，每个数字的大小与相应的模拟量相当。典型信号采集系统如图34.7-16所示。

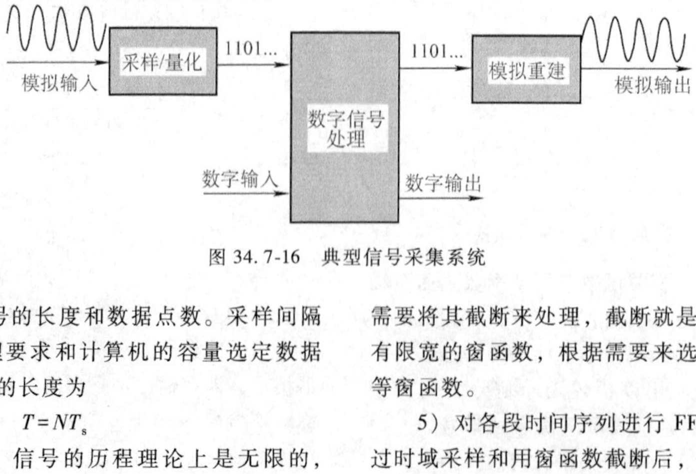

图34.7-16　典型信号采集系统

3）确定分析信号的长度和数据点数。采样间隔 T_s 确定后，根据处理要求和计算机的容量选定数据点数 N，则分析信号的长度为

$$T=NT_s$$

4）选择窗函数。信号的历程理论上是无限的，需要将其截断来处理，截断就是将无限长的信号乘以有限宽的窗函数，根据需要来选择矩形、汉宁和海明等窗函数。

5）对各段时间序列进行FFT运算。模拟信号经过时域采样和用窗函数截断后，得到有限长的时间序

列，对其进行快速傅里叶变换（FFT），并根据需要按照基于 FFT 的各种运算公式进行运算，从中得到相关、相干、频率响应和功率谱密度等各种函数，以及单边谱、双边谱、声强谱、倒频谱和消除谱等各种谱，还可进行复时域分析。

6.5　智能化数据采集与分析处理、监测系统

（1）智能化振动数据采集分析系统

智能模块化结构以 DSP 系统为核心模块，作为主-次处理器。通过接口把各模块和 PC 机连成整体，配置相应的软件，成为功能全面的监测、预测和诊断系统。开发的 DSP 系统，包括存储器分配、系统控制、各种接口电路和总线等，满足现代旋转机械振动数据采集分析的需要，如用于发电机组等旋转机械的振动数据采集分析装置。DSP（数字信号处理器）在市场上可以购置。

振动数据采集分析装置的主-次处理器的结构框图，如图 34.7-17 所示。

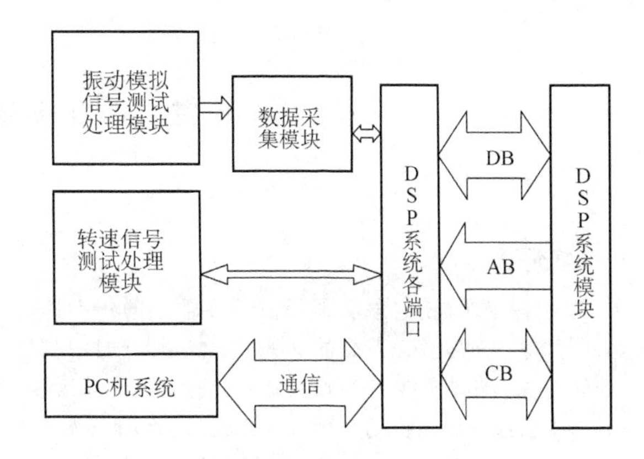

图 34.7-17　振动数据采集分析装置的主-次处理器的结构框图

数据采集模块是经两通道的 D/A 程控放大器和 A/D 转换器与 DSP 系统接口的。还有转速信号处理模块、DSP 系统模块软件，由 DSP 汇编语言编制调试而成。可以实时地进行大量的振动信号和转速信号的数据采集，实时滤波、实时 FFT 分析及其他实时分析等；可进行人机对话，可输入装置的参数、变量和命令等；可以显示数据、绘制图形和打印结果等。有用于连接其他计算机（PC）的接口和多用途的 I/O 引线，进行数据交换。

（2）传感器与数据采集卡的选用

对于机械设计人员来说，振动的处理与分析主要是了解其内容及可能有的方法和其优缺点、适用范围等，以便于购买或定制。网上可查到很多制造传感器与生产数据采集卡的公司和厂家，也有研制测试、监控全系统的单位。

第 8 章　轴和轴系的临界转速

1　概述

轴系由轴本身、联轴器及安装在轴上的传动件、紧固件等各种零件以及轴的支承组成。激起轴系共振的转速称为临界转速。当轴在临界转速或其附近运转时，将引起剧烈的振动，严重时造成轴、轴承及轴上的零件破坏；而当转速在临界转速的一定范围之外时，运转趋于平稳。若不考虑陀螺效应和工作环境等因素，轴系的临界转速在数值上等于轴系不转动而仅做横向自由振动的固有频率，即

$$n_c = 60f_n = \frac{30}{\pi}\omega_n \qquad (34.8\text{-}1)$$

式中　n_c——临界转速（r/min）；

f_n——固有频率（Hz）；

ω_n——固有圆频率（rad/s）。

由于轴是弹性体，理论上应有无穷多阶固有频率和相应的临界转速，按其数值从小到大排列为 n_{c1}、n_{c2}、…、n_{ci}、…，分别称为一阶、二阶、…、i 阶临界转速。在工程中有实际意义的只是前几阶，特别是一阶临界转速。

为了保证机器安全运行和正常工作，在机械设计时，应使各旋转轴的工作转速 n 离开其各阶临界转速一定的范围。一般的要求是，对工作转速 n 低于其一阶临界转速的轴，$n<0.75n_{c1}$；对工作转速高于其一阶临界转速的轴，$1.4n_{ci}<n<0.7n_{ci+1}$。

临界转速的大小与轴的材料、几何形状、尺寸、结构型式、支承情况、工作环境以及安装在轴上的零件等因素有关。要同时考虑全部影响因素，准确计算临界转速的数值是困难的，也是不必要的。实际上，常按不同的设计要求，只考虑主要影响因素，建立相应的简化计算模型，求得临界转速的近似值。

2　简单转子的临界转速

2.1　力学模型

根据不同的设计要求，只考虑主要影响因素，建立转子系统的简化计算模型，进而求得转子临界转速的近似值。简单轴系的力学模型见表 34.8-1。

表 34.8-1　简单轴系的力学模型

轴系组成	简 化 模 型	说　明
两支承轴	等直径均匀分布质量模型 m_0 两支承等直径梁刚度模型 EI	阶梯轴当量直径 $D_m = \alpha\frac{\sum d_i \Delta l_i}{\sum \Delta l_i}$ 式中　d_i—阶梯轴各阶直径(m) Δl_i—对应于 d_i 段的轴段长度(m) α—经验修正系数 若阶梯轴最粗段(或几段)的轴段长度超过全长的 50%时,可取 $\alpha=1$;小于 15%时,此段轴可看成以次粗段直径为直径的轴上套一轴环。α 值一般可参考有准确解的轴通过试算找出,如一般的压缩机、离心机和鼓风机转子,可取 $\alpha=1.094$
圆盘	集中质量模型 m_1	适用于转子转速不高,圆盘位于两支承的中点附近,回转力矩影响较小的情况
支承	刚性支承模型。各种轴承刚性支承型式按下图选取 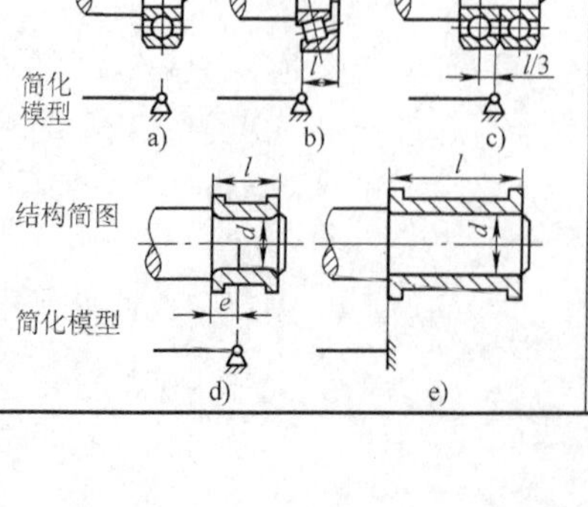 结构简图　简化模型　a)　b)　c) 结构简图　简化模型　d)　e)	刚性支承反力作用点 图 a 为深沟球轴承;图 b 为角接触球轴承或圆锥滚子轴承;图 c 为成对安装角接触球轴承、双列角接触球轴承、调心球轴承、双列短圆柱滚子轴承、调心滚子轴承和双列圆锥滚子轴承;图 d 为短滑动轴承($l/d<2$),当 $l/d\leqslant1$ 时,$e=0.5l$,当 $l/d>1$ 时,$e=0.5d$;图 e 为长滑动轴承($l/d>2$)和四列滚动轴承 一般小型机组转速不高,支座总刚度比转子本身刚度大得多,可按刚性支座计算临界转速

2.2　两支承轴的临界转速

两支承等直径轴的临界转速可用下式计算

$$n_{ci}=\frac{30\lambda_i}{\pi}\sqrt{\frac{EI}{m_0L^3}}\tag{34.8-2}$$

式中　m_0——轴的质量（kg）；

L——轴长（m）；

E——轴材料的弹性模量（Pa）；

I——轴的截面二次矩（m^4）；

λ_i——计算 i 阶临界转速的支座型式系数，见表 34.8-2。

表 34.8-2　等直径轴支座型式系数 λ_i

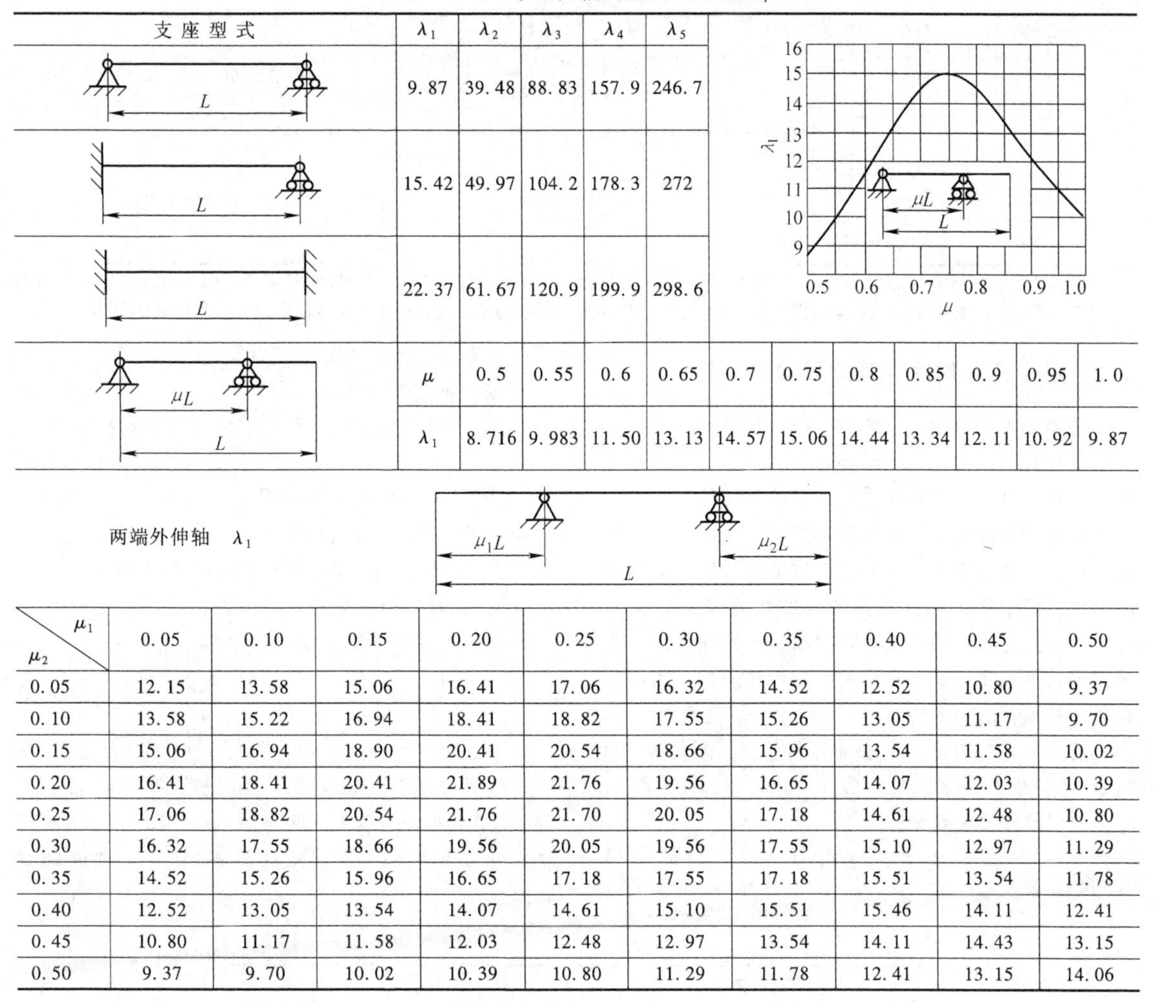

支座型式	λ_1	λ_2	λ_3	λ_4	λ_5
两端简支	9.87	39.48	88.83	157.9	246.7
一端固定一端简支	15.42	49.97	104.2	178.3	272
两端固定	22.37	61.67	120.9	199.9	298.6

一端外伸											
μ	0.5	0.55	0.6	0.65	0.7	0.75	0.8	0.85	0.9	0.95	1.0
λ_1	8.716	9.983	11.50	13.13	14.57	15.06	14.44	13.34	12.11	10.92	9.87

两端外伸轴　λ_1

μ_2 \ μ_1	0.05	0.10	0.15	0.20	0.25	0.30	0.35	0.40	0.45	0.50
0.05	12.15	13.58	15.06	16.41	17.06	16.32	14.52	12.52	10.80	9.37
0.10	13.58	15.22	16.94	18.41	18.82	17.55	15.26	13.05	11.17	9.70
0.15	15.06	16.94	18.90	20.41	20.54	18.66	15.96	13.54	11.58	10.02
0.20	16.41	18.41	20.41	21.89	21.76	19.56	16.65	14.07	12.03	10.39
0.25	17.06	18.82	20.54	21.76	21.70	20.05	17.18	14.61	12.48	10.80
0.30	16.32	17.55	18.66	19.56	20.05	19.56	17.55	15.10	12.97	11.29
0.35	14.52	15.26	15.96	16.65	17.18	17.55	17.18	15.51	13.54	11.78
0.40	12.52	13.05	13.54	14.07	14.61	15.10	15.51	15.46	14.11	12.41
0.45	10.80	11.17	11.58	12.03	12.48	12.97	13.54	14.11	14.43	13.15
0.50	9.37	9.70	10.02	10.39	10.80	11.29	11.78	12.41	13.15	14.06

2.3　两支承单盘转子的临界转速

两支承单盘转子的临界转速见表 34.8-3。

表 34.8-3　两支承单盘转子的临界转速

支座型式	不计轴的质量 m_0：$n_{c1}=\frac{30}{\pi}\sqrt{\frac{k}{m_1}}$	考虑轴的质量 m_0：$n_{c1}=\frac{30}{\pi}\lambda_1\sqrt{\frac{EI}{(m_0+\beta m_1)L^3}}$
两端简支，盘 m_1 位于 μL 处，轴质量 m_0，轴长 L	$k=\frac{3EI}{\mu^2(1-\mu)^2L^3}$	$\beta=32.47\mu^2(1-\mu)^2$

（续）

支座型式	不计轴的质量 m_0 $n_{c1}=\frac{30}{\pi}\sqrt{\frac{k}{m_1}}$	考虑轴的质量 m_0 $n_{c1}=\frac{30}{\pi}\lambda_1\sqrt{\frac{EI}{(m_0+\beta m_1)L^3}}$
μL, L	$k=\frac{12EI}{\mu^3(1-\mu)^2(4-\mu)L^3}$	$\beta=19.84\mu^3(1-\mu)^2(4-\mu)$
μL, L	$k=\frac{3EI}{\mu^3(1-\mu)^3L^3}$	$\beta=166.8\mu^2(1-\mu)^3$
μL, L	$k=\frac{3EI}{(1-\mu)^2L^3}$	$\beta=\frac{1}{3}(1-\mu)^2\lambda_1^2$

注：m_1—圆盘质量（kg）；m_0—轴的质量（kg）；E—轴材料的弹性模量（Pa）；I—轴的截面二次矩（m^4）；λ_1—支座型式系数，查表 34.8-2；β—集中质量 m_1 转换为分布质量的折算系数；μ—轴段长与轴全长 L 之比的比例系数。

2.4 用传递矩阵法计算临界转速

传递矩阵法适用于单跨或多跨、弹性支承或刚性支承及有外伸端或无外伸端等各种轴系，而且便于使用计算机对轴的临界转速进行较精确的运算。

传递矩阵法是把轴系分割成如图 34.8-1 所示的若干单元，每个单元可以是分布质量的轴段、无质量的轴段、集中质量和无质量轴段的组合及弹性支承等。各单元之间的特性用矩阵表示，即传递矩阵，再把这些矩阵相乘，求出整个轴系的传递矩阵，利用边界条件得到轴的临界转速。

每个单元左右两端的状态用挠度 y、倾角 θ、弯矩 M 和剪力 F 表示，简记为 $\boldsymbol{Z}=[y,\theta,M,F]^{\mathrm{T}}$，每个单元的传递关系为

$$\boldsymbol{Z}_i=\boldsymbol{T}_i\times\boldsymbol{Z}_{i-1} \qquad (34.8\text{-}3)$$

式中 $\boldsymbol{T}_i$——各单元的传递矩阵。

整个轴系的传递方程为

$$\begin{aligned}\boldsymbol{Z}_n&=\boldsymbol{T}_n\times\boldsymbol{T}_{n-1}\times\cdots\times\boldsymbol{T}_i\times\boldsymbol{T}_{i-1}\times\cdots\times\boldsymbol{T}_2\times\boldsymbol{T}_1\times\boldsymbol{Z}_0\\&=\boldsymbol{T}\times\boldsymbol{Z}_0\end{aligned} \qquad (34.8\text{-}4)$$

1）单元的传递矩阵。根据各种单元的特性推导出单元的传递矩阵见表 34.8-4。

2）频率方程。根据各单元的传递矩阵，按式（34.8-5）求出整个轴系的传递方程为

$$\begin{pmatrix}y\\\theta\\M\\F\end{pmatrix}_n=\begin{pmatrix}t_{11}&t_{12}&t_{13}&t_{14}\\t_{21}&t_{22}&t_{23}&t_{24}\\t_{31}&t_{32}&t_{33}&t_{34}\\t_{41}&t_{42}&t_{43}&t_{44}\end{pmatrix}_n\begin{pmatrix}y\\\theta\\M\\F\end{pmatrix}_0 \qquad (34.8\text{-}5)$$

轴两端的支承型式不同，其边界条件不同，根据边界条件求出频率方程式，见表 34.8-5。求解频率方程得轴系的固有频率，再按式（34.8-1）求得轴的临界转速。

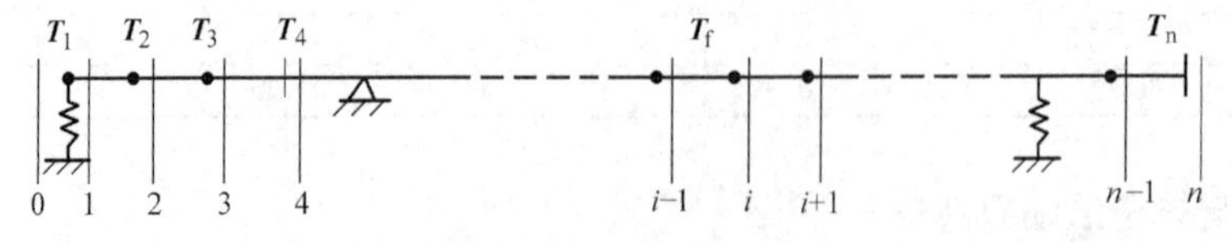

图 34.8-1 传递矩阵法计算模型

表 34.8-4 单元的传递矩阵

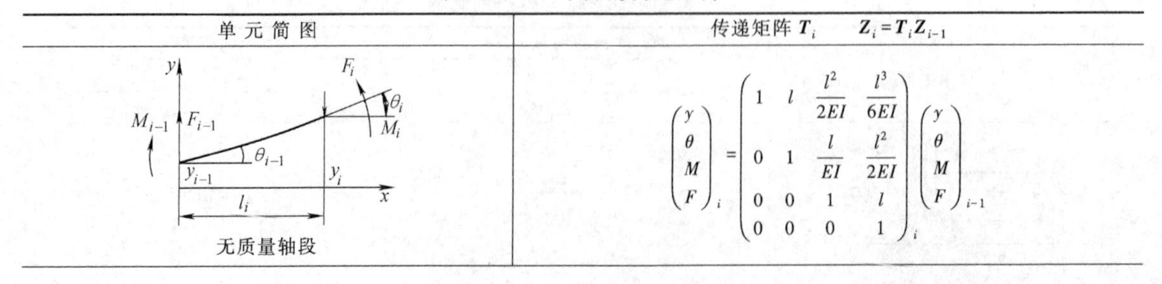

单元简图	传递矩阵 T_i $Z_i=T_iZ_{i-1}$
无质量轴段	$\begin{pmatrix}y\\\theta\\M\\F\end{pmatrix}_i=\begin{pmatrix}1&l&\frac{l^2}{2EI}&\frac{l^3}{6EI}\\0&1&\frac{l}{EI}&\frac{l^2}{2EI}\\0&0&1&l\\0&0&0&1\end{pmatrix}_i\begin{pmatrix}y\\\theta\\M\\F\end{pmatrix}_{i-1}$

（续）

单元简图	传递矩阵 $\boldsymbol{T}_i$　　$\boldsymbol{Z}_i=\boldsymbol{T}_i\boldsymbol{Z}_{i-1}$
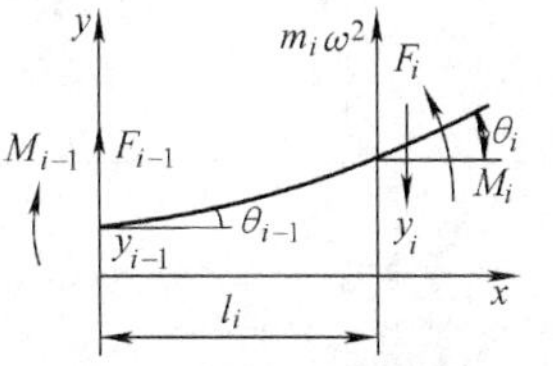 无质量轴段与集中质量的组合	$\begin{pmatrix} y \\ \theta \\ M \\ F \end{pmatrix}_i = \begin{pmatrix} 1 & l & \dfrac{l^2}{2EI} & \dfrac{l^3}{6EI} \\ 0 & 1 & \dfrac{l}{EI} & \dfrac{l^2}{2EI} \\ 0 & 0 & 1 & l \\ m\omega^2 & ml\omega^2 & \dfrac{ml^2\omega^2}{2EI} & \left(1+\dfrac{ml^3\omega^2}{6EI}\right) \end{pmatrix}_i \begin{pmatrix} y \\ \theta \\ M \\ F \end{pmatrix}_{i-1}$
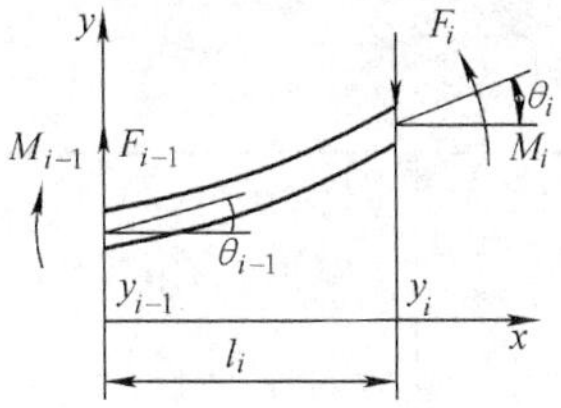 分布质量轴段	$\begin{pmatrix} y \\ \theta \\ M \\ F \end{pmatrix}_i = \begin{pmatrix} S & \dfrac{T}{\lambda} & \dfrac{U}{EI\lambda^2} & \dfrac{V}{EI\lambda^3} \\ \lambda V & S & \dfrac{T}{EI\lambda} & \dfrac{U}{EI\lambda^2} \\ \lambda^2 EIU & \lambda EIV & S & \dfrac{T}{\lambda} \\ \lambda^3 EIT & \lambda^2 EIU & \lambda V & S \end{pmatrix}_i \begin{pmatrix} y \\ \theta \\ M \\ F \end{pmatrix}_{i-1}$
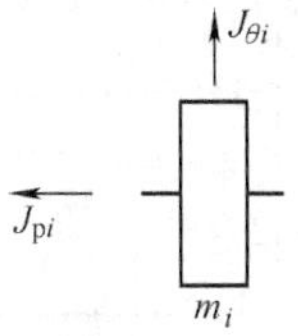 圆　盘	$\begin{pmatrix} y \\ \theta \\ M \\ F \end{pmatrix}_i = \begin{pmatrix} 1 & 0 & 0 & 0 \\ 0 & 1 & 0 & 0 \\ 0 & (J_p-J_0)\omega^2 & 1 & 0 \\ m\omega^2 & 0 & 0 & 1 \end{pmatrix}_i \begin{pmatrix} y \\ \theta \\ M \\ F \end{pmatrix}_{i-1}$
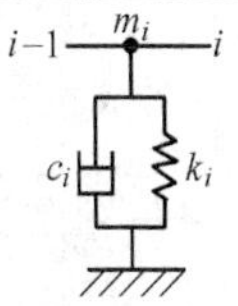 弹性支承	$\begin{pmatrix} y \\ \theta \\ M \\ F \end{pmatrix}_i = \begin{pmatrix} 1 & 0 & 0 & 0 \\ 0 & 1 & 0 & 0 \\ 0 & 0 & 1 & 0 \\ m\omega^2-ic\omega-k & 0 & 0 & 1 \end{pmatrix}_i \begin{pmatrix} y \\ \theta \\ M \\ F \end{pmatrix}_{i-1}$
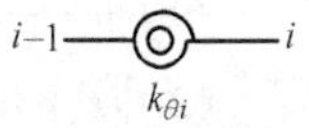 弹性铰链	$\begin{pmatrix} y \\ \theta \\ M \\ F \end{pmatrix}_i = \begin{pmatrix} 1 & 0 & 0 & 0 \\ 0 & 1 & \dfrac{1}{k_\theta} & 0 \\ 0 & 0 & 1 & 0 \\ 0 & 0 & 0 & 1 \end{pmatrix}_i \begin{pmatrix} y \\ \theta \\ M \\ F \end{pmatrix}_{i-1}$

注：$\lambda^4=\dfrac{\omega^2\rho A}{EI}$；$S=(\cosh\lambda l+\cos\lambda l)/2$；$T=(\sinh\lambda l+\sin\lambda l)/2$；$U=(\cosh\lambda l-\cos\lambda l)/2$；$V=(\sinh\lambda l-\sin\lambda l)/2$；$E$—横向弹性模量（Pa）；$I$—截面二次矩（$m^4$）；$A$—截面积（$m^2$）；$l$—轴段长（m）；$\rho$—单位体积的质量（$kg/m^3$）；$\omega$—角频率（rad/s）；$m$—质量（kg）；$c$—阻尼系数（N·s/m）；$k$—刚度（N/m）；$k_\theta$—扭转刚度（N·m/rad）；$J_0$—圆盘对其质心的转动惯量（$kg\cdot m^2$）；$J_p$—极转动惯量（$kg\cdot m^2$）。

表 34.8-5　频率方程式

轴两端的支承型式	边界条件	频率方程式
 自由 0 —— n 自由	$M_0=F_0=0$ $M_n=F_n=0$	$t_{31}t_{42}-t_{32}t_{41}=0$
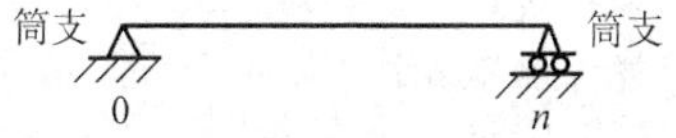 简支 0 —— n 简支	$y_0=M_0=0$ $y_n=M_n=0$	$t_{12}t_{34}-t_{14}t_{32}=0$
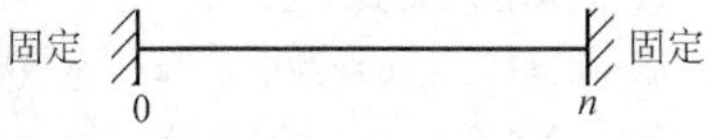 固定 0 —— n 固定	$y_0=\theta_0=0$ $y_n=\theta_n=0$	$t_{13}t_{24}-t_{14}t_{23}=0$

(续)

轴两端的支承型式	边界条件	频率方程式
简支（0）—自由（n）	$y_0=M_0=0$ $M_n=F_n=0$	$t_{32}t_{44}-t_{34}t_{42}=0$
固定（0）—自由（n）	$y_0=\theta_0=0$ $M_n=F_n=0$	$t_{33}t_{44}-t_{34}t_{42}=0$
固定（0）—简支（n）	$y_0=\theta_0=0$ $y_n=M_n=0$	$t_{13}t_{34}-t_{14}t_{33}=0$
自由（0）—简支（n）	$M_0=F_0=0$ $y_n=M_n=0$	$t_{11}t_{32}-t_{12}t_{31}=0$
自由（0）—固定（n）	$M_0=F_0=0$ $y_n=\theta_n=0$	$t_{11}t_{22}-t_{12}t_{21}=0$
简支（0）—固定（n）	$y_0=M_0=0$ $y_n=\theta_n=0$	$t_{12}t_{24}-t_{14}t_{22}=0$

3 两支承多盘转子临界转速的近似计算

3.1 带多个圆盘轴的一阶临界转速

带多个圆盘并需计轴的自重时，按下式可计算一阶临界转速 n_{c1}

$$\frac{1}{n_{c1}^2}=\frac{1}{n_0^2}+\frac{1}{n_{01}^2}+\frac{1}{n_{02}^2}+\cdots+\frac{1}{n_{0n}^2} \tag{34.8-6}$$

式中 n_0——只有轴自重时轴的一阶临界转速（r/min）；

n_{01}、n_{02}、…、n_{0n}——只装一个圆盘（盘 1、2、…、n）且不考虑自重时的一阶临界转速(r/min)。

应用表 34.8-2 和表 34.8-3 可分别计算出 n_0 及各 n_{01}、n_{02}、…值，代入式（34.8-6）即可求得 n_{c1}。

3.2 力学模型

将实际转子按轴径和载荷（轴段和轴段上安装零件的重力）的不同，简化成为如图 34.8-2 所示 m 段受均布载荷作用的阶梯轴。各段的均布载荷 $q_i=m_ig/l_i$，m_i 为 i 段轴和装在该段轴上零件的质量（kg）；l_i 为该轴段长度（m）；g 为重力加速度（9.8m/s²）。支承为刚性支承，各种型式支承的位置按表 34.8-1 中支承图选取。

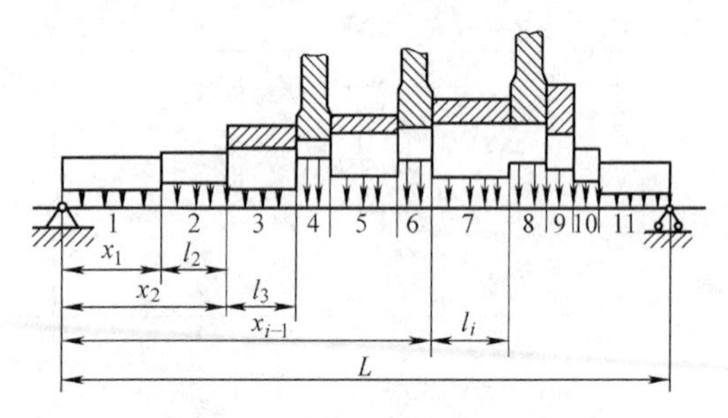

图 34.8-2 轴系的计算模型

3.3 临界转速计算公式

$$n_{ci}=\frac{2.95\times10^2k^3}{L^2\sqrt{\left(\sum\limits_{i=1}^{m}q_i\Delta_i\right)\left(\sum\limits_{i=1}^{m}\frac{\Delta_i}{E_iI_i}\right)}}$$

对于钢轴，$E=2.1\times10^{11}\text{N/m}^2$，则

$$n_{ci}=\frac{4.28\times10^2k^3}{L^2}\sqrt{\frac{I_{\max}\times10^{11}}{\left(\sum\limits_{i=1}^{m}q_i\Delta_i\right)\left(\sum\limits_{i=1}^{m}\frac{I_{\max}}{I_i}\Delta_i\right)}} \tag{34.8-7}$$

式中 k——临界转速阶次，通常只计算一、二阶临界转速，用于计算高于三阶临界转速时误差较大；

L——转子两支承跨距（m）；

q_i——第 i 段轴的均布载荷（N/m），$q_i=m_ig/l_i$；

I_i——第 i 段轴截面二次矩(m⁴)，$I_i=\pi d_i^4/64$；

I_{max}/I_i——最大截面二次矩与第 i 段轴截面二次矩之比；

d_i——第 i 段轴的直径（m）；

Δ_i——第 i 段轴的位置函数，$\Delta_i=\phi(\lambda_i)-\phi(\lambda_{i-1})$，$\lambda_i=kx_i/L$，$\phi(\lambda_i)=\lambda_i-\dfrac{\sin2\pi\lambda_i}{2\pi}$。

3.4 计算示例

某转子系统简化为图 34.8-2 所示的 11 段阶梯轴均布载荷计算模型，已知条件、计算过程和按式（34.8-7）计算的 n_{c1} 和 n_{c2} 见表 34.8-6。

表 34.8-6　临界转速近似计算表

轴段号	已知条件				均布载荷	截面二次	I_{max}/I_i	$k=1$				
	质量 m_i /kg	轴段长 l_i /m	轴径 d_i /m	坐标 x_i /m	q_i /$N\cdot m^{-1}$	矩 I_i /$10^{-6}m^4$		λ_i	$\phi(\lambda_i)$	Δ_i	$\frac{I_{max}}{I_i}\Delta_i$	$q_i\Delta_i$
1	4.16	0.16	0.065	0.16	254.8	0.876	11.62	0.123	0.0119	0.0119	0.138	3.03
2	8.85	0.168	0.085	0.328	516.3	2.562	3.97	0.252	0.0928	0.0809	0.321	41.77
3	7.74	0.155	0.09	0.483	489.4	3.221	3.16	0.372	0.2574	0.1646	0.520	80.56
4	54.08	0.06	0.105	0.543	8833	5.967	1.71	0.418	0.3396	0.0822	0.141	726.07
5	18.31	0.18	0.11	0.723	996.9	7.187	1.42	0.556	0.6108	0.2712	0.385	270.36
6	53.88	0.06	0.115	0.783	8800	6.585	1.55	0.602	0.6971	0.0863	0.103	759.44
7	18.75	0.15	0.12	0.933	1225	10.18	1	0.718	0.8739	0.1768	0.177	216.58
8	56.84	0.077	0.12	1.01	7234	10.18	1	0.777	0.9338	0.0599	0.060	433.32
9	20.75	0.08	0.11	1.09	2542	7.187	1.42	0.838	0.9734	0.0396	0.056	100.66
10	4.15	0.05	0.10	1.14	813.4	4.909	2.07	0.877	0.9881	0.0147	0.030	11.96
11	4.71	0.16	0.07	1.30	288.5	1.179	8.63	1	1	0.0119	0.103	3.43
总和	252.22	1.30									2.034	2647.18

轴段号	$n_{c1}/r\cdot min^{-1}$			$k=2$					$n_{c2}/r\cdot min^{-1}$		
	近似	精确	误差	λ_i	$\phi(\lambda_i)$	Δ_i	$\frac{I_{max}}{I_i}\Delta_i$	$q_i\Delta_i$	近似	精确	误差(%)
1				0.246	0.0869	0.0869	1.010	22.14			
2				0.564	0.6263	0.5394	2.141	278.49			
3				0.744	0.0030	0.2767	0.874	135.42			
4				0.836	0.9725	0.0895	0.153	790.55			
5				1.112	1.0090	0.0365	0.052	36.39			
6	3478	3584	2.96%	1.204	1.0515	0.0425	0.066	374	12788	13430	4.78
7				1.436	1.3737	0.3222	0.322	394.7			
8				1.554	1.6070	0.2333	0.233	1687.69			
9				1.676	1.8182	0.2112	0.299	536.87			
10				1.754	1.9131	0.0949	0.196	77.15			
11				2	2	0.0869	0.750	25.07			
总和							5.863	4358			

4　轴系的模型与参数

4.1　力学模型

对轴系进行计算，首先要了解轴系的组成，而后建立轴系的力学模型。轴系的组成和力学模型见表 34.8-7。

4.2　滚动轴承支承刚度

滚动轴承支承刚度及计算公式见表 34.8-8，滚子轴承和球轴承的弹性位移系数 β 由图 34.8-3 查出，轴承配合表面接触变形系数可由图 34.8-4 查出，滚动轴承游隙为零时径向弹性位移 δ_0 的计算公式见表 34.8-9。

表 34.8-7　轴系的组成和力学模型

轴系组成	简化模型	说　明
圆盘	刚性质量圆盘模型 m_{ci} 和 $J_i(J_{pf})$	将转子按轴径变化和装在轴上零件不同分为若干段。每段的质量以集中质量代替，并按质心不变原则分配到该段轴的两端。两质量间以弹性无质量等截面梁连接，弯曲刚度 EI_i 和实际轴段相等。对轴段划分越细，计算精度越高，但计算工作量也越大。有时为简化计算，还可略去轴的质量，仅计轴上件质量
转轴	离散质量模型 $m'_i=m'_{i,i}+m'_{i,i+1}(J'_i=J'_{i,i}+J'_{i,i+1})$	
	无质量弹性梁模型 EI_i、l_i、a_i、GA_i	

（续）

轴系组成	简化模型		说　明
支承	弹性支承模型	支承型式如下图，图 a 只考虑支承静刚度 k；图 b 同时考虑支承静刚度 k 和扭转刚度 k_θ；图 c 同时考虑支承静刚度 k_2、油膜刚度 k_1 及参振质量为 m 的弹性支承；图 d 同时考虑支承静刚度 k 和阻尼系数 c 的弹性支承 a)　b)　c)　d)	弹性支承的刚度可通过测试方法获得，也可按本章 4.2 节的方法确定滚动轴承支承的刚度，按本章 4.3 节的方法确定滑动轴承的刚度。对于大中型机组支承，总刚度与转子刚度相近，且较精确计算轴系临界转速时，支承必须按弹性支承考虑。特别是支承的动刚度随转子转速的变化而变化，转速越高支座的动刚度越低，因此在计算高速转子和高阶临界转速时，支承更应按弹性支承考虑
	刚性支承模型		刚性支承型式和支反力作用点及模型适用范围完全与表 34.8-1 刚性支承模型相同

表 34.8-8　滚动轴承支承刚度及计算公式

项　目		计 算 公 式	公式使用说明
单个滚动轴承径向刚度		$k=\dfrac{F}{\delta_1+\delta_2+\delta_3}$	F—径向载荷（N） δ_1—轴承的径向弹性位移（μm） δ_2—轴承外圈与箱体的接触变形（μm） δ_3—轴承内圈与轴颈的接触变形（μm） β—弹性位移系数，根据相对间隙 g/δ_0 从图 34.8-3 查出 δ_0—轴承中游隙为零时的径向弹性位移（μm），根据表 34.8-9 的公式进行计算 g—轴承的径向游隙（μm），有游隙时取正号，预紧时取负号
滚动轴承径向弹性位移	已经预紧时	$\delta_1=\beta\delta_0$	
	存在游隙时	$\delta_1=\beta\delta_0-g/2$	
轴承配合表面接触变形（外圈或内圈）	有间隙的配合	$\delta_2=\delta_3=H_1\Delta$	Δ—直径上的配合间隙或过盈（μm） H_1—系数，由图 34.8-4a 根据 n 查出，$n=\dfrac{0.096}{\Delta}\sqrt{\dfrac{2F}{bd}}$ H_2—系数，由图 34.8-4b 根据 Δ/d 查出。当轴承内圈与轴颈为锥体配合时，H_2 可取 0.05；间隙为零时，H_2 可取 0.25 b—轴承套圈宽度（cm） d—配合表面直径（cm），计算 δ_3 时为轴承内径，计算 δ_2 时为轴承外径
	有过盈的配合	$\delta_2=\delta_3=\dfrac{0.204FH_2}{\pi bd}$	

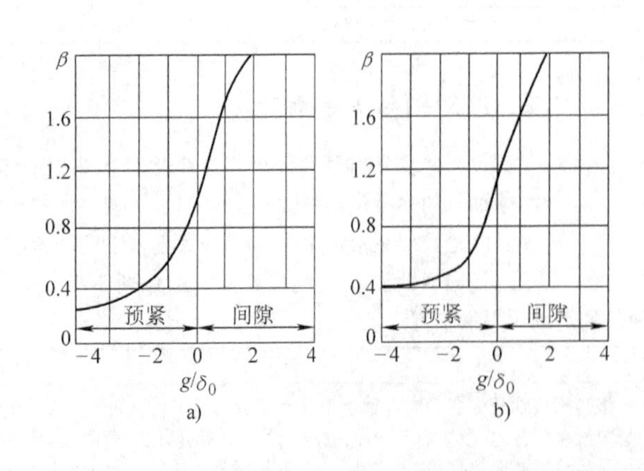

图 34.8-3　滚子轴承和球轴承的弹性位移系数
a）滚子轴承　b）球轴承

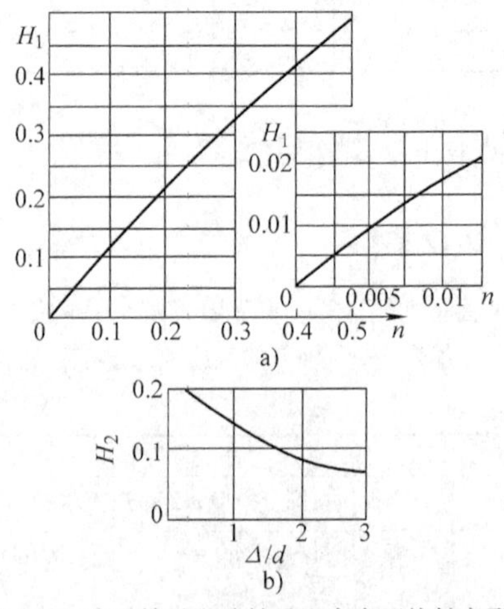

图 34.8-4　滚子轴承和球轴承配合表面接触变形系数

表 34.8-9　滚动轴承游隙为零时径向弹性位移 δ_0 的计算公式

轴　承　类　型	径向弹性位移 δ_0/μm	轴　承　类　型	径向弹性位移 δ_0/μm
深沟球轴承	$\delta_0=0.437\sqrt[3]{Q^2/d_\delta}$ $=1.277\sqrt[3]{\left(\frac{F}{z}\right)^2\Big/d_\delta}$	角接触球轴承	$\delta_0=\frac{0.437}{\cos\alpha}\sqrt[3]{\frac{Q^2}{d_\delta}}$
调心球轴承	$\delta_0=\frac{0.699}{\cos\alpha}\sqrt[3]{\frac{Q^2}{d_\delta}}$	圆柱滚子轴承	$\delta_0=0.0769(Q^{0.9}/d_\delta^{0.8})$ $=0.3333\left(\frac{F}{iz}\right)^{0.9}\Big/l_n^{0.8}$
双列圆柱滚子轴承	$\delta_0=\frac{0.0625F^{0.893}}{d^{0.815}}$	内圈无挡边双列圆柱滚子轴承	$\delta_0=\frac{0.045F^{0.897}}{d^{0.8}}$
圆锥滚子轴承	$\delta_0=\frac{0.0769Q^{0.9}}{l_a^{0.8}\cos\alpha}$	滚动体上的载荷/N	$Q=\frac{5F}{iz\cos\alpha}$

注：F—轴承的径向载荷（N）；i—滚动体列数；z—每列中滚动体数；d_δ—滚动体直径（mm）；d—轴承孔径（mm）；α—轴承的接触角（°）；l_a、l_n—滚动体有效长度（mm）；$l_a=l-2r$；l—滚子长度（mm）；r—滚子倒圆角半径（mm）。

例 34.8-1　某机器的支承中装有一个双列圆柱滚子轴承 3182120（$d=100$mm，$D=150$mm，$b=37$mm，$i=2$，$z=30$，$d_\delta=11$mm，$l=11$mm，$r=0.8$mm）。轴承的预紧量为 5μm（即 $g=-5$μm），外圆与箱体孔的配合过盈量为 5μm（即 $\Delta=5$μm），$F=4900$N。求支承的刚度。

解：（1）求间隙为零时轴承的径向弹性位移 δ_0

根据表 34.8-9，有

$$\delta_0=\frac{0.0625F^{0.893}}{d^{0.815}}=\frac{0.0625\times4900^{0.893}}{100^{0.815}}\mu\text{m}$$

$$=2.89\mu\text{m}$$

（2）求轴承有 5μm 预紧量时的径向弹性位移 δ_1

计算相对间隙：$g/\delta_0=-5/2.89=-1.73$

从图 34.8-3 查得：$\beta=0.47$，于是得

$$\delta_1=\beta\delta_0=0.47\times2.89\mu\text{m}=1.35\mu\text{m}$$

（3）求轴承外圈与箱体孔的接触变形 δ_2

计算 Δ/D：$\Delta/D=5/15=0.333$，从图 34.8-4b 查得 $H_2=0.2$，于是

$$\delta_2=\frac{0.204FH_2}{\pi bD}=\frac{0.204\times4900\times0.2}{\pi\times3.7\times15}\mu\text{m}=1.15\mu\text{m}$$

（4）求轴承内圈与轴颈的接触变形 δ_3

因内圈为锥体配合，故 $H_2=0.05$，于是

$$\delta_3=\frac{0.204FH_2}{\pi bD}=\frac{0.204\times4900\times0.05}{\pi\times3.7\times10}\mu\text{m}=0.43\mu\text{m}$$

（5）求支承刚度

将 δ_1、δ_2、δ_3 代入刚度公式得

$$K=\frac{F}{\delta_1+\delta_2+\delta_3}=\frac{4900}{1.35+1.15+0.43}\text{N}/\mu\text{m}=1672\text{N}/\mu\text{m}$$

4.3　滑动轴承支承刚度

滑动轴承的力学模型如图 34.8-5 所示，沿各方向的刚度（N/m）为

$$\begin{cases}k_{xx}=\dfrac{\bar{k}_{xx}F_j}{c},\quad k_{yy}=\dfrac{\bar{k}_{yy}F_j}{c}\\[2mm]k_{xy}=\dfrac{\bar{k}_{xy}F_j}{c},\quad k_{yx}=\dfrac{\bar{k}_{yx}F_j}{c}\end{cases}\tag{34.8-8}$$

式中　F_j——轴径上受的稳定静载荷（N）；

c——轴承半径间隙（m）；

$\bar{k}_{xx}$、$\bar{k}_{yy}$、$\bar{k}_{xy}$、$\bar{k}_{yx}$——量纲一刚度系数，可根据轴瓦型式、S、L/D 和 δ 值由表 34.8-10 查取。

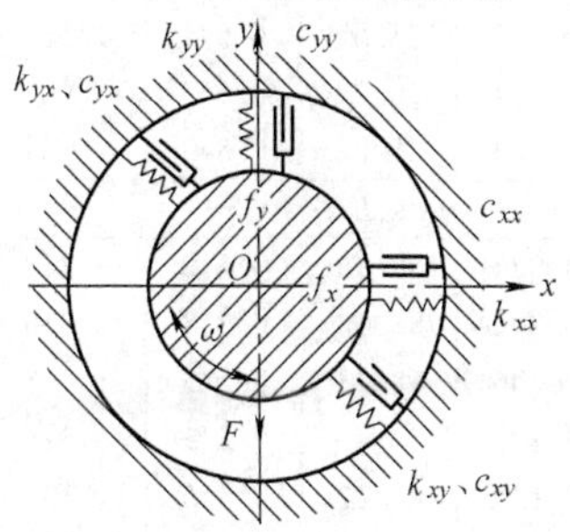

图 34.8-5　滑动轴承的力学模型

几种常用的轴瓦如图 34.8-6 所示，其常用轴瓦的参数值见表 34.8-10。

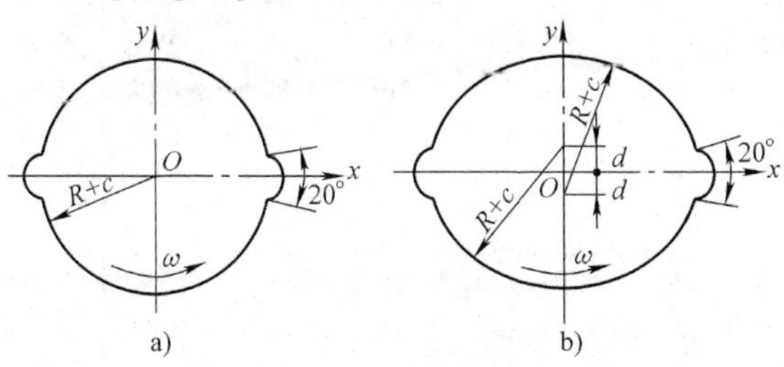

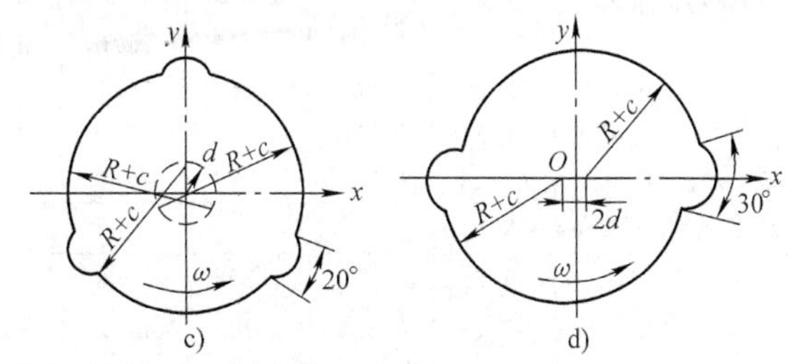

图 34.8-6　几种常用的轴瓦

a）双油槽圆形轴瓦　b）椭圆轴瓦　c）三叶轴瓦　d）偏位圆柱轴瓦

表 34.8-10　几种常用轴瓦的参数值

S	ε	ψ	$\overline{Q}$	$\overline{P}$	$\overline{T}$	$\overline{k}_{xx}$	$\overline{k}_{xy}$	$\overline{k}_{yx}$	$\overline{k}_{yy}$	$\overline{c}_{xx}$	$\overline{c}_{xy}=\overline{c}_{yx}$	$\overline{c}_{yy}$
双油槽圆形轴瓦 $L/D=0.5$												
6.430	0.071	81.89	0.121	0.860	5.7	1.88	6.60	-14.41	1.55	13.31	-1.89	28.75
3.937	0.114	77.32	0.192	0.846	5.9	1.89	4.20	-9.27	1.57	8.58	-1.93	18.44
2.634	0.165	72.36	0.271	0.833	6.2	1.91	3.01	-6.74	1.61	6.28	-2.00	13.36
2.030	0.207	68.75	0.332	0.835	6.6	1.93	2.50	-5.67	1.65	5.33	-2.07	11.18
1.656	0.244	65.85	0.383	0.835	7.0	1.95	2.20	-5.06	1.69	4.80	-2.15	9.93
0.917	0.372	57.45	0.540	0.850	8.5	1.85	1.30	-4.01	2.12	3.23	-2.06	7.70
0.580	0.477	51.01	0.651	0.900	10.5	1.75	0.78	-3.70	2.67	2.40	-1.94	6.96
0.376	0.570	45.43	0.737	0.977	13.4	1.68	0.43	-3.64	3.33	1.89	-1.87	6.76
0.244	0.655	40.25	0.804	1.096	17.9	1.64	0.13	-3.74	4.21	1.54	-1.82	6.87
0.194	0.695	37.72	0.833	1.156	21.3	1.62	-0.01	-3.84	4.78	1.40	-1.80	7.03
0.151	0.734	35.20	0.858	1.240	25.8	1.61	-0.15	-3.98	5.48	1.27	-1.79	7.26
0.133	0.753	33.93	0.870	1.289	28.7	1.60	-0.22	-4.07	5.89	1.20	-1.79	7.41
0.126	0.761	33.42	0.875	1.310	30.0	1.60	-0.25	-4.11	6.07	1.18	-1.79	7.48
0.116	0.772	32.65	0.881	1.343	32.2	1.60	-0.30	-4.17	6.36	1.15	-1.79	7.59
0.086	0.809	30.04	0.902	1.473	41.4	1.59	-0.47	-4.42	7.51	1.03	-1.79	8.03
0.042	0.879	24.41	0.936	1.881	80.9	1.60	-0.92	-5.23	11.45	0.82	-1.80	9.48
双油槽圆形轴瓦 $L/D=1$												
1.470	0.103	75.99	0.135	0.850	5.9	1.50	3.01	-10.14	1.53	6.15	-1.53	20.34
0.991	0.150	70.58	0.189	0.844	6.2	1.52	2.16	-7.29	1.56	4.49	-1.58	14.66
0.636	0.224	63.54	0.264	0.843	6.9	1.56	1.57	-5.33	1.62	3.41	-1.70	10.80
0.358	0.352	55.41	0.369	0.853	8.7	1.48	0.97	-3.94	1.95	2.37	-1.63	8.02
0.235	0.460	49.27	0.436	0.914	11.1	1.55	0.80	-3.57	2.19	2.19	-1.89	7.36
0.159	0.559	44.33	0.484	1.005	14.2	1.48	0.48	-3.36	2.73	1.74	-1.78	6.94
0.108	0.650	39.72	0.516	1.136	19.2	1.44	0.23	-3.34	3.45	1.43	-1.72	6.89
0.071	0.734	35.16	0.534	1.323	27.9	1.44	-0.03	-3.50	4.49	1.20	-1.70	7.15
0.056	0.773	32.82	0.540	1.449	34.9	1.45	-0.18	-3.65	5.23	1.10	-1.71	7.42
0.050	0.793	31.62	0.541	1.524	39.6	1.45	-0.26	-3.75	5.69	1.06	-1.71	7.60
0.044	0.811	30.39	0.543	1.608	45.3	1.46	-0.35	-3.88	6.22	1.01	-1.72	7.81
0.024	0.883	25.02	0.543	2.104	89.6	1.53	-0.83	-4.69	9.77	0.83	-1.78	9.17
椭圆轴瓦，预载 $\delta=0.5$，$L/D=0.5$												
7.079	0.024	88.79	0.512	1.313	9.8	1.29	57.12	-40.32	91.58	45.50	63.29	159.20
2.723	0.061	88.58	0.518	1.315	10.0	0.74	22.03	-15.77	35.54	17.80	23.96	61.63
1.889	0.086	88.33	0.525	1.318	10.3	0.71	15.33	-11.18	24.93	12.59	16.31	43.14
1.229	0.127	87.75	0.541	1.325	10.8	0.78	10.03	-7.66	16.68	8.57	10.11	28.65
0.976	0.155	87.22	0.555	1.332	11.2	0.84	7.99	-6.39	13.59	7.08	7.66	23.20
0.832	0.176	86.75	0.567	1.338	11.6	0.90	6.82	-5.69	11.88	6.23	6.23	20.14
0.494	0.254	84.36	0.624	1.371	13.5	1.00	3.99	-4.28	8.11	4.27	2.76	13.26
0.318	0.323	81.08	0.684	1.421	16.4	1.23	2.34	-3.82	6.52	3.15	0.81	10.03
0.236	0.364	78.09	0.723	1.468	19.4	1.31	1.49	-3.76	6.07	2.54	-0.11	8.80
0.187	0.391	75.18	0.747	1.515	22.6	1.37	0.92	-3.82	6.03	2.13	-0.66	8.23
0.153	0.410	72.26	0.762	1.562	26.1	1.41	0.52	-3.92	6.21	1.82	-1.02	7.98
0.127	0.424	69.31	0.770	1.612	30.1	1.45	0.21	-4.04	6.53	1.58	-1.26	7.91
0.090	0.444	63.24	0.772	1.727	40.1	1.50	-0.23	-4.33	7.55	1.23	-1.54	8.11
椭圆轴瓦，预载 $\delta=0.5$，$L/D=1$												
1.442	0.050	93.81	0.309	1.338	10.8	-1.29	22.14	-22.65	38.58	18.60	28.14	79.05
0.698	0.100	93.12	0.320	1.345	11.2	-0.24	10.79	-11.25	18.93	9.40	12.97	38.73
0.442	0.150	91.97	0.338	1.357	11.9	0.26	6.87	-7.45	12.28	6.36	7.50	25.00
0.308	0.200	90.37	0.361	1.376	12.8	0.58	4.79	-5.58	8.93	4.82	4.50	17.99

（续）

S	ε	ψ	$\overline{Q}$	$\overline{P}$	$\overline{T}$	$\overline{k}_{xx}$	$\overline{k}_{xy}$	$\overline{k}_{yx}$	$\overline{k}_{yy}$	$\overline{c}_{xx}$	$\overline{c}_{xy}=\overline{c}_{yx}$	$\overline{c}_{yy}$
椭圆轴瓦，预载 $\delta=0.5$，$L/D=1$												
0.282	0.213	89.87	0.368	1.382	13.1	0.66	4.38	−5.24	8.30	4.53	3.91	16.66
0.271	0.220	89.61	0.372	1.385	13.2	0.69	4.20	−5.09	8.03	4.40	3.64	16.08
0.261	0.226	89.37	0.375	1.388	13.4	0.72	4.03	−4.96	7.79	4.28	3.41	15.57
0.240	0.239	88.80	0.383	1.396	13.7	0.77	3.70	−4.70	7.31	4.04	2.93	14.54
0.224	0.250	88.28	0.389	1.403	14.1	0.82	3.43	−4.51	6.95	3.86	2.55	13.74
0.211	0.260	87.79	0.395	1.409	14.4	0.86	3.21	−4.36	6.65	3.70	2.23	13.09
0.161	0.304	85.29	0.423	1.445	16.2	1.01	2.32	−3.84	5.63	3.07	1.02	10.75
0.120	0.350	81.80	0.452	1.500	19.1	1.14	1.52	−3.54	4.99	2.49	0.01	9.04
0.097	0.381	78.65	0.470	1.554	22.1	1.21	1.01	−3.46	4.82	2.10	−0.56	8.26
0.081	0.403	75.63	0.479	1.607	25.4	1.26	0.65	−3.47	4.87	1.82	−0.92	7.87
0.069	0.419	72.65	0.484	1.664	29.1	1.31	0.38	−3.52	5.06	1.60	−1.17	7.71
0.060	0.432	69.69	0.485	1.724	33.4	1.34	0.16	−3.60	5.36	1.42	−1.34	7.67
0.045	0.451	63.70	0.478	1.867	44.3	1.40	−0.19	−3.83	6.25	1.16	−1.56	7.88
三叶轴瓦，预载 $\delta=0.5$，$L/D=0.5$												
6.574	0.018	55.45	0.250	1.420	8.2	31.32	46.78	−45.43	34.58	93.55	1.46	97.87
3.682	0.031	56.03	0.251	1.421	8.5	17.08	26.57	−25.35	20.35	51.73	1.35	56.10
2.523	0.045	56.57	0.252	1.423	8.9	11.48	18.48	−17.41	14.75	35.06	1.22	39.50
1.621	0.070	57.35	0.255	1.429	9.5	7.25	12.20	−11.38	10.53	22.25	1.01	26.81
1.169	0.094	57.95	0.259	1.437	10.2	5.26	9.06	−8.49	8.56	15.96	0.79	20.62
0.717	0.144	58.62	0.271	1.461	11.8	3.49	5.92	−5.85	6.85	9.93	0.37	14.74
0.491	0.192	58.63	0.285	1.497	13.8	2.77	4.34	−4.75	6.27	7.12	−0.02	12.07
0.356	0.237	58.14	0.300	1.543	16.2	2.41	3.35	−4.26	6.15	5.51	−0.36	10.67
0.267	0.278	57.30	0.315	1.599	19.1	2.19	2.63	−4.05	6.29	4.46	−0.66	9.87
0.203	0.314	56.18	0.331	1.665	22.8	2.04	2.05	−4.00	6.62	3.68	−0.91	9.43
0.156	0.347	54.85	0.345	1.742	27.6	1.90	1.55	−4.05	7.11	3.06	−1.12	9.23
0.141	0.360	54.26	0.352	1.776	29.8	1.85	1.36	−4.10	7.35	2.84	−1.20	9.20
0.121	0.377	53.31	0.361	1.830	33.6	1.78	1.09	−4.19	7.77	2.54	−1.30	9.20
0.093	0.402	51.55	0.379	1.931	41.6	1.67	0.67	−4.39	8.63	2.10	−1.44	9.30
0.055	0.441	47.10	0.419	2.182	66.1	1.49	−0.14	−4.94	11.07	1.29	−1.61	9.91
三叶轴瓦，预载 $\delta=0.5$，$L/D=1$												
3.256	0.020	59.21	0.132	1.424	8.8	25.25	43.40	−43.30	28.31	88.33.	1.11	94.58
1.818	0.035	59.68	0.133	1.426	9.2	13.70	24.34	−24.39	16.74	48.27	0.98	54.59
1.243	0.050	60.09	0.134	1.429	9.6	9.18	16.72	−16.93	12.21	32.37	0.84	38.75
0.796	0.076	60.62	0.136	1.436	10.4	5.80	10.82	−11.26	8.82	20.18	0.61	26.62
0.574	0.103	60.95	0.139	1.447	11.2	4.24	7.90	−8.55	7.24	14.27	0.37	20.73
0.353	0.155	61.00	0.147	1.478	13.0	2.89	5.02	−6.07	5.91	8.70	−0.06	15.15
0.245	0.203	60.44	0.156	1.521	15.2	2.36	3.60	−5.01	5.48	6.16	−0.43	12.59
0.181	0.246	59.46	0.165	1.574	17.8	2.09	2.74	−4.49	5.41	4.73	−0.73	11.20
0.138	0.285	58.22	0.173	1.637	21.0	1.92	2.12	−4.22	5.54	3.81	−0.98	10.39
0.108	0.320	56.80	0.181	1.710	24.9	1.80	1.65	−4.10	5.83	3.16	−1.18	9.91
0.085	0.351	55.23	0.189	1.794	29.9	1.71	1.26	−4.08	6.25	2.67	−1.35	9.64
0.068	0.379	53.54	0.197	1.891	36.2	1.62	0.92	−4.13	6.82	2.29	−1.48	9.54
0.062	0.389	52.82	0.201	1.934	39.2	1.59	0.79	−4.17	7.09	2.16	−1.52	9.54
0.054	0.403	51.68	0.208	2.014	44.4	1.54	0.57	−4.25	7.56	1.92	−1.57	9.57
0.034	0.441	47.19	0.232	2.290	69.8	1.42	−0.11	−4.65	9.70	1.23	−1.67	10.03
偏位圆柱轴瓦，预载 $\delta=0.5$，$L/D=0.5$												
8.519	0.025	−4.87	1.664	0.971	7.7	64.74	−5.48	−82.04	47.06	59.71	−45.00	97.56
4.240	0.050	−4.82	1.664	0.972	8.0	32.32	−2.64	−41.06	23.60	29.94	−22.62	49.04
2.805	0.075	−4.72	1.664	0.975	8.4	21.49	−1.65	−27.42	15.81	20.06	−15.22	32.97

（续）

S	ε	ψ	$\overline{Q}$	$\overline{P}$	$\overline{T}$	$\overline{k}_{xx}$	$\overline{k}_{xy}$	$\overline{k}_{yx}$	$\overline{k}_{yy}$	$\overline{c}_{xx}$	$\overline{c}_{xy}=\overline{c}_{yx}$	$\overline{c}_{yy}$
偏位圆柱轴瓦，预载 $\delta=0.5$，$L/D=0.5$												
2.081	0.100	−4.59	1.664	0.978	8.8	16.05	−1.12	−20.61	11.93	15.15	−11.56	25.01
1.339	0.150	−4.14	1.660	0.988	9.7	10.56	−0.54	−13.79	8.08	10.25	−7.98	17.15
0.953	0.200	−3.47	1.649	1.002	10.8	7.78	−0.20	−10.39	6.18	7.83	−6.31	13.34
0.717	0.250	−2.76	1.641	1.023	12.1	6.15	0.05	−8.45	5.14	6.51	−5.43	11.29
0.555	0.300	−2.02	1.637	1.036	13.7	5.00	0.09	−7.20	4.63	5.38	−4.76	10.00
0.493	0.325	−1.78	1.637	1.052	14.2	4.53	−0.01	−6.72	4.56	4.74	−4.38	9.49
0.353	0.400	−1.70	1.645	1.108	16.5	3.53	−0.22	−5.78	4.63	3.40	−3.56	8.51
0.284	0.450	−2.00	1.656	1.154	18.4	3.08	−0.33	−5.40	4.85	2.79	−3.18	8.17
0.228	0.500	−2.51	1.671	1.210	21.0	2.74	−0.42	−5.15	5.18	2.34	−2.88	7.99
0.182	0.551	−3.19	1.690	1.276	24.4	2.48	−0.51	−5.01	5.65	1.98	−2.65	7.95
0.162	0.576	−3.58	1.700	1.314	26.5	2.37	−0.55	−4.97	5.93	1.82	−2.55	7.97
0.143	0.601	−4.02	1.711	1.357	28.9	2.27	−0.60	−4.95	6.26	1.69	−2.46	8.02
0.126	0.627	−4.49	1.723	1.404	31.9	2.19	−0.65	−4.95	6.64	1.56	−2.38	8.10
偏位圆柱轴瓦，预载 $\delta=0.5$，$L/D=1$												
3.780	0.025	−8.21	1.271	1.030	7.7	56.69	−8.14	−83.73	52.13	47.10	−42.08	113.96
1.883	0.051	−8.16	1.271	1.031	8.0	28.31	−3.99	−41.89	26.11	23.61	−21.13	57.20
1.247	0.076	−8.08	1.271	1.034	8.3	18.83	−2.57	−27.95	17.45	15.81	−14.19	38.38
0.927	0.101	−7.96	1.271	1.037	8.7	14.08	−1.83	−20.99	13.13	11.93	−10.75	29.04
0.596	0.151	−7.46	1.266	1.047	9.5	9.22	−1.05	−13.89	8.74	8.00	−7.33	19.61
0.418	0.201	−6.58	1.244	1.061	10.6	6.68	−0.62	−10.17	6.44	5.96	−5.64	14.73
0.316	0.251	−5.85	1.224	1.081	11.8	5.26	−0.33	−8.13	5.22	4.90	−4.78	12.18
0.248	0.301	−5.10	1.206	1.105	13.3	4.35	−0.11	−6.87	4.49	4.28	−4.30	10.71
0.198	0.351	−4.29	1.191	1.133	15.3	3.70	0.04	−6.02	4.08	3.83	−3.99	9.80
0.160	0.401	−3.59	1.179	1.168	17.4	3.17	−0.01	−5.40	4.00	3.22	−3.57	9.07
0.130	0.451	−3.27	1.171	1.223	19.6	2.76	−0.12	−4.96	4.13	2.65	−3.15	8.55
0.107	0.501	−3.28	1.166	1.289	22.4	2.46	−0.22	−4.68	4.37	2.22	−2.84	8.23
0.087	0.551	−3.54	1.165	1.369	26.1	2.23	−0.31	−4.50	4.74	1.89	−2.60	8.08
0.078	0.576	−3.76	1.166	1.415	28.5	2.14	−0.36	−4.45	4.98	1.75	−2.50	8.06
0.070	0.601	−4.03	1.167	1.466	31.2	2.06	−0.41	−4.42	5.25	1.63	−2.42	8.07

S 值的确定方法，一般是先预估计轴瓦中油的温度，并确定润滑油的动力黏度 η，再算出 Sommerfeld 数，即 S 值

$$S=\frac{\eta nDL}{F_{\mathrm{j}}}\left(\frac{R}{c}\right)^{2} \tag{34.8-9}$$

式中　η——润滑油动力黏度（Pa · s）；

D——轴颈直径（m）；

R——轴颈半径（m）；

n——轴颈转速（r/s）；

L——轴颈长（m）。

查表用到的量值：

L/D——轴颈的长径比；

δ——量纲一预载，$\delta=d/c$；

d——轴瓦各段曲面圆心至轴瓦中心距离（m）。

不同型式轴瓦的预载见表 34.8-10。

根据轴瓦型式、L/D、δ 和预估油温条件下的 S 值，可由表 34.8-10 查出该轴瓦的量纲一值 $\overline{Q}$、$\overline{P}$、$\overline{T}$。若假定 80%的摩擦热为润滑油吸收，利用热平衡关系就能得到轴承工作温度

$$T_{工作}=T_{供油}+\frac{0.8P}{c_V Q}T_{供油}+\frac{0.8\eta\omega}{c_V}\left(\frac{R}{c}\right)^{2}\times 4\pi\frac{\overline{P}}{\overline{Q}} \tag{34.8-10}$$

式中　$\overline{Q}$——量纲一边流，$\overline{Q}=Q/(0.5\pi nDLc)$，查表 34.8-10；

$\overline{P}$——量纲一摩擦功耗，$\overline{P}=Pc/(\pi^{3}\eta n^{2}LD^{3})$，查表 34.8-10；

c_V——单位体积润滑油的比热容 [J/(m³ · ℃)]；

ω——轴颈的转动角速度（rad/s）；

P——每秒消耗的摩擦功（N · m/s）。

油膜中的最高温度为

$$T_{\max}=T_{工作}+\Delta T=T_{工作}+\frac{\eta\omega}{c_V}\left(\frac{R}{c}\right)^{2}\overline{T} \tag{34.8-11}$$

式中　$\overline{T}$——轴瓦量纲一温升，$\overline{T}=\Delta T\Big/\frac{\eta\omega}{c_V}\left(\frac{R}{c}\right)^{2}$，查表 34.8-10。

所以，可用 T_{max} 作为确定润滑油黏度的温度。如果 T_{max} 与最初估计的温度值不同，就需要重新估计温度再按上述过程计算，直到两温度值基本一致为止，最后确定了正确 S 的值，按该 S 值从表34.8-10查得量纲一刚度系数 $\bar{k}_{xx}$、$\bar{k}_{yy}$、$\bar{k}_{xy}$、$\bar{k}_{yx}$，这些值虽有差别，但差别不大，所以，在计算轴系临界转速时，只考虑 $\bar{k}_{yy}$。

4.4　支承阻尼

各类支承阻尼值一般通过试验求得，目前尚无准确的计算公式。表34.8-11列出了各类轴承阻尼比的概略值。

表34.8-11　各类轴承阻尼比的概略值

轴承类型		阻尼比 ζ	轴承类型		阻尼比 ζ
滚动轴承	无预负载	0.01~0.02	滑动轴承	单油楔动压轴承	0.03~0.045
	有预负载	0.02~0.03		多油楔动压轴承	0.04~0.06
				静压轴承	0.045~0.065

注：滑动轴承阻尼系数也可按本章4.3节的方法从表34.8-10查得量纲一阻尼系数 $\bar{c}_{xx}$、$\bar{c}_{yy}$、$\bar{c}_{xy}$、$\bar{c}_{yx}$ 值，换算成有单位的阻尼系数，$c_{xx}=\bar{c}_{xx}F_j/c\omega$、$c_{yy}=\bar{c}_{yy}F_j/c\omega$、$c_{xy}=c_{yx}=\bar{c}_{xy}F_j/c\omega$。

5　轴系临界转速设计

5.1　轴系临界转速修改设计

当按轴系的简化力学模型，求出轴系的各阶临界转速及对应的振型后，如发现某阶临界转速 n_{ci} 与轴系的工作转速接近，立即将计算得到的第 i 阶振型进行正则化处理，即按表34.3-4中序号7的公式，求得正则化因子 μ_i，用 μ_i 去除振型的各个值；然后利用轴系同步正向涡动的特征方程导出的第 i 阶临界转速对 S_j 的敏感度公式，见表34.8-12，并给出参数微小变化量 ΔS_j（通常小于20%），计算出引起临界转速的变化量。通过对各种参数改变计算结果的比较，优化组合，选出最佳参数修改组合，对轴系临界转速进行修改设计。如果轴系有 n 个参数 S_j 同时有微小变化（$j=1, 2, \cdots, n$），改变量分别为 ΔS_j，轴系第 i 阶临界转速的相对改变量为

$$\Delta n_{ci} = \sum_{j=1}^{n} \frac{\partial n_{ci}}{\partial S_j} \Delta S_j \tag{34.8-12}$$

参数修改后轴系的第 i 阶临界转速为

$$n_{ni}^{1} = n_{ci} + \Delta n_{ci} \tag{34.8-13}$$

表34.8-12　临界转速对各种参数的敏感度计算公式

改变参数的前提	敏感度计算公式	敏感度说明
设 $S_j=EI_j$，即考虑系统第 j 段轴的抗弯刚度有微小变化，但对该段轴两端的质量影响不大，并忽略不计	$\frac{\partial n_{ci}}{\partial (EI_j)}=\frac{1800}{\pi^2 n_{ci} l_j^3}[3(\bar{Y}_j-\bar{Y}_{j+1})^2+3l_j(\bar{Y}_j-\bar{Y}_{j+1})(\bar{\theta}_j+\bar{\theta}_{j+1})+l_j^2(\bar{\theta}_j^2+\bar{\theta}_j\bar{\theta}_{j+1}+\bar{\theta}_{j+1}^2)]$ $(i=1,2\cdots;j=1,2,\cdots,n-1)$ 式中 $\bar{Y}_j$、$\bar{Y}_{j+i}$、θ_j、$\bar{\theta}_{j+1}$ 分别为第 i 阶正规化振型中，第 j 段轴两端质点的挠度值和转角值	
设 $S_j=l_j$，即考虑第 j 段轴的长度有微小变化，但对该段轴两端的质量影响不大，并忽略不计	$\frac{\partial n_{ci}}{\partial l_j}=-\frac{1800}{\pi^2 n_{ci}}\left(\frac{EI_j}{l_j^4}\right)[9(\bar{Y}_j-\bar{Y}_{j+1})^2+6l_j(\bar{Y}_j-\bar{Y}_{j+1})(\bar{\theta}_j+\bar{\theta}_{j+1})+l_j^2(\bar{\theta}_j^2+\bar{\theta}_j\bar{\theta}_{j+1}+\theta_{j+1}^2)]$ $(i=1,2\cdots;j=1,2,\cdots,n-1)$	
设 $S_j=m_j$，即考虑第 j 个圆盘的质量有微小变化，但不计由此引起圆盘转动惯量的变化	$\frac{\partial n_{ci}}{\partial m_j}=-\frac{n_{ci}}{2}\bar{\theta}_j^2$ $\begin{pmatrix} i=1,2,\cdots \\ j=1,2,\cdots,n \end{pmatrix}$	敏感度为负值，说明质量增加，n_{ci} 将下降；如果振型中 $\bar{Y}_j$ 较大，说明敏感，否则相反
设 $S_j=m_{bj}$，即考虑第 j 个轴承座的等效质量有微小变化	$\frac{\partial n_{ci}}{\partial m_{bj}}=-\frac{n_{ci}}{2}\left(\frac{k_{pj}}{k_{pj}+k_{bj}-m_{bj}\omega_{nj}^2}\right)^2\bar{Y}_{S(j)}^2$ $\begin{pmatrix} i=1,2,\cdots \\ j=1,2,\cdots,l \end{pmatrix}$ $\bar{Y}_{s(j)}$ 第 i 阶正规振型中对应第 j 个支承轴质点 $S(j)$ 的挠度值	等效质量 m_{bj} 增加，临界转速 n_{ci} 下降
设 $S_j=k_{bj}$，即考虑第 j 个轴承座的等效静刚度有微小变化	$\frac{\partial n_{ci}}{\partial k_{bj}}=-\frac{450}{\pi^2 n_{ci}}\left(\frac{k_{pj}}{k_{pj}+k_{bj}-m_{bj}\omega_{ni}^2}\right)^2\bar{Y}_{S(j)}^2$ $\begin{pmatrix} i=1,2,\cdots \\ j=1,2,\cdots,l \end{pmatrix}$	

（续）

改变参数的前提	敏感度计算公式	敏感度说明
设 $S_j=k_{pj}$，即考虑第 j 个轴承油膜刚度有微小变化	$\frac{\partial n_{ci}}{\partial k_{pj}}=-\frac{450}{\pi^2 n_{ci}}\left(\frac{k_{bj}-m_{bj}\omega_{ni}^2}{k_{pj}+k_{bj}-m_{bj}\omega_{ni}^2}\right)^2\overline{Y}_{S(j)}^2$ $\begin{pmatrix}i=1,2,\cdots\\ j=1,2,\cdots,l\end{pmatrix}$	油膜刚度增加，临界转速上升
设 $S_j=k_j$，即刚度系数为 k_j 弹性支承，刚度有微小变化时	$\frac{\partial n_{ci}}{\partial k_j}=\frac{450}{\pi^2 n_{ci}}\overline{Y}_{S(j)}^2$ $\begin{pmatrix}i=1,2,\cdots\\ j=1,2,\cdots,l\end{pmatrix}$	支承刚度增加，临界转速上升

5.2　轴系临界转速组合设计

转子系统经常是由多个转子组合而成。组合转子系统和各单个转子的临界转速间既有区别又有联系，其间存在一定的规律。这种联系就是各轴系具有相同形式的特征方程。设 A、B 为两个不同的转子，如图 34.8-7a 所示。各转子分别有 r 及 s 个圆盘，为简单起见，设各支承为等刚度支承，这一组合系统的特征值方程为

$$\begin{pmatrix}(\boldsymbol{K}_\mathbf{A}-\omega_n^2\boldsymbol{M}_\mathbf{A}) & \mathbf{0}\\ \mathbf{0} & (\boldsymbol{K}_\mathbf{B}-\omega_n^2\boldsymbol{M}_\mathbf{B})\end{pmatrix}\begin{pmatrix}\boldsymbol{x}_\mathbf{A}\\ \boldsymbol{x}_\mathbf{B}\end{pmatrix}=\mathbf{0} \tag{34.8-14}$$

式中

$$\boldsymbol{x}_\mathbf{A}=(y_{A1},\ \theta_{A1},\ y_{A2},\ \theta_{A2},\ \cdots,\ y_{Ar},\ \theta_{Ar})^T$$

$$\boldsymbol{x}_\mathbf{B}=(y_{B1},\ \theta_{B1},\ y_{B2},\ \theta_{B2},\ \cdots,\ y_{Bs},\ \theta_{Bs})^T$$

$\boldsymbol{K}_\mathbf{A}$、$\boldsymbol{K}_\mathbf{B}$、$\boldsymbol{M}_\mathbf{A}$、$\boldsymbol{M}_\mathbf{B}$ 分别为 A、B 两个转子的刚度矩阵和质量矩阵。

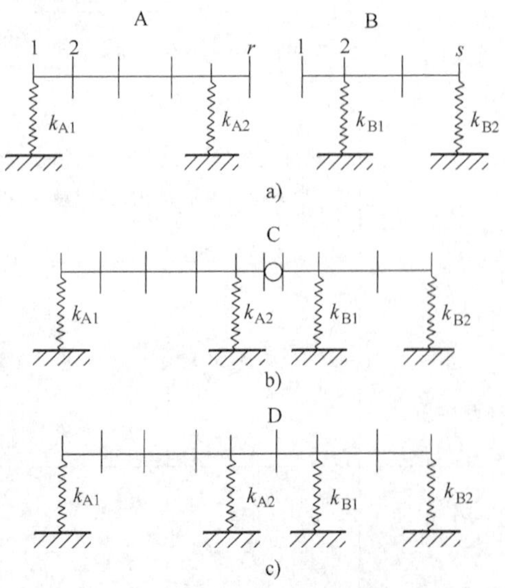

图 34.8-7　轴系组合模型

当对系统坐标进行如下线性变换：

$$\begin{cases}q_{2i-1}=y_{Ai}\\ q_{2i}=\theta_{Ai}\end{cases}(i=1,2,\cdots,r)\quad \begin{matrix}q_{2(r+i)-1}=y_{Bi}(i=2,3,\cdots,s)\\ q_{2(r+i)}=\theta_{Bi}(i=1,2,\cdots,s)\end{matrix}$$

$$q_{2r+1}=y_{Ar}-y_{B1}$$

$$(\boldsymbol{K}'-\omega_n^2\boldsymbol{M}')\ \boldsymbol{q}=\mathbf{0}$$

式中　$\boldsymbol{q}=(q_1,\ q_2,\ \cdots,\ q_{2(r+s)})^T$

系统的频率方程为

$$\Delta(\omega_n^2)\ |\boldsymbol{K}'-\omega_n^2\boldsymbol{M}'|=0 \tag{34.8-15}$$

线性变换不改变系统的特性值。现将 A、B 两转子端部铰接成图 34.8-7b 所示的系统 C，由连续性条件 $y_{Ar}=y_{B1}$ 决定 $q_{2r+1}=0$，系统 C 的频率方程实际上就是式（34.8-15）划去 $2r+1$ 行和 $2r+1$ 列的行列式 $\Delta_{2r+1}(\omega_n^2)=0$。由频率方程根的可分离定理知，系统 C 的临界角速度应介于原系统 A 和 B 各临界角速度之间，这是组合系统与各单个转子临界角速度间的一条重要规律。同理，再将系统 C 的铰接改为图 34.8-7c 所示的刚性连接系统 D 做同样变换，又会得出 D 系统的临界角速度介于 C 系统各临界角速度之间。综合以上结果，这一重要规律可概括为：如果将组合前各系统的所有阶临界角速度混在一起由小到大排列

$$\omega_1^{A+B}<\omega_2^{A+B}<\cdots<\omega_i^{A+B}<\cdots<\omega_{2(r+s)}^{A+B}$$

则按 C 系统组合后，第 i 阶临界转速与组合前临界转速之间的关系为

$$\omega_i^{A+B}\leqslant\omega_i^C\leqslant\omega_{i+1}^{A+B}\quad[i=1,\ 2,\ \cdots,\ 2(r+s)-1]$$

按 D 系统组合后，临界转速与组合前临界转速之间的关系为

$$\omega_i^C\leqslant\omega_i^D\leqslant\omega_{i+1}^C[i=1,2,\cdots,2(r+s-1)]$$

所以 $\omega_i^{A+B}\leqslant\omega_i^D\leqslant\omega_{i+2}^{A+B}[i=1,2,\cdots,2(r+s-1)]$

(34.8-16)

现以 20 万 kW 汽轮发电机组为例，组合前后都用数值计算方法计算系统低于 3600r/min 的各阶固有频率及振型矢量，临界转速的计算结果见表34.8-13，组合后机组转子的各阶振型如图 34.8-8 所示。

计算结果也验证了机组的临界转速介于各单机临

界转速之间，这就使得在设计中，有可能根据各个转子的临界转速去估计机组的临界转速的分布情况，也有助于判断机组临界转速计算结果是否合理，有无遗漏等。由图 34. 8-8 中各阶主振型可以看出，机组的一阶主振型，发电机振动显著，其他转子振动相对较小，所以称一阶主振型为发电机转子型，这一结果对现场测试布点具有重要意义。

表 34. 8-13　单个转子和机组转子的临界转速　　$(r \cdot mm^{-1})$

类型	n_{c1}	n_{c2}	n_{c3}	n_{c4}	n_{c5}
	发电机转子	中压转子	高压转子	低压转子	发电机转子
单个转子	943	1221	1693	1740	2654
机组转子	1002	1470	1936	2014	2678

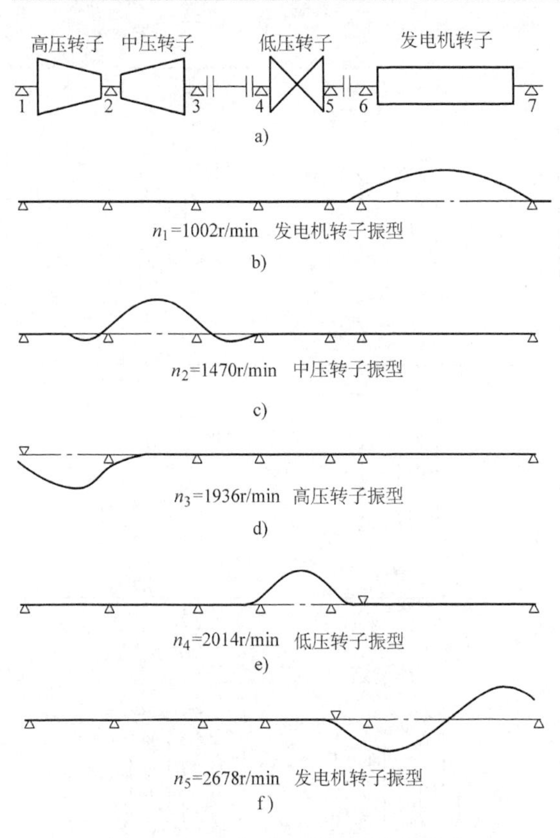

图 34. 8-8　组合后机组转子的各阶振型

6　影响轴系临界转速的因素

6. 1　支承刚度对临界转速的影响

在常用的临界转速的计算公式和近似计算方法中，都假定支承为绝对刚性的。实际上，轴承座、地基和滑动轴承中的油膜都是弹性体，其刚度不可能为无穷大，支承刚度越小，临界转速越低。对支承刚度比轴本身刚度大得多的情况，可忽略支承刚度的影响，按刚性支座计算临界转速；反之，应按弹性支承计算临界转速。把表 34. 8-4 中列出的弹性支承的传递矩阵，加入式（34. 8-4）中，就计入了支承刚度对临界转速的影响。

6. 2　回转力矩对临界转速的影响

在常用的临界转速的计算公式和计算方法中，都把圆盘简化为集中质量点，即只计质量不计尺寸，只考虑圆盘的离心力。若圆盘处于轴中央部位，见图 34. 8-9a，这种简化是适当的，此时，圆盘只在自身的平面内做振动或弓状回旋，圆盘的转动轴线在空间描绘出一个圆柱面，没有回转力矩的影响。而当圆盘不在轴的中央部位时，如图 34. 8-9b 所示，圆盘的转动轴线在空间描绘出一个圆锥面，圆盘的自身平面将不断地偏转。因此，应考虑由于圆盘的角运动而引起的惯性力矩，此力矩常称为回转力矩。当轴的转速较高，圆盘尺寸较大，圆盘位置偏离中部或在悬伸端时，回转力矩较大。一般回转力矩是使转轴的轴线倾角减小，相当于增加了轴的刚度，提高了临界转速。所以，对于多圆盘转轴，外伸臂式转轴，圆盘尺寸较大以及计算高阶临界转速时，应把表 34. 8-4 中圆盘的传递矩阵代入轴系的传递方程计算临界转速，以考虑回转力矩的影响。

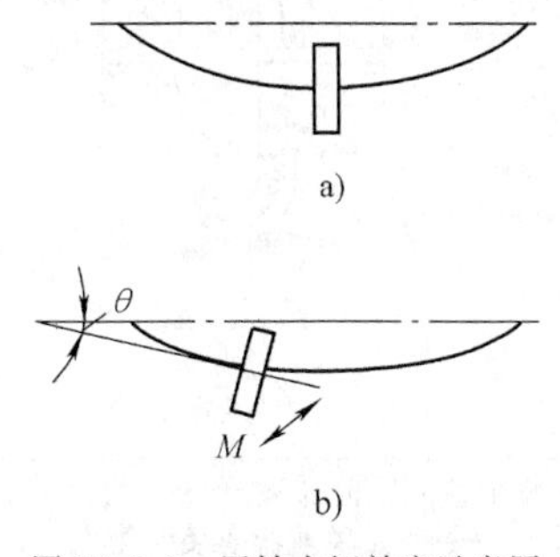

图 34. 8-9　回转力矩效应示意图

6. 3　联轴器对临界转速的影响

在用联轴器把各轴段联成轴系时，由于联轴器的位移约束作用，轴系比单轴的临界转速要高；由于联轴器的质量作用，轴系比单轴的临界转速要低。因此，应把联轴器作为一个单元，其从左端到右端的传递方程见表 34. 8-14。把相应的传递矩阵代入轴系的传递方程，计算出受联轴器影响的轴系临界转速。

表 34.8-14　联轴器的传递方程

联轴器的示意图	传递方程
刚性固定式（L、R、m）	$$\begin{pmatrix} y \\ \theta \\ M \\ F \end{pmatrix}_i^R = \begin{pmatrix} 1 & 0 & 0 & 0 \\ 0 & 1 & 0 & 0 \\ 0 & 0 & 1 & 0 \\ m\omega^2 & 0 & 0 & 1 \end{pmatrix}_i \begin{pmatrix} y \\ \theta \\ M \\ F \end{pmatrix}_i^L$$
有相对径向位移（L、R）	$$\begin{pmatrix} y \\ \theta \\ M \\ F \end{pmatrix}_i^R = \begin{pmatrix} 1+\Delta y & 0 & 0 & 0 \\ 0 & 1 & 0 & 0 \\ 0 & 0 & 1 & 0 \\ 0 & 0 & 0 & 1 \end{pmatrix}_i \begin{pmatrix} y \\ \theta \\ M \\ F \end{pmatrix}_i^L$$
有相对角位移（L、R）	$$\begin{pmatrix} y \\ \theta \\ M \\ F \end{pmatrix}_i^R = \begin{pmatrix} 1 & 0 & 0 & 0 \\ 0 & 1+\Delta\theta & 0 & 0 \\ 0 & 0 & 1 & 0 \\ 0 & 0 & 0 & 1 \end{pmatrix}_i \begin{pmatrix} y \\ \theta \\ M \\ F \end{pmatrix}_i^L$$
弹性式（k_θ、L、R、k）	$$\begin{pmatrix} y \\ \theta \\ M \\ F \end{pmatrix}_i^R = \begin{pmatrix} 1 & 0 & 0 & -1/k \\ 0 & 1 & -1/k_\theta & 0 \\ 0 & 0 & 1 & 0 \\ 0 & 0 & 0 & 1 \end{pmatrix}_i \begin{pmatrix} y \\ \theta \\ M \\ F \end{pmatrix}_i^L$$

注：m—联轴器的质量（kg）；ω—角频率（rad/s）；Δy—刚性联轴器相对径向位移（m）；$\Delta\theta$—刚性联轴器相对角位移（rad）；k—弹性联轴器的径向刚度（N/m）；k_θ—弹性联轴器的扭转刚度（N · m/rad）。

6.4　其他因素对临界转速的影响

影响临界转速的因素很多，如轴向力、横向剪力、温度场、阻尼、多支承轴中各支承不同心和转轴的特殊结构型式等。另外，由于转轴水平安装时受重力的影响，还会产生1/2的第一阶临界转速的振动。这些影响因素一般可忽略不计，在特殊情况下，应予以考虑。可参考梁受横向剪力、温度场及轴向力等的振动理论进行计算。

第9章　机械噪声及其评价

1　机械噪声的分类与特征

噪声的污染与大气污染、水污染不同，噪声的污染是局部的、多发性的，一般从噪声源到受害者的距离很近，不会影响很大的区域；噪声的污染是物理性污染，没有污染物，也没有后效作用，一旦噪声源停止，噪声也就消失；与其他污染相比，噪声的再利用很难解决，目前所能做到的是利用机械噪声进行故障诊断。机械系统运行中产生的噪声称为机械噪声，工程中机械噪声一般是按起源和强度进行分类的。

1.1　起源不同的机械噪声

1）机械性噪声。因固体振动而产生，如齿轮传动部件、曲柄连杆部件、链传动部件、轴承部件和液压系统部件等多种运动部件产生的噪声，以及某些结构，如印刷机（97dB）、纺织机（105dB）、电锯（100dB）、锻压、铆接、电动机、破碎机、球磨机和变压器等因振动而产生的噪声。

2）气体动力性噪声。因气体振动而产生，如风机、活塞式发动机和空压机（115dB）等所产生的噪声，以及因气流激发而产生的噪声，如喷注噪声、排气噪声和卡门（Karman）旋涡噪声。

3）电磁性噪声。因高频谐磁场的相互作用，引起电磁性振动而产生的噪声，如电动机、发电机和变压器等产生的噪声。

1.2　强度变化不同的机械噪声

1）稳态噪声。一般指噪声强度波动范围在5dB以内的连续性噪声，或重复频率大于10Hz的脉冲噪声。

2）非稳态噪声。一般指噪声强度波动范围超过5dB的连续性噪声。

3）脉冲噪声。一般指持续时间小于1s、噪声强度峰值比其均方根值大10dB，而重复频率又小于10Hz的间断性噪声。

机械噪声是环境噪声的一个重要组成部分，因而成为环境保护的治理指标之一；同时它也是评价机器质量的重要指标。故控制机械噪声，使其降低至容许范围内，已经成为机械设计中的重要课题。

1.3　噪声污染的危害

1）对人体心理的影响。噪声的心理效应反映在噪声干扰人们的交谈、休息和睡眠，从而使人产生烦恼，降低工作效率，对那些要求注意力高度集中的复杂作业和从事脑力劳动的人，影响会更大。另外，由于噪声分散了人们的注意力，容易引起事故，尤其是在噪声强度超过危险警报信号和行车信号时，由于噪声的掩蔽效应，更容易发生事故。

2）对人体生理的影响。噪声直接的生理效应是噪声引起听觉疲劳直至耳聋。听觉器官长期在噪声的作用下，会使听觉灵敏度显著降低，称作“听觉疲劳”，经过休息后可以恢复。若听觉疲劳进一步发展就会使听力损失，分轻度耳聋、中度耳聋以至完全丧失听力。例如，人耳突然暴露在高强度噪声（140~160dB）下，常会引起鼓膜破裂，双耳可能完全失聪。噪声间接的生理效应是诱发一些疾病。噪声会使大脑皮层的兴奋和压抑失去平衡，引起头晕、头疼、耳鸣、多梦、失眠、心慌、记忆力减退和注意力不集中等症状，临床上称之为“神经衰弱症”；噪声还会对心血管系统造成损害，引起心跳加快、血管痉挛及血压升高等症状；噪声使人的唾液、胃液分泌减少，胃酸降低，引起肠胃功能紊乱，从而易患胃溃疡和十二指肠溃疡等症。

3）对生产活动的影响。噪声对语言通信的影响很大，轻则降低通信效率，影响通信过程，重则损伤人们的语言听力。强噪声会损坏建筑物，干扰自动化机器设备和仪器。实践证明，噪声强度超过135dB对电子元器件和仪器设备有影响；当噪声强度达到140dB时，对建筑物的轻型结构有破坏作用，达到160~170dB时会使窗玻璃破碎。另外，在航天航空发达的今天，由于噪声疲劳，还可能会造成飞机及导弹失事等严重事故。

2　机械噪声的评价

机械噪声通常为宽频带噪声，其强弱的客观量度用声压、声强和声功率等物理量来表示。声压和声强反映声场中声的强弱，声功率反映声源辐射噪声本领的大小。声压、声强和声功率等物理量的变化范围非常宽广，在实际应用中一般采用对数标度，以分贝（dB）为单位，分别用声压级、声强级和声功率级等无量纲的量来度量噪声。当空间存在多个噪声源时，空间总的声场强度将按能量叠加原理来计算。而噪声强弱的主观评价量是由A计权声级、A计权声功率级和噪声评价数 NR 等物理量来表示。

2.1　声强与声强级

声场中单位时间内在垂直于声波传播方向的单位面积上所通过的能量称为声强，用符号 I 表示，单位为 W/m^2，声强可用下式计算

$$I=\frac{E}{S} \tag{34.9-1}$$

式中　E——声功率（W）；

S——面积（m^2）。

普通人的听觉能感受的声强范围很大，大约为 $10^{-12}\sim1W/m^2$。这样大的范围很难用一个线性尺度来计量，所以在声学中常用声强级来表示声波的强度。声强级是实际声强 I 与规定的基准声强 I_0 之比的对数。基准声强为 $I_0=10^{-12}\ W/m^2$，它相当于频率 1000Hz 时人耳所能感觉到的最弱声强。设 L_I（dB）为所测声强 I 的声强级，则

$$L_I=10\lg\frac{I}{I_0} \tag{34.9-2}$$

2.2　声压与声压级

物体振动在弹性介质中传播就产生了声波。声波在空间的分布叫声场，可用空间不同地点瞬时声压随时间的变化来描述，如图 34.9-1 所示。声波是一种纵波，传播声波的介质在波动过程中，质点密集的地方，压力大于静态大气压；质点稀疏的地方，压力小于静态大气压。声波超过大气压就构成声压，用符号 p 表示，单位为 Pa，声压有正有负。有效声压 p_e 是瞬时声压 $p(t)$ 在相当长时间内的均方根值。

$$p_e=\sqrt{\frac{1}{t}\int_0^t p^2(t)\,dt} \tag{34.9-3}$$

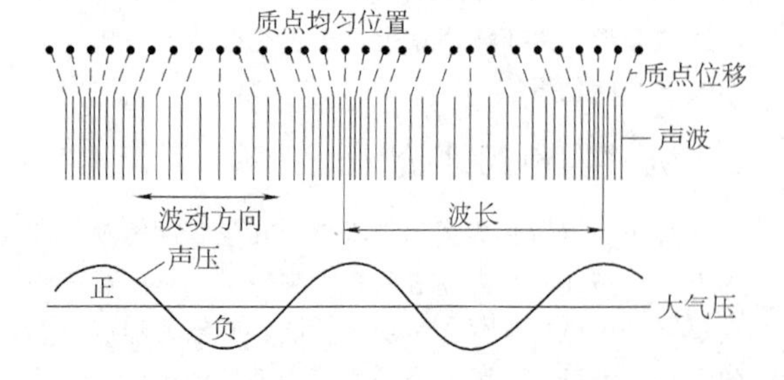

图 34.9-1　声波模型

健康人耳刚能听到的声压定义为听阈声压，即基准声压 $p_0=2\times10^{-5}Pa$；使人耳感到疼痛的声压定义为痛阈声压，大小为 20Pa，两者相差 100 万倍，因此引入“级”的概念，用一个倍比关系的对数量来表示，称为声压级 L_p(dB)，其值为

$$L_p=20\lg\frac{p_e}{p_0} \tag{34.9-4}$$

2.3　声功率与声功率级

声源在单位时间内向外辐射的总声能称为声功率，用 W 表示，单位为 W。它与声强的关系为

$$W=\oint_S I\mathrm{d}S \tag{34.9-5}$$

式中　S——包围声源的封闭面积（m^2）。

声功率的范围很宽，例如，轻声耳语的声功率仅为 $10^{-10}W$ 或更小一些，而大功率的喷气式飞机的声功率可达千瓦级。所以人们常采用声功率级，将实际声功率 W 与大家公认的基准声功率 $W_0=10^{-12}W$ 之比的对数乘以 10 为单位，也称分贝（dB）。声功率级用符号 L_W 表示，其数学表达式为

$$L_W=10\lg\frac{W}{W_0} \tag{34.9-6}$$

2.4　A 计权声级

由于人耳对声音的感受，不仅与声压有关，而且还与频率有关，一般对高频声音感觉灵敏，而对低频声音感觉迟钝，为了使评价结果能与人的主观感觉一致，因而在以声级计为代表的测量仪器内，模拟人耳的听觉特性，设计了特殊的滤波器，即频率计权网络，使声音信号在通过计权网络后得到不同程度的加权。这样一来，通过计权网络后得到的声级已不再是客观物理量的评价量，而成为主观评价量，称为计权声压级或简称计权声级。声级计一般设置有 A、B、C 三种计权网络，它们的主要差别是对噪声的低频成分衰减程度不同，其中 A 计权与人耳的主观特性最为接近，所以获得广泛应用。在声学测量仪器中设置有“A 计权网络”，使接收到的噪声在低频有较大的衰减，而高频不衰减，甚至稍有放大。这样测得的声级称为 A 计权声级，记作 dB(A)，在噪声测量和评价中获得广泛的应用。因为它能较好地反映出人们对噪声的主观感觉，而且也与人耳听力损伤的程度相对应。某些声级计还设有 D 计权网络，专用于飞机噪声的测量。A、B、C、D 计权特性曲线如图 34.9-2 所示，其衰减量见表 34.9-1。

2.5　A 计权声功率级

声功率是反映声源辐射声能速率与辐射特性的物理量，其单位为瓦（W）；对于确定的声源，其声功率是一恒量。声功率级则是声功率的相对表示，用 L_W 表示；声功率级通常是按一定的测量方法测得声

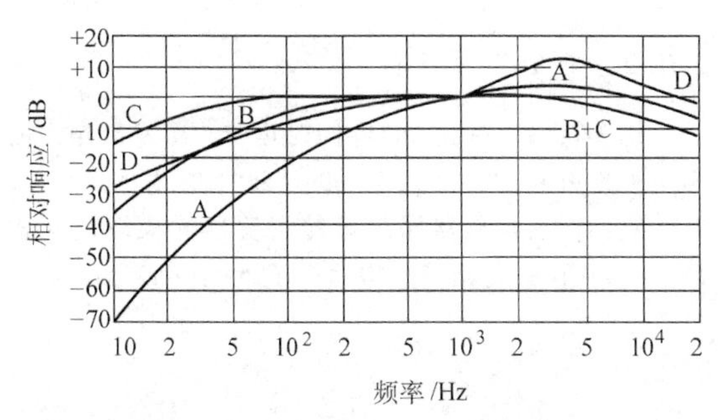

图 34.9-2　A、B、C、D 计权特性曲线

表 34.9-1　A、B、C、D 计权曲线衰减量

频率/Hz	相对响应/dB			
	A 曲线	B 曲线	C 曲线	D 曲线
10	-70.4	-38.2	-14.3	-26.6
12.5	-63.4	-33.2	-11.2	-24.6
16	-56.7	-28.5	-8.5	-22.6
20	-50.5	-24.2	-6.2	-20.6
25	-44.7	-20.4	-4.4	-18.7
31.8	-39.4	-17.1	-3.0	-16.7
40	-34.6	-14.2	-2.0	-14.7
50	-30.2	-11.6	-1.3	-12.8
63	-26.2	-9.3	-0.8	-10.9
80	-22.5	-7.4	-0.5	-9.0
100	-19.1	-5.6	-0.3	-7.2
125	-16.1	-4.2	-0.2	-5.5
160	-13.4	-3.0	-0.1	-4.0
200	-10.9	-2.0	0	-2.6
250	-8.6	-1.3	0	-1.6
315	-6.6	-0.8	0	-0.8
400	-4.8	-0.5	0	-0.4
500	-3.2	-0.3	0	-0.3
630	-1.9	-0.1	0	-0.5
800	-0.8	0	0	-0.6
1000	0	0	0	0
1250	0.6	0	0	2.0
1600	1.0	0	-0.1	4.9
2000	1.2	-0.1	-0.2	7.9
2500	1.3	-0.2	-0.3	10.4
3150	1.2	-0.4	-0.5	11.6
4000	1.0	-0.7	-0.8	11.1
5000	0.5	-1.2	-1.3	9.6
6300	-0.1	-1.9	-2.0	7.6
8000	-1.1	-2.9	-3.0	5.5
10000	-2.5	-4.3	-4.4	3.4
12500	-4.3	-6.1	-6.2	1.4
16000	-6.6	-8.4	-8.5	-0.7
20000	-9.3	-11.1	-11.2	-2.7

压级后经换算而得到，当利用 A 计权网络测量时，则可换算得到 A 计权声功率级，作为一个主观评价量，并记作 L_{WA}，其单位为 dB（A）。

2.6　噪声评价数 NR

利用噪声评价数 NR 评价噪声，同时考虑了噪声在每个倍频带内的强度和频率两个因素，故比用单一的 A 声级作评价指标更为严格。噪声评价数主要用于评定噪声对听觉的损伤、语言干扰和周围环境的影响。NR 数可按式（34.9-7）计算

$$NR=\frac{L_{pB1}-a}{b} \tag{34.9-7}$$

式中　L_{pB1}——1 倍频程声压级；

a、b——与各倍频程中心频率有关的常数，见表 34.9-2。

表 34.9-2　常数 a、b 值

1 倍频程中心频率/Hz	63	125	250	500
a	35.5	22	12	4.8
b	0.790	0.870	0.930	0.974
1 倍频程中心频率/Hz	1000	2000	4000	8000
a	0	-3.5	-6.1	-8.0
b	1	1.015	1.025	1.030

为便于实际应用，已将式（34.9-7）绘制成噪声评价数曲线（NR 曲线），如图 34.9-3 所示。其特点是强调了噪声的高频成分比低频成分更为烦扰人的特性，同一曲线上各倍频程的噪声级对人们的干扰程度相同，每条曲线在中心频率为 1000Hz 处的频带声压级数值即为该曲线的噪声评价数，即噪声评价曲线的序号。

对某机器或环境噪声的评价，是以其倍频程噪声频谱最高点所靠近的曲线值作为它的 NR 数。例如，某噪声，其倍频程频谱的最高点接近 NR75 的曲线，则该噪声的评价数为 NR75。用实测噪声的 NR 数与容许的 NR 数相比较，即可判定噪声是否超标，在哪几个频带内超标。

噪声评价数 NR 在数值上与 A 声级的关系可近似表示为

$$\begin{aligned}&当\ L_A<75\text{dB（A）时，}L_A\approx 0.8NR+18\\&当\ L_A>75\text{dB（A）时，}L_A\approx NR+5\end{aligned} \tag{34.9-8}$$

2.7　声级的综合

2.7.1　声级的运算

两列及以上列噪声的叠加，要依据能量叠加法则进行声级的运算，方法如下。

1）级的相加计算。设有 n 个噪声源，各自的声压级（或声强级）分别为 L_{p1}，L_{p2}，…，L_{pn}，则合

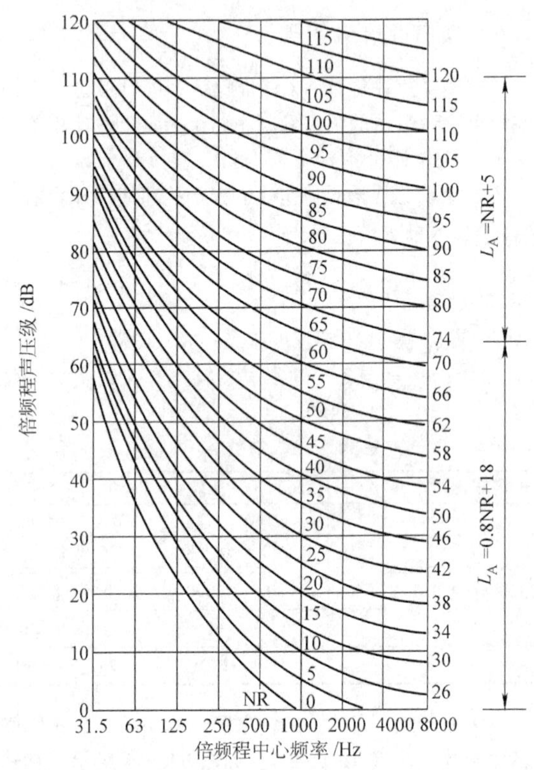

图 34. 9-3　噪声评价数曲线（NR 曲线）

成的总声压级 L_p 为

$$L_p = 10\lg\left[\sum_{i=1}^{n} 10^{\frac{L_{pi}}{10}}\right] \qquad (34.9\text{-}9)$$

如果两声源的声压级相等，则它们的合成声场的声压级仅增加 3dB；如果两列噪声的声压级相差 6dB，合成声场的声压级只比较大噪声源的声压级高 1dB；如果两列噪声的声压级相差 10dB 以上，则在它们的合成声场中，数值低的那列噪声对总声场几乎没有贡献，也就是说合成声场的声压级等于数值高的那列噪声的声压级。

2）级的相减计算。若已知两声波的合成声场的声压级为 L_p，其中一列波的声压级为 L_{p1}，则另一列波的声压级 L_{p2}(dB) 可按公式（34. 9-10）计算

$$L_{p2} = 10\lg\left[10^{L_p/10} - 10^{L_{p1}/10}\right] \qquad (34.9\text{-}10)$$

声级相减的公式在现场测试中很有用。如在车间内测量某一设备的运转噪声级时，先关闭此设备测得背景噪声级 L_{p1}，然后开动设备测出总声级 L_p，最后利用级的相减公式求出该设备单独运转时的噪声级。

3）级的平均计算。n 个声源在某处所产生的声压级的平均值 $\overline{L}_p$，或对同一个声源进行 n 次采样后计算其连续等效声级 L_{pe}(dB) 时，均要用到级的平均公式

$$\overline{L}_p(L_{pe}) = 10\lg\left[\sum_{i=1}^{n} 10^{L_{pi}/10}\right] - 10\lg n \qquad (34.9\text{-}11)$$

2.7.2　声级运算示例

例 34. 9-1　有五台机器同时运转，所发出噪声的声压级分别为 92、92、90、88、87dB，求总的声压级。

解：将五台机器同时运转所发出的噪声代入式（34. 9-9）中进行运算，得总声压级 L_p(dB) 为

$$\begin{aligned} L_p &= 10\lg\left[\sum_{i=1}^{n} 10^{\frac{L_{pi}}{10}}\right] \\ &= 10\lg\left(10^{\frac{92}{10}} + 10^{\frac{92}{10}} + 10^{\frac{90}{10}} + 10^{\frac{88}{10}} + 10^{\frac{87}{10}}\right) \\ &= 97.3 \end{aligned}$$

例 34. 9-2　机器开动时测得声压级 82dB，停机后测得背景噪声为 78dB，求机器本身的噪声。

解：将总声压级和背景噪声级 78dB 代入式（34. 9-10）中，经运算的机器本身的噪声 L_{p2}(dB) 为

$$\begin{aligned} L_{p2} &= 10\lg\left[10^{L_p/10} - 10^{L_{p1}/10}\right] \\ &= 10\lg\left(10^{\frac{82}{10}} - 10^{\frac{78}{10}}\right) = 79.8 \end{aligned}$$

3　法规及标准

为了避免噪声的危害，各国对不同环境不同条件或不同声源做了一定限制的规定。噪声控制标准是在各种条件下为各种目的而规定的容许噪声级标准。这些标准主要是以保护听力为依据的，所以它表达了人们对噪声的容忍程度，暴露于强噪声下的容许时间，在背景噪声中语言通信的可靠性；在工作、学习、休养、睡眠等环境下，人对噪声的反应等。此外，还有各种机器设备和产品的噪声辐射容许标准，以及各种交通器具产生噪声的容许标准。科学不断发展，机械设备的质量及水平不断提高，人们对限制噪声的要求也逐渐提高，因而常有较高的新的标准或规定代替或补充原有的标准或规定。

3.1　保护听力的噪声标准

世界各国的听力保护标准起点大多以 8h 的工作允许暴露声级为 90dB（A），有的国家起点定为 95dB（A）。至于暴露时间不到 8h 的，一般采用等能量规律，可提高允许暴露声级。例如，由每天 8h 的暴露时间减为 4h，允许暴露声级便可提高为 93dB（A），即暴露时间减半，允许暴露声级可提高 3dB（A）；但允许暴露声级有最高限值，在任何情况下，连续噪声以 115dB（A）为极限，脉冲噪声以 140dB（A）为极限。换句话说，为了保护听力，在 90dB（A）的噪声环境中，可暴露 8h，环境噪声每增加 3dB（A），暴露时间就要减半。如果一个人间歇地暴露在稳定噪声中，则其听力有可能间歇地得到恢复，因而允许暴露声级可以略高。表 34. 9-3 列出了间歇性暴

露的噪声允许声级 dB（A）。

表 34.9-3　间歇性暴露的噪声允许声级

8h 中总暴露时间 \ 分段数	8h 工作中分段暴露的噪声声级/dB(A)							
	1	3	7	15	25	35	75	150 以上
8h	90							
6h	91	92	93	94	94	94	94	94
4h	93	94	95	96	97	98	99	100
2h	96	98	100	103	104	106	109	112
1h	99	102	105	109	111	114	115	
0.5h	102	106	110	114	115			
15min	105	110	115					
8min	108	115						

根据国情，我国对新建、扩建、改建企业与 1980 年 1 月 1 日前已有企业做了区别，其生产车间、作业场所的允许噪声声级参照值见表 34.9-4。

表 34.9-4a　新建、扩建、改建企业的生产车间、作业场所允许噪声声级参照值

每个工作日接触噪声的时间/h	8	4	2	1	最高不得超过 115dB(A)
允许噪声声级/dB(A)	85	88	91	94	

表 34.9-4b　已有企业暂时达不到标准时的噪声允许声级参照值

每个工作日接触噪声的时间/h	8	4	2	1	最高不得超过 115dB(A)
允许噪声声级/dB(A)	90	93	96	99	

3.2　语言干扰标准

语言干扰级实际上是清晰度计算的简化，它是 500、1000、2000 和 4000 四个倍频程声压级的算术平均值，因为人们的语言主要在这四个倍频程的频率范围。如果环境的声压级低于 55dB（A），则对语言没有干扰。但是如果环境噪声达 65dB（A）以上就会干扰谈话，必须提高嗓门才能交谈，这就是语言干扰级。如果环境噪声达 90dB（A），则大声叫喊也听不清楚了。噪声大则只有在较近距离内可以交谈。表 34.9-5 列出了噪声对语言的影响。表 34.9-6 列出了噪声对电话通话质量的影响。

表 34.9-5　环境噪声对语言的影响

环境噪声/dB(A)	以正常嗓音交谈的最大距离/m	提高嗓音交谈的距离/m
48	7	14
53	4	8
58	2.2	4.5
63	1.3	2.5
68	0.7	1.4
73	0.4	0.8
77	0.22	0.45
82	0.13	0.25
87	0.07	0.14
92		0.08

表 34.9-6　噪声对电话通话质量的影响

环境噪声/dB(A)	55	65	80	80 以上
电话通话质量	满意	稍有困难	困难	不满意

3.3　机械噪声标准

为了提高机械产品的质量，避免机械噪声造成环境污染，我国颁布了关于各类机械产品的噪声限值、噪声测量方法、平均声压级或声功率级的计算方法等的国家标准。表 34.9-7 列出了部分有关机械噪声的国家标准，供参考。

表 34.9-7　部分有关机械噪声的国家标准

序号	标准号	标 准 名 称	对应测量方法标准号
1	GB 3096—2008	声环境质量标准	GB 3096—2008
2	GB 12348—2008	工业企业厂界环境噪声排放标准	
3	GB 12523—2011	建筑施工场界噪声排放标准	
4	GB 9660—1988	机场周围飞机噪声环境标准	GB/T 9661—1988
5	GB 12525—1990	铁路边界噪声限值及其测量方法	GB 12525—1990
6	GB/T 3450—2006	铁道机车和动车组司机室噪声限值及测量方法	
7	GB/T 12816—2006	铁道客车内部噪声限值及测量方法	
8	GB 13669—1992	铁道机车辐射噪声限值	GB/T 5111—2011
9	GB 14892—2006	城市轨道交通列车噪声限值和测量方法	GB/T 14892—2006
10	GB 14227—2006	城市轨道交通车站站台声学要求和测量方法	GB 14227—2006
11	GB 1495—2002	汽车加速行驶车外噪声限值及测量方法	
12	GB 16170—1996	汽车定置噪声限值	GB/T 14365—1993
13	GB 16169—2005	摩托车和轻便摩托车加速行驶噪声限值及测量方法	GB 16169—2005

（续）

序号	标准号	标 准 名 称	对应测量方法标准号
14	GB 6376—2008	拖拉机 噪声限值	GB/T 3871.8—2006 GB/T 6229—2007
15	GB 5980—2009	内河船舶噪声级规定	GB/T 4595—2000
16	GB 11871—2009	船用柴油机辐射的空气噪声限值	GB/T 9911—2009
17	GB 14097—1999	中小功率柴油机噪声限值	GB/T 1859.1(.2)—2015
18	GB 15739—1995	小型汽油机噪声限值	
19	GB 16710—2010	土方机械 噪声限值	
20	GB 10069.3—2008	旋转电机噪声测定办法及限值 第3部分:噪声限值	GB 10069.1—2006
21	GB/T 14294—2008	组合式空调机组	GB/T 9068—1988
22	GB/T 8059.2—2016	家用制冷器具 冷藏冷冻箱	GB/T 8059.2—1995
23	GB/T 4288—2008	家用和类似用途电动洗衣机	
24	GB/T 7725—2004	房间空气调节器	GB/T 7725—2004
25	GB/T 50087—2013	工业企业噪声控制设计规范	
26	GB/T 3238—1982	声学量的级及其基准值	
27	GB/T 3239—1982	空气中声和噪声强弱的主观和客观表示法	
28	GB/T 3240—1982	声学测量中的常用频率	
29	GB/T 3222.1—2006	声学 环境噪声的描述、测量与评价 第1部分:基本参量与评价方法	
30	GB/T 3223—1994	声学 水声换能器自由场校准方法	
31	GB/T 4760—1995	声学消声器测量方法	
32	GB/T 4214.1—2000	声学 家用电器及类似用途器具噪声 测试方法 第1部分:通用要求	
33	GB/T 4215—1984	金属切削机床噪声声功率级的测定	
34	GB/T 3770—1983	木工机床噪声声功率级的测定	
35	GB/T 3767—2016	声学 声压法测定噪声源 声功率级和声能量级 反射面上方近似自由场的工程法	
36	GB/T 3768—1996	声学 声压法测定噪声源 声功率级 反射面上方采用包络测量表面的简易法	
37	GB/T 14259—1993	声学 关于空气噪声的测量及其对人影响的评价的标准的指南	
38	GB/T 14367—2006	声学 噪声源声功率级的测定 基础标准使用指南	
39	GB/T 6881.1—2002	声学 声压法测定噪声源声功率级混响室精密法	
40	GB/T 6882—2016	声学 声压法测定噪声源声功率级和声能量级 消声室和半消声室精密法	
41	GB 22337—2008	社会生活环境噪声排放标准	
42	GB/T 10071—1988	城市区域环境振动测量方法	
43	GB 4569—2005	摩托车和轻便摩托车 定置噪声排放限值及测量方法	
44	GB 19757—2005	三轮汽车和低速货车加速行驶车外噪声限值及测量方法(中国Ⅰ、Ⅱ阶段)	
45	GB 19997—2005	谷物联合收割机噪声限值	
46	GB/T 25612—2010	土方机械 声功率级的测定 定置试验条件	
47	GB/T 25613—2010	土方机械 司机位置发射声压级的测定 定置试验条件	
48	GB/T 25614—2010	土方机械 声功率级的测定 动态试验条件	
49	GB/T 25615—2010	土方机械 司机位置发射声压级的测定 动态试验条件	
50	GB/T 20062—2006	流动式起重机作业噪声限值及测量方法	
51	GB/T 13802—1992	工程机械辐射噪声测量的通用方法	
52	GB 19606—2004	家用和类似用途电器噪声限值	
53	GB/T 10069.1—2006	旋转电机噪声测定方法及限值 第1部分:旋转电机噪声测定方法	

（续）

序号	标准号	标 准 名 称	对应测量方法标准号
54	HJ 707—2014	环境噪声监测技术规范 结构传播固定设备室内噪声	
55	HJ/T 90—2004	声屏障声学设计和测量规范	
56	QC/T 203—1995	矿用自卸汽车驾驶室噪声 测量方法及限值	
57	GB 24388—2009	折弯机械 噪声限值	
58	GB 26483—2011	机械压力机 噪声限值	
59	GB/T 24389—2009	剪切机械 噪声限值	
60	JB 9973—1999	空气锤 噪声限值	
61	JB 9971—1999	弯管机、三辊卷板机 噪声限值	
62	JB/T 9048—2017	冷轧管机 噪声测量与限值	
63	JB/T 8690—2014	通风机噪声限值	
64	JB/T 10046—2017	机床电器噪声的限值及测定方法	

第 10 章　机械噪声的测量及噪声源识别

1　测量项目与测量仪器

1.1　测量项目

噪声测量不仅是噪声控制工程的主要技术步骤，也是环境保护、劳动保护工作中监测噪声是否符合有关规定的手段。各种机械设备和汽车、火车、轮船等交通运输工具的噪声大小，不仅是衡量它们质量的重要指标，而且也关系到环境和职工健康。噪声测量已涉及国家经济和社会发展的许多领域。测量的目的不同，测量的项目也不同。对于有噪声测试标准的机器，其噪声测量应按有关标准进行。一般机器噪声的测量项目有声压级、A 声级和噪声频谱。声功率级可通过在规定条件下测得的声压级换算而得到。当使用声强计或声强测量系统时，还可直接测量得到机器噪声的声强值或声强级，从测得的声强值及划定的测量面积，也可计算出机器的声功率。

1.2　噪声测量系统

常用的噪声测量仪器有声级计、频谱分析仪、电平记录仪和磁带记录仪等，其中，声级计是使用最广泛、最基本的噪声测量仪器。

噪声测量系统以声级计为基础组成，如图 34. 10-1所示。图中虚线框内为声级计。组成噪声测量系统的其他仪器视测量项目和要求不同而异，但声级计是必不可少的。图中，声级计实现声-电信号转换，并通过其内部模块配置，对噪声进行频谱分析或做频带声压级测量，并可对噪声进行声压级（线性）、计权声压级（A、B、C、D 计权）的测量。微机或信号处理机在噪声测量系统中获得了广泛的应用，使噪声测量仪器实现了智能化、数字化及实时分析。

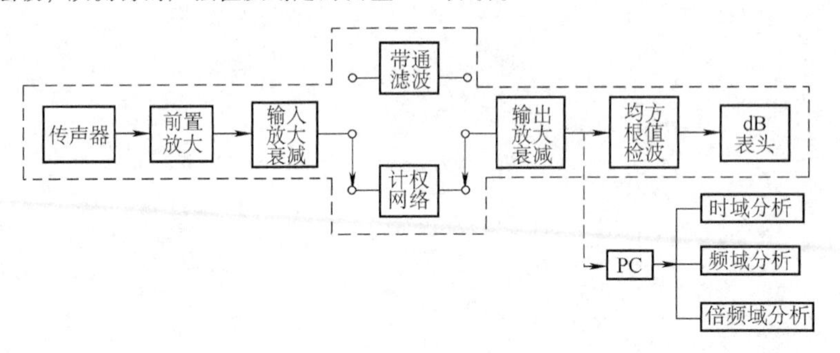

图 34. 10-1　噪声测量系统

1.3　声级计

测量声压时使用最广泛、最普遍的是声级计。声级计不仅能测量声级，还能与多种辅助仪器配合进行频谱分析、记录噪声的特性和测量振动等。

按国际电工委员会（IEC）651 关于声级计的标准，根据测量精度和稳定性，将声级计分为 0、Ⅰ、Ⅱ、Ⅲ四种类型，其主要技术指标见表 34. 10-1 和表 34. 10-2。

0、Ⅰ型声级计为精密声级计，Ⅱ、Ⅲ型声级计为普通声级计。按声级计的性能及应用，通常又将声级计分为下列几种：

1）普通声级计。可用作工矿企业、城市交通和环境噪声等一般精度要求较低的声级测量，对传声器要求不高，多为压电式、动圈式和驻极体式等。

表 34. 10-1　声级计测量精度、稳定度和量程精度容差　（dB）

声级计类型		0	Ⅰ	Ⅱ	Ⅲ
测量精度		±0. 4	±0. 7	±1. 0	±1. 5
工作 1h 内读数的最大变化（不包括仪器预热）		0. 2	0. 3	0. 5	0. 5
不同频率范围声级量程精度容差	31. 5～8000Hz	±0. 3	±0. 5	±0. 7	±1. 0
	20～12500Hz	±0. 5	±1. 0	—	—

2）精密声级计。除可完成普通声级计所能做的声学测量外，还可做要求严格、精度较高的声学测量，如在消声室或混响室里测量声源声功率、指向性或研究机器噪声辐射特性、评价产品噪声等。精密声级计如带有倍频程滤波器则可对噪声做倍频程频谱

分析。

表 34.10-2　声级计在偏离基准方向±30°和±90°范围内灵敏度的最大变化　(dB)

频率/Hz		31.5~1000	1000~2000	2000~4000	4000~8000	8000~12500
0 型	±30°	0.5	0.5	1	2	2.5
	±90°	1	1.5	2	5	7
Ⅰ型	±30°	1	1	1.5	2.5	4
	±90°	1.5	2	4	8	16
Ⅱ型	±30°	2	2	4	9	—
	±90°	3	5	8	14	—
Ⅲ型	±30°	4	4	8	12	—
	±90°	8	10	16	30	—

注：基准方向指传声器纵向轴线方向。

3）脉冲精密声级计。脉冲精密声级计属精密声级计的一种，除具备精密声级计的功能外，还能对不连续的、持续时间很短的脉冲声或冲击声进行测量，所测得的脉冲声压级可以是有效值或峰值。对枪炮声、冲压机械的冲压声或锤击声等脉冲噪声的测量均应使用脉冲精密声级计进行。

4）积分精密声级计。积分精密声级计除可作为精密声级计、脉冲精密声级计使用外，还可测量在一定时间内的等效连续声级，时间间隔可从几秒至 20h 任意调节，对于非稳定连续噪声需要测量等效连续声级特别适用。

5）频谱声级计。把声级计与实时分析仪（通常为 1/3 倍频程或 1 倍频程）结合在一起，就构成了频谱声级计，它除具有声级计功能外，在测量噪声声级的同时还能得到噪声频谱。

1.4　声强计及声强测量系统

长期以来对噪声的测量都是测量声压级或计权声级，至于声功率级则是通过声压级的测量间接得到，因而测量结果受到测量环境的影响。为了克服这一缺点，丹麦、瑞士等国首先提出并研究声强测量，随之出现了声强探头及声强测量系统，为噪声测量开辟了新的途径。声强具有声功率和单位面积的概念，由第 9 章式（34.9-1）可知，声强 I = 功率/面积 =（力×距离）/（时间×面积）= 压力×速度，因而声强是一矢量，如果考虑某 r 方向上的声强，则有

$$I_r = \overline{p(t)u_r(t)} \tag{34.10-1}$$

式中　$p(t)$——r 方向上某点处的瞬时声压（Pa）；

$u_r(t)$——r 方向上同一点处媒质质点的瞬时速度（m/s）；

上方横线——对时间取平均，即 $\frac{1}{T}\int_0^t(\cdots)\mathrm{d}t$。

由于媒质质点的速度 u_r 与声压梯度 $\partial p/\partial r$ 的时间积分有关，即 $u_r = -\int\frac{1}{\rho}\times\frac{\partial p}{\partial r}\mathrm{d}t$，因而引入声强探头 —— 两只性能相同的按面对面、背靠背或并排布置的传声器，可测得 A、B 两点的声压 p_A、p_B，从而得到声压梯度 $\frac{\partial p}{\partial r}\approx\frac{p_B - p_A}{\Delta r}$；再取 A、B 两点间的平均声压 $\frac{1}{2}(p_A + p_B)$ 作为式(34.10-1) 中 $p(t)$ 的近似，即可推导出

$$I_r = \frac{1}{2\rho\Delta r}(p_A + p_B)\int_0^T(p_A - p_B)\mathrm{d}t \tag{34.10-2}$$

式中　ρ——媒质密度（$\mathrm{kg/m^3}$）；

Δr——测量方向上两传声器的距离（m）；

p_A、p_B——A、B 两点处的瞬时声压（Pa）。

基于式（34.10-2）的声强计，其原理图如图 34.10-2 所示，而声强探头的排列型式如图 34.10-3 所示，声强探头不同型式的比较见表 34.10-3。

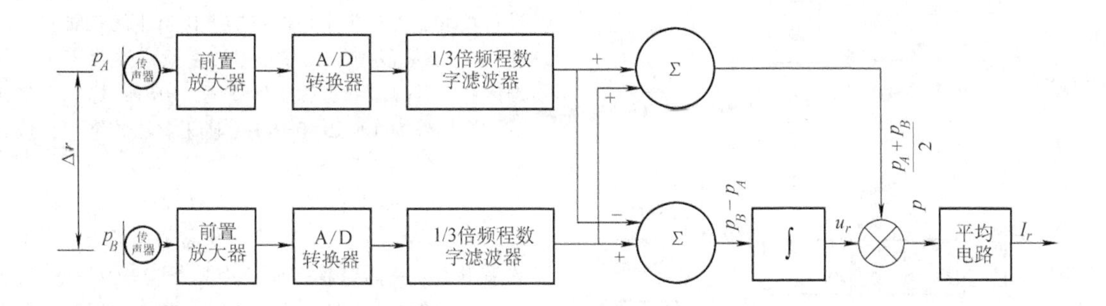

图 34.10-2　声强级原理图

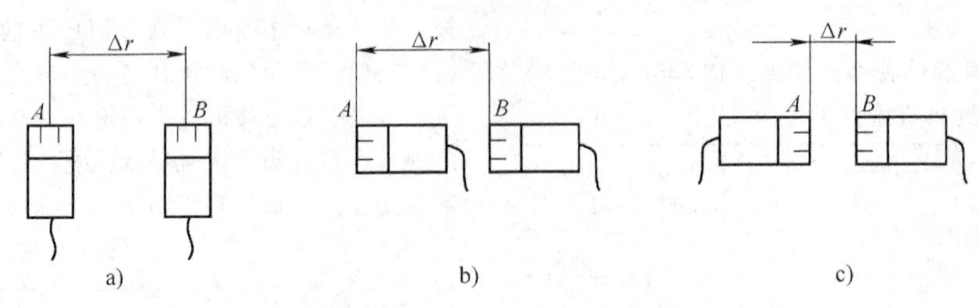

图 34.10-3　声强探头的排列型式

a）并列式　b）顺置式　c）面对式

表 34.10-3　声强探头不同型式的比较

声强探头传声器排列型式	主要优缺点
并列式	探头易于安装标准型式的前置放大器，传声器之间的距离 Δr 调整方便，探头输入通道位置易交换，故便于消除测量通道的相位误差；对测量轴线不易做到完全几何对称，在高于某频率时，对相位响应和频率响应有不利干扰，传声器现场标定困难
顺置式	能造成较大的声压梯度，可用一个校正器同时校正两个传声器，用一个风罩可同时罩住两个传声器，但无并列式的主要优点
面对式	在一定的 Δr 下，可以在较宽的频率范围内得到较为平直的响应，传声器 0°与 180°入射响应是一致的；需用专门的校正器才能同时校正两个传声器，防风罩需专门设计

利用声强探头和声强计，加上其他仪器可组成不同类型的声强测量系统，如图 34.10-4 所示。声强测量系统可测量声场中的声强或声强级，进而计算声源的声功率和声功率级，其结果不受测量环境及其他声源的影响；由于声强是矢量，还可利用声强显示的零点位置，在强本底噪声的环境中，依据“零点探测法”来判定噪声源的位置。用零点探测法定位声源

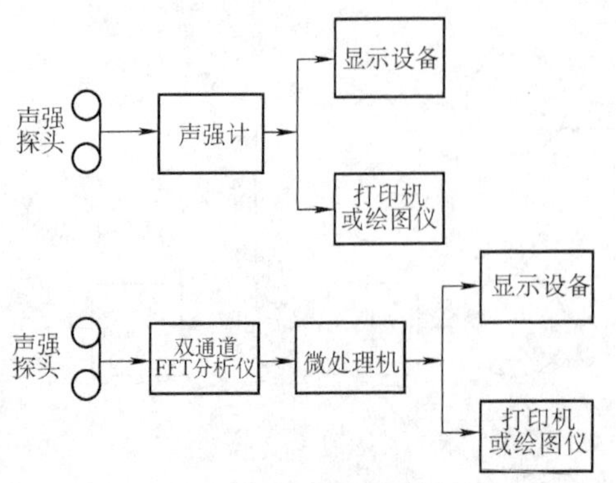

图 34.10-4　声强测量系统

的原理如图 34.10-5 所示。

图 34.10-5 中所示的声源是隐蔽的，其位置尚不确定，可用零点探测法来探明位置。测试人员手执声强探头，沿图中探头移动方向缓慢左行，并随时观察所测得的声强值显示。当声强探头与声源的连线垂直于两个电容传声器的轴线时，由于式（34.10-2）中的 p_B-p_A 等于零，所测得的声强值必然为零。据此，当观察到声强值显示为 0 时，隐蔽声源必位于两电容传声器轴线的垂线上，这就是零点探测法。

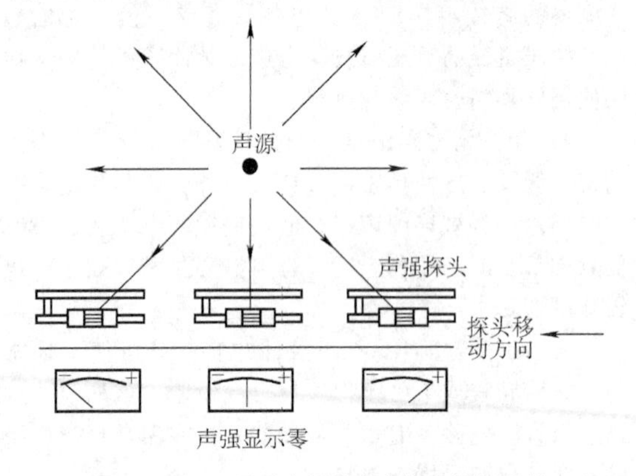

图 34.10-5　用零点探测法定位声源的原理

2　测量方法

2.1　声级计及传声器的校准

噪声测量，第一步就是对声级计及传声器灵敏度进行校准。工程中常用的校准方法有下述三种：

1）活塞发声器校准法。活塞发声器相当于一标准声源，其典型参数为：频率为 250Hz；标准大气压下，声压级为 124dB±0.2dB。使用此法校准时，应根据不同大气压进行修正。

2）声级校准器校准法。声级校准器是一种便携式声学校准仪器，适用于声学仪器的现场校准。由于它采用了独特的结构，使校准器具有较大的等效容积，产生的声压与传声器等效容积无关，因此，不需要把传声器紧密配合到耦合腔中，也就不需要对不同传声器等效容积进行修正。声级校准器也相当于一标

准声源，其典型参数为：频率为 1000Hz，声压级为 94dB±0.3dB。

3）置换法。置换法是利用一已知灵敏度的标准传声器，通过置换方式进行比较，来校准待校准的传声器及声级计的灵敏度。

以上三种方法都属于相对校准法，如果需要进行绝对校准，则应按声级计检定规程进行。

2.2　A 声级测量

A 声级系是利用声计级的 A 档（A 计权网络）测得的声压级，是噪声的主观评价量之一。A 计权由于与人耳的主观特性最接近，故目前应用最广。A 声级测量使用的声级计适用于测量稳态连续噪声，测点的选择依据测量目的而定；若为评价机器设备的噪声，则应按有关机器设备的噪声测试标准进行。当无标准可依据时，一般采取近场测量法。若机器外廓尺寸大于 1m，则测点布置在距机器外廓周边 1m 处；若机器外廓尺寸小于 1m，则测点布置在距机器外廓周边 0.5m 处；周边上测点不少于 4 点，若相邻测点的声压级差大于 5dB，则应在二者间增加测点；若为了解噪声对人体的危害，则测点应选择在操作者经常活动或停留的地方，传声器距地面高度为 1.5m。

对于非稳态连续噪声，为了解噪声对人体的危害，则应采用“等效连续 A 声级”测量方法，其实际应用的数学表达式为

$$L_{eq}=10\lg\frac{1}{T}\left(t_1\times10^{0.1L_{1A}}+t_2\times10^{0.1L_{2A}}+\cdots\right) \tag{34.10-3}$$

式中　L_{eq}——T 时间内的等效连续 A 声级［dB（A）］；

t_1、t_2、…——L_{1A}、L_{2A}、…对应的时间；

L_{1A}、L_{2A}、…——t_1、t_2、…时间内的 A 声级值。

2.3　声功率测量

对工业产品的声功率测量，国际标准化组织（ISO）根据不同的测试环境、不同的测试方法与要求，提出了一组标准化系列，即 ISO 3741、ISO 3742、ISO 3743、ISO 3744、ISO 3745、ISO 3746，其中 ISO 3741～3743 用于在混响场中的声功率测量，ISO 3744～3746 用于在自由场中的声功率测量。各标准适用于除运行车辆及其他非固定设备以外的所有工业产品。有关各标准的应用范围、选择及测定的不确定度见表 34.10-4～表 34.10-6。

表 34.10-4　各类标准确定声功率方法的应用范围

		ISO 3741	ISO 3742	ISO 3743	ISO 3744	ISO 3745	ISO 3746
声源尺寸	大声源不可移动				▲		▲
	小声源可移动	▲	▲	▲	▲	▲	▲
噪声特性	稳定带宽	▲		▲	▲	▲	▲
	稳定窄带离散频率		▲	▲	▲	▲	▲
	不稳定			△	▲	▲	
分类方法	精密法	▲	▲			▲	
	工程法			▲	▲		
	简测法						▲
数据应用	噪声控制工作	▲	▲	▲	▲	▲	
	定型测试	▲	▲	▲	▲	▲	
	对比：不同型号	▲	▲	▲	▲	▲	
	同型号	▲	▲	▲	▲	▲	▲
所得资料	倍频带声压级				▲	▲	
	1/3 倍频带声压级	▲	▲	▲	▲	▲	
	A 计权声级	▲	▲		▲	▲	▲
	其他计权声级	△	△	△	△	△	△
	指向性资料				△	△	
	临时噪声图				△	△	△
测试环境	实验室混响室	▲	▲				
	专用混响测试室			▲			
	大房间或户外				▲		
	实验室消声室					▲	
	现场、户外或室内				▲		▲

注：▲　表示按照各国标准。
　　△　表示任意采用。

表 34.10-5 影响方法选择的因素

国际标准号	方法分类	测试环境	声源体积	噪声特性	取得的声功率级	任意可选用资料
ISO 3741 ISO 3742	精密法	满足规定要求的混响室	最好小于测试室的1%	稳定、宽带 稳定、离散频率或窄带	用1/3倍频程或倍频程	A计权声功率级
ISO 3743	工程法	专用测试室		稳定、宽带、窄带或离散频率	A计权及倍频程	其他计权声功率级
ISO 3744	工程法	户外或大房间内	体积不限，只受测试环境限制	任意	A计权及1/3倍频程或倍频程	指向性资料，作为时间函数的声压级及其他计权声功率级
ISO 3745	精密法	消声室或半消声室	最好小于测试室的0.5%	任意		
ISO 3746	简测法	无专用测试环境	体积不限，只受测试环境限制	稳定、宽带、窄带或离散频率	A计权	作为时间函数的声压级及其他计权声功率级

表 34.10-6 声功率测定的不确定度用标准偏差的最大值表示 (dB)

国际标准号	倍频程带/Hz	125	250	500	1000~4000	8000	A声级
	1/3倍频程带/Hz	100~160	200~315	400~630	800~5000	6300~10000	
ISO 3741 ISO 3742		3	2	1.5		3	—
ISO 3743		5	3	2		3	2
ISO 3744		3	2		1.5	2.5	2
ISO 3745	（消声室）	1	1		0.5	1	—
	（半消声室）	1.5	1.5		1	1.5	—
ISO 3746		—	—	—	—	—	5

工程上常用的声功率测定方法有以下三种：

1）有一个反射平面的自由场条件工程法，即ISO 3744规定的方法，被测声源（如机器）放置在硬反射平面（如水泥地面）上，室内满足自由场条件，即满足

$$A/S>6 \qquad (34.10\text{-}4)$$

式中 A——房间的声吸收；

S——测量表面面积。

测量表面可选为半球面、长方体面或相随于机器形状的结构表面，分布于测量表面相应的最少测点数分别为9、10、8。若条件许可，最好用半球面。

测量时，首先确定整个测量表面的A声级和各有关频带的平均声压级。测量表面的平均声压级 $\overline{L}_p$，由下式给出，即

$$\overline{L}_p = 10\lg\frac{1}{n}\left[\sum_{i=1}^{n}10^{0.1L_{p_i}}\right] - K \qquad (34.10\text{-}5)$$

式中 L_{p_i}——第 i 测点的A声级或频带声压级，基准声压为20μPa；

n——测点总数；

K——环境修正系数，由 A/S 的比值决定，见图34.10-6。

在测量过程中，要求本底噪声比被测噪声低6dB以上。当测量表面选择为半球面时，测点（传声器）的位置布置如图34.10-7所示，测点坐标位置见表34.10-7。半球面半径 r 为2~5倍被测声源尺寸，且通常不应小于1m。

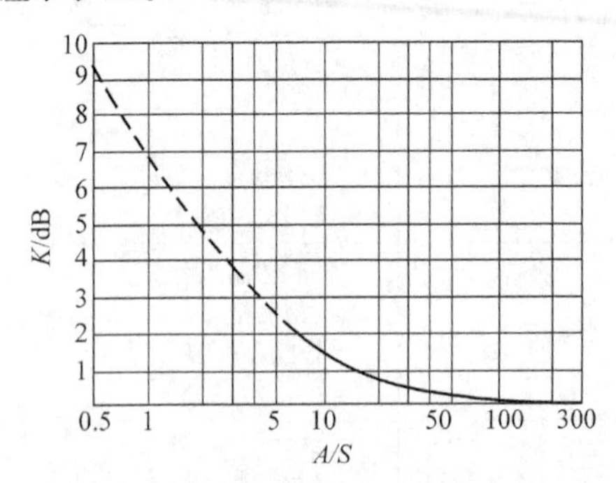

图34.10-6 环境修正系数 K 与 A/S 的关系

声源指向性可由指向性指数 DI 表征，即

$$DI = L_{pd} - \overline{L}_p + 3 \qquad (34.10\text{-}6)$$

式中 L_{pd}——距被测声源 r 处指定方向上的声压级；

$\overline{L}_p$——测量表面（r 半径的半球面）上的平均声压级。

2）简测法。即ISO 3746规定的方法，测试环境只需要大房间或室外平地（$A/S\geqslant1$），本底噪声比被

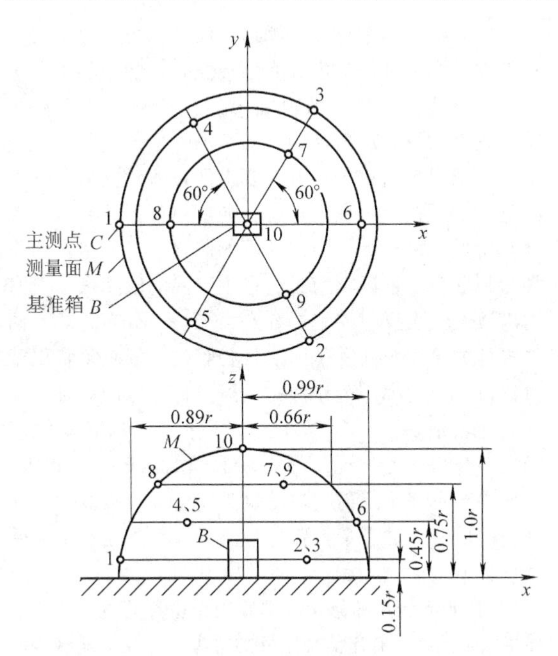

图 34.10-7　选择半球面测量噪声源声功率时测点（传声器）的位置布置

测噪声源噪声低 3dB 以上，不做分频带测量，只做 A 声级测量，A 声功率级 L_{WA} 由下式给出，即

$$L_{WA}=\overline{L}_A+10\lg\frac{S}{S_0} \tag{34.10-7}$$

其中

$$\overline{L}_A = 10\lg\frac{1}{n}\left[\sum_{i=1}^{n}10^{0.1(L_{Ai}-\Delta_{Bi})}\right]-K \tag{34.10-8}$$

式中　$\overline{L}_A$——测量表面平均 A 声级（dB）；

L_{Ai}——第 i 测点处的 A 声级（dB）；

Δ_{Bi}——第 i 测点处本底噪声修正值（见表 34.10-9）；

K——环境修正系数，由图 34.10-6 查取；

S——测量表面面积（m^2）；

S_0——基准面积，取 $S_0=1m^2$；

n——测点数。

表 34.10-7　半球面测量表面上测点坐标位置

编号	x/r	y/r	z/r
1	−0.99	0	0.15
2	0.50	−0.86	0.15
3	0.50	0.86	0.15
4	−0.45	0.77	0.45
5	−0.45	−0.77	0.45
6	0.89	0	0.45
7	0.33	0.57	0.75
8	−0.66	0	0.75
9	0.33	−0.57	0.75
10	0	0	1.0

测量表面常选为矩形体表面，测点分布如图 34.10-8 所示，测点坐标位置见表 34.10-8。

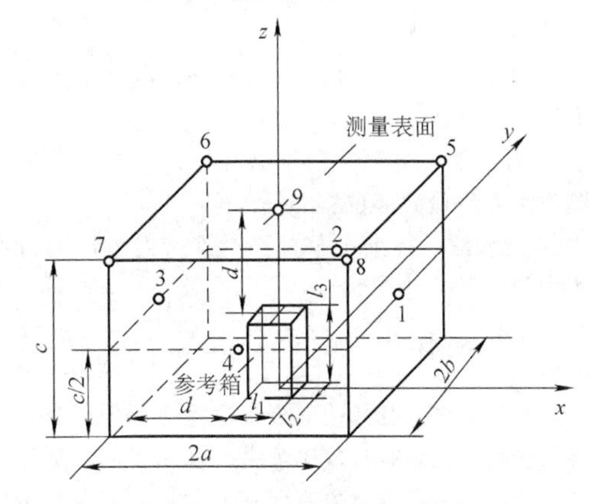

图 34.10-8　声功率简测法测点在矩形体测量表面上的分布

表 34.10-8　矩形体测量表面上测点坐标位置

编号	x	y	z
1	a	0	c/2
2	0	b	c/2
3	−a	0	c/2
4	0	−b	c/2
5	a	b	c
6	−a	b	c
7	−a	−b	c
8	a	−b	c
9	0	0	c

在图 34.10-8 中，参考箱是恰好罩住待测声源（如机器、设备等）的假想矩形体，其长、宽、高分别为 $2a$、$2b$、c，并有 $2a=l_1+2d$、$2b=l_2+2d$、$c=l_3+d$，距离 d 通常取为 1m，l_1、l_2、l_3 分别为参考箱的长、宽、高，测点至少为 6 点。如相邻测点之声压级变化较大时，应增加测点数；当测量表面为半球面时，则半球面的半径 r 至少应为参考箱边长的一倍，测点至少为 5 点。

3）标准声源法。标准声源通常为在一定频带内（200~6000Hz 或 100~10000Hz）辐射足够均匀的声功率，各频带内的功率输出保持恒定，且在整个频带范围内指向性小于 6dB 的声源。其声功率事先测好为已知，常见型式有空气动力式、电声式和机械式三种。

待测声源的声功率 L_{WX} 由下式给出，即

$$L_{WX}=L_{WSt}+\overline{L}_{pX}-\overline{L}_{pSt} \tag{34.10-9}$$

式中　L_{WSt}——标准声源的声功率级；

$\overline{L}_{pX}$——半径为 r 的半球面测量表面上待测声源的平均声压级；

$\overline{L}_{pSt}$——半径为 r 的半球面测量表面上标准声源的平均声压级。

使用标准声源法：

① 置换法。需将被测声源移开，以标准声源取代而进行测量。

② 并摆法。被测声源不必移开，标准声源置于待测声源发声最大部位。

③ 比较法。标准声源置于周围反射情况与待测声源类似的另一地点处。

2.4 声强测量

由于声强测量及其频谱分析对噪声源的研究有着独特的优越性，能够有效地解决许多现场声学测量问题，因此成为噪声研究的一种有力工具。声强测量使用声强探头和声强计。声强测量的目的有二：一是通过声强显示的零点位置，利用零点探测法定位噪声源；二是通过声强测量求得声源的声功率或声功率级。

通过声强测量求声功率，不需要特殊的声学测量环境，甚至在较大的本底噪声情况下，也能测定声源的声功率，这是因为在测量区域外噪声的影响可以抵消，如图 34. 10-9 所示。

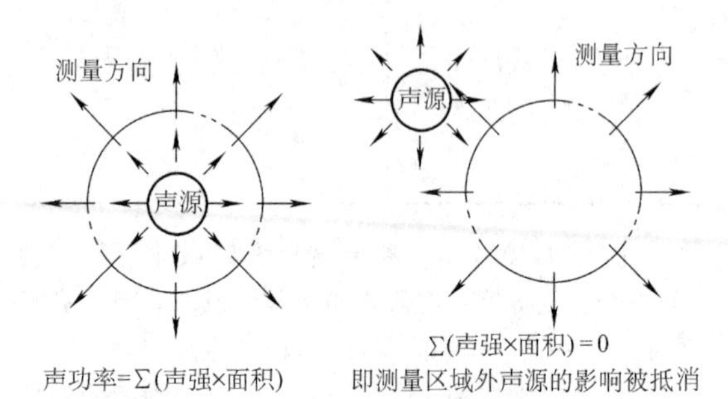

图 34. 10-9　通过声强测量求噪声源的声功率

由声强计算声功率的公式为

$$L_W = \overline{L}_I + 10\lg\frac{S}{S_0} \qquad (34.10\text{-}10)$$

式中　L_W——被测声源声功率级；

$\overline{L}_I$——测量表面上的平均声强级；

S——测量表面面积；

S_0——基准面积，$S_0 = 1\text{m}^2$。

3　测量环境对测量结果的影响

用测量声压级或声级来获得噪声测量结果时，测量环境的声学特性，如本底噪声、反射声、房间特性、气流或风、温度、湿度等，对测量结果影响甚大，因此，必须根据测量环境对测量结果进行修正。而利用声强测量法，则可不受测量环境的影响。

对机械设备进行噪声测试，测试环境可分室内和室外两大类。室内环境又有消声室、混响室和半混响室（活跃室）三种。消声室内的声场只有来自声源的直达声，没有反射声的自由声场，室外空旷的场所也近似视为自由声场。对于要求严格避免反射干扰的测量，必须在消声室内进行，如电声仪器的测试、校准及机器的声压级、指向性等的测量。混响室内的声场为扩散声场，混响室吸声很小，混响时间很长，室内声波经多次反射使室内各点声能均匀分布，故不同位置处的声压级几乎是恒定且相等的。混响室常用于机器设备声功率、频谱和构件隔声特性等的测量。半混响室（活跃室）的声场为半扩散场，这是车间现场大多数房间的情况，即实际房间的四壁、天花板、地面等既不完全反射声波，也不完全吸收声波，在这种房间内所做的测量就要进行修正。室外测量主要受气候影响。

1）本底噪声的修正。本底噪声也称背景噪声，主要指电声系统中有用信号以外的总噪声。在工业噪声测量中，也指作为待测对象以外的噪声。测量机械噪声时，若本底噪声大于待测机器噪声 10dB，则测量结果不必修正；在 3~10dB，则在测量结果中应扣除本底噪声的影响，扣除的修正值见表34. 10-9；若本底噪声仅比待测机器噪声小不到 3dB，则测量结果无效，即在这种环境下，将无法测得机器噪声的声级或声压级。

表 34. 10-9　本底噪声的修正值

本底噪声值/dB	3	4	5	6	7	8	9
测量结果中扣除的修正值 Δ_B/dB	3	2		1			

2）测试房间特性的修正。在一般车间现场测量或一般室内测量时，根据房间内壁的吸声情况及房间容积 V 与测量表面（布置测点的假想表面）面积 S 的比值（即 V/S），应从测量结果中扣除房间特性的影响，其修正值 K 见表 34. 10-10。房间特性修正值 K 也可按图 34. 10-6 确定。

3）由反射面形成的声场噪声辐射指向性的影响。在近似自由场的大房间内，机器处于室内不同的位置时，由反射面形成的噪声场的指向性将影响测量结果，其数学关系近似表达式为

$$L_W \approx \overline{L}_p + 10\lg\frac{Q}{2\pi r^2} \qquad (34.10\text{-}11)$$

式中　$\overline{L}_p$——测量表面平均声压级；

Q——指向性因数；

r——辐射球面半径，即测点至声源距离。

不同反射面形成的噪声场指向性如图 34. 10-10 所示，反射面对声压级的影响见表 34. 10-11。

表 34.10-10　机器噪声测试房间特性修正值 K 与 V/S 的关系

<table>
<tr><th rowspan="2">测试房间特性</th><th colspan="18">测试房间容积与测量表面面积之比 V/S</th></tr>
<tr><th>25</th><th>32</th><th>40</th><th>50</th><th>63</th><th>80</th><th>100</th><th>125</th><th>160</th><th>200</th><th>250</th><th>320</th><th>400</th><th>500</th><th>630</th><th>800</th><th>1000</th><th>1250</th></tr>
<tr><td>容积大，并带有强反射性壁面，如砖砌墙、平滑的混凝土等</td><td colspan="6"></td><td colspan="2">$K=3$</td><td colspan="3">$K=2$</td><td colspan="4">$K=1$</td><td colspan="3">$K=0$</td></tr>
<tr><td>一般性房间，既无强反射性壁面，也未经吸声处理</td><td colspan="4"></td><td colspan="2">$K=3$</td><td colspan="3">$K=2$</td><td colspan="4">$K=1$</td><td colspan="5">$K=0$</td></tr>
<tr><td>四周全部或部分经简易的吸声处理</td><td colspan="2"></td><td colspan="2">$K=3$</td><td colspan="3">$K=2$</td><td colspan="4">$K=1$</td><td colspan="7">$K=0$</td></tr>
</table>

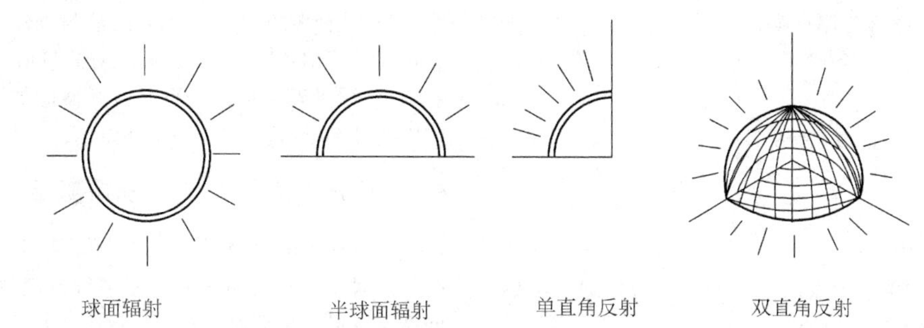

图 34.10-10　不同反射面形成的噪声场指向性

表 34.10-11　反射面对声压级的影响

反射平面数	指向性因数 Q	指向性指数 DI	声级变化 /dB
0(敞开的空间)	1	0	0
1(地板上方)	2	3	+3
2(地板上方近墙处)	4	6	+6
3(地板上方近墙角处)	8	9	+9

4　机械噪声源的识别

在同时有许多噪声源或包含许多振动发声部件的复杂声源情况下，为了确定各个声源或振动部件的声辐射特性，区分噪声源，并根据它们对于声场的作用等而进行的测量与分析称为噪声源识别。识别的目的在于控制。由于声源的复杂程度不同，声源识别的难易程度相差很大。识别噪声源，必须掌握噪声源各发声部位的噪声特性，如声的强度、频率特性、时间特性、指向性特性和传播特性等，特别要分析发声系统的激励和响应情况；此外，还必须熟悉噪声源的结构、工作原理和技术性能等。通过测量、分析而识别噪声源与对噪声信号的分析处理密切相关。

对机械噪声源常用的识别方法有以下几种：

1）分部开动法。在可能的情况下，在机器运转状态下，分别关掉或脱开各传动部件或环节，并测量每一步骤的噪声，以识别这一部件或环节对总噪声的影响，从而找出主要噪声源。

2）时域分析法。根据声源或声源各部分时间特性的差别来识别。例如，对噪声信号的自相关分析，可以发现和提取混杂在噪声中的周期信号；对噪声信号做互相关分析，可以确定噪声的传递通道；利用对噪声信号的多次平均技术也有助于检测出其中的周期信号。这些都有助于识别出主要噪声源。

3）频域分析法。采用窄带滤波的方法，从得到的噪声频谱中可了解到噪声所含有的频率成分及对噪声影响较大的主要频率成分；进一步通过振动测量，或对具体机械某些特征频率的计算，从而识别出主要噪声源。通过对噪声功率谱密度的分析，同样可以了解到噪声的频率结构及主要频率成分；通过相干分析，从相干函数的图形上可以帮助我们判断所测量的噪声总能量中各个声源的贡献大小，从而识别声源。

4）近场声强法。在机器部件表面附近的许多点处测量声强并求积分可求得该部件的声功率，而在测量表面之外的噪声源并不影响测量结果，因此在本底噪声很大的现场也能判断噪声源的位置。

5）表面振动速度测量法。通过测量声源做机械振动的表面的振动速度来识别声源，因振动表面辐射的声功率在振动表面各点做同相位振动的情况下，与表面振动速度的均方值成正比。

5 工业企业噪声测量

工业企业机器设备噪声测量是工业企业噪声控制的依据。电动机、风机、水泵、机床以及建筑施工等机械设备是工业生产和施工企业的主要噪声源。通过对机器设备噪声的现场测量，以近似估计或比较机器噪声的大小，同时为设备噪声控制提供重要参考。

5.1 机器设备噪声测量

（1）测量内容与测量项目

1）对于机器设备噪声，均需进行 A 声级、C 声级测量。

2）测量中心频率为 31.5Hz、63Hz、125Hz、250Hz、500Hz、1kHz、2kHz、4kHz、8kHz 的倍频带声压级。

（2）测量方法

1）测量位置。测点的位置和数量可根据机器的外形尺寸来确定。

① 外形尺寸长度小于 300mm 的小型机器，测点距其表面 300mm。

② 外形尺寸长度为 300~1000mm 的中型机器，测点距其表面 500mm。

③ 外形尺寸长度大于 1000mm 的大型机器，测点距其表面 1000mm。

④ 特大型机器或有危险性的设备，可根据具体情况选择较远位置为测点。

⑤ 各类机器噪声的测量，均需按规定距离在机器周围均匀选取测点，测点数目视机器的尺寸大小和发声部位的多少而定，可取 4 个、6 个或 8 个。

⑥ 测量各种类型的通风机、鼓风机、压缩机等空气动力机械的进、排风噪声和内燃机、燃气轮机的进、排风噪声时，进气噪声测点应在进风口轴向，与管口平面距离不能小于 1 倍管口直径，也可选在距管口平面 0.5m 或 1m 等位置；排气噪声测点应取在与排风口轴线 45°方向上，或在管口平面上距管口中心 0.5m、1m 或 2m 处。

对于进、排风口噪声测量，除要求测量 A 声级、C 声级和倍频程声压级以外，必要时还需测量 1/3 倍频程或窄带声压级。

2）测量高度。测点高度以机器的一半高度为准，或选择在机器水平轴的水平面上。

3）测量步骤。测量时，传声器应对准机器表面，并在相应的测点上测量背景噪声。

（3）测量记录与数据处理

测量记录内容包括：机器名称、型号、功率、转速、工况、安装条件以及生产厂家、出厂序号和时间等。机器与测点相对位置应画图表示，必要时还应将机器周围（或车间）的声学环境予以标示。

（4）测量条件

1）必须设法避免或减少环境背景噪声的影响，为此，应使测点尽可能地接近噪声源，除待测机器外，应关闭其他无关的机器设备。对于室外或高大车间的机器噪声，在没有其他声源影响的条件下，测点可以选在距机器稍远的位置。

2）要减少测量环境的反射面，增加吸声面积。

3）选择测点时，原则上使被测机器的直达声大于背景噪声 10dB（A），否则应对测量值进行修正。

4）测量若在室外进行，传声器应加防风罩。当风速超过 5m/s 时，应停止测量。

5.2 生产环境（车间）噪声测量

生产环境噪声测量是按照《工业企业噪声卫生标准》对生产车间和作业场所进行环境评价的依据，也是对超标声源采取措施或调整工人作业时间的重要参数，以防止工业企业噪声的危害，保护工人身体健康，实现劳动保护。车间噪声测量方法可参见《工业企业厂界噪声测量方法》。

（1）测量内容与测量项目

1）对于稳态噪声，用声级计“慢”档测量等效连续 A 声级，单位 dB（A）。

2）对于非稳态噪声，用声级计“慢”档测量 A 声级，单位 dB（A）；或测量不同 A 声级下的暴露时间，计算等效连续 A 声级，单位 dB（A）。

（2）测量方法

1）测点位置。测量时，将传声器放置在操作人员的耳朵位置（人离开）。

2）测点选择。若生产环境内的噪声声级波动小于 3dB（A），则只需选择 1~3 个测点即可；若车间内的噪声声级波动大于 3dB（A），则需按声级大小，将车间分成若干区域，每个区域内的噪声声级之差必须小于 3dB（A），而相邻区域的噪声声级应大于或等于 3dB（A），每个区域取 1~3 个测点，这些区域必须包括所有工人经常工作、活动的地点和范围。

稳态噪声和非稳态噪声的测点选取方法相同。

3）测量步骤。等效连续 A 声级的测量可用噪声计量仪或积分声级计来直接测量，也可以先测量不同

A 声级下的暴露时间，然后算出等效连续 A 声级。

（3）测量记录与数据处理

测量数据按声级的大小及持续时间进行整理，以计算等效连续声级。将声级以其算术平均中心声级表示，从小到大排列，每隔 5dB 为一段，则以中心声级表示的各段为：80dB、85dB、90dB、95dB、100dB、105dB、110dB、115dB、…，即 80dB 表示 78~82dB，85dB 表示 83~87dB，以此类推；然后将测量的数据按声级大小及暴露时间进行记录。一天各段声级的总暴露时间可按表 34. 10-12 进行统计，按下式进行计算：

$$L_{eq}=80+10\lg\frac{\sum_{n}10^{\frac{n-1}{2T_n}}}{480} \quad (34.10\text{-}12)$$

式中　L_{eq}——8h 等效连续 A 声级 [dB (A)]；

T_n——第 n 段声级 L_n 在一个工作日内的总暴露时间；

n——声级的分段序号。

表 34. 10-12　声级总暴露时间统计表

分段序号 n	1	2	3	4	5	6	7	8
中心声级 L_n/dB(A)	80	85	90	95	100	105	110	115
暴露时间 T_n/min								

（4）测量条件

测量时，要注意避免或减少气流、电磁场、温度和湿度等因素对测量结果的影响。

第 11 章　常见机械噪声源特性及其控制

1　一般控制原则与控制方法

1.1　噪声控制的一般原理

各厂矿企业都有多种机械噪声，如压力机的冲压声、车床的切削声、齿轮系统噪声以及金属的撞击声等。当机器的零部件受到诸如撞击力、摩擦力、交变机械力或电磁力等的作用时，这些部件就会形成一个振动系统，并向空间辐射噪声。

噪声控制必须从噪声源的控制、传播途径的控制和接受者的防护三个方面考虑，见表 34. 11-1。

1.2　机械噪声控制的一般原则

在机械噪声源中，机械性和气体动力性噪声的控制原则见表 34. 11-2。

表 34. 11-1　噪声声源的控制、传播途径的控制和接受者的防护

噪声源的控制	噪声传播途径的控制	噪声接收点采取防护措施
在噪声源处降低噪声是噪声控制的最有效方法。通过研制和选择低噪声设备,改进生产加工工艺,提高机械零、部件的加工精度和装配技术,合理选择材料等,都可达到从噪声源处控制噪声的目的 1)合理选择材料和改进机械设计来降低噪声 2)改进工艺和操作方法降低噪声。例如,用低噪声的焊接代替高噪声的铆接;用液压代替高噪声的锤打等 3)减小激振力来降低噪声。在机械设备工作过程中,尽量减小或避免运动零、部件的冲击和碰撞,尽量提高机械和运动部件的平衡精度,减小不平衡离心惯性力和往复惯性力,从而减小激振力,使机械运转平稳、噪声降低 4)提高运动零、部件间的接触性能,如尽量提高零、部件加工精度及表面精度,选择合适的配合,具有良好的润滑,减少摩擦和振动 5)降低机械设备系统噪声辐射部件对欲振件的响应,尽量避免共振发生,适当提高机械结构动刚度,提高机器零、部件的加工和装配精度	由于技术水平、经济等方面的原因,无法把噪声降到人们满意的程度,就应考虑在噪声传播途径上控制噪声。在总体设计上采用“闹静分开”的原则控制噪声,如将机关、学校、科研院所与闹市区分开;闹市区与居民区分开;工厂与居民区分开;高噪声车间与办公室、宿舍分开;高噪声的机器与低噪声的机器分开。这样利用噪声自然衰减特性,减少噪声污染面;还可因地制宜,利用地形、地物,如山丘、土坡或已有的建筑设施来降低噪声作用。另外,绿化不但能改善环境,而且具有降噪作用。种植不同种树木,使树疏密及高低合理配置,可达到良好的降噪效果。当利用上述方法仍达不到降噪要求时,就需要在噪声的传播途径上直接采取声学措施,包括吸声(可减噪 4~10dB)、隔声(可减噪 10~40dB)、消声(可减噪 15~40dB)、减振(可减噪 5~15dB)和隔振(可减噪 5~25dB)等常用噪声控制技术	在其他技术措施不能有效地控制噪声,或者只有少数人在噪声环境下工作时,控制噪声的最后一环是接受点的防护,即个人防护。个人防护仍是一种既经济又实用的有效方法,特别是从事铆焊、冲击、风动工具、爆炸、试炮作业以及机器设备较多和自动化程度较高的车间,就必须采取个人防护措施 1)对听觉和头部防护。对听觉的防护主要是耳塞、耳罩、防声头盔和防声棉。将耳塞插入外耳道,可隔声 15~27dB;用耳罩将整个耳廓封闭起来,其平均隔声 15~25dB;头戴防声帽,可隔声 30~50dB;把防声棉塞入耳道,可隔声 15~20dB 2)人的胸部防护。当噪声超过 140dB 时,不但对听觉、头部有严重的危害,而且对胸部、腹部各器官也有极严重的危害,因此在极强噪声环境下作业时,必须穿防护衣,对胸、腹部起保护作用

表 34. 11-2　机械性和气体动力性噪声的控制原则

控制原则	控 制 措 施	控制原则	控 制 措 施
减小激振力	①减小运动件的质量或速度;②提高机器和运动件的平衡精度;③控制运动件间隙以减少冲击;④改进机器性能参数;⑤用连续运动代替不连续运动	降低气体动力性噪声	①防止气流压力突变,消除湍流噪声、射流噪声和激波噪声;②降低气流流速,减小气体压降和分散压降;③改变气流频谱特性,向高频方向移动;④设计高效消声器;⑤减低气流管道噪声,如改变管道支持位置等
减小机械振动	①采用高阻尼材料或增加结构阻尼;②增加动刚度,如合理加肋等;③改变零件尺寸,以改变固有频率;④正确校正中心,改善润滑条件;⑤采用减振器、隔振器或缓冲器	降低机械性噪声	①减小齿轮、轴承、驱动电动机和液压系统等噪声;②改进部件结构和材料,如用新型凸轮等;③合理设计罩壳、盖板,防止激振,减少声辐射;④设计局部的隔声罩;⑤采用电子干涉消声装置,降低窄频噪声

1.3　某些机械设备的噪声控制方法

某些机械设备的噪声控制方法见表 34.11-3。

1.4　工业噪声的一般控制方法

工业噪声的一般控制方法见表 34.11-4。

表 34.11-3　某些机械设备的噪声控制方法

设备种类	推荐的噪声控制方法（打∨者为推荐方法）					设备种类	推荐的噪声控制方法（打∨者为推荐方法）				
	吸声	隔声	振动阻尼	隔振	消声器		吸声	隔声	振动阻尼	隔振	消声器
制螺钉机		∨		∨		锯床		∨	∨	∨	
压力机	∨	∨	∨	∨		刨床		∨		∨	
冷轧机		∨		∨		风扇		∨		∨	∨
滚筒		∨		∨		鼓风机		∨		∨	∨
研磨机	∨	∨		∨		压缩机		∨		∨	∨
钻床		∨		∨		空调设备		∨		∨	∨
车床				∨		发电机	∨	∨		∨	
拉床				∨		泵		∨		∨	
滚齿机				∨		阀门、管道系统		∨		∨	∨
焊机		∨	∨	∨		印刷机	∨	∨		∨	
打孔机	∨	∨		∨		精密仪器				∨	
铆钉机	∨	∨	∨	∨		设备外罩	∨	∨		∨	
剪切机		∨		∨		振动机械		∨		∨	

表 34.11-4　工业噪声的一般控制方法

<table>
<tr><th>控制职能</th><th>控制途径</th><th colspan="2">一般控制方法</th><th>举　例</th><th>备　注</th></tr>
<tr><td rowspan="11">工程方面</td><td rowspan="11">噪声源</td><td>维护</td><td>经过零件的调换、修理、调节或校正，维持原有的噪声</td><td>更换磨损的轴承或零件，调整松动了的配合，扣紧已松开的盖板或安全防护罩</td><td>通常是现有设备噪声级增大的主要原因</td></tr>
<tr><td rowspan="5">运转</td><td>降低驱动</td><td>运转速度不高于实际需要的数值，降低加速与减速时的驱动力</td><td>可能需要使用大型低速驱动电动机</td></tr>
<tr><td>减小摩擦力</td><td>运转部件的良好润滑。在切削和磨削时，应利用润滑油和冷却剂。使用锋利适度的刀具</td><td>目前已普遍采用</td></tr>
<tr><td>将工作的能量分散在较长的一段时间内</td><td>采用分段的冲模，采用水压机和采用油膜缓冲器</td><td>冲击噪声取决于冲击力的最大幅值和钣金工加工操作的特点</td></tr>
<tr><td>变更人-机站位的分界面</td><td>当噪声的指向性明显时，改变噪声源的位置或方向</td><td>只对近场有效，在混响声场中噪声的降低甚少</td></tr>
<tr><td>降低材料运输中的冲击噪声</td><td>在台架导轨、滑行道及输送设备中采用弹性衬垫</td><td>利用薄的金属涂层，可将弹性衬垫的损耗减少到最低程度</td></tr>
<tr><td rowspan="5">调整</td><td>减小振动表面的响应</td><td>增加刚性或质量，采用阻尼材料，改进支承</td><td>增加刚性或质量，将相应地提高或降低固有频率。阻尼胶带或直接将阻尼材料喷涂在金属表面上，将使噪声降低，这对金属薄板最为有效</td></tr>
<tr><td>改变或控制流体流动</td><td>安装进气或排气消声器。降低风扇叶片外缘的线速度；重新设计风扇叶形以减小湍流；降低蒸汽喷射速度；将排气噪声引导到不令人注意的区域</td><td>消声器能降低高频噪声 30～50dB，降低低频噪声 6～20dB。对于无阻挡的喷射流体，噪声功率正比于流速的 6～8 次方</td></tr>
<tr><td>使用弹性的或内耗大的材料</td><td>尼龙齿轮，以带式传动代替齿轮，采用低强度钢</td><td>在重载荷情况下不适用。磨损问题用留有余量的设计来部分地加以解决</td></tr>
<tr><td>减少辐射表面面积</td><td>将表面分隔成更小的面积；零件呈流线形；采用穿孔金属表面</td><td>能减少低频辐射噪声</td></tr>
<tr><td>转动力或电磁力的平衡</td><td>采用可转动的平衡块或往复的构件</td><td>刚性不足的电动机必须在三个平面上进行平衡</td></tr>
</table>

（续）

控制职能	控制途径	一般控制方法		举　例	备　注
工程方面	声传递途径	固体声的传递	利用效率差的传动件将刚性组件隔离	挠性支承，挠性联轴节、弹性罩壳	降低数分贝至 20～30dB。弹性或多孔材料是有成效的
		空气声的传递	在一般工作场所的声吸收	在墙上或平顶上应用或悬挂吸声纤维板	工业噪声控制中大部分的通用处置方法，噪声总声级降低的限值约为 10dB，对于近场噪声的降低收益甚少
			局部隔声罩	在管道内表面衬以吸声材料和在声源外面包覆单层或复合结构的隔声板	降低 10～15dB
			整机隔声罩	具有隔声检查孔的隔声罩。在罩内表面通常衬以吸声材料	在恰当的设计前提下，可降低声级 20～40dB，但应注意不影响散热、维修及操作
管理方面	个人	工作时间安排	工作人员的轮班	根据工业企业卫生标准，限制工作人员噪声暴露时间的长短	对生产和工作人员的安排会带来困难
			操作方面的变更	硬性限制暴露在强噪声中的操作时间	对流水线作业的工矿企业一般不易实现
	工厂和设备	工厂设计	基地定点和工厂的远景规划	最佳利用地形、建筑物的外形，运行调度和工厂设计与设备的选择	要求对周围环境的噪声级、地形和机器与生产过程中的噪声特性进行分析。考虑从长远角度、最经济的规划
			改变工厂的设计	具有噪声生产过程的集中或分散	能利用现有的设备与结构作为天然的屏障
		设备设计	对购买设备的技术要求	在购买设备的技术要求中要包括噪声指标。对新设备的噪声特性应有要求	对长期有效的控制噪声是恰当的，这比事后的控制花费的代价要少
			工作过程的改善	冲压代替锻压，焊接代替铆接，用挤压工艺较液压好	并非普遍可行
	声接收处	个人	可更换的耳朵保护用品	耳塞、护耳罩、防声帽	对公共噪声的改善无效
		结构	永久性的隔声措施	操作人员和监控仪器的位置采用隔声间	当人-机站位的分界面是间接的和固定地点的，且工作人员数较少时，这种方法还是有效的

2　齿轮噪声及其控制

2.1　齿轮噪声的产生

啮合的齿轮对或齿轮组，由于互撞和摩擦激起齿轮体的振动而辐射齿轮噪声。齿轮系包括齿轮、轮轴、齿轮架和齿轮箱，它们在传动过程中，各部分都以其各自的固有频率振动。图 34.11-1 所示为一对啮合运转齿轮的典型噪声谱。

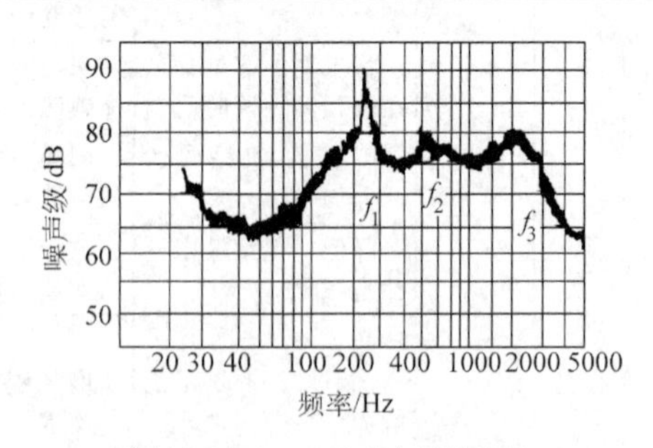

图 34.11-1　一对啮合运转齿轮的典型噪声谱

图中三个峰值 f_1、f_2、f_3 分别表示齿轮受迫振动、齿轮箱体固有振动和齿轮体固有振动频率。当齿轮达到一定转速，其受迫振动频率与齿轮箱体、齿轮架或齿轮体的固有频率重合，则产生共振，辐射噪声将急剧增强。齿轮负载工作时发出的噪声级要比空转时大 3～4dB，但负载的大小对噪声的高低影响并不大。而齿轮噪声的高低与其转速有关。

齿轮噪声的产生是由于齿轮本身可视为一弹簧-质量系统（轮齿可视为板簧，而轮体则视为质量块），在齿轮啮合过程中，由于齿轮的各种误差及轮齿弹性刚度的周期性变化等造成了激励，从而使这一系统产生了周向、径向和轴向的振动，通过固体传导或直接辐射等传播途径而形成齿轮噪声。齿轮噪声的主要频率有啮合频率和自振频率，啮合频率 f_z 由下式计算，即

$$f_z=\frac{nz}{60} \tag{34.11-1}$$

式中　n——齿轮转速（r/min）；

z——齿轮齿数。

当齿轮安装有偏心时，啮合频率往往还伴有上、下边频带，这些边频带是由于轴的旋转频率 f_f 与齿轮的啮合频率相互调制而产生的，上、下边频带的计算为

上边频带　$f_{上}=f_z+mf_f$　　(34.11-2a)

下边频带　$f_{下}=f_z-mf_f$　　(34.11-2b)

式中　f_f——轴的旋转频率（Hz），$f_f=n/60$；

m——自然正整数，$m=1，2，3，\cdots$。

2.2　齿轮噪声控制途径与措施

齿轮噪声的控制，可从设计、结构、制造和材料等方面考虑，见表 34.11-5。在采取某些措施后，齿轮噪声可能的降噪量见表 34.11-6。

表 34.11-5　齿轮噪声控制途径与措施

控制途径	措施举例	
改进设计参数	降低齿轮圆周速度	当齿轮圆周速度由 v_1 降至 v_2 时，齿轮噪声的衰减值 ΔL 为 $\Delta L=23\lg\frac{v_1}{v_2}$
	减小齿轮模数	可相应增大重合度，从而降低相对滑动，使运转平稳，噪声降低
	减小齿形角	可增大重合度，并减轻啮合时冲击
	合理确定齿隙	使齿隙大小合适。齿隙过大易产生冲击；齿隙过小啮合时排气速度增加，都会使噪声增大
改进结构型式	1）在相同条件下，斜齿轮由于重合度增大，轮齿上分担的载荷小，噪声降低，而直齿轮噪声大 2）人字齿轮比斜齿轮噪声降低更为显著 3）螺旋齿轮比直齿锥齿轮噪声低，双曲线锥齿轮则更低	
改进制造工艺	1）磨齿、研齿及剃齿可降低齿轮噪声 2）齿形加工必须准确，严格控制热处理后齿形的变形 3）齿顶修缘后须与标准齿轮对研 4）啮合齿轮的两轴中心线的平行度应保证在容许误差范围内	
改变制造材料，增大外部阻尼	1）在齿轮轮缘处压入摩擦因数较大的材料（如铸铁）制成的环 2）在轮辐上加橡皮垫圈 3）改用非金属材料或低噪声合金钢 4）在轮辐等噪声辐射表面上涂以阻尼材料，如含铅量大的巴氏合金等	

表 34.11-6　齿轮噪声可能的降噪量

影响因素	可能降噪量 ΔL/dB	备　注
齿形误差	0~5 5~10	一般制造精度 超精度齿轮
齿侧表面粗糙度	3~7	在标准的制造技术范围内
齿距误差	3~5	
齿向误差	0~8	包括两轴不平行引起的齿向误差
速度	$\propto 20\lg(v/v_0)$	
齿轮负载	$\propto 10\lg(L/L_0)$ $\propto 20\lg(L/L_0)$	低速小负载 高速小负载及低速大负荷
传递功率	$\propto 20\lg(Lv/L_0v_0)$	低速小负载除外
啮合系数	0~7	越大越好，可能的话取大于 2.0 的值
压力角		越小越安静
螺旋角	2~4	对于直齿轮改为斜齿轮而言
齿宽	0	对比载荷而言毫无作用
齿侧间隙	0~14 3~5	间隙过大 间隙过小
空气挤压效应	6~10	$v\geq 1524$m/min
齿轮箱体	6~10	如果发生共振
齿轮阻尼	0~5	如果共振或需要防振
轴承	0~4	增加阻尼，某些型式可增加结构刚度
轴承安装	0~2	能增加寿命和消除某些振动频率
润滑	0~2	处理不当可能产生其他问题

3　滚动轴承噪声及其控制

3.1　滚动轴承噪声的产生

轴承噪声与轴承本身的设计、精度、类型、安装及使用条件等因素有关。轴承噪声对精密机械是不容忽视的主要噪声源。轴承噪声一般具有宽的频率范围，滚动轴承的频率估算公式见表 34.11-7。由于轴承座圈的沟道加工留下波纹而引起的振动，波峰数与振动频率之间的关系见表 34.11-8。

3.2　滚动轴承噪声的控制

轴承噪声的控制措施包括仔细选择轴承及其使用条件；提高轴承加工精度；减小轴承安装后的径向间隙；良好的润滑；增大轴承安装支座的刚性；采用弹性垫圈把轴承座与轴承外圆环隔开，以减弱振动的传递；防止轴承锈蚀和杂质进入轴承等。

表 34.11-7　滚动轴承的频率估算公式

轴承运动状态	频率估算公式
轴转动频率	$f=n/60$
滚动体自转频率	$f=\frac{n}{120}\frac{D}{d}\left(1-\frac{d^2}{D^2}\cos^2\varphi\right)$
外环固定,保持器转动频率	$f=\frac{n}{120}\left(1-\frac{d}{D}\cos\varphi\right)$
外环固定,外环上固定点与滚动体的接触频率	$f=\frac{zn}{60}\left[1-\frac{1}{2}\left(1-\frac{d}{D}\cos\varphi\right)\right]$
外环固定,保持器相对内环的转动频率	$f=\frac{n}{60}\left[1-\frac{1}{2}\left(1-\frac{d}{D}\cos\varphi\right)\right]$
内环固定,保持器转动频率	$f=\frac{n}{120}\left(1+\frac{d}{D}\cos\varphi\right)$
内环固定,内环上固定点与滚动体的接触频率	$f=\frac{zn}{120}\left(1+\frac{d}{D}\cos\varphi\right)$
内环固定,保持器相对外环的转动频率	$f=\frac{n}{60}\left[1-\frac{1}{2}\left(1+\frac{d}{D}\cos\varphi\right)\right]$
内环固定,外环上固定点与滚动体的接触频率	$f=\frac{zn}{60}\left[1-\frac{1}{2}\left(1+\frac{d}{D}\cos\varphi\right)\right]$
滚动体上固定点与内外环的接触频率	$f=\frac{n}{60}\frac{D}{d}\left(1-\frac{d^2}{D^2}\cos^2\varphi\right)$

注：f—频率（Hz）；n—转速（r/min）；z—滚动体个数；D—轴承节圆直径（mm）；d—滚动体直径（mm）；φ—滚动体与滚道接触角（°）。

表 34.11-8　波峰数与振动频率之间的关系

波　纹	波峰数		振动频率	
	径向	轴向	径向	轴向
内　环	$mz\pm1$	mz	$mzf_i\pm f_v$	mzf_i
外　环	$mz\pm1$	mz	mzf_c	mzf_c
滚动体	$2mz$	$2mz$	$2mf_b\pm f_c$	$2mf_b$

注：m—正整数；z—滚动体个数；f_v—内环转速（Hz）；f_c—保持器转速（Hz）；f_b—滚动体自转速（Hz）；$f_i=f_v-f_c$。

4　液压系统噪声及其控制

4.1　液压系统噪声的产生

液压系统噪声源主要为液压泵、溢流阀、换向阀、液压管路系统和系统中的空穴现象。液压系统噪声的产生过程如图 34.11-2 所示。

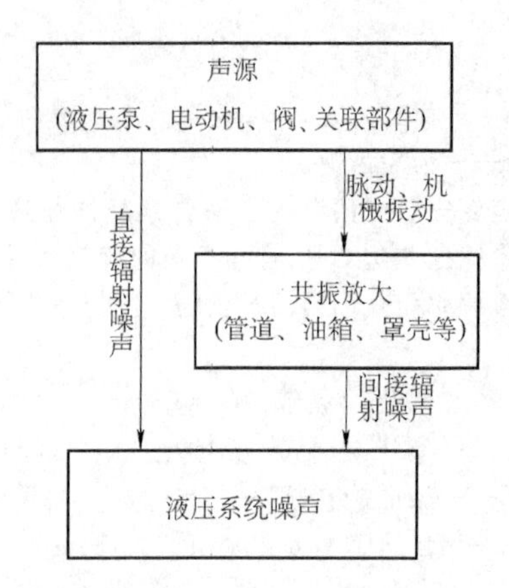

图 34.11-2　液压系统噪声的产生过程

4.1.1　液压泵的噪声

液压泵是液体传输系统中的动力源，它能产生两类噪声，一类是液体动力性噪声，另一类是机械噪声。

（1）液体动力性噪声

液压泵工作时，连续出现动力压强脉冲，从而激发泵体和管路系统的阀门、管道等部件振动，由此辐射噪声。动力压强脉冲可分解成直流压强和压强高次谐波两个分量。以齿轮泵为例，其压强谐波频率 f_i（Hz）为

$$f_i=\frac{nz}{60}i \tag{34.11-3}$$

式中　n——齿轮泵主轴转速（r/min）；

z——主动齿轮的齿数；

i——谐波次数，$i=1、2、3、\cdots$。

压强的直流分量迫使液体不断通过泵体注入管路；压强的谐波分量则作用于泵体壁面，并通过液体传递到管路系统中。

（2）泵的机械噪声

由于泵体内传递压力的不平衡运动，形成部件间的撞力或摩擦力，从而引起结构振动而产生噪声。这种噪声不仅与泵的种类和结构有关，还与零件加工精度、泵体安装条件和维护保养等有关。一般磨损严重的泵往往要比刚调试好的泵噪声大 10dB。

4.1.2　阀门的噪声

带有节流或限压作用的阀门，是液体传输管道中影响最大的噪声源。当管道内流体流速足够高时，若阀门部分关闭，则在阀门入口处形成大面积扼流。在扼流区域，液体流速提高而内部静压降低，当流速大于或等于介质的临界转速时，静压低于或等于介质的

蒸发压力，则在气流中形成气泡。气泡随液体流动，在阀门扼流区下游流速渐渐降低，静压升高，气泡相继被挤破，引起流体中无规则压力波动，这种特殊的湍化现象成为空化，由此而产生的噪声叫空化噪声，如图34. 11-3所示。

在流量大、压力高的管路中，几乎所有的节流阀门均能产生空化噪声，空化噪声顺流向下可沿管道传播很远。它能激发阀门或管道中可动部件的固有振动，并通过这些部件作用于其他相邻部件传至管道表面，由此产生的噪声类似金属相撞产生的有调声音。空化噪声的声功率与流速的七次方或八次方成正比。为降低阀门噪声，可采用多级串接阀门，逐级降低流速。

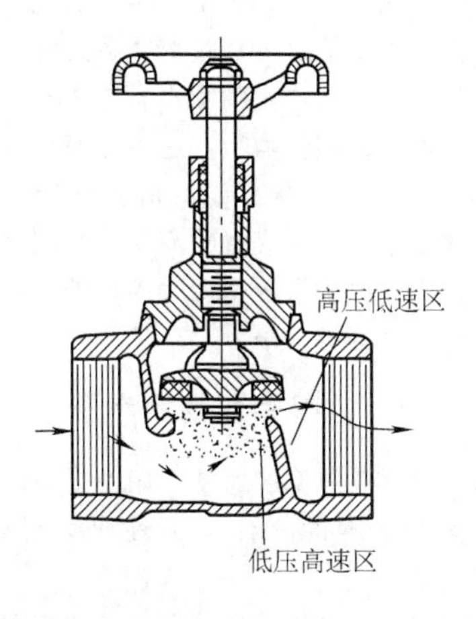

图 34. 11-3　节流阀门空化噪声的形成

4. 1. 3　管路的噪声

液压系统的泵体噪声和阀门噪声主要沿管道传播，并通过管道壁面辐射出去。管道越长越粗，这种辐射也越强。液体流经管道时，由于湍流和摩擦激发的压强扰动也会产生噪声。决定流体流动状态的重要参量是雷诺数 Re。当 $Re<1200$ 时，流体流呈层流状态；当 $Re>2400$ 时，则流体流呈湍流状态。实际上，绝大多数管路中的液体流均处于 $Re>2400$ 的湍流状态。这种含有大量不规则的微小漩涡的湍流，可以说是自身处于“吵”的状态。当湍流液体流经管道中具有不规则形状或不光滑的内表面时，尤其流经截留或降压阀门、截面突变的管道或急骤拐弯的弯头时，湍流与这些阻碍流体通过的部分相互作用产生湍流噪声。若管路设计不当，也能产生空化噪声。

4. 2　液压系统噪声的控制

液压系统噪声控制的一般原则及措施见表 34. 11-9。

表 34. 11-9　液压系统噪声控制的一般原则及措施

一般原则	改进部件类别	措施举例
降低激振力和减少液压泵脉动	液压泵	1)外啮合泵采用困油槽,以减少困油影响 2)柱塞泵采用多柱塞和奇数柱塞,使流量平稳 3)柱塞泵与叶片泵的高压配流槽与低压配流槽增开小沟,使压力渐变,防止冲击 4)叶片泵采用平衡式,以控制困油 5)选用高内阻材料制作泵体,如用铜锰合金代替铸钢制造的泵体,其噪声可降低 10~15dB
	液压系统	采用蓄能器,减少流量与压力的波动
	阀件	换向阀采用电-液控制,防止启闭过快
减少结构振动	液压泵的安装	1)液压泵与电动机安装时,轴系同心度应在容许误差范围内。采用挠性联轴器 2)液压泵与电动机安装时采取隔振措施
	液压管路	1)管路刚度要足够,在管路支点处设置隔振垫 2)管路内壁应光滑,截面变化应均匀 3)改善管路支撑,增加弹性接头,防止管路共振
	阀件	1)降低流速与压降 2)将阀座受阻区分成几个,逐渐节流
减少系统中的空穴现象	液压泵	减少液压泵进口管的压力
	液压管路	管路中排气孔尽量少用陡弯、突粗、突细管路
	阀件	高压节流阀出口防止空穴

5　气体动力性噪声及其控制

5. 1　概述

高速气流、不稳定气流，以及由于气流与物体相互作用而产生的噪声，称为气体动力性噪声。按噪声产生的机理和特性，气体动力性噪声可分为：喷射噪声（射流噪声）、涡流噪声（湍流噪声）、旋转噪声、周期性进排气噪声、激波噪声和火焰燃烧噪声等。

1）喷射噪声（射流噪声）。气流从管口以高速（介于声速与亚声速之间）喷射出来，由此而产生的噪声称为喷射噪声或射流噪声，如喷气发动机排气噪声和高压容器排气噪声就是射流噪声，如图 34. 11-4 所示。气体在容器内速度为零，在管的最窄截面处（管口）流速达到最大值，在喷口附近，仍保留着体积逐渐缩小的一股高速气流，常被称为喷射流的势核。喷射噪声主要取决于喷射流速度场，并且只有存在高速度剪切层和强湍化区才能产生喷射噪声。喷射噪声具有四极子声源的辐射特性和明显的指向性，最大噪声分布在喷口轴向 30°~45°范围内。喷射气流速度达到声速时，其典型喷射噪声指向性如图 34.11-5 所示。从图 34.11-5 可近似估计喷射噪声在某一确定方向上的噪声声压级。

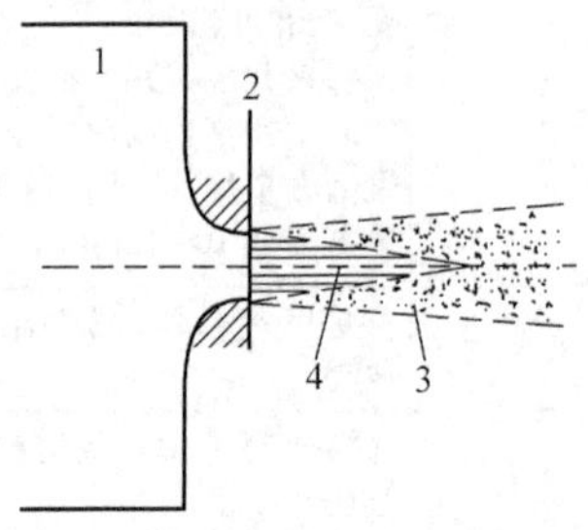

图 34.11-4　典型射流图
1—压力容器　2—喷口
3—湍流混合区　4—势核

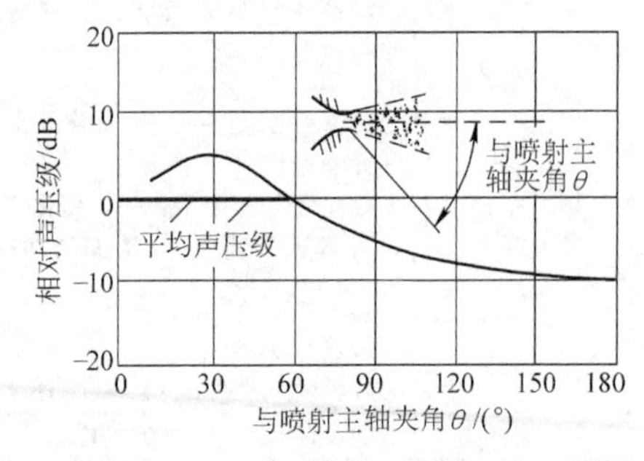

图 34.11-5　喷射噪声指向性

2）涡流噪声（湍流噪声）。气流流经障碍物时，由于空气分子黏滞摩擦力的影响，具有一定速度的气流与障碍物背后相对静止的气体相互作用，就在障碍物下游区形成带有涡旋的气流。这些涡旋不断形成又不断脱落，每一个涡旋中心的压强低于周围介质压强，每当一个涡旋脱落时，湍动气流就会出现一次压强跳变，这些跳变的压强通过四周介质向外传播，并作用于障碍物。当湍动气流中压强脉动含有可听声频成分，且强度足够大时，则辐射出的噪声，称为涡流噪声或湍流噪声。

3）旋转噪声。旋转的空气动力机械（如飞机螺旋桨），旋转时与空气相互作用而连续产生压力脉动，从而辐射噪声，称为旋转噪声。旋转噪声各谐波分量的相对强度，取决于压力脉冲的形状以及叶片宽度。压力脉冲越尖锐，各谐波相对强度的差则越小。

4）周期性进排气噪声。周期性进排气噪声是一种影响较大的空气动力性噪声。内燃机、活塞式空气压缩机的进排气噪声都是周期性的。内燃机周期性排放高压高温废气，使周围空气的压强和密度不断受到扰动而产生噪声。内燃机排气噪声与其额定功率有关，功率越大，则噪声越强。当机器额定功率一定时，其主轴转速越高，则负载越大，排气噪声也越强。

5）激波噪声。激波也叫冲击波，是一种压强极高的压缩波。爆炸时产生冲击波，飞机以超声速飞行时也能产生冲击波，通常称超声速飞机的飞行激波为激波轰声，也称为 N 形波。较强的 N 形波对门窗、房顶和壁面等能激发出可听声，成为二次噪声源。凡是以超声速在空气中运动的物体，均能产生激波噪声。

6）火焰燃烧噪声。各种液态和气态燃料必须通过燃烧器与空气混合才能燃烧。在燃烧过程中产生强烈的噪声，这种噪声统称为火焰燃烧噪声。可燃混合气燃烧产生的噪声，称为燃烧吼声。燃烧吼声与燃烧强度成正比。可燃混合气通过燃烧器燃烧时，由于燃烧气体的强烈振动而产生的噪声，称为燃烧激励脉动噪声，或简称振荡燃烧噪声。这种噪声频带很窄，一般带宽小于 20Hz，并含有高次谐波成分。振荡燃烧噪声的辐射效率远大于燃烧噪声。一个燃烧系统，除了能产生燃烧噪声和振荡燃烧噪声以外，还有来自燃烧设备与燃烧过程的噪声。

5.2　气体动力性噪声的基本声源

气体动力性噪声源，通常可用一个或多个基本声源表示，各类基本的气体动力性噪声源特性见表 34.11-10。

表 34.11-10　基本的气体动力性噪声源特性

基本声源类型	辐射声功率	辐射效率	与气流速度关系	举例
单极子	$\propto \rho \dfrac{l^2}{c} v^4 = \rho l^2 v^3 Ma$	$\propto Ma$	$\propto v^4$	周期性排气噪声、燃烧噪声
偶极子	$\propto \rho \dfrac{l^2}{c^3} v^6 = \rho l^2 v^3 Ma^3$	$\propto Ma^3$	$\propto v^6$	涡流噪声
四极子	$\propto \rho \dfrac{l^2}{c^5} v^8 = \rho l^2 v^3 Ma^5$	$\propto Ma^5$	$\propto v^8$	喷射噪声

注：ρ—气体介质密度（kg/m^3）；c—声速（m/s）；v—气流速度（m/s）；l—有关的特征尺寸（m）；Ma—马赫数，$Ma=v/c$；辐射效率等于声功率与机械功率之比。

5.3　气体动力性噪声的特性与控制

射流噪声、涡流噪声和激波噪声的峰值频率 f_p 为

$$f_p = S_{tr}\frac{v}{d} \quad (34.11\text{-}4)$$

式中　v——气流速度（m/s）；

d——气流受阻时，障碍物的特征尺寸，对于圆管即为直径（m）；

S_{tr}——斯托罗哈（strouhal）数，是与雷诺数有关的无量纲为一的量（见表 34.11-11）。

旋转噪声的频率，则是叶片通过频率与高次谐波频率的合成，其各次谐波频率 f_i 为

$$f_i = \frac{nz}{60}i \quad (34.11\text{-}5)$$

式中　n——转速（r/min）；

z——叶片数；

i——自然正整数，$i=1, 2, 3, \cdots$。

表 34.11-11　斯托罗哈数 S_{tr} 的经验数值

气体动力性噪声类型	气流激发振动的特征条件	S_{tr} 值
涡流噪声	气流受阻而产生绕流，由卡门旋涡产生的振动和噪声 对单个圆柱体	 0.22
	对顺列管束	$\left(\frac{0.18}{T}+\frac{0.36}{l}\right)d$
	对错列管束	$\left(\frac{0.34}{T}+\frac{0.67}{l}\right)d$
喷射噪声	高速气流由圆管口喷出	1.5~2.0
激波噪声	高速气流通过阀门时，阀门前后端的压强比不同 压强比为 2 时 压强比为 4 时 压强比为 8 时	 0.60 0.15 0.08

燃烧噪声具有较宽的频带，其中燃烧吼声大部分声能集中在 250~600Hz 范围内；而振荡燃烧噪声，则含有高频谐波成分，每一谐波成分的带宽通常小于 20Hz。

气体动力性噪声的控制措施主要有：降低流速、减小压降、分散降压和改变噪声的峰值频率。例如，在总截面积保持不变的情况下，用若干小喷管来代替一个大喷管，根据式（34.11-4）就能将噪声峰值频率往高频方向移动，以便后接消声器，容易取得较好的效果；减小气流管道中障碍物的阻力，如把管道中的导流器、支撑物改进成流线型，表面尽可能光滑，可减小涡流噪声；也可调节气阀和节流板等，并采用多级串联降压方式，以减弱噪声声功率；降低叶片尖端的速度，增加叶片数，均可降低旋转噪声；在排气口安装扩张室或共振腔等型式的抗性消声器，可降低周期性排气噪声；选择风量适合的风机，采取保证可燃气体或气体流速稳定的措施，在燃烧器中使用 1/4 波长管、亥姆霍兹共振器、吸声材料衬层等，均能减小燃烧噪声。

第12章　消声装置及隔声设备

1　消声器

1.1　消声器的分类与性能要求

消声器是控制气体动力性噪声的一种装置。消声器的种类很多，其消声原理、消声特性和空气动力性能也各有不同，按消声原理和结构的不同可分为阻性消声器、抗性消声器、阻抗复合式消声器、微穿孔板消声器、喷注耗散型消声器、喷雾消声器、引射掺冷消声器、有源消声器和旁通管消声器等类型，见表34.12-1。

一个性能好的消声器应满足以下基本要求：

表34.12-1　消声器的类型、工作原理与适用范围

消声器类型	包括的型式	工作原理	消声频率特性	适用范围
阻性消声器	直管式、片式、折板式、声流式、蜂窝式等	利用安装在气流通道内吸声材料的声阻作用	具有中、高频消声性能	适用于消除风机、燃气轮机、发动机进排气噪声
抗性消声器	扩张室式、共振腔式、声干涉型	利用管道截面突变，改变声抗，使声波产生反射、干涉	具有中、低频消声性能	适用于消除空压机、内燃机、发动机排气噪声
阻抗复合式消声器	阻-扩型、阻-共型、阻-扩-共型	既利用声阻，又利用声抗的消声作用	具有低、中、高频消声性能	适用于消除鼓风机、大型风洞、发动机试车台等噪声
微穿孔板消声器	单层微孔板消声器、双层微孔板消声器	利用微穿孔板的声阻与声抗作用	具有宽频带消声性能	适用于高温、高湿、有油雾及要求特别清洁卫生的场合
喷注耗散型消声器	小孔喷注型、降压扩容型、多孔扩散型	将大喷口用许多小孔代替，改变噪声发生的机理，从而降低噪声	具有宽频带消声性能	适用于消除压力气体排放噪声，如锅炉排气、高炉放风、化工工艺气体放散等噪声
喷雾消声器	—	利用液、气两种介质混合时产生摩擦消耗一部分声能	具有宽频带消声性能	用于消除高温蒸汽排放噪声
引射掺冷消声器	—	利用掺冷在消声器内形成温度梯度，从而导致声速梯度改变而提高消声性能	具有宽频带消声性能	用于消除高温、高速气流噪声
有源消声器	—	利用同频声波的干涉原理	具有低频消声特性	用于消除低频消声的一种辅助措施
旁通管消声器	单路型 多路型 对称多路型	利用旁通管改变传声路径及方向，形成相位差，使声波产生干涉，达到消声目的	具有低、中频消声性能	用于消除发动机、涡轮喷气机的喷射排气噪声

1）消声性能。要求消声器在所需要的消声频率范围内有足够大的消声量。

2）空气动力性能。消声器对气流的阻力损失或功能损失要小。

3）结构性能。消声器要坚固耐用，体积要小，重量要轻，外形应美观大方，结构简单，加工容易和安装维修方便。

4）经济性。在消声量达到要求的情况下，其价格便宜，使用寿命长，具有较好的性价比。

上述几方面是互相联系、相互制约、缺一不可的。根据具体情况可有所侧重。设计消声器时，首先要测定噪声源的频谱，分析某些频率范围内所需要的消声量，对于不同频率分别计算消声器所应达到的消声量，综合考虑消声器四个方面的性能要求，确定消声器的结构型式，有效降低噪声。

1.2　阻性消声器

1.2.1　阻性消声器的结构与特点

阻性消声器利用吸声材料的吸声作用，使沿通道传播的噪声不断被吸收而逐渐衰减，吸声材料的消声性能类似于电路中的电阻消耗电功率，故得名为阻性。阻性消声器的种类和型式很多，把不同种类的吸声材料按不同的方式固定在气流通道中，就构成各种型式的阻性消声器。按气流通道的几何形状，阻性消声器可分为直管型、片型、折板型、声流型、蜂窝型、弯头型和迷宫型等，如图 34.12-1 所示。它们的特性及适用范围见表 34.12-2。

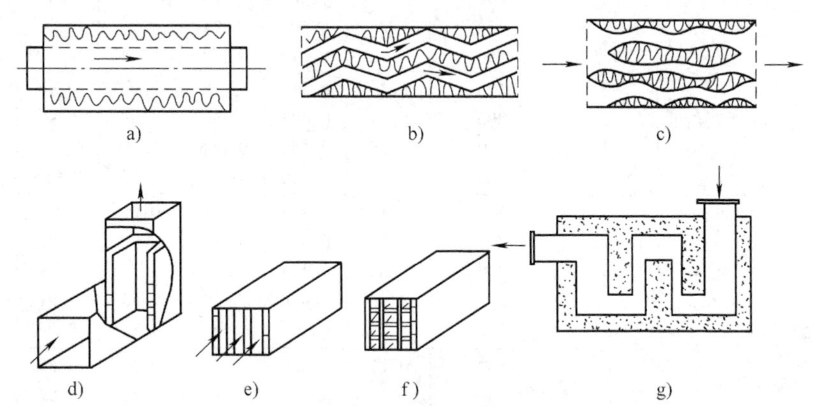

图 34.12-1　常见阻性消声器的型式

a）直管型　b）折板型　c）声流型　d）弯头型　e）片型　f）蜂窝型　g）迷宫型

表 34.12-2　各类阻性消声器的特性及适用范围

类型	特性及适用范围
直管型	结构简单，阻力损失小，适用于小流量管道及设备的进排气口
片型	单个通道的消声量即为整个消声器的消声量，结构不太复杂，适用于气流量较大的场合
折板型	是片型消声器的变种，提高了高频消声性能，但阻力损失大，不适于流速较高的场合
声流型	是折板型消声器的改进型，改善了低频消声性能，阻力损失较小，但结构复杂，不易加工，造价高
蜂窝型	高频消声效果好，但阻力损失较大，构造相对复杂，适用于气流流量较大、流速不高的场合
弯头型	低频消声效果差，高频消声效果好，通常结合现场情况在需要弯曲的管道内衬贴吸声材料构成
迷宫型	在容积较大的箱内加衬吸声材料或吸声障板，具有抗性作用，消声频率范围宽，但体积庞大，阻力损失大，仅在流速很低的风道中使用

1.2.2　阻性消声器消声量的计算

（1）直管型消声器消声量的计算

阻性消声器的消声量与消声器的结构型式、长度、通道横截面积、吸声材料的吸声性能、密度、厚度及护面穿孔板的穿孔率等因素有关。当气流速度 $v=0$ 时，直管型阻性消声器的消声量 ΔL 可按下式近似计算：

$$\Delta L=1.6\alpha_0\frac{P}{A}l \qquad (34.12\text{-}1)$$

式中　P——消声器横截面周长（m）；

l——消声器长度（m）；

A——消声器横截面积（m^2）；

α_0——吸声材料的垂直入射吸声系数（驻波管法测定），见表 34.12-3。

直管型阻性消声器的上限频率 $f_上$ 及下限频率 $f_下$ 的计算式为

$$f_{\perp}=1.85\frac{c}{D} \qquad (34.12\text{-}2)$$

$$f_{下}=\beta\frac{c}{b} \qquad (34.12\text{-}3)$$

式中　c——声速（m/s）；

D——消声器通道的当量直径或通道有效宽度（m）；

b——吸声材料厚度（m）；

β——与吸声材料有关的系数，见表 34.12-4。

表 34.12-3　常用吸声材料的吸声系数

材料名称及装置情况	厚度/cm	密度/kg·m^{-3}	各频率(Hz)下的吸声系数 125	250	500	1000	2000	4000	备注
熟玻璃丝前加 10 目/in 铁丝网一层	2	200	0.14	0.14	0.18	0.48	0.98	—	
	4	200	0.13	0.20	0.53	0.98	0.84		
	5	200	—	0.22	0.695	0.99	0.88		
	6	200	0.26	0.33	0.82	0.92	0.89		
	7	200	—	0.37	0.83	0.99	0.975		
	8	200	0.29	0.52	0.97	0.89	0.86		
	9	200	—	0.55	0.94	0.97	0.90		
	9.5	200	—	0.615	0.975	0.915	0.99		
	5	150	—	0.23	0.395	0.85	0.94	—	
	6	150		0.305	0.625	0.995	0.82		
	7	150		0.37	0.735	0.991	0.975		
	8	150		0.367	0.78	0.995	0.99		
	9	150		0.55	0.94	0.97	0.90		
	9.5	150		0.615	0.975	0.915	0.995		
玻璃丝前加 10 目/in 铁丝网一层	5	200	0.21	0.315	0.70	0.99	0.94	—	
	6	200	0.21	0.405	0.80	0.99	0.99		
	7	200	0.26	0.485	0.885	0.97	0.955		
	9	200	0.27	0.625	0.95	0.90	0.955		
玻璃丝前加 1.5mm 厚、ϕ7mm 孔、穿孔率 20%的穿孔板	6	200	0.17	0.255	0.64	0.88	0.74		
	7	200	0.22	0.315	0.81	0.805	0.90	0.755	
	8	200	0.185	0.375	0.91	0.85	0.79	0.79	
	9	200	0.255	0.49	0.98	0.83	0.91	—	
	9.5	200	0.24	0.50	0.985	0.87	0.79	—	
	8	100	0.21	0.225	0.47	0.64	0.85	0.75	
	8	150	0.18	0.32	0.70	0.81	0.87	0.90	
	8	250	0.23	0.50	0.99	0.81	0.87	0.76	
玻璃丝毡(白色)去掉表面硬皮层	2	100	0.05	0.08	0.215	0.43	0.775	0.90	
	4	100	0.08	0.21	0.54	0.93	0.99	0.95	
	6	100	0.15	0.365	0.75	0.95	0.985	0.95	
	8	100	0.25	0.545	0.825	0.92	0.975	0.95	
玻璃丝毡(黄色)去掉表面硬皮层	2	100	0.08	0.10	0.24	0.50	0.85	—	
	4	100	0.11	0.23	0.55	0.93	0.93		
	6	100	0.19	0.395	0.735	0.935	0.95		
	8	100	0.25	0.55	0.87	0.92	0.96		
松软玻璃丝毡	4	80	0.2	0.21	0.28	0.52	0.85		
超细玻璃棉	2.5	20	0.10	0.14	0.30	0.50	0.90	0.70	
	5	20	0.10	0.35	0.85	0.85	0.86	0.86	
	10	20	0.25	0.60	0.85	0.87	0.87	0.85	
	15	20	0.50	0.80	0.85	0.85	0.86	0.80	
	5	12	0.06	0.16	0.68	0.98	0.93	0.90	
	5	17	0.06	0.19	0.71	0.98	0.91	0.90	
	5	24	0.10	0.30	0.85	0.85	0.85	0.85	
超细玻璃棉(玻璃布护面)	10	20	0.29	0.88	0.87	0.87	0.98	—	
	15	20	0.48	0.87	0.85	0.96	0.99		
超细玻璃棉(穿孔钢板护面)$t=1$　ϕ4mm,p1.9%	15	25	0.62	0.75	0.57	0.45	0.24		
ϕ5mm,p4.8%	15	20	0.79	0.74	0.73	0.64	0.35		
ϕ5mm,p2%	15	25	0.85	0.70	0.60	0.41	0.25	0.20	
ϕ5mm,p5%	15	25	0.60	0.65	0.60	0.55	0.40	0.30	
ϕ9mm,p10%	6	30	0.38	0.63	0.60	0.56	0.54	0.44	
ϕ9mm,p20%	6	30	0.13	0.63	0.60	0.66	0.69	0.67	

（续）

材料名称及装置情况	厚度/cm	密度/kg·m^{-3}	各频率(Hz)下的吸声系数						备注
			125	250	500	1000	2000	4000	
防水超细玻璃棉	10	20	0.25	0.94	0.93	0.90	0.96		
沥青玻璃棉毡	3		0.11	0.13	0.26	0.46	0.75	0.88	
	5	100	0.09	0.24	0.55	0.93	0.98	0.98	
树脂玻璃棉板	2.5	—	0.04	0.07	0.16	0.34	0.63	0.87	
	5	100	0.09	0.26	0.60	0.94	0.98	0.99	
矿渣棉前加亚麻布一层，10目/in铁丝网一层	5	200	—	0.545	0.74	0.81	0.885		
	6	200	—	0.59	0.80	0.86	0.97		
	7	200	0.32	0.635	0.765	0.83	0.90		
	8	200	—	0.67	0.775	0.835	0.98		
	9	200	—	0.775	0.795	0.81	0.99		
	9.5	200	—	0.805	0.86	0.835	0.965	—	
	5	240	—	0.415	0.682	0.76	0.865		
	6	240	0.25	0.55	0.785	0.75	0.878		
	7	240	—	0.62	0.615	0.76	0.88		
	8	240	0.39	0.65	0.65	0.76	0.88		
	9	240	—	0.60	0.65	0.735	0.865		
	9.5	240	—	0.61	0.645	0.765	0.875		
矿渣棉包亚麻布	7	240	0.35	0.59	0.66	0.76	0.855	0.92	
矿渣棉包亚麻布，加 ϕ7mm，p20%，t=1.5 穿孔钢板	7	240	0.33	0.50	0.56	0.62	0.68	—	
矿渣棉包亚麻布，加 2.2mm×2.5mm 铁丝网	7	240	0.42	0.59	0.59	0.66	0.76	—	
矿渣棉包亚麻布一层，加 10目/in 铁丝网	8	150	0.30	0.64	0.93	0.788	0.93	0.94	
	8	300	0.35	0.43	0.55	0.67	0.78	0.92	
矿渣棉	6	240	0.25	0.55	0.78	0.75	0.87	0.91	
	7	200	0.32	0.63	0.76	0.83	0.90	0.92	
	8	150	0.30	0.64	0.73	0.78	0.93	0.94	
	8	240	0.35	0.65	0.65	0.75	0.88	0.92	
	8	300	0.35	0.43	0.55	0.67	0.78	0.92	
沥青矿棉毡	1.5	200	0.08	0.09	0.18	0.40	0.79	0.82	
	3	200	0.10	0.18	0.50	0.68	0.81	0.89	
	4	200	0.16	0.38	0.61	0.70	0.81	0.90	
	6	200	0.19	0.51	0.67	0.70	0.85	0.86	
沥青矿棉毡距墙 2.5cm	3	200	0.19	0.47	0.68	0.68	0.78	0.92	
沥青矿棉毡距墙 4cm	3	200	0.36	0.64	0.74	0.70	0.73	0.87	
沥青矿棉毡距墙 6.5cm	3	200	0.36	0.66	0.66	0.64	0.78	0.90	
矿棉吸声板	1.7~1.8	100~200	0.09	0.18	0.50	0.71	0.76	0.81	
岩棉	2.5	80	0.04	0.09	0.24	0.57	0.93	0.97	
	2.5	150	0.04	0.095	0.32	0.65	0.95	0.95	
	5	80	0.08	0.22	0.60	0.93	0.976	0.985	
	5	120	0.10	0.30	0.69	0.92	0.91	0.965	
	5	150	0.115	0.33	0.73	0.90	0.89	0.963	
	5	80	0.075	0.24	0.61	0.93	0.975	0.99	软质
	7.5	80	0.31	0.59	0.87	0.83	0.91	0.97	
	10	80	0.35	0.64	0.89	0.90	0.96	0.98	
	10	80	0.30	0.70	0.90	0.92	0.965	0.99	软质
脲醛泡沫塑料（米波罗）	10		0.47	0.70	0.87	0.86	0.96	0.97	
	3	20	0.10	0.17	0.45	0.67	0.65	0.85	
	5	20	0.22	0.29	0.40	0.68	0.95	0.94	

（续）

材料名称及装置情况	厚度/cm	密度/kg·m^{-3}	各频率(Hz)下的吸声系数						备注
			125	250	500	1000	2000	4000	
氨基甲酸酯泡沫塑料	2		0.06	0.07	0.16	0.51	0.84	0.65	
	3		0.07	0.13	0.32	0.91	0.72	0.89	
	4		0.12	0.22	0.57	0.77	0.77	0.76	
	2.5	25	0.05	0.07	0.26	0.81	0.69	0.81	
	5	36	0.21	0.31	0.86	0.71	0.86	0.82	
聚氨酯泡沫塑料	3	53	0.05	0.10	0.19	0.38	0.76	0.82	
	3	56	0.07	0.16	0.41	0.87	0.75	0.72	
	4	56	0.09	0.25	0.65	0.95	0.73	0.79	
	5	56	0.11	0.31	0.91	0.75	0.86	0.81	
	3	71	0.11	0.21	0.71	0.65	0.64	0.65	
	4	71	0.17	0.30	0.76	0.56	0.67	0.65	细孔
	5	71	0.20	0.32	0.70	0.62	0.68	0.65	小孔
	2.5	40	0.04	0.07	0.11	0.16	0.31	0.83	大孔
	3	45	0.06	0.12	0.23	0.46	0.86	0.82	
	5	45	0.06	0.13	0.31	0.65	0.70	0.82	
	4	40	0.10	0.19	0.36	0.70	0.75	0.80	
	6	45	0.11	0.25	0.52	0.87	0.79	0.81	
	8	45	0.20	0.40	0.95	0.90	0.98	0.85	
聚醚乙烯泡沫塑料	1	26	0.04	0.04	0.06	0.08	0.18	0.29	
	3	26	0.04	0.11	0.38	0.89	0.75	0.86	
酚醛泡沫塑料	1	28	0.05	0.10	0.26	0.55	0.52	0.62	
	2	16	0.08	0.15	0.30	0.52	0.56	0.60	
硬脂聚氯乙烯泡沫塑料	2.5	10	0.04	0.04	0.17	0.56	0.28	0.58	光面
	2.5	10	0.04	0.05	0.11	0.27	0.52	0.67	凹面
聚胺乙烯泡沫塑料2cm后放玻璃棉4cm		—	0.13	0.55	0.88	0.68	0.70	0.90	
聚胺乙烯泡沫塑料2cm后放玻璃棉4cm,距墙6cm		—	0.60	0.90	0.76	0.65	0.77	0.90	
工业毛毡(白色)	1.05	365	0.03	0.065	0.24	0.46	0.525	0.57	
	2.1	365	0.07	0.28	0.43	0.46	0.51	0.56	
	3.15	365	0.12	0.37	0.36	0.45	0.52	0.59	
	4.2	365	0.13	0.35	0.34	0.43	0.46	0.48	
	5.25	365	0.14	0.33	0.35	0.45	0.49	0.54	
	6.3	365	0.14	0.34	0.35	0.43	0.50	0.55	
	7.35	365	0.13	0.36	0.32	0.41	0.48	0.52	
工业毛毡(灰色)	1	372	0.04	0.07	0.21	0.50	0.52	0.57	
	2	372	0.07	0.26	0.42	0.40	0.55	0.56	
	3	372	0.11	0.38	0.55	0.60	0.69	0.59	
	4	372	0.14	0.36	0.44	0.55	0.52	0.58	
	5	372	0.10	0.26	0.30	0.35	0.44	0.52	
	6	372	0.13	0.31	0.43	0.52	0.55	0.52	
	7	372	0.18	0.30	0.43	0.50	0.53	0.54	
	8	372	0.20	0.30	0.45	0.50	0.52	0.56	
工业毛毡	1	370	0.04	0.07	0.21	0.50	0.52	0.57	
	3	370	0.10	0.28	0.55	0.60	0.60	0.59	
	5	370	0.11	0.30	0.50	0.50	0.50	0.52	
	7	370	0.18	0.35	0.43	0.50	0.53	0.54	
卡普隆纤维	6	33	0.12	0.26	0.58	0.91	0.96	0.98	
纺织厂飞花(废料)	5	23.5	0.10	0.27	0.69	0.95	0.97	0.97	
麻下脚	5	150	0.39	0.41	0.70	0.74	0.73	0.94	
	10	120	0.45	0.68	0.75	0.83	0.91	0.97	

（续）

材料名称及装置情况	厚度/cm	密度/$kg \cdot m^{-3}$	各频率(Hz)下的吸声系数						备注
			125	250	500	1000	2000	4000	
粗大麻	3	90	0.07	0.09	0.15	0.35	0.66	0.62	
细大麻	3	90	0.08	0.10	0.17	0.37	0.70	0.72	
棉絮	2.5	10	0.03	0.07	0.15	0.30	0.62	0.60	
木屑	2.5	160	0.03	0.09	0.26	0.60	0.70	0.70	
椰衣纤维	5	67	0.22	0.32	0.82	0.99	0.97	0.96	
海草	1	100	0.10	0.10	0.14	0.25	0.77	0.86	
	3	100	0.10	0.14	0.17	0.65	0.80	0.98	
	5	100	0.10	0.19	0.50	0.94	0.85	0.86	
甘蔗板	1.3	190	0.09	0.13	0.21	0.40	0.35	0.40	
	2	190	0.09	0.14	0.21	0.25	0.37	0.40	
甘蔗板距墙 5cm	1.3	—	0.20	0.92	0.50	0.32	0.40	0.52	
	2		0.25	0.82	0.74	0.64	0.51	0.56	
甘蔗板距墙 10cm	2		0.46	0.98	0.52	0.62	0.58	0.56	
甘蔗板距墙 5cm，内填 3cm 厚玻璃纤维	1.3	—	0.3	0.84	0.56	0.50	0.76	0.86	
麻纤维板	1.3	260	0.07	0.09	0.14	0.18	0.27	0.30	
	2	260	0.09	0.11	0.16	0.22	0.28	0.30	
木丝板	2	—	0.15	0.15	0.16	0.34	0.78	0.52	
	4		0.19	0.20	0.48	0.78	0.42	0.70	
	5		0.15	0.23	0.64	0.78	0.87	0.92	
	8		0.25	0.53	0.82	0.63	0.84	0.59	
木丝板距墙 5cm	3	—	0.05	0.30	0.81	0.63	0.69	0.91	
	5		0.29	0.77	0.73	0.68	0.81	0.83	
木丝板距墙 10cm	3	—	0.09	0.36	0.62	0.53	0.71	0.89	
	5		0.33	0.93	0.68	0.72	0.83	0.86	
木丝板距墙 15cm	3	—	0.15	0.63	0.57	0.46	0.82	0.99	
木纤维板	1.1	—	0.06	0.15	0.28	0.30	0.33	0.31	
木纤维板距墙 5cm	1.1	—	0.22	0.30	0.34	0.32	0.41	0.42	
向日葵杆芯板	2.2	150	0.07	0.09	0.22	0.42	0.55	0.56	
	2.2	320	0.12	0.13	0.15	0.34	0.52	0.53	
稻草压制板	0.5	—	0.05	0.09	0.25	0.52	0.48	—	
稻草板	2.3	—	0.25	0.39	0.60	0.26	0.33	0.72	
带孔 ϕ5mm 草压板	0.5	—	0.05	0.08	0.25	0.55	0.48	—	
压制稻壳板	0.5	—	0.06	0.14	0.27	0.23	0.09	—	
半穿孔吸声装饰纤维板	1.3	—	0.08	0.17	0.26	0.38	0.59	0.60	
草纸板	1.0	250	0.11	0.12	0.13	0.23	0.22	0.23	
软木屑板	2.5	260	0.05	0.11	0.25	0.63	0.70	0.70	
胶合板 空气层厚 4.5cm	0.6	—	0.20	0.35	0.15	0.10	0.10	0.10	混响室法
胶合板 空气层厚 9cm	0.6	—	0.20	0.20	0.10	0.10	0.10	0.10	混响室法
纯矿渣吸声砖	11.5	1000	0.30	0.50	0.52	0.62	(0.65)	—	混响室法
纯膨胀珍珠岩	11.5	250~350	0.44	0.50	0.60	0.69	(0.78)	—	
矿渣膨胀珍珠岩	11.5	700~800	0.38	0.54	0.60	0.69	0.70	0.72	

注：1. 同一种吸声材料，若产地不同，则相同条件下的吸声系数也会有所差异。
2. ϕ 为穿孔孔径（mm）；p 为穿孔率；t 为板厚（mm）。
3. 1in = 0.0254m。

表 34.12-4　不同吸声材料的 β 值

吸声材料名称	密　度 /kg·m^{-3}	β	共振吸声系数 α_r	高频吸声系数 α_m	纤维直径 /μm
超细玻璃棉	15	0.058	0.90~0.99	0.90	4
	20	0.046	0.90~0.99	0.90	4
	25~30	0.040	0.80~0.90	0.80	4
	35~40	0.037	0.70~0.80	0.70	4
高硅氧玻璃棉	45~65	0.030	0.90~0.99	0.90	38
粗玻璃纤维	≈100	0.065	0.90~0.95	0.90	15~25
酚醛树脂玻璃纤维	80	0.092	0.85~0.95	0.85	20
酚醛纤维	20	0.040	0.90~0.95	0.90	12
沥青矿棉毡	≈120	0.038	0.85~0.95	0.85	—
毛毡	100~400	0.040	0.85~0.90	0.85	—
海草	≈100	0.065	0.80~0.90	0.80	—
沥青玻璃纤维毡	110	0.083	0.90~0.95	0.90	12
聚氨酯泡沫塑料	20~50	0.064	0.90~0.99	0.90	流阻低
		0.051	0.85~0.95	0.85	流阻高
		0.033	0.75~0.85	0.75	流阻很高
微孔吸声砖	340~450	0.017	0.80	0.75	—
	620~830	0.023	0.60	0.55	—
木丝板	280~600	0.072	0.80~0.90	—	—
甘蔗板	150~200	0.023	0.65~0.70	0.60	—

当气流速度不为零时，直管型阻性消声器的消声量 $\Delta L'$ 可按下式计算：

$$\Delta L'=\Delta L\ (1+Ma)^{-1} \quad (34.12\text{-}4)$$

式中　Ma——马赫数，$Ma=v/c$；

v——气流速度（m/s）。

当声波的传播方向与气流相反（即逆流）时，消声值增大；反之，顺流方向时，消声值减小。气流通过消声器时，还将产生气流再生噪声，其大小随气流速度的六次方规律变化。不同气流速度下，阻性消声器管道内吸声材料的护面层结构见表 34.12-5。

表 34.12-5　不同气流速度下阻性消声器管道内吸声材料的护面层结构

气流速度/m·s^{-1} 平行	气流速度/m·s^{-1} 垂直	护面层结构型式	气流速度/m·s^{-1} 平行	气流速度/m·s^{-1} 垂直	护面层结构型式
10 以下	7 以下	玻璃布或金属网；吸声材料 a)	23~45	15~38	穿孔金属板；玻璃布或金属网；吸声材料 c)
10~23	7~15	穿孔金属板；吸声材料 b)	45~126		穿孔金属板；钢丝棉；吸声材料 d)

（2）片型、蜂窝型消声器消声量的计算

片型、蜂窝型消声器的计算与直管型相同，但只需计算一个通道，即代表了整个消声器的消声特性；折板型与声流型实际上是片型的改进，使阻损减小，并由于声波在消声器内的反射次数增加，从而提高了消声效果。

（3）迷宫型消声器

迷宫型消声器也称室式消声器，它对声波既有阻性作用，又有抗性作用，故消声频率范围宽，其消声量的估算式为

$$\Delta L=10\lg\frac{\alpha S}{S_0\ (1-\alpha)} \quad (34.12\text{-}5)$$

式中　α——内衬吸声材料的吸声系数；

S——内衬吸声材料表面面积（m^2）；

S_0——消声器进（出）口截面面积（m^2）。

迷宫型消声器的特点是体积大，一般在流速低的

风道上使用。利用迷宫型消声器的原理，可制成迷宫型吸声砖罩，如图 34. 12-2 所示。迷宫通道的宽度为 B，高度为 A，设计时应使迷宫通道的任何截面面积均不小于 $A\times B$，并应使 $A\times B=3\pi R^2\sim4\pi R^2$，$R$ 为出风管的半径，以保持气流在通道内畅通。迷宫型吸声砖罩在降低鼓风机噪声方面具有明显效果，且简单易行，成本低廉。

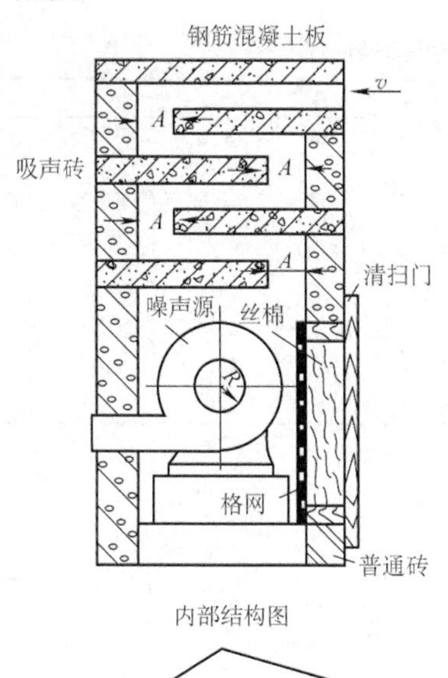

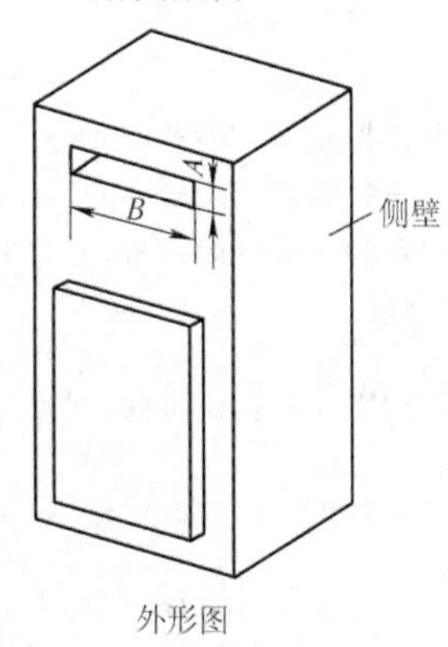

图 34. 12-2　迷宫型吸声砖罩
($A\times B=3\pi R^2\sim4\pi R^2$)

其他类型消声器的设计，请参考有关文献。

1.3　抗性消声器

抗性消声器与阻性消声器的消声原理不同，抗性消声器不直接吸收声能，它是利用管道截面的突变或旁接共振腔，使沿管道传播的某些频率的声波产生反射、干涉等现象，从而达到消声的目的。其消声作用就像交流电路中的滤波器，故称为抗性消声器。和阻性消声器不同，它不使用吸声材料。抗性消声器的性能和管道结构形状有关，一般选择性较强，适用于窄带噪声和低、中频噪声的控制。抗性消声器适用于消除低、中频噪声，构造简单、耐高温、耐气体腐蚀和冲击；其缺点是消声频带窄，对高频噪声消声效果较差。

常用的抗性消声器主要有扩张室型消声器和共振腔型消声器。

1.3.1　扩张室型消声器

(1) 扩张室型消声器的消声性能

扩张室型消声器有多种结构型式，如图 34. 12-3 所示。扩张室型消声器的消声性能主要取决于扩张比 m 和扩张室的长度 l，当气流速度 $v=0$ 时，外接管单腔式（见图 34. 12-3a）的消声量 ΔL 可按下式计算

$$\Delta L=10\lg\left[1+\frac{1}{4}\left(m-\frac{1}{m}\right)^2\sin^2(kl)\right]\quad(34.12\text{-}6)$$

式中　m——扩张比，$m=S_2/S_1$，S_1 为连接管的截面积（m^2）；S_2 为扩张室的截面面积（m^2）；

k——波数，由声波频率决定（m^{-1}），$k=2\pi f/c$；

l——扩张室的长度（m）。

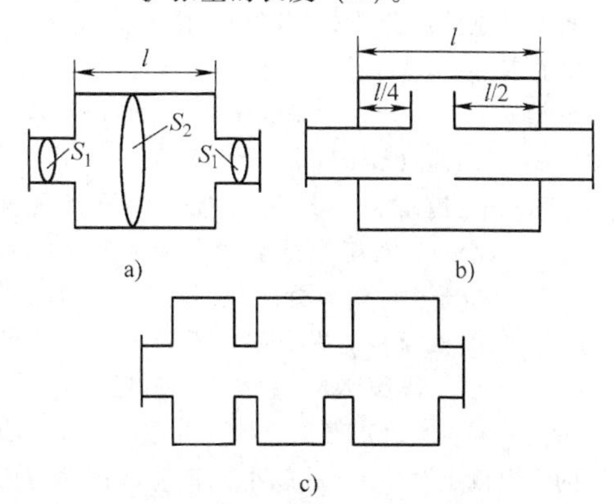

图 34. 12-3　扩张室型消声器示意图
a) 单腔扩张室消声器　b) 带插入管的扩张室消声器
c) 多腔扩张室串联消声器

从式（34. 12-6）可以看出，消声量 ΔL 随 kl 做周期性变化，当 $\sin^2(kl)=1$ 时，消声量最大，此时 $kl=(2n+1)\pi/2$ $(n=0,1,2,\cdots)$，由 $k=2\pi f/c$，可计算出最大消声量的频率 f_{max} 为

$$f_{max}=(2n+1)\frac{c}{4l}\quad(n=0,1,2,3,\cdots)\quad(34.12\text{-}7)$$

当 $\sin^2(kl)=0$ 时，消声量也等于零，表明声波可以无衰减地通过消声器，这正是单节扩张室型消声器的弱点，此时 $kl=2n\pi/2$ $(n=0,1,2,\cdots)$，由此可计算消声量等于零的频率 f_{min} 为

$$f_{min}=\frac{nc}{2l}\quad(n=0,1,2,3,\cdots)\quad(34.12\text{-}8)$$

单腔扩张室型消声器的最大消声量 ΔL_{max} 为

$$\Delta L_{max}=10\lg\left[1+\frac{1}{4}\left(m-\frac{1}{m}\right)^2\right] \quad (34.12\text{-}9)$$

当 $m>5$ 时，最大消声量可按下式近似计算

$$\Delta L_{max}=20\lg m-6 \quad (34.12\text{-}10)$$

因此扩张室型消声器的消声量是由扩张比 m 决定的。在实际工程中，通常取 $9<m<16$，最大不超过 20，最小不小于 5。

扩张室型消声器的消声量随着扩张比 m 的增大而增加，但对于某些频率的声波，当 m 增大到一定数值时，声波会从扩张室中央通过，类似阻性消声器的高频失效，致使消声量急剧下降。不同频率与扩张比的消声量见表 34.12-6。

表 34.12-6　不同频率与扩张比的消声量 ΔL　(dB)

m	f_{max}/f								
	0.125	0.375	0.625	0.875	1	1.25	1.5	1.75	1.875
	ΔL								
5	1.5	4.5	7	7.3	8	7.4	5.5	2.5	1
7	2	6	9	11.3	11.5	10	7	3	1.5
10	3	9	12.5	14	14.1	13	10	5.5	2
15	5	12.7	16	17.4	17.5	16.9	13.5	7.5	2.5
20	7	12.5	18	19.8	19.9	19	16.8	10.7	5
30	9.5	18	22	23	23.1	22.5	20	13	6

注：f_{max}—最大消声频率（Hz）；f—通过消声器的声波频率（Hz）。

扩张室型消声器的有效消声上限截止频率 $f_上$ 可按下式计算：

$$f_上=1.22c/D \quad (34.12\text{-}11)$$

式中　c——声速（m/s）；

D——通道截面（扩张室部分）的当量直径（m）。对于圆形截面，D 为直径；对于方形截面，D 为边长；对于其他截面，D 为截面积的平方根。不同 D 值下，消声器上限频率 $f_上$ 见表 34.12-7。

由式（34.12-11）可知，扩张室截面越大，有效消声的上限截止频率 $f_上$ 就越小，其消声频率范围就越窄，因此扩张比 m 不可盲目选得太大，应使消声量与消声频率范围二者兼顾。

在低频范围内，当波长远大于扩张室的尺寸时，消声器不但不能消声，反而会对声音起放大作用。扩张室消声器的有效消声下限截止频率 $f_下$ 可按下式计算：

$$f_下=\frac{\sqrt{2}c}{2\pi}\sqrt{\frac{S_1}{Vl}} \quad (34.12\text{-}12)$$

式中　c——声速（m/s）；

S_1——连接管的截面积（m^2）；

V——扩张室的容积（m^3）；

l——扩张室的长度（m）。

当气流速度 $v\neq0$ 时，消声器的消声量 ΔL 应按下式计算：

$$\Delta L=10\lg\left[1+\left(\frac{m_e}{2}\right)^2\sin^2(kl)\right] \quad (34.12\text{-}13)$$

式中　m_e——等效扩张比，$m_e=\dfrac{m}{1+mMa}$，不同气流速度下的 m_e 值，见表 34.12-8；

m——气流速度 $v=0$ 时的扩张比；

Ma——马赫数，为气流速度与声速之比。

表 34.12-7　常温下 D 与 $f_上$ 的关系

D/m	0.1	0.2	0.3	0.4	0.5	0.6	0.7	0.8	1
$f_上$/Hz	4200	2100	1400	1025	840	700	600	525	420

表 34.12-8　不同气流速度下的等效扩张比 m_e 值

序号	气流速度 $v/m\cdot s^{-1}$									
	5	10	15	20	25	30	35	40	45	50
	扩张比 m_e									
2	1.95	1.90	1.85	1.76	1.75	1.71	1.67	1.62	1.59	1.55
3	2.88	2.78	2.66	2.56	2.48	2.38	2.31	2.24	2.16	2.10
4	3.80	3.60	3.43	3.25	3.10	2.98	2.85	2.75	2.63	2.53
5	4.70	4.40	4.15	3.90	3.70	3.50	3.30	3.17	3.03	2.00
6	5.57	5.10	4.75	4.40	4.20	3.95	3.70	3.55	3.37	3.25

（续）

序号	气流速度 v/m·s^{-1}									
	5	10	15	20	25	30	35	40	45	50
	扩张比 m_e									
7	6.70	5.80	5.40	5.00	4.70	4.40	4.10	3.80	3.67	3.55
8	7.20	6.50	5.90	5.50	5.10	4.70	4.40	4.20	3.90	3.80
9	8.00	7.30	6.50	5.90	5.50	5.05	4.70	4.50	4.20	4.00
10	8.80	7.75	7.00	6.32	5.80	5.35	5.00	4.65	4.35	4.10
11	9.60	8.40	7.50	6.80	6.20	5.60	5.30	5.50	4.60	4.40
12	10.3	9.00	8.00	7.10	6.40	5.90	5.50	5.20	4.70	4.55
13	11.1	9.50	8.40	7.50	6.70	6.20	5.70	5.40	4.85	4.65
14	11.6	10.0	8.80	7.80	7.00	6.40	5.90	5.60	5.00	4.80
15	12.4	11.0	9.10	8.00	7.20	6.60	6.00	5.80	5.10	4.85
16	13.0	11.3	9.50	8.30	7.50	6.80	6.20	5.60	5.35	4.93

（2）改善扩张室型消声器消声频率特性的方法

单腔扩张室型消声器存在许多消声量为零的通过频率，为克服这一弱点，通常采用如下两种方法：一是在扩张室内插入内接管，如图 34.12-3b 所示；二是将多腔扩张室串联，如图 34.12-3c 所示。

将扩张室进、出口的接管插入扩张室内，插入长度分别为扩张室长度的 1/2 和 1/4，可分别消除 $\lambda/2$ 奇数倍和偶数倍所对应的通过频率。如将二者综合，使整个消声器在理论上没有通过频率，其插入管的消声作用，如图 34.12-4 所示。

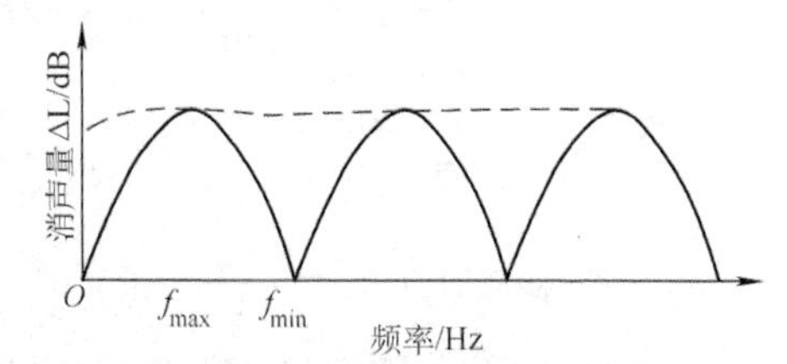

图 34.12-4　插入管的消声作用

工程上为了进一步改善扩张室型消声器的消声效果，通常将多腔扩张室消声器串联起来，如图 34.12-3c 所示。各腔扩张室的长度不相等，使各自的通过频率相互错开，这样既能提高总的消声量，又能改善消声频率特性。

由于扩张室型消声器通道截面急剧变化，故局部阻力损失较大。用穿孔率大于 30% 的穿孔管将内接插入管连接起来，如图 34.12-5 所示，可改善消声器的空气动力性能，而对消声性能影响不大。

（3）扩张室型消声器的设计步骤

1）扩张比 m 的确定。根据所需消声量的大小，合理选择扩张比，一般对于气流流量较大的管道，扩张比取 4～6；中等管道，扩张比取 6～8；较小的管道，扩张比取 8～15，最大不宜超过 20。

2）扩张室长度 l 的确定。确定扩张室的长度，应综合考虑最大消声频率，上、下限失效频率和

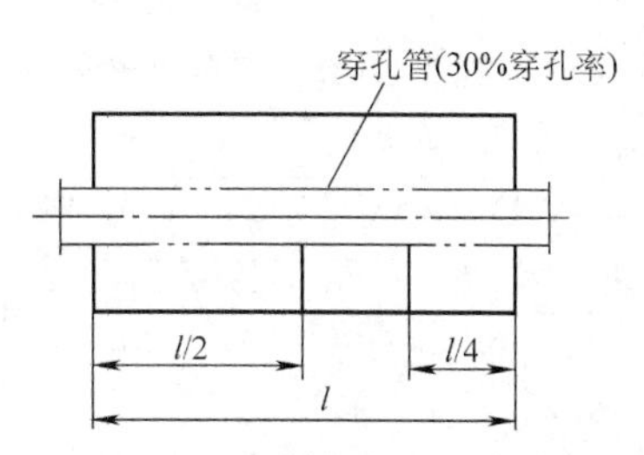

图 34.12-5　内接穿孔管的扩张室型消声器

“通过频率”等各种因素的影响，应尽量使噪声的主频段落在消声器的最大消声频率范围内。

3）验算上、下限截止频率。验算所设计的扩张室消声器的上、下限截止频率是否在所需要消声的频率范围之外。如不符合，则应重新修改设计方案。

（4）设计示例

例 34.12-1　某柴油机进气口管径为 ϕ200mm，进气噪声在 125Hz 有一峰值，试设计一扩张室型消声器装在进气口上，要求在 125Hz 有 15dB 的消声量。

解：1）确定扩张室型消声器的长度。主要消声频率分布在 125Hz，由式（34.12-7），当 $n=0$ 时，则有

$$l=\frac{c}{4f_{max}}=\frac{340}{4\times125}\mathrm{m}=0.68\mathrm{m}$$

2）确定扩张比与扩张室的直径。根据要求的消声量，由式（34.12-10）可近似求得 $m=12$。根据已知条件，可求得连接管的截面积为 $S_1=\pi d_1^2/4=(3.14\times0.2^2/4)\ \mathrm{m}^2=0.0314\mathrm{m}^2$，再根据式 $m=S_2/S_1$ 可求得扩张室的截面积 S_2 为

$$S_2=S_1m=(0.0314\times12)\ \mathrm{m}^2=0.377\mathrm{m}^2$$

扩张室的直径 D 则为

$$D=\sqrt{4S_2/\pi}=\sqrt{4\times0.377/\pi}\ \mathrm{m}=0.693\mathrm{m}=693\mathrm{mm}$$

由计算结果可确定插入管长度为（680/4）mm、（680/2）mm，设计方案如图 34.12-6 所示。为了减少阻力损失，改善空气动力性能，内插管的（680/

4）mm 一段穿孔，穿孔率大于30%。

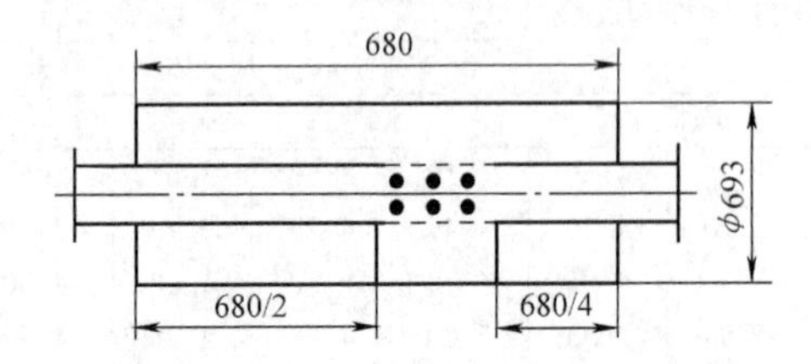

图34.12-6　扩张室型消声器设计方案

3）验算截止频率。由式（34.12-11）计算上限截止频率$f_{上}$为

$$f_{上}=1.22\frac{c}{D}=1.22\times\frac{340}{0.693}\text{Hz}=598.6\text{Hz}$$

由式（34.12-12）计算下限截止频率$f_{下}$为

$$f_{下}=\frac{\sqrt{2}c}{2\pi}\sqrt{\frac{S_1}{Vl}}=\frac{\sqrt{2}c}{2\pi}\sqrt{\frac{S_1}{(S_2-S_1)\ l^2}}$$

$$=\frac{\sqrt{2}\times340}{2\pi}\sqrt{\frac{0.0314}{(0.377-0.0314)\ \times0.68^2}}\text{Hz}$$

$$\approx34\text{Hz}$$

所需消声的峰值频率125Hz介于截止频率$f_{上}$与$f_{下}$之间，所以该设计方案符合要求。

1.3.2　共振腔型消声器

（1）共振腔型消声器的消声性能

单腔共振腔型消声器及其计算简图如图34.12-7所示。

当声波的波长大于共振腔最大尺寸3倍时，其共振频率f_n按下式计算：

$$f_n=\frac{c}{2\pi}\sqrt{\frac{NG}{V}}\qquad(34.12\text{-}14)$$

式中　G——传导率，$G=\frac{\pi d^2}{4\ (t+0.8d)}$（m）；

d——颈孔直径（m）；

t——颈孔长度，即穿孔板厚度（m）；

V——共振腔体积（m^3）；

N——小孔数。

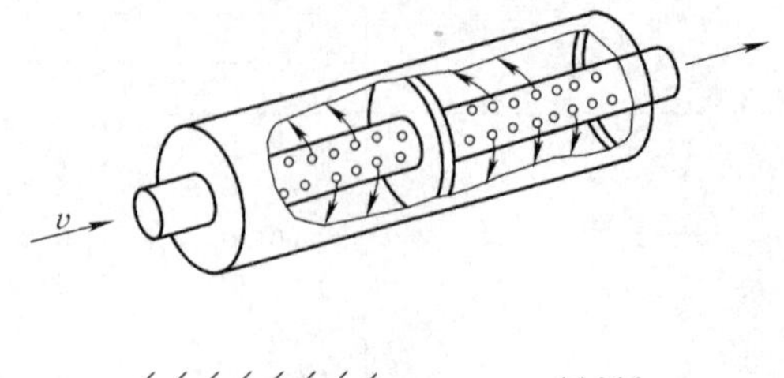

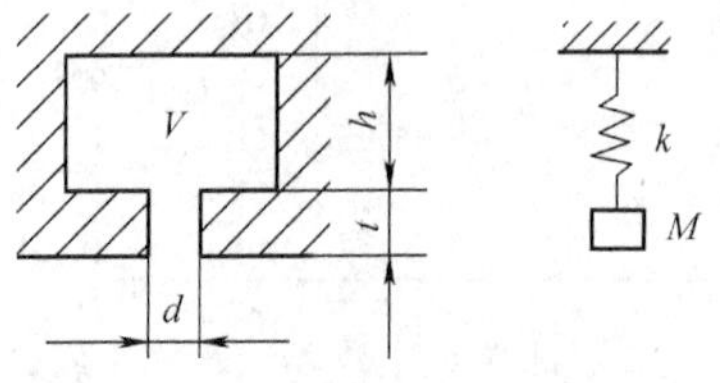

图34.12-7　单腔共振腔型消声器及其计算简图

消声频带宽度Δf为

$$\Delta f=4\pi h\frac{f_n}{\lambda_n}\qquad(34.12\text{-}15)$$

式中　h——共振腔深度（m）；

λ_n——共振时的声波波长（m）。

某一频率f时的消声量ΔL为

$$\Delta L=10\lg\left(1+\frac{K}{\frac{f}{f_n}+\frac{f_n}{f}}\right)\qquad(34.12\text{-}16)$$

$$K=\sqrt{\frac{NGV}{2S}}\qquad(34.12\text{-}17)$$

式中　S——颈孔横截面面积，$S=\frac{\pi d^2}{4}$（m^2）。

工程技术中常用的频带宽度是倍频带和1/3倍频带，相应的消声量计算公式为

倍频带消声量

$$\Delta L=10\lg\ (1+2K^2)\qquad(34.12\text{-}18)$$

1/3倍频带消声量

$$\Delta L=10\lg\ (1+20K^2)\qquad(34.12\text{-}19)$$

不同频带的消声量与K值的关系见表34.12-9。

表34.12-9　消声量ΔL与K值的关系

K值		0.2	0.4	0.6	0.8	1.0	1.5	2	3	4	5	6	8	10	15
倍频带	消声量	1.1	1.2	2.4	3.6	4.8	7.5	9.5	12.8	15.2	17	18.6	20	23	27
1/3倍频带	ΔL/dB	2.5	6.2	9.0	11.2	13.0	16.4	19	22.6	25.1	27	28.5	31	33	36.5

（2）改善共振腔型消声器消声性能的方法

改善共振腔型消声器消声性能的途径有：选定较大的K值，即增大共振腔体积和减小颈孔横截面面积；在孔颈处贴衬薄而透声的材料或在共振腔中填放多孔吸声材料以增加消声器的摩擦阻尼；采用多节共振腔串联等。

（3）共振腔型消声器的设计

1）根据降噪要求，确定共振频率和频带所需的消声量，由式（34.12-18）和式（34.12-19）或表34.12-9确定K值。

2）K值确定后，由式（34.12-14）和式（34.12-17）求出共振腔型消声器的共振腔体积V和

传导率 G，即

$$V=\frac{c}{2\pi f_{\mathrm{n}}}\times 2KS \tag{34.12-20}$$

$$G=\left(\frac{2\pi f_{\mathrm{n}}}{c}\right)^{2}V \tag{34.12-21}$$

3）对于某一确定的共振腔体积 V，可有多种共振腔型式和尺寸；对于某一确定的传导率 G，也可有多种孔径、板厚和穿孔数的组合。在实际应用中，通常是根据现场条件和所用的板材，先确定板厚、孔径及共振腔深等参数，然后再设计其他参数。

为了使共振腔型消声器取得应有的效果，设计时应注意以下几点：

1）共振腔的最大几何尺寸都应小于共振频率 f_{n} 时波长 λ_{n} 的 1/3。

2）穿孔位置应均匀集中在共振腔型消声器内管的中部，穿孔范围应小于其共振频率相应波长的 1/12；穿孔也不能过密，孔心距应大于孔径的 5 倍。若不能满足上述要求，可将共振腔分割成几段来分布穿孔位置。

3）共振腔型消声器也存在高频失效问题，其上限截止频率仍可按式（34.12-11）近似计算。

4）采用增大共振腔深度、减小孔径及在孔径处增加阻尼等方法，拓宽共振腔型消声器的有效消声频率范围。穿孔板的厚度宜取 2～6mm，孔径宜取 3～15mm，腔深宜取 100～200mm，穿孔率宜取 0.5%～5%。

1.3.3　其他类型的消声器

（1）阻抗复合式消声器

在实际工程中，为了在较宽频带范围内取得较好的消声效果，常常把具有良好的中、高频消声性能的阻性消声器与具有良好的低、中频消声性能的抗性消声器结合起来，构成阻抗复合式消声器。

常用的阻抗复合式消声器有扩张室-阻性复合式消声器、共振腔-阻性复合式消声器和阻性-扩张室-共振腔复合式消声器，如图 34.12-8 所示。

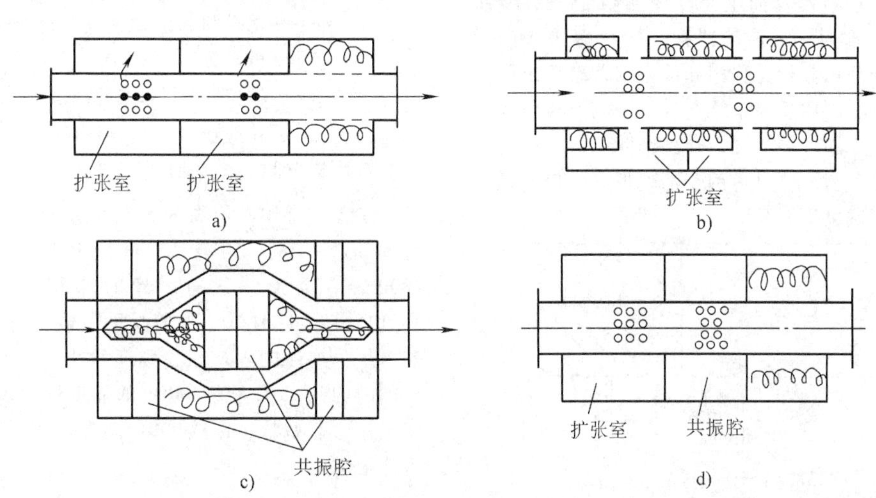

图 34.12-8　阻抗复合式消声器

a）、b）扩张室-阻性复合式消声器　c）共振腔-阻性复合式消声器　d）阻性-扩张室-共振腔复合式消声器

阻抗复合式消声器的消声量，可近似视为是阻性与抗性在同一频带的消声量的叠加。由于声波在传播过程中具有反射、绕射、折射和干涉等特性，因此其消声量并不是简单的叠加关系。对波长较长的声波，通过阻抗复合式消声器时，存在声的耦合作用，阻抗段的消声量及消声特性互有影响。在实际应用中，阻抗复合式消声器的消声量通常由试验或实际测量确定。

（2）干涉型消声器

干涉型消声器分无源干涉消声器和有源消声器。

1）无源干涉消声器。无源干涉消声器是利用声波的干涉原理设计的。在长度为 l_2 的通道上装一旁通管，把一部分声能分岔到旁通管里去，如图 34.12-9 所示。旁通管的长度 l_1 比主通道管的长度 l_2 大半个波长或半个波长的奇数倍。这样声波沿主通道和旁通管传播到另一结合点，由于相位相反，声波叠加后相互抵消，声能通过微观的涡旋运动转化为热能，从而

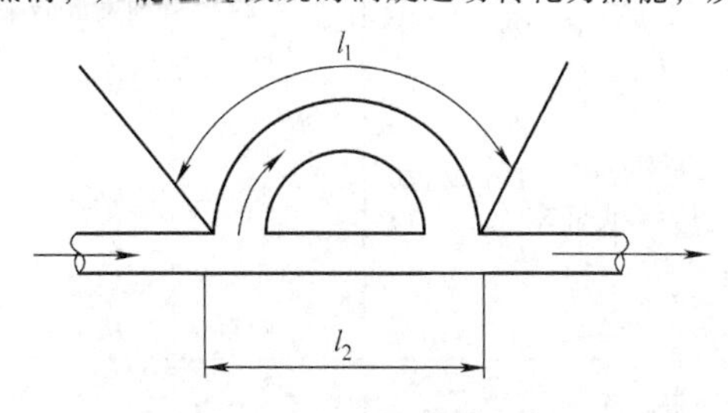

图 34.12-9　无源干涉消声器

达到消声的目的。

干涉型消声器的消声频率$f_{干}$可按下式计算：

$$f_{干}=\frac{c}{2\ (l_1-l_2)} \qquad (34.12\text{-}22)$$

式中 c——声速（m/s）；

l_1——旁通管的长度（m），$l_1=l_2+(2n+1)\lambda/2$（n=1，2，3，…自然数）。

干涉型消声器的消声频率范围很窄，只有频率稳定的单调噪声源，才能获得较好的消声效果。

2）有源消声器。对一个待消除的声波，人为地产生一个幅值相同而相位相反的声波，使它们在某区域相互干涉而抵消，从而达到在该区域消除噪声的目的，这种装置称为有源消声器。有源消声器又称为电子消声器，是一套仪器装置，它主要由传声器、放大器、相移装置、功率放大器和扬声器等组成。电子消声器就是根据上述基本原理设计的，在噪声场中，用电子器件和电子设备，产生一个与原来噪声声压大小相等、相位相反的声波，使在某一区域范围内与原噪声相抵消。电子消声器的工作原理如图 34.12-10 所示。其工作原理为：由传声器接受噪声源传来的噪声，经过微处理机分析、移相和放大，调整系统的频率响应和相位，利用反馈系统产生一个与原声压大小相等、相位相反的干涉声波，达到消除某些频率的噪声的目的。电子消声器只适用于消除低频噪声，相互抵消的消声区域也很有限。

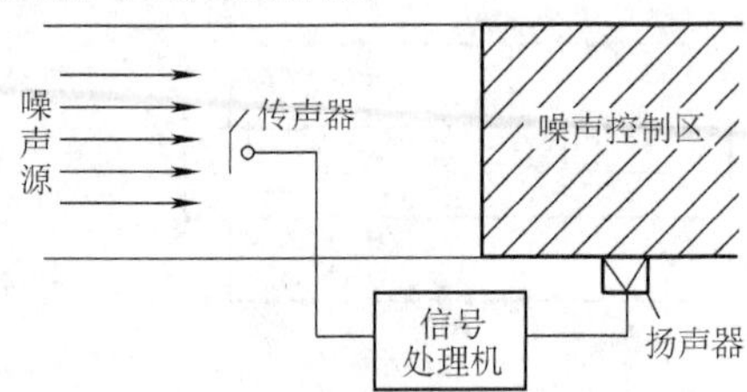

图 34.12-10 电子消声器的工作原理

随着电子计算机技术和信号处理技术的发展，有源消声技术在原理上又有新的突破，即将声场抵消技术引伸为改变声源特性技术，从而实现了在较大空间内消除噪声。

2 隔声罩

隔声罩是用隔声构件将噪声源罩在一个较小的空间内，使噪声传播途径被隔断，从而保护工作场所或生活环境的一类隔声设备。

2.1 单层结构隔声罩的隔声量

单层结构隔声罩的实际隔声量 TL 可按下式计算：

$$TL=TL_0+10\lg\bar{\alpha} \qquad (34.12\text{-}23)$$

其中 $$TL_0=18\lg m+18\lg f-44 \qquad (34.12\text{-}24)$$

或 $$TL_0=18\lg m+12\lg f-25 \qquad (34.12\text{-}25)$$

$$\bar{\alpha}=\frac{\sum S_i\alpha_i}{\sum S_i} \qquad (34.12\text{-}26)$$

式中 TL_0——罩壁材料的固有隔声值，由经验式（34.12-24）和式（34.12-25）确定；

$\bar{\alpha}$——罩内表面吸声材料的平均吸声系数，由式（34.12-26）决定；

m——罩壁材料的面密度（kg/m²）；

f——声波频率（Hz）；

α_i——i 种吸声材料的吸声系数，见表 34.12-3；

S_i——相应于 α_i 的吸声面积（m²）。

常用罩壁材料的固有隔声值见表 34.12-10。

工程上常用平均隔声量 $\overline{TL}$ 表示材料的隔声能力，这是指 125Hz、250Hz、500Hz、1000Hz、2000Hz 和 4000Hz 六个频率下隔声量的算术平均值（见表 34.12-10）。有时为了简便起见，希望用单一数值来表示某一构件的隔声量，则通常取 50～5000Hz 频率范围内的几何平均值 500Hz 的隔声量代表 TL 的平均值，并记作 TL_{500}，则式（34.12-24）和式（34.12-25）可简化为

当 $m>100\text{kg/m}^2$，$TL_{500}=18\lg m+8$ （34.12-27）

当 $m\leqslant100\text{kg/m}^2$，$TL_{500}=13.5\lg m+13$ （34.12-28）

TL_{500}也可根据 m 值由图 34.12-11 查出。

表 34.12-10 常用罩壁材料的固有隔声值

材料或构件	厚度 /mm	面密度 m /kg·m⁻²	各频率(Hz)下的固有隔声值 TL_0/dB						平均隔声量 $\overline{TL}$/dB
			125	250	500	1000	2000	4000	
钢板(背后有加强肋,肋间的方格尺寸不大于 1m×1m)	0.7	—	15	19	23	26	30	34	24.5
	1	7.8	17	21	25	28	32	36	26.5
	2	15.6	20	24	28	32	36	35	29.2
	3	23.4	23	27	31	35	37	40	30.5
	4	31.2	25	29	33	36	34	34	31.8
	8	62.4	28	32	36	34	33	40	33.8
平板玻璃	3	8.5	—	—	—	—	—	—	24
	6	17.0	—	—	—	—	—	—	30

（续）

材料或构件	厚度/mm	面密度 m /kg·m^{-2}	各频率(Hz)下的固有隔声值 TL_0/dB						平均隔声量 $\overline{TL}$/dB
			125	250	500	1000	2000	4000	
胶合板	3	2.4	11	14	19	23	26	27	20
	5	4.0	12	16	20	24	27	27	21
	8	6.4	16	20	24	27	27	27	23.5
木丝板	20	12	23	26	26	26	26	26	25.5
石膏板(石膏混凝土板)	80	115	28	33	37	39	44	44	37.5
	95	135	32	37	37	42	48	53	41.5
砖墙(两面抹灰)	半砖	220	34	36	42	50	58	60	47
	一砖	240	42	45	52	58	59	57	52
空心砖墙(两面抹灰)	150	197	23	33	30	38	42	39	34
钢筋混凝土板	40	100	32	36	35	38	37	53	38.5
	100	250	34	40	40	44	50	55	43.8
	200	500	40	40	44	50	55	60	48.2
	300	750	44.5	50	58	65	69	69	59.3
加气混凝土块墙(抹灰)	150	175	28	36	29	46	54	55	43
双层一砖墙表面抹灰	中间空气层 150	800	50	51	58	71	78	80	65
双层钢筋混凝土墙厚 120mm	中间空气层 40	200	38	45	47	58	63	62	52

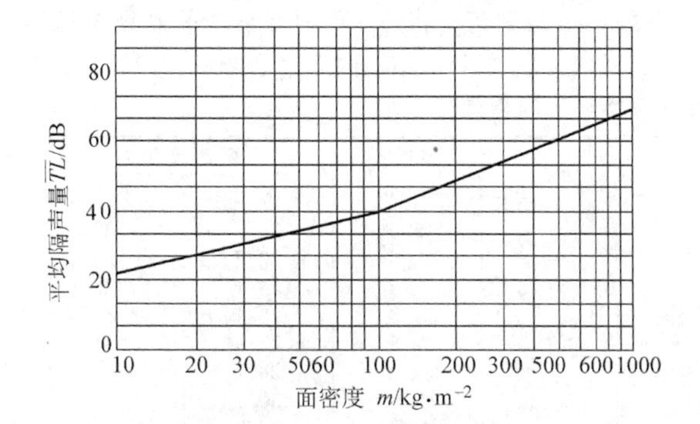

图 34.12-11　TL_{500}与 m 的关系

不同面密度、不同频率下的等平均隔声量如图 34.12-12 所示。

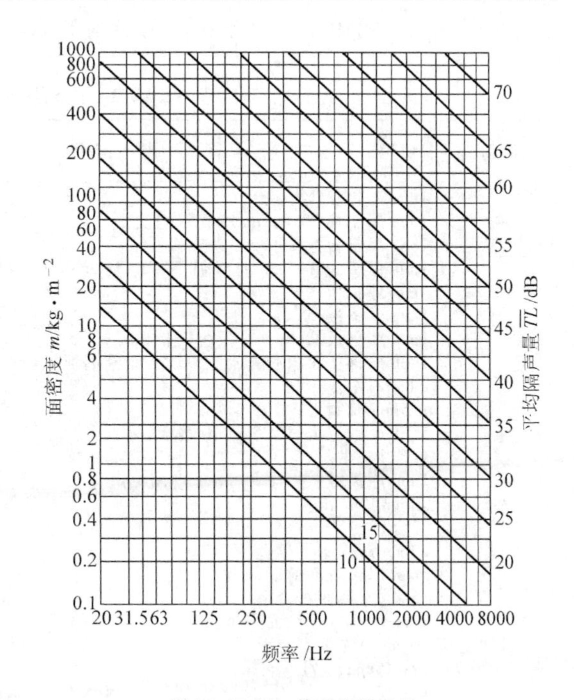

图 34.12-12　等平均隔声量

2.2　双层结构隔声罩的隔声量

一个留有空气层的双层结构的隔声罩要比质量相等的单层结构的隔声罩在隔声量上大 5~10dB；在隔声量相同的条件下，双层结构的质量仅是单层结构的 2/3~3/4，因此在隔声要求较高的场合多被采用。在实际工程设计中，双层结构的隔声量可由下列经验公式计算，即

当 $m_1+m_2\leqslant 100\text{kg/m}^2$ 时

$$\overline{TL}=13.5\lg(m_1+m_2)+13+\Delta TL \tag{34.12-29}$$

当 $m_1+m_2>100\text{kg/m}^2$ 时

$$\overline{TL}=18\lg(m_1+m_2)+8+\Delta TL \tag{34.12-30}$$

式中　m_1、m_2——双层结构材料的面密度（kg/m^2）；

ΔTL——附加隔声量（dB），由图 34.12-13 查出。

双层隔声结构的共振频率 f_n 为

$$f_n=\frac{1}{2\pi}\sqrt{\frac{2\rho c^2}{(m_1+m_2)D}} \tag{34.12-31}$$

式中　ρ——空气密度（kg/m^3）；

c——声速（m/s）；

D——双层间空气层厚度（cm）。

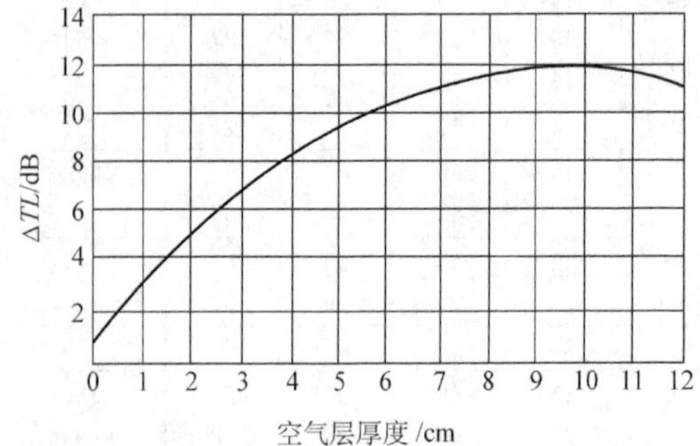

图 34.12-13　ΔTL 与空气层厚度的关系

当隔声罩结构由几种隔声能力不同的材料构成时，如隔声罩需设置门、窗等构件，则整个结构的平均隔声量$\overline{TL}$为

$$\overline{TL}=10\lg\frac{\sum S_i}{\sum \tau_i S_i} \qquad (34.12\text{-}32)$$

式中　τ_i——结构中第 i 部分材料的透射系数，$\tau_i=10^{0.1TL_{0i}}$；

TL_{0i}——i 部分材料的固有隔声值（dB）；

S_i——结构中第 i 部分的面积（m^2）。

设计双层隔声结构时，应注意如下问题：

1）避免隔声结构产生共振，为此应保证入射声波频率大于$\sqrt{2}f_n$。

2）两层之间避免刚性连接。

3）在两层之间填充吸声材料，如超细玻璃纤维棉等，可改善隔声性能和因施工造成的刚性连接带来的影响。

4）当采用两层不同的材质时，应将轻质层一面对着高噪声源一边，这样可降低重质层的声辐射，从而提高整个结构的隔声效果。

隔声罩除可采用单层隔声结构和双层隔声结构外，亦可采用多层复合结构。实践证明，采用多层复合结构，通过不同材质的分层交错排列，只要面层与弹性层选择得当，在获得同样隔声量条件下，多层结构要比单层结构轻得多，且在主要频率（125～4000Hz）范围内均可超过由质量定律计算得到的隔声量；但应注意每层厚度不宜太薄，层数不必过多，一般 3～5 层即可，相邻层间尽量做成软硬结合的形式。单层与双层隔声结构的隔声量见表 34.12-11。

表 34.12-11　单层与双层隔声结构的隔声量

类别	材料及结构尺寸	面密度 /kg·m⁻²	隔声量/dB	
			平均	指数
单层结构	1mm 厚铝板(合金铝)	2.6	20.5	22
	1mm 厚铝板+0.35mm 厚镀锌铁皮	5.0	22.7	25
	1mm 厚铝板涂 2～3mm 厚象牌石棉漆	3.4	23.1	25
	1mm 厚板涂 2～3mm 厚象牌石棉漆贴 0.35mm 厚镀锌铁皮	5.8	28.1	30
	1mm 厚钢板	7.8	27.9	31
	1mm 厚钢板+0.5mm 厚钢板	11.4	28.7	30
	1mm 厚钢板涂 3mm 厚象牌石棉漆	9.6	30.1	32
	1mm 厚钢板涂象牌石棉漆+0.5mm 厚钢板	13.2	32.8	34
	2mm 厚铝板	5.2	25.2	27
	1.5mm 厚钢板	11.7	29.8	32
	1.5mm 厚钢板+0.75mm 厚钢板	17.5	31.4	31
	1mm 厚镀锌铁皮	7.8	29.3	30
	1mm 厚镀锌铁皮涂 2～3mm 厚阻尼层	9.6	32.1	33
	18mm 厚草纸板	2.0	24.5	27
	五合板	3.4	20.6	22
	20mm 厚碎木压榨板	13.8	28.5	31
	5mm 厚聚氯乙烯塑料板	7.6	26.6	29
	12mm 厚纸面石膏板	8.8	24.9	28
	12mm+9mm 厚纸面石膏板	15.4	29.3	31
	20mm 厚无纸石膏板	20.4	30.5	31
	12～15mm 厚铅丝网抹灰	45.3	33.3	36
	12～15mm 厚铅丝网抹灰贴 50mm 厚矿棉毡	52.3	38.0	42
	50mm 厚五合板蜂窝板	8.7	25.3	29
	50mm 厚五合板蜂窝板	10.8	29.6	32
双层结构	50mm 厚石棉水泥板蜂窝板	23	31.8	35
	12～15mm 厚铅丝网抹灰双层中填 50mm 厚矿棉毡	94.6	44.4	47
	双层 1mm 厚铝板(中空 70mm)	5.2	30.0	26
	双层 1mm 厚铝板涂 3mm 厚石棉漆(中空 70mm)	6.8	34.9	32
	双层 1mm 厚铝板+0.35mm 镀锌铁皮(中空 70mm)	10.0	38.5	36
	双层 1mm 厚钢板(中空 70mm)	15.6	41.6	40
	双层 2mm 厚铝板(中空 70mm)	10.4	31.2	32
	双层 2mm 厚铝板填 70mm 超细棉	12.0	37.3	39
	双层 1.5mm 厚钢板(中空 70mm)	23.4	45.7	44

2.3　缝隙、孔洞对隔声量的影响

缝隙、孔洞往往是影响隔声结构隔声量的主要原因。开孔率对隔声量的影响如图 34.12-14 所示。

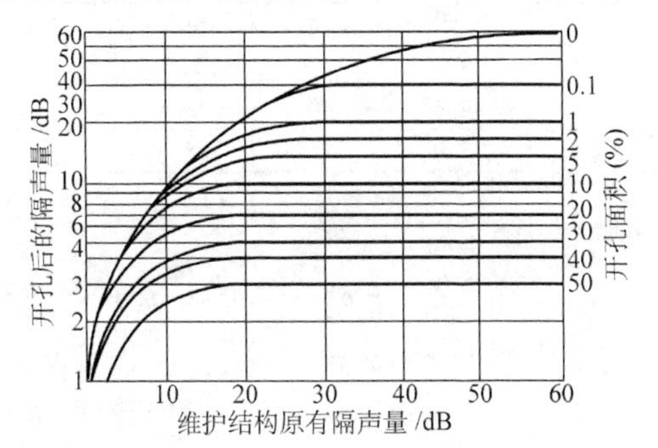

图 34.12-14　开孔率对隔声量的影响

计算分析表明，当空隙面积占整个结构面积的 1/100 时，则该结构的隔声量将不超过 20dB；当孔隙面积占到 1/10 时，则隔声量不会超过 10dB。实验表明，孔隙对隔声量的影响，主要在高频段，随着孔隙的增大，高频隔声量将随之下降。

2.4　隔声罩设计步骤与设计要点

（1）隔声罩的声学结构设计步骤

1）测量机器的噪声和频谱。

2）根据降低噪声的要求，确定声级隔声量和倍频程隔声量；设计隔声量应稍大于所要求的隔声量，一般大于 5dB。

3）选择合适的材料及结构，可按式（34.12-32）估算隔声量，条件允许时，最好实测所选材料及结构的隔声量。

（2）隔声罩设计要点

1）罩面必须选择有足够隔声能力的材料制作，隔声罩形状宜选择曲面形体，其刚性较大，利于隔声；避免用方形平行罩壁，以防止罩内空气的驻波效应，使隔声量出现低谷。内部壁面与声源设备之间的距离不得小于 100mm。

2）采用钢板或铝板制作罩壁时，要考虑共振和吻合效应，必须在壁面上加肋或涂相当于罩板 2～4 倍厚度的阻尼层，且一定要粘接紧密牢固。

3）隔声罩与噪声源间不能有刚性连接，隔声罩与地面或基础之间应采取隔振措施。

4）隔声罩各连接部位要密封，不留空隙。若有管道或电缆等其他部件必须穿过时，则必须采取密封和减振措施。

5）隔声罩内表面须进行吸声处理，需衬贴多孔吸声材料或纤维状吸声材料，平均吸声系数不能太小。

6）隔声罩应易于拼装，既不能影响机械设备的正常工作，又不能妨碍操作和维护，还应考虑声源设备的通风、散热等要求。

2.5　隔声罩降噪效果的评价

工程中多采用平均插入损失法，对隔声罩的实际降噪效果进行评价，即在距噪声源某一距离上，围绕噪声源选取数个测点，在这些测点处，分别测试噪声源未加隔声罩时的平均噪声级 L'_{pA} 与加隔声罩后的平均噪声级 L_{pA}，则隔声罩的平均插入损失 L_{IL} 为

$$L_{IL}=L'_{pA}-L_{pA} \tag{34.12-33}$$

例 34.12-2　某 1.5mm×5.7mm 球磨机，距其 2m 处噪声级为 112dB（A），要求设计隔声罩，使球磨机加罩后噪声级低于 85dB（A）。

解：依题意，球磨机隔声罩的隔声量应大于（112-85）dB=27dB，为此

1）测量球磨机倍频带声压级，见表 34.12-12 第一行。

2）由表 34.9-1 查得 A 计权衰减值，见表 34.12-12 第二行。

3）根据隔声量要求，并考虑到罩体加工焊接方便，选定 2.5mm 厚的钢板做罩外壳，内侧涂以厚约 5mm 阻尼材料（沥青加石棉绒），并衬贴厚为 50mm、密度为 25kg/m^3 的超细玻璃纤维吸声层，其上用玻璃布及金属网护面，这种结构的密封罩，其隔声量可查表 34.12-3，并按式（34.12-23）、式（34.12-24）和式（34.12-26）进行估算，结果见表 34.12-12 第三行。

4）经隔声罩隔声后，球磨机各倍频程的 A 计权声级及总的 A 声级计算值，见表 34.12-12 第四行。

5）隔声罩隔声量的设计值 TL_A =（112－77）dB（A）= 35dB（A）。

按上述步骤设计加工的隔声罩安装后，实测隔声量（插入损失）为 30dB（A），此值大于要求值 27dB（A），故达到设计要求，球磨机加隔声罩前后的噪声特性如图 34.12-15 所示。

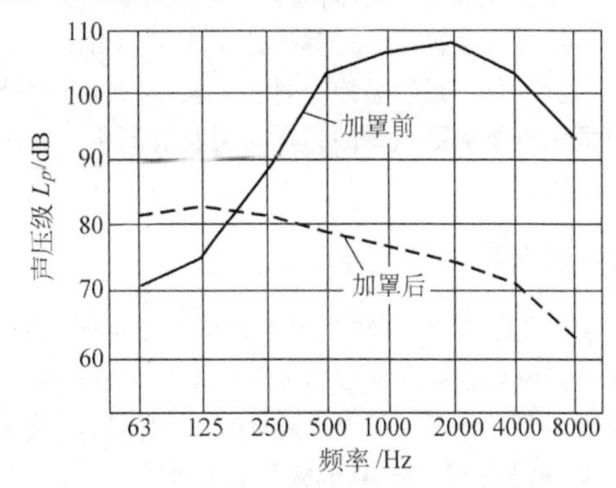

图 34.12-15　球磨机加隔声罩前后的噪声特性

表 34.12-12　球磨机隔声罩设计估算表

项目名称	频率/Hz						A 声级/dB
	125	250	500	1000	2000	4000	
	噪声						
球磨机噪声/dB(A)	75	89	103	108.5	108	103	112
A 计权特性/dB(A)	-16.1	-8.6	-3.2	0	1.2	1.0	—
隔声罩隔声量估算/dB	18.3	23	29.2	34.6	40	45.5	—
隔声和 A 计权后球磨机噪声估算/dB	40.6	57.4	70.6	73.9	69.2	58.5	77

3　隔声屏

隔声屏又称声屏障，是另一类隔声设备。它用隔声结构制作，放置于噪声源和需要进行噪声控制的区域之间，阻挡噪声直接向接受点辐射，声波经绕射后必然衰减。声屏障主要用于交通噪声的治理，如在高速公路、高架道路、立交桥、铁路和轻轨铁路等交通要道与公路周边住宅之间常看到隔声屏。

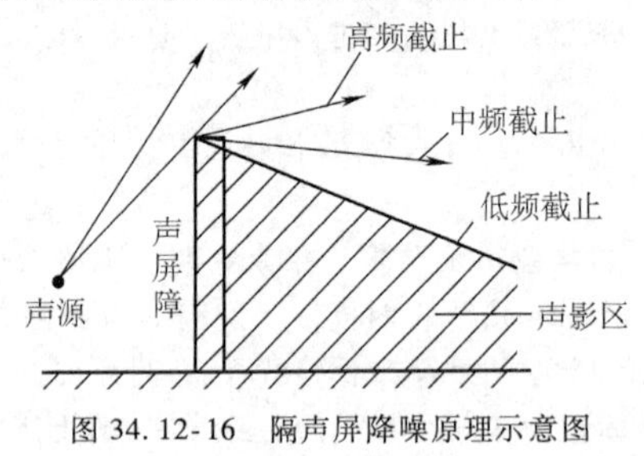

图 34.12-16　隔声屏降噪原理示意图

3.1　隔声屏降噪原理

隔声屏的降噪原理是基于声波的衍射原理，如图 34.12-16 所示。噪声在传播过程中遇到障碍物，若障碍物尺寸远大于声波波长时，大部分声能被反射和吸收，一部分绕射，于是声波在屏障背后形成一定范围的“声影区”，在“声影区”内的噪声强度相对小些。隔声屏的降噪效果与声波频率高低、屏障大小有关，一般 3~6m 高的声屏障，其“声影区”内的降噪效果为 5~12dB。由图 34.12-16 可以看出声屏障对不同频率的效应。由于高频声“声影区”大，波长短，所以最容易被阻挡；其次是中频声；由于低频声声波的波长长，最容易绕射过去，所以声屏障对低频噪声的隔声效果是较差的，声屏障具有隔声和吸声的双重性能。

3.2　隔声屏降噪效果计算

由图 34.12-17 可知，当点声源与受声点之间的距离 d 确定后，绕射路程差 δ 主要取决于隔声屏的有效高度，即点声源与受声点连线以上的高度。菲涅耳数 N 是描述声波在传播中绕射性能的一个量，它是由路径差及声波频率（或波长）来确定的。其值可根据图 34.12-17 由下式计算：

$$N=\frac{\delta f}{170}=\frac{2}{\lambda}\delta=\frac{2}{\lambda}(a+b-d) \quad (34.12\text{-}34)$$

式中　λ——入射声波的波长（m）；

δ——声波绕射路程与直达路程之差（m）；

f——声波频率（Hz）。

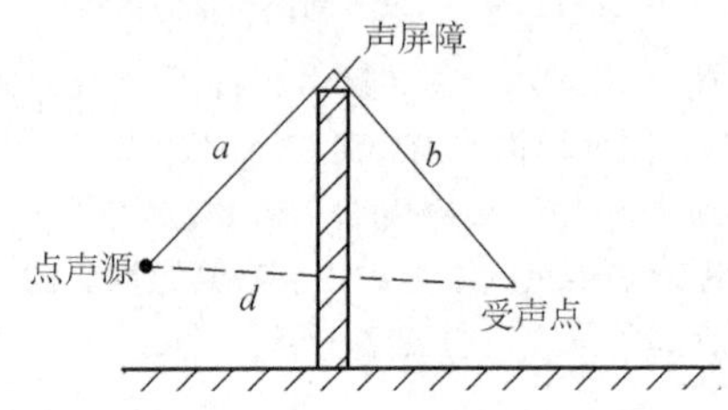

图 34.12-17　隔声屏降噪量计算图

从式（34.12-34）可知，路程差 δ 越大或声波频率越高（亦即波长 λ 越小），菲涅耳数 N 均越大，这表明隔声屏的降噪效果越明显。

3.3　道路隔声屏的结构型式

道路隔声屏的结构型式很多，根据需要有 Y 形、吸声型、T 形、G 形和掩蔽型等隔声屏。随着高速公路、地铁、高架桥和高铁的高速发展，研究开发出许多道路隔声屏的新型结构型式，见表 34.12-13。

3.4　道路隔声屏的设计

（1）隔声屏设计应注意的问题

隔声屏一般用砖、砌块、木板、钢板、塑料板和玻璃等厚重材料制成，面向声源的一侧最好加吸声材料。在设计使用时，应注意以下几点：

1）隔声屏主要用于阻挡直达声，应尽量靠近声源；对于辐射高频率噪声的小型噪声源，用半封闭隔声屏遮挡噪声可收到明显的降噪效果，活动隔声屏与地面间的缝隙应减到最小。

2）为了形成有效的“声影区”，隔声屏要有足够的高度和长度，特别是有足够的高度。有效高度越高，降噪效果越好，长度一般应是高度的 3~5 倍。

3）隔声屏选材要考虑本身的隔声性能。一般要求其本身的隔声量比“声影区”所需的声级衰减量至少大 10dB，才能排除透射声的影响。

表 34.12-13　道路隔声屏的结构型式及特点

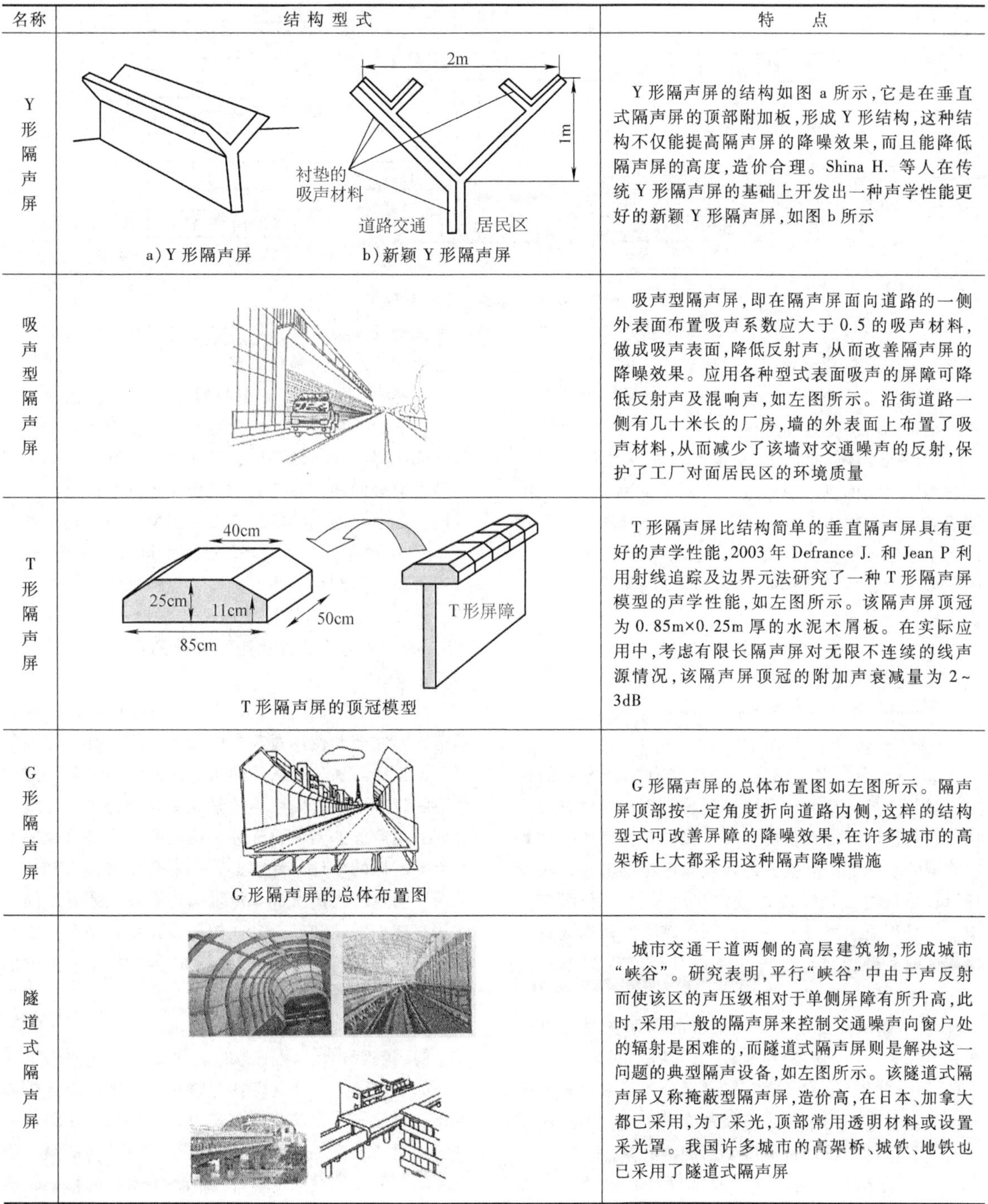

名称	结构型式	特　点
Y 形隔声屏	a）Y 形隔声屏　b）新颖 Y 形隔声屏	Y 形隔声屏的结构如图 a 所示，它是在垂直式隔声屏的顶部附加板，形成 Y 形结构，这种结构不仅能提高隔声屏的降噪效果，而且能降低隔声屏的高度，造价合理。Shina H. 等人在传统 Y 形隔声屏的基础上开发出一种声学性能更好的新颖 Y 形隔声屏，如图 b 所示
吸声型隔声屏		吸声型隔声屏，即在隔声屏面向道路的一侧外表面布置吸声系数应大于 0.5 的吸声材料，做成吸声表面，降低反射声，从而改善隔声屏的降噪效果。应用各种型式表面吸声的屏障可降低反射声及混响声，如左图所示。沿街道路一侧有几十米长的厂房，墙的外表面上布置了吸声材料，从而减少了该墙对交通噪声的反射，保护了工厂对面居民区的环境质量
T 形隔声屏	T 形隔声屏的顶冠模型	T 形隔声屏比结构简单的垂直隔声屏具有更好的声学性能，2003 年 Defrance J. 和 Jean P 利用射线追踪及边界元法研究了一种 T 形隔声屏模型的声学性能，如左图所示。该隔声屏顶冠为 0.85m×0.25m 厚的水泥木屑板。在实际应用中，考虑有限长隔声屏对无限不连续的线声源情况，该隔声屏顶冠的附加声衰减量为 2～3dB
G 形隔声屏	G 形隔声屏的总体布置图	G 形隔声屏的总体布置图如左图所示。隔声屏顶部按一定角度折向道路内侧，这样的结构型式可改善屏障的降噪效果，在许多城市的高架桥上大都采用这种隔声降噪措施
隧道式隔声屏		城市交通干道两侧的高层建筑物，形成城市“峡谷”。研究表明，平行“峡谷”中由于声反射而使该区的声压级相对于单侧屏障有所升高，此时，采用一般的隔声屏来控制交通噪声向窗户处的辐射是困难的，而隧道式隔声屏则是解决这一问题的典型隔声设备，如左图所示。该隧道式隔声屏又称掩蔽型隔声屏，造价高，在日本、加拿大都已采用，为了采光，顶部常用透明材料或设置采光罩。我国许多城市的高架桥、城铁、地铁也已采用了隧道式隔声屏

4）室内设置隔声屏要做吸声处理，有利于减弱混响声场，提高隔声屏的降噪作用。

（2）道路隔声屏的设计内容

道路隔声屏的设计通常分为声学设计、结构设计和景观设计三部分。声学设计是以治理目标值为基础，进行隔声屏的位置、外形尺寸、结构型式和材料等的设计选择与比较；结构设计是用以保证所选择的隔声屏能安全、牢固地建在所要设置的部位上，包括承重结构设计与构造设计；景观设计是运用人的视觉与知觉对周围环境所产生的反应进行设计，给予人在行车安全和视觉上的舒适协调。隔声屏的设计程序如图 34.12-18 所示。

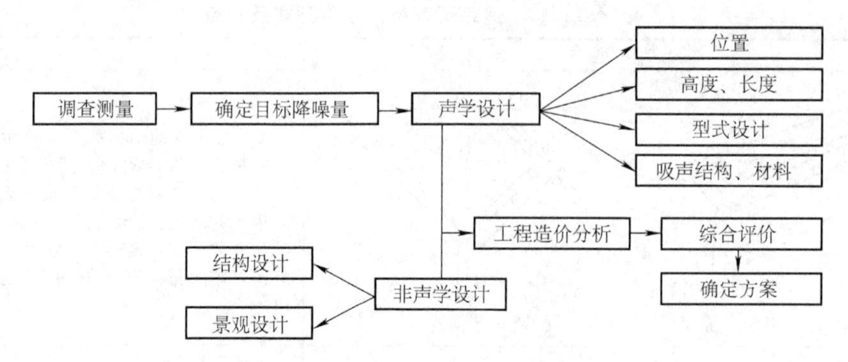

图 34.12-18　隔声屏的设计程序

1）声学设计。声学设计是隔声屏设计中的关键环节，它主要包括等效声源的确定、目标降噪量的确定、平面位置的确定、高度和长度的计算、型式的选择、结构和材料的选择等内容。

① 等效声源的确定。交通噪声是由路面上若干机动车辆移动的点声源组成，所以可视为一段不连续的线声源。等效声源的水平位置可简化地认为处于道路的中心线上。等效声源的高度 H_e 按路面上行驶车辆车型比例、各类型车辆的声源高度的统计资料来确定，一般按下式计算：

$$H_e = 0.8B + 0.5S + 0.4M \qquad (34.12\text{-}35)$$

式中　B——大型车比例（%）；

S——中、小型车比例（%）；

M——摩托车比例（%）。

② 目标降噪量的确定。隔声屏目标降噪量的确定与受声点处的道路交通噪声值、受声点的背景噪声值以及环境噪声标准值的大小有关。若受声点的背景噪声值等于或低于功能区的环境噪声标准值时，则设计目标值可由交通噪声值减去环境噪声标准值来确定。当采用隔声屏技术不能达到环境噪声标准或背景噪声值时，设计目标也可在考虑其他降噪措施的同时，根据实际情况来确定。

③ 平面位置的确定。根据道路与防护对象之间的相对位置、周围的地形地貌，选择最佳的隔声屏设置位置。选择的原则是隔声屏靠近声源，或是靠近受声点，或者可利用土坡、堤坝等障碍物等，力求用较少的工程量达到设计目标所要求的声衰减。

④ 高度和长度的计算。根据设计目标值，可确定几组隔声屏的长与高，设计多个组合方案，计算每个方案的插入损失，保留达到设计目标值的方案并进行比较，最后选出最优方案。

⑤ 型式的选择。隔声屏的型式很多，包括直立型、折板型、弯曲型、封闭型和半封闭型等。对于封闭型隔声屏，降噪效果好，但存在造价高、汽车废气不易扩散等问题，一般只在城市高楼林立的情况下才采用。隔声屏的选择应综合多种因素进行合理选择。

⑥ 结构和材料的选择。当隔声屏仅为一侧安装，可不考虑吸声结构；当双侧安装隔声屏时，应在朝声源一侧安装吸声结构。吸声结构的降噪系数应大于0.5。吸声结构的吸声性能不应受到户外恶劣气候环境的影响。

2）结构设计。在隔声屏的结构设计中，应满足其运输、安装和使用过程中的强度、刚度和稳定性的要求，符合降噪、防腐、防火、防潮、防老化、防尘和防眩目等要求，隔声屏的景观效果应与周围环境相协调。隔声屏的结构设计分为两部分，一部分是隔声屏承重结构的设计与计算；另一部分是结构上和声学上需要满足的构造设计。承重结构设计主要考虑隔声屏的强度、刚度和安全，而构造设计则是结合声学要求和结构上的要求进行设计。隔声屏的构造主要考虑屏障的结构与材料，它应满足技术合理、经济、施工简单、造型美观和安全耐用等要求。

3）景观设计。隔声屏的景观设计要遵循建筑型式美的一般原则，使其保持与道路及周围环境的整体性和一致性，不要影响驾驶安全性。例如，在隔声屏表面采用淡雅明朗的障板色彩变化组成几何图案，或利用隔声屏顶端线条的多样变化，给人以明快、轻巧和动感的感觉。

参 考 文 献

[1] 闻邦椿. 机械设计手册：第 6 卷［M］. 5 版. 北京：机械工业出版社，2010.

[2] 闻邦椿. 现代机械设计师手册：下册［M］. 北京：机械工业出版社，2012.

[3] 闻邦椿. 现代机械设计实用手册［M］. 北京：机械工业出版社，2015.

[4] 闻邦椿，刘树英，何勍. 振动机械的理论与动态设计方法［M］. 北京：机械工业出版社，2001.

[5] 闻邦椿，李以农，徐培民，等. 工程非线性振动［M］. 北京：科学出版社，2007.

[6] 闻邦椿，刘树英，陈少波，等. 机械振动理论及应用［M］. 北京：高等教育出版社，2009.

[7] 闻邦椿，李以农，张义民，等. 振动利用工程［M］. 北京：科学出版社，2005.

[8] 闻邦椿，刘树英，张纯宇. 机械振动学［M］.北京：冶金工业出版社，2000.

[9] 闻邦椿，张天侠，徐培民. 振动与波利用技术的新进展［M］. 沈阳：东北大学出版社，2000.

[10] 闻邦椿，刘凤翘. 振动机械的理论及应用［M］. 北京：机械工业出版社，1982.

[11] 机械设计手册编委会. 机械设计手册：第 5 卷 机械设计基础［M］. 新版. 北京：机械工业出版社，2004.

[12] 成大先. 机械设计手册：第 4 卷［M］. 6 版. 北京：化学工业出版社，2016.

[13] 江晶. 环保机械设备设计［M］. 北京：冶金工业出版社，2009.

[14] 马大猷. 噪声与振动控制工程手册［M］. 北京：机械工业出版社，2002.

[15] 马大猷，等. 声学手册［M］. 修订版. 北京：科学出版社，2004.

[16] 实用振动工程编辑会. 实用振动工程：第 2 卷 振动控制与设计［M］. 北京：航空工业出版社，2000.

[17] 顾仲权，马扣根，陈卫东. 振动主动控制［M］.北京：国防工业出版社，1997.

[18] 屈维德，唐恒龄. 机械振动手册［M］. 北京：机械工业出版社，2000.

[19] 应怀樵. 现代振动与噪声技术：第 1、2、3 卷［M］. 北京：航空工业出版社，2002.

[20] 傅志方. 振动模态分析与参数识别［M］. 北京：机械工业出版社，1990.

[21] 赵玫，周海亭，陈光冶，等. 机械振动与噪声学［M］. 北京：科学出版社，2004.

[22] 朱位秋. 随机振动［M］. 北京：科学出版社，1992.

[23] 秦树人，等，机械测试系统原理与应用［M］. 北京：科学出版社，2005.

[24] 熊诗波，黄长艺. 机械工程测试技术基础［M］.北京：机械工业出版社，2006.

[25] 赵长安. 控制系统设计手册：上册［M］. 北京：国防工业出版社，1991.

[26] 郭之璜. 机械工程中的噪声测试与控制［M］. 北京：机械工业出版社，1993.

[27] Baz A，Ro J. Active Control of Flow-induced Vibration of a Flexible Cylinder Using Direct Velocity Feedback［J］. In：J. of Sound and Vibration，1991，146（1）：33-45.

[28] Onsay T and Ahay A. Vibration Reduction of a Flexible Arm by Time-optimal Open-loop Control［J］. J. of Soand and Vibration，1991，147（2）283-300.

[29] Wiliam T Thomson，Marie Dillon Dahleh. Theory of Vibration with Application［M］. 5th ed. 北京：清华大学出版社，2005.

[30] 王启义. 中国机械设计大典：第 2 卷机械设计基础机械振动的控制及利用［M］. 南昌：江西科学技术出版社，2002.